高等院校规划教材

高等院校新形态融媒体精品教材系列

工程数学基础

主　编　蔡建平　陈婷婷

副主编　魏云霞　包　晔

参　编　郑玉仙

图书在版编目(CIP)数据

工程数学基础/蔡建平,陈婷婷主编. —杭州:浙江大学出版社,2021.8(2025.2 重印)

ISBN 978-7-308-21603-6

Ⅰ. ①工... Ⅱ. ①蔡... ②陈... Ⅲ. ①工程数学—教材 Ⅳ. ①TB11

中国版本图书馆 CIP 数据核字(2021)第 144821 号

工程数学基础

蔡建平　陈婷婷　主编

策　　划　阮海潮(1020497465@qq.com)

责任编辑　阮海潮

责任校对　王元新

封面设计　周　灵

出版发行　浙江大学出版社

(杭州市天目山路 148 号　邮政编码 310007)

(网址:http://www.zjupress.com)

排　　版　浙江大千时代文化传媒有限公司

印　　刷　杭州杭新印务有限公司

开　　本　710mm×1000mm　1/16

印　　张　20.25

字　　数　397 千

版 印 次　2021 年 8 月第 1 版　2025 年 2 月第 5 次印刷

书　　号　ISBN 978-7-308-21603-6

定　　价　45.80 元

前　言

工程数学是3+2专升本学生的重要基础公共课程，主要包括线性代数、多元微积分以及概率论与数理统计等，培养的是学生运用线性代数、多元微积分以及概率与统计的思想方法分析和解决实际问题的能力。由于专科阶段高等数学所学知识的差异以及不同学校专升本学生培养目标的不同，如何选取教学内容以适应专升本学生的实际学情，是近几年全国所涉及的院校都在探索的一个课题。虽然已有很多尝试，但并未找到一个很好的解决办法，特别是在课时减少的前提下如何结合实际来学习掌握数学知识，使同学们在学习数学理论知识的同时，还能了解其在实践中的应用，这对教材的编写、内容的选取，以及例题的选择都提出了很高的要求。

本教材以实际案例为知识背景，创造教学情境，提高学生学习知识的兴趣，充分调动学生参与课堂知识传授的积极性、主动性。同时，教材配有大量的讲解视频，覆盖教材所有知识点，方便学生进行自学。本教材以循序渐进、深入浅出的方式介绍工程数学中的各个知识点，同时结合大量实际案例进行教学，简明扼要，通俗易懂，难易适当，针对性强。

本书适合作为3+2专升本学生工程数学课程教材，也可作为成人高等教育、高职高专等相关课程教材，也可供广大科技工作者学习参考。

本教材由浙江水利水电学院蔡建平、陈婷婷任主编，魏云霞、包晔任副主编。由于编者水平有限，书中难免存在不当之处，恳请广大读者和从事数学教学的同仁们，对本书提出宝贵的意见和建议，使其不断完善，在此表示我们深深的谢意。

编　者

2021 年 7 月

目　　录

第一部分　线性代数

第二部分 多元微积分

第三部分 概率论与数理统计

附录

第一部分　线性代数

微课 1

第 1 章　行列式

微课 2

本章在二阶、三阶行列式的基础上，引出 n 阶行列式的概念，讨论 n 阶行列式的性质，以及行列式的计算方法，最后应用 n 阶行列式解 n 个方程 n 个未知数的线性方程组.

1.1　二阶、三阶行列式

1.1.1　二阶行列式

设二元一次线性方程组为

$$\begin{cases} a_{11}x_1+a_{12}x_2=b_1, & (1.1)\\ a_{21}x_1+a_{22}x_2=b_2. & (1.2)\end{cases}$$

式(1.1)$\times a_{22}$+式(1.2)$\times(-a_{12})$，得

$$(a_{11}a_{22}-a_{12}a_{21})x_1=a_{22}b_1-a_{12}b_2. \tag{1.3}$$

式(1.2)$\times a_{11}$+式(1.1)$\times(-a_{21})$，得

$$(a_{11}a_{22}-a_{12}a_{21})x_2=a_{11}b_2-a_{21}b_1. \tag{1.4}$$

当 $a_{11}a_{22}-a_{12}a_{21}\neq 0$ 时，可用消元法求得解为

$$\begin{cases} x_1=\dfrac{b_1a_{22}-a_{12}b_2}{a_{11}a_{22}-a_{12}a_{21}},\\ x_2=\dfrac{a_{11}b_2-b_1a_{21}}{a_{11}a_{22}-a_{12}a_{21}}.\end{cases} \tag{1.5}$$

由上可见，方程组的解完全可由方程组中的未知数系数 a_{11}，a_{12}，a_{21}，a_{22} 以及常数项 b_1，b_2 表示出来.

为了方便记忆，引入记号

$$D=\begin{vmatrix} a_{11} & a_{12} \\ a_{21} & a_{22} \end{vmatrix}=a_{11}a_{22}-a_{12}a_{21}, \tag{1.6}$$

则有：

$$b_1a_{22}-a_{12}b_2=\begin{vmatrix} b_1 & a_{12} \\ b_2 & a_{22} \end{vmatrix}, a_{11}b_2-b_1a_{21}=\begin{vmatrix} a_{11} & b_1 \\ a_{21} & b_2 \end{vmatrix}.$$

把式(1.6)称为**二阶行列式**. D 中横写的称为**行**，竖写的称为**列**. D 中共有两行两列，其中数 $a_{ij}(i,j=1,2)$ 称为行列式的**元素**，它的第一个下标 i 称为**行标**，表明该元素位于第 i 行，第二个下标 j 称为**列标**，表明该元素位于第 j 列. 把行列式从左上角到右下角的连线称为**主对角线**，行列式从右上角到左下角的连线称为**副对角线**. 由式(1.6)可知，二阶行列式的值是主对角线上元素 a_{11}，a_{22} 的乘积减去副对角线上元素 a_{12}，a_{21} 的乘积. 按照这个规则，又有

$$D_1=\begin{vmatrix} b_1 & a_{12} \\ b_2 & a_{22} \end{vmatrix}=a_{22}b_1-a_{12}b_2,\ D_2=\begin{vmatrix} a_{11} & b_1 \\ a_{21} & b_2 \end{vmatrix}=a_{11}b_2-a_{21}b_1,$$

则当 $D\neq 0$ 时，二元一次线性方程组的解可表示为

$$x_1=\frac{D_1}{D},\ x_2=\frac{D_2}{D}.$$

【例 1.1】 求解二元一次线性方程组 $\begin{cases} 3x_1-2x_2=12, \\ 2x_1+x_2=1. \end{cases}$

解 由于

$$D=\begin{vmatrix} 3 & -2 \\ 2 & 1 \end{vmatrix}=3-(-4)=7\neq 0,$$

$$D_1=\begin{vmatrix} 12 & -2 \\ 1 & 1 \end{vmatrix}=12-(-2)=14,$$

$$D_2=\begin{vmatrix} 3 & 12 \\ 2 & 1 \end{vmatrix}=3-24=-21,$$

因此，$x_1=\dfrac{D_1}{D}=\dfrac{14}{7}=2$，$x_2=\dfrac{D_2}{D}=\dfrac{-21}{7}=-3$.

【例 1.2】 计算下列行列式的值：

(1) $\begin{vmatrix} 2 & -8 \\ 5 & 6 \end{vmatrix}$； (2) $\begin{vmatrix} \sin\alpha & \cos\alpha \\ -\cos\alpha & \sin\alpha \end{vmatrix}$；

(3) $\begin{vmatrix} -1 & 0 \\ 0 & 2 \end{vmatrix}$； (4) $\begin{vmatrix} 2 & -1 \\ 0 & 3 \end{vmatrix}$.

解 (1) $\begin{vmatrix} 2 & -8 \\ 5 & 6 \end{vmatrix} = 2\times6-5\times(-8)=52$；

(2) $\begin{vmatrix} \sin\alpha & \cos\alpha \\ -\cos\alpha & \sin\alpha \end{vmatrix} = \sin^2\alpha+\cos^2\alpha=1$；

(3) $\begin{vmatrix} -1 & 0 \\ 0 & 2 \end{vmatrix} = -1\times2-0\times0=-2$；

(4) $\begin{vmatrix} 2 & -1 \\ 0 & 3 \end{vmatrix} = 2\times3-(-1)\times0=6$.

1.1.2 三阶行列式

类似地，对三元一次线性方程组

$$\begin{cases} a_{11}x_1+a_{12}x_2+a_{13}x_3=b_1, \\ a_{21}x_1+a_{22}x_2+a_{23}x_3=b_2, \\ a_{31}x_1+a_{32}x_2+a_{33}x_3=b_3. \end{cases} \tag{1.7}$$

用消元法，可以解出 x_1, x_2, x_3.

$$记\ D=\begin{vmatrix} a_{11} & a_{12} & a_{13} \\ a_{21} & a_{22} & a_{23} \\ a_{31} & a_{32} & a_{33} \end{vmatrix}$$

$$=a_{11}a_{22}a_{33}+a_{12}a_{23}a_{31}+a_{13}a_{21}a_{32}-a_{11}a_{23}a_{32}-a_{12}a_{21}a_{33}-a_{13}a_{22}a_{31}.$$

由于 D 共有三行三列，故把它称为**三阶行列式**.

当 $D\neq0$ 时，用消元法容易算出方程组(1.7)有唯一的解，$x_1=\dfrac{D_1}{D}$，$x_2=\dfrac{D_2}{D}$，$x_3=\dfrac{D_3}{D}$，其中 $D_j(j=1,2,3)$ 分别是将 D 中第 j 列的元素换成方程组(1.7)右端的常数项 b_1, b_2, b_3 得到的.

(1)对角线法则

三阶行列式是六项的代数和，其中每一项都是 D 中不同行、不同列的三个元素的乘积，并冠以正负号，为了便于记忆，可写成图 1.1 的形式.

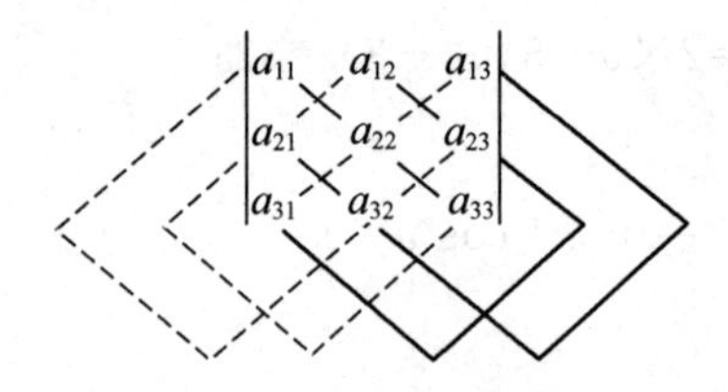

图 1.1　对角线法则

实线上三个元素的乘积项带正号,虚线上三个元素的乘积项带负号,这种方法称为**三阶行列式的对角线法则**.

(2)沙路法则

具体见图 1.2 所示.

微课 3

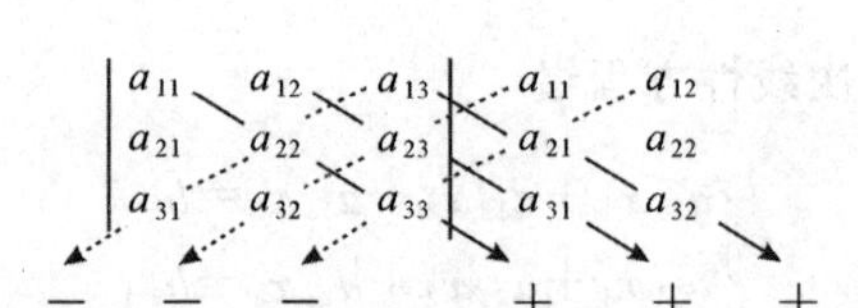

图 1.2　沙路法则

【例 1.3】 计算下列三阶行列式的值:

$$\begin{vmatrix} 1 & 2 & -4 \\ -2 & 2 & 1 \\ -3 & 4 & -2 \end{vmatrix}.$$

解　由三阶行列式的对角线法则,得

$$\begin{aligned} \begin{vmatrix} 1 & 2 & -4 \\ -2 & 2 & 1 \\ -3 & 4 & -2 \end{vmatrix} &= 1\times2\times(-2)+2\times1\times(-3)+(-2)\times4\times(-4)- \\ &\quad (-4)\times2\times(-3)-2\times(-2)\times(-2)-1\times1\times4 \\ &= (-4)+(-6)+32-24-8-4=-14. \end{aligned}$$

【例 1.4】 解方程组

$$\begin{cases} x_1 - x_2 + 2x_3 = 13, \\ x_1 + x_2 + x_3 = 10, \\ 2x_1 + 3x_2 - x_3 = 1. \end{cases}$$

解　$D=\begin{vmatrix} 1 & -1 & 2 \\ 1 & 1 & 1 \\ 2 & 3 & -1 \end{vmatrix}=-1-2+6-3-1-4=-5\neq0,$

$$D_1=\begin{vmatrix}13 & -1 & 2\\ 10 & 1 & 1\\ 1 & 3 & -1\end{vmatrix}=-13-1+60-39-10-2=-5,$$

$$D_2=\begin{vmatrix}1 & 13 & 2\\ 1 & 10 & 1\\ 2 & 1 & -1\end{vmatrix}=-10+26+2-1+13-40=-10,$$

$$D_3=\begin{vmatrix}1 & -1 & 13\\ 1 & 1 & 10\\ 2 & 3 & 1\end{vmatrix}=1-20+39-30+1-26=-35.$$

因此
$$x_1=\frac{D_1}{D}=1,\ x_2=\frac{D_2}{D}=2,\ x_3=\frac{D_3}{D}=7.$$

【例 1.5】 求方程$\begin{vmatrix}1 & 1 & 1\\ 2 & 3 & x\\ 4 & 9 & x^2\end{vmatrix}=0$的解.

解　方程左端的三阶行列式

$$D=3x^2+4x+18-9x-2x^2-12=x^2-5x+6.$$

令 $x^2-5x+6=0$,解得:$x=2$ 或 $x=3$.

习　题　1.1

1. 计算下列二、三阶行列式:

(1) $\begin{vmatrix}a^2 & ab\\ ab & b^2\end{vmatrix}$;　　(2) $\begin{vmatrix}\cos\alpha & -\sin\alpha\\ \sin\alpha & \cos\alpha\end{vmatrix}$;

(3) $\begin{vmatrix}x-1 & x^3\\ 1 & x^2+x+1\end{vmatrix}$;　　(4) $\begin{vmatrix}2 & 1 & 3\\ 3 & -2 & -1\\ 1 & 4 & 3\end{vmatrix}$;

(5) $\begin{vmatrix}0 & a & 0\\ b & 0 & c\\ 0 & d & 0\end{vmatrix}$;　　(6) $\begin{vmatrix}2 & -1 & 1\\ 3 & 2 & 1\\ 1 & -2 & 1\end{vmatrix}$.

1.2 n 阶行列式

1.2.1 n 阶行列式的定义

定义 1.1 将 $n\times n$ 个数排成 n 行 n 列，并在左、右两边各加一竖线，即

$$D_n=\begin{vmatrix} a_{11} & a_{12} & \cdots & a_{1n} \\ a_{21} & a_{22} & \cdots & a_{2n} \\ \vdots & \vdots & & \vdots \\ a_{n1} & a_{n2} & \cdots & a_{nn} \end{vmatrix},$$

称 D_n 为 **n 阶行列式**，它代表一个确定的运算关系所得到的数，其中

当 $n=1$ 时，$D_1=a_{11}$；

当 $n=2$ 时，$D_2=\begin{vmatrix} a_{11} & a_{12} \\ a_{21} & a_{22} \end{vmatrix}=a_{11}a_{22}-a_{12}a_{21}$；

当 $n>2$ 时，$D_n=a_{i1}A_{i1}+a_{i2}A_{i2}+\cdots+a_{in}A_{in}=\sum\limits_{k=1}^{n}a_{ik}A_{ik}\ (i=1,2,\cdots,n)$，

或 $D_n=a_{1j}A_{1j}+a_{2j}A_{2j}+\cdots+a_{nj}A_{nj}=\sum\limits_{k=1}^{n}a_{kj}A_{kj}\ (j=1,2,\cdots,n)$.

在 D_n 中，a_{ij} 表示第 i 行第 j 列的元素，$A_{ij}=(-1)^{i+j}M_{ij}$，称为元素 a_{ij} 的**代数余子式**，M_{ij} 为 D_n 中划去第 i 行第 j 列后余下的元素构成的 $n-1$ 阶行列式，即

$$M_{ij}=\begin{vmatrix} a_{11} & \cdots & a_{1,j-1} & a_{1,j+1} & \cdots & a_{1n} \\ \vdots & & \vdots & \vdots & & \vdots \\ a_{i-1,1} & \cdots & a_{i-1,j-1} & a_{i-1,j+1} & \cdots & a_{i-1,n} \\ a_{i+1,1} & \cdots & a_{i+1,j-1} & a_{i+1,j+1} & \cdots & a_{i+1,n} \\ \vdots & & \vdots & \vdots & & \vdots \\ a_{n1} & \cdots & a_{n,j-1} & a_{n,j+1} & \cdots & a_{nn} \end{vmatrix},$$

称为元素 a_{ij} 的**余子式**. 行列式 D_n 等于它的第 i 行（第 j 列）的各元素与其对应的代数余子式乘积之和，也称行列式 D_n 按第 i 行（第 j 列）展开.

【例 1.6】 已知

$$D_4=\begin{vmatrix} 4 & 3 & 1 & 2 \\ 0 & -1 & 5 & 3 \\ 2 & 4 & 6 & 7 \\ -3 & 0 & 1 & 0 \end{vmatrix},$$

写出元素 a_{34} 的余子式和代数余子式.

解　因为第三行第四列元素 $a_{34}=7$，故划去它所在的行和列的所有元素后形成的三阶行列式为

$$M_{34}=\begin{vmatrix}4&3&1\\0&-1&5\\-3&0&1\end{vmatrix},$$

为元素 7 的余子式.

a_{34}的代数余子式 $A_{34}=(-1)^{3+4}M_{34}$，即

$$A_{34}=-\begin{vmatrix}4&3&1\\0&-1&5\\-3&0&1\end{vmatrix}.$$

【例 1.7】　用定义计算四阶行列式

$$D_4=\begin{vmatrix}3&0&-2&0\\-4&1&0&2\\1&5&7&0\\-3&0&2&4\end{vmatrix}.$$

解　由定义，将行列式按照第 1 行展开，即

$$\begin{aligned}D_4&=(-1)^{1+1}\times 3\begin{vmatrix}1&0&2\\5&7&0\\0&2&4\end{vmatrix}+(-1)^{1+3}\times(-2)\begin{vmatrix}-4&1&2\\1&5&0\\-3&0&4\end{vmatrix}\\&=3\times(28+20)-2\times(-80+30-4)=144+108=252.\end{aligned}$$

【例 1.8】　证明上三角行列式（主对角线以下的元素都为 0 的行列式称为上三角行列式）

$$D=\begin{vmatrix}a_{11}&a_{12}&\cdots&a_{1n}\\0&a_{22}&\cdots&a_{2n}\\\vdots&\vdots&&\vdots\\0&0&\cdots&a_{nn}\end{vmatrix}=a_{11}a_{22}\cdots a_{nn}.$$

证　将行列式按照第 1 列展开，得

$$D=a_{11}\begin{vmatrix}a_{22}&a_{23}&\cdots&a_{2n}\\0&a_{33}&\cdots&a_{3n}\\\vdots&\vdots&&\vdots\\0&0&\cdots&a_{nn}\end{vmatrix},$$

然后继续把它按照第 1 列展开，即证.

因此，**上三角行列式的值等于主对角线元素的乘积.**

1.2.2 n 阶行列式的性质

二阶、三阶行列式可用对角线法则、沙路法则或按照定义直接计算，但当 n 较大时，再从行列式的定义出发求行列式的值就比较麻烦了. 为此，有必要介绍行列式的一些基本性质，利用这些性质可以简化行列式的计算.

记 n 阶行列式

$$D=\begin{vmatrix} a_{11} & a_{12} & \cdots & a_{1n} \\ a_{21} & a_{22} & \cdots & a_{2n} \\ \vdots & \vdots & & \vdots \\ a_{n1} & a_{n2} & \cdots & a_{nn} \end{vmatrix},$$

将这个行列式的行和列互换，不改变它们的先后顺序得到的新行列式称为 D 的**转置行列式**，记为 D^{T}，即

$$D^{\mathrm{T}}=\begin{vmatrix} a_{11} & a_{21} & \cdots & a_{n1} \\ a_{12} & a_{22} & \cdots & a_{n2} \\ \vdots & \vdots & & \vdots \\ a_{1n} & a_{2n} & \cdots & a_{nn} \end{vmatrix}.$$

微课 4

性质 1.1 行列式与它的转置行列式相等，即 $D=D^{\mathrm{T}}$.

该性质说明行列式中行列地位的对称性，即行列式中行具有的性质，列同样具有.

性质 1.2 互换行列式的两行(列)，行列式变号.

微课 5

交换行列式 i,j 两行，记为 $r_i \leftrightarrow r_j$，交换行列式 i,j 两列，记为 $c_i \leftrightarrow c_j$，例如，

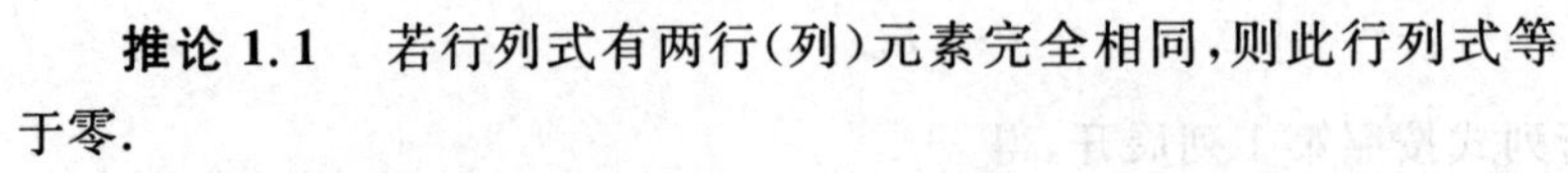

$$\begin{vmatrix} a_{11} & a_{12} & a_{13} \\ a_{21} & a_{22} & a_{23} \\ a_{31} & a_{32} & a_{33} \end{vmatrix} \xlongequal{r_1 \leftrightarrow r_2} -\begin{vmatrix} a_{21} & a_{22} & a_{23} \\ a_{11} & a_{12} & a_{13} \\ a_{31} & a_{32} & a_{33} \end{vmatrix}.$$

微课 6

推论 1.1 若行列式有两行(列)元素完全相同，则此行列式等于零.

证 把这两行(列)互换，有 $D=-D$，故 $D=0$.

性质 1.3 行列式的某一行(列)中所有元素都乘以同一个数 k，等于用数 k 乘以此行列式.

第 i 行(第 i 列)乘以 k，记作 $kr_i(kc_i)$，例如，

$$\begin{vmatrix} a_{11} & a_{12} & a_{13} \\ ka_{21} & ka_{22} & ka_{23} \\ a_{31} & a_{32} & a_{33} \end{vmatrix} = k\begin{vmatrix} a_{11} & a_{12} & a_{13} \\ a_{21} & a_{22} & a_{23} \\ a_{31} & a_{32} & a_{33} \end{vmatrix}.$$

微课 7

推论 1.2　行列式中某一行(列)所有元素的公因子可以提到行列式符号的外面.

推论 1.3　行列式中若有一行(列)元素全为零,则此行列式等于零.

性质 1.4　行列式中若有两行(列)元素对应成比例,则此行列式等于零.例如,

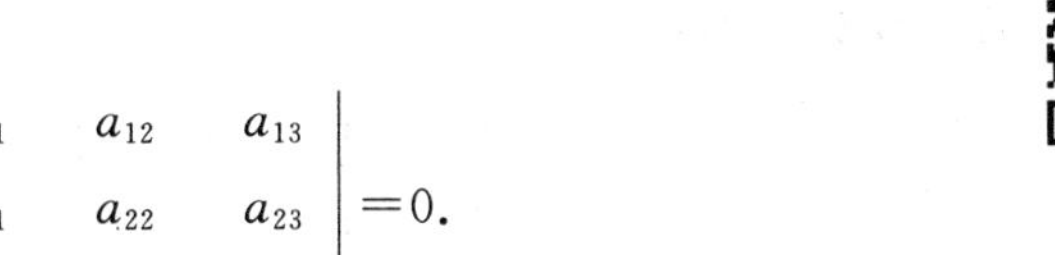

$$\begin{vmatrix} a_{11} & a_{12} & a_{13} \\ a_{21} & a_{22} & a_{23} \\ ka_{11} & ka_{12} & ka_{13} \end{vmatrix} = 0.$$

微课 8

性质 1.5　若行列式的某行(列)元素都是两个数之和,例如:

$$D=\begin{vmatrix} a_{11} & a_{12} & \cdots & a_{1n} \\ a_{21} & a_{22} & \cdots & a_{2n} \\ \vdots & \vdots & & \vdots \\ a_{i1}+a'_{i1} & a_{i2}+a'_{i2} & \cdots & a_{in}+a'_{in} \\ \vdots & \vdots & & \vdots \\ a_{n1} & a_{n2} & \cdots & a_{nn} \end{vmatrix},$$

则行列式等于相应的两个行列式之和:

微课 9

$$D=\begin{vmatrix} a_{11} & a_{12} & \cdots & a_{1n} \\ a_{21} & a_{22} & \cdots & a_{2n} \\ \vdots & \vdots & & \vdots \\ a_{i1} & a_{i2} & \cdots & a_{in} \\ \vdots & \vdots & & \vdots \\ a_{n1} & a_{n2} & \cdots & a_{nn} \end{vmatrix} + \begin{vmatrix} a_{11} & a_{12} & \cdots & a_{1n} \\ a_{21} & a_{22} & \cdots & a_{2n} \\ \vdots & \vdots & & \vdots \\ a'_{i1} & a'_{i2} & \cdots & a'_{in} \\ \vdots & \vdots & & \vdots \\ a_{n1} & a_{n2} & \cdots & a_{nn} \end{vmatrix}.$$

性质 1.6　把行列式某一行(列)的元素乘以数 k,加到另一行(列)对应的元素上去,行列式的值不变.

例如,数 k 乘以第 i 行(列)的元素加到第 j 行(列)对应元素上,记作 kr_i+r_j (kc_i+c_j),有

$$\begin{vmatrix} a_{11} & a_{12} & \cdots & a_{1n} \\ \vdots & \vdots & & \vdots \\ a_{i1} & a_{i2} & \cdots & a_{in} \\ \vdots & \vdots & & \vdots \\ a_{j1} & a_{j2} & \cdots & a_{jn} \\ \vdots & \vdots & & \vdots \\ a_{n1} & a_{n2} & \cdots & a_{nn} \end{vmatrix} \xlongequal{kr_i+r_j} \begin{vmatrix} a_{11} & a_{12} & \cdots & a_{1n} \\ \vdots & \vdots & & \vdots \\ a_{i1} & a_{i2} & \cdots & a_{in} \\ \vdots & \vdots & & \vdots \\ a_{j1}+ka_{i1} & a_{j2}+ka_{i2} & \cdots & a_{jn}+ka_{in} \\ \vdots & \vdots & & \vdots \\ a_{n1} & a_{n2} & \cdots & a_{nn} \end{vmatrix} \quad (i\neq j).$$

【例 1.9】 计算行列式

$$D=\begin{vmatrix} 3 & 1 & -1 & 2 \\ -5 & 1 & 3 & -4 \\ 2 & 0 & 1 & -1 \\ 1 & 5 & 3 & -3 \end{vmatrix}.$$

解

$$D \xlongequal{c_1\leftrightarrow c_2} -\begin{vmatrix} 1 & 3 & -1 & 2 \\ 1 & -5 & 3 & -4 \\ 0 & 2 & 1 & -1 \\ -5 & 1 & 3 & -3 \end{vmatrix} \xlongequal[5r_1+r_4]{-r_1+r_2} -\begin{vmatrix} 1 & 3 & -1 & 2 \\ 0 & -8 & 4 & -6 \\ 0 & 2 & 1 & -1 \\ 0 & 16 & -2 & 7 \end{vmatrix}$$

$$\xlongequal{r_2\leftrightarrow r_3} \begin{vmatrix} 1 & 3 & -1 & 2 \\ 0 & 2 & 1 & -1 \\ 0 & -8 & 4 & -6 \\ 0 & 16 & -2 & 7 \end{vmatrix} \xlongequal[-8r_2+r_4]{4r_2+r_3} \begin{vmatrix} 1 & 3 & -1 & 2 \\ 0 & 2 & 1 & -1 \\ 0 & 0 & 8 & -10 \\ 0 & 0 & -10 & 15 \end{vmatrix}$$

$$\xlongequal{\frac{5}{4}r_3+r_4} \begin{vmatrix} 1 & 3 & -1 & 2 \\ 0 & 2 & 1 & -1 \\ 0 & 0 & 8 & -10 \\ 0 & 0 & 0 & \frac{5}{2} \end{vmatrix} = 1\times 2\times 8\times \frac{5}{2}=40.$$

在上述例子中，我们通过行列式的性质将一个行列式的计算转化为一个上三角(或下三角)行列式的计算，我们称这种计算行列式的方法为**化三角形法**.

【例 1.10】 计算行列式

$$D=\begin{vmatrix} 1 & 2 & 3 & 2 \\ 1 & 2 & 0 & -5 \\ 1 & 0 & 1 & 2 \\ 4 & 3 & 1 & 2 \end{vmatrix}.$$

解

$$D\xlongequal[5c_1+c_4]{-2c_1+c_2}\begin{vmatrix}1&0&3&7\\1&0&0&0\\1&-2&1&7\\4&-5&1&22\end{vmatrix}\xlongequal[\substack{a_{21}A_{21}+a_{22}A_{22}\\+a_{23}A_{23}+a_{24}A_{24}}]{\text{按第 2 行展开}}1\times(-1)^{2+1}\begin{vmatrix}0&3&7\\-2&1&7\\-5&1&22\end{vmatrix}$$

$$\xlongequal[-r_2+r_3]{-3r_2+r_1}(-1)\begin{vmatrix}6&0&-14\\-2&1&7\\-3&0&15\end{vmatrix}$$

$$\xlongequal[a_{12}A_{12}+a_{22}A_{22}+a_{32}A_{32}]{\text{按第 2 列展开}}(-1)\times1\times(-1)^{2+2}\begin{vmatrix}6&-14\\-3&15\end{vmatrix}=-48.$$

在上述例子中，我们先利用行列式的性质把行列式的某一行(列)化为只含有一个非零元素的行(列)，然后再结合行列式的定义，将行列式按这一行(列)展开，就能简化行列式的计算，实际上这是一种将高阶行列式化为低阶行列式的计算方法，我们称这种行列式的计算方法为**降阶法**.

【例 1.11】 计算行列式

$$D=\begin{vmatrix}1&2&3&4\\4&1&2&3\\3&4&1&2\\2&3&4&1\end{vmatrix}.$$

解

$$D=\begin{vmatrix}1&2&3&4\\4&1&2&3\\3&4&1&2\\2&3&4&1\end{vmatrix}\xlongequal[c_4+c_1]{\substack{c_2+c_1\\c_3+c_1}}\begin{vmatrix}10&2&3&4\\10&1&2&3\\10&4&1&2\\10&3&4&1\end{vmatrix}=10\begin{vmatrix}1&2&3&4\\1&1&2&3\\1&4&1&2\\1&3&4&1\end{vmatrix}$$

$$\xlongequal[-r_1+r_4]{\substack{-r_1+r_2\\-r_1+r_3}}10\begin{vmatrix}1&2&3&4\\0&-1&-1&-1\\0&2&-2&-2\\0&1&1&-3\end{vmatrix}=10\begin{vmatrix}-1&-1&-1\\2&-2&-2\\1&1&-3\end{vmatrix}$$

$$\xlongequal[r_1+r_3]{2r_1+r_2}10\begin{vmatrix}-1&-1&-1\\0&-4&-4\\0&0&-4\end{vmatrix}=10\times(-1)\times(-4)\times(-4)=-160.$$

【例 1.12】 计算 n 阶行列式

微课 10

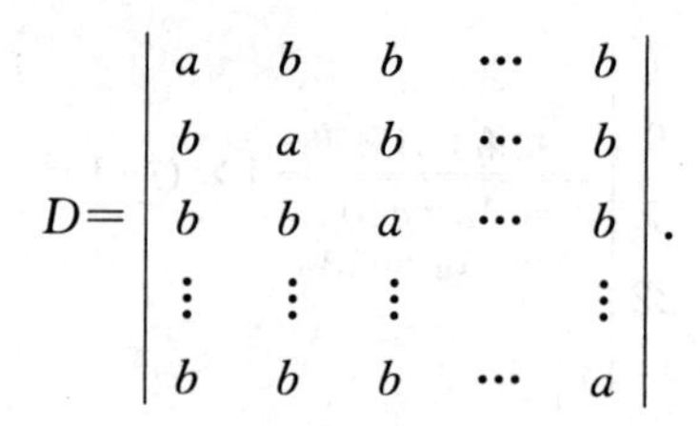

$$D=\begin{vmatrix} a & b & b & \cdots & b \\ b & a & b & \cdots & b \\ b & b & a & \cdots & b \\ \vdots & \vdots & \vdots & & \vdots \\ b & b & b & \cdots & a \end{vmatrix}.$$

解

$$D=\begin{vmatrix} a & b & b & \cdots & b \\ b & a & b & \cdots & b \\ b & b & a & \cdots & b \\ \vdots & \vdots & \vdots & & \vdots \\ b & b & b & \cdots & a \end{vmatrix}=\begin{vmatrix} a+(n-1)b & b & b & \cdots & b \\ a+(n-1)b & a & b & \cdots & b \\ a+(n-1)b & b & a & \cdots & b \\ \vdots & \vdots & \vdots & & \vdots \\ a+(n-1)b & b & b & \cdots & a \end{vmatrix}$$

$$=[a+(n-1)b]\begin{vmatrix} 1 & b & b & \cdots & b \\ 1 & a & b & \cdots & b \\ 1 & b & a & \cdots & b \\ \vdots & \vdots & \vdots & & \vdots \\ 1 & b & b & \cdots & a \end{vmatrix}$$

$$=[a+(n-1)b]\begin{vmatrix} 1 & b & b & \cdots & b \\ 0 & a-b & 0 & \cdots & 0 \\ 0 & 0 & a-b & \cdots & 0 \\ \vdots & \vdots & \vdots & & \vdots \\ 0 & 0 & 0 & \cdots & a-b \end{vmatrix}$$

$$=[a+(n-1)b](a-b)^{n-1}.$$

由行列式的定义，还可以得到下面的重要推论：

推论 1.4 行列式 D 中任一行(列)的元素与另一行(列)对应元素的代数余子式乘积之和等于零，即

$$a_{i1}A_{j1}+a_{i2}A_{j2}+\cdots+a_{in}A_{jn}=0,\quad i\neq j,$$

或

$$a_{1i}A_{1j}+a_{2i}A_{2j}+\cdots+a_{ni}A_{nj}=0,\quad i\neq j.$$

证明 将行列式 D 按第 j 行展开，有

$$a_{j1}A_{j1}+a_{j2}A_{j2}+\cdots+a_{jn}A_{jn}=\begin{vmatrix} a_{11} & \cdots & a_{1n} \\ \vdots & & \vdots \\ a_{i1} & \cdots & a_{in} \\ \vdots & & \vdots \\ a_{j1} & \cdots & a_{jn} \\ \vdots & & \vdots \\ a_{n1} & \cdots & a_{nn} \end{vmatrix}.$$

因为 $A_{jk}(k=1,2,\cdots,n)$ 与行列式中第 j 行的元素无关,将上式中的 a_{jk} 换成 $a_{ik}(k=1,2,\cdots,n)$,则当 $i\neq j$ 时,有

$$a_{i1}A_{j1}+a_{i2}A_{j2}+\cdots+a_{in}A_{jn}=\begin{vmatrix} a_{11} & \cdots & a_{1n} \\ \vdots & & \vdots \\ a_{i1} & \cdots & a_{in} \\ \vdots & & \vdots \\ a_{i1} & \cdots & a_{in} \\ \vdots & & \vdots \\ a_{n1} & \cdots & a_{nn} \end{vmatrix}=0.$$

同理可证

$$a_{1i}A_{1j}+a_{2i}A_{2j}+\cdots+a_{ni}A_{nj}=0,\quad i\neq j.$$

证毕.

综上所述,即得代数余子式的重要性质[**行列式按行(列)展开公式**]:

$$a_{i1}A_{j1}+a_{i2}A_{j2}+\cdots+a_{in}A_{jn}=\begin{cases} D, & \text{当 } i=j, \\ 0, & \text{当 } i\neq j, \end{cases}$$

或

$$a_{1i}A_{1j}+a_{2i}A_{2j}+\cdots+a_{ni}A_{nj}=\begin{cases} D, & \text{当 } i=j, \\ 0, & \text{当 } i\neq j. \end{cases}$$

【例 1.13】 已知行列式

$$D=\begin{vmatrix} 1 & 2 & 3 & 4 \\ 2 & 4 & 3 & 1 \\ 4 & 1 & 3 & 2 \\ 1 & 4 & 3 & 2 \end{vmatrix}.$$

求 D 的第 1 列各元素的代数余子式之和 $A_{11}+A_{21}+A_{31}+A_{41}$.

解法 1 因为

$$D_1=\begin{vmatrix}1&2&3&4\\1&4&3&1\\1&1&3&2\\1&4&3&2\end{vmatrix}=0.$$

D_1 与 D 的第 1 列元素的代数余子式相同，将 D_1 按第 1 列展开，得 $A_{11}+A_{21}+A_{31}+A_{41}=0$.

解法 2 因为 D 的第 3 列元素与 D 的第 1 列元素的代数余子式相乘求和为 0，即 $3A_{11}+3A_{21}+3A_{31}+3A_{41}=0$，所以 $A_{11}+A_{21}+A_{31}+A_{41}=0$.

【例 1.14】 设 n 阶行列式

微课 11

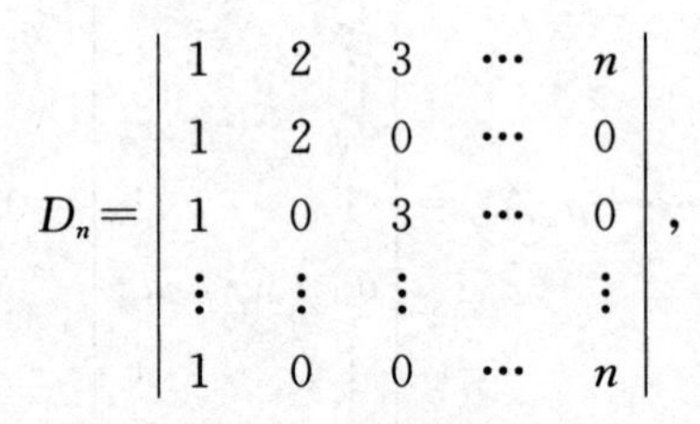

$$D_n=\begin{vmatrix}1&2&3&\cdots&n\\1&2&0&\cdots&0\\1&0&3&\cdots&0\\\vdots&\vdots&\vdots&&\vdots\\1&0&0&\cdots&n\end{vmatrix},$$

求 D_n 的第 1 行各元素的代数余子式之和

$$A_{11}+A_{12}+\cdots+A_{1n}.$$

解

$$A_{11}+A_{12}+\cdots+A_{1n}=\begin{vmatrix}1&1&1&\cdots&1\\1&2&0&\cdots&0\\1&0&3&\cdots&0\\\vdots&\vdots&\vdots&&\vdots\\1&0&0&\cdots&n\end{vmatrix}$$

$$\xlongequal[i=2,3,\cdots,n]{-\frac{1}{i}c_i+c_1}\begin{vmatrix}1-\sum\limits_{i=2}^{n}\frac{1}{i}&1&1&\cdots&1\\0&2&0&\cdots&0\\0&0&3&\cdots&0\\\vdots&\vdots&\vdots&&\vdots\\0&0&0&\cdots&n\end{vmatrix}$$

$$=\left(1-\sum_{i=2}^{n}\frac{1}{i}\right)\cdot n!.$$

习　题　1.2

1. 计算下列行列式的值：

(1) $\begin{vmatrix} 1 & 1 & 1 & 0 \\ 1 & 1 & 0 & 1 \\ 1 & 0 & 1 & 1 \\ 0 & 1 & 1 & 1 \end{vmatrix}$；　(2) $\begin{vmatrix} 4 & 1 & 2 & 4 \\ 1 & 2 & 0 & 2 \\ 10 & 5 & 2 & 0 \\ 0 & 1 & 1 & 7 \end{vmatrix}$；

(3) $\begin{vmatrix} 1 & 1 & 2 & 3 \\ 3 & -1 & -1 & 2 \\ 2 & 3 & -1 & -1 \\ 1 & 2 & 3 & 0 \end{vmatrix}$；　(4) $\begin{vmatrix} 1+x_1 & 1+x_2 & 1+x_3 \\ 2+x_1 & 2+x_2 & 2+x_3 \\ 3+x_1 & 3+x_2 & 3+x_3 \end{vmatrix}$.

2. 证明：

(1) $\begin{vmatrix} a^2 & ab & b^2 \\ 2a & a+b & 2b \\ 1 & 1 & 1 \end{vmatrix}=(a-b)^3$；　(2) $\begin{vmatrix} (a+1)^2 & a^2 & a & 1 \\ (b+1)^2 & b^2 & b & 1 \\ (c+1)^2 & c^2 & c & 1 \\ (d+1)^2 & d^2 & d & 1 \end{vmatrix}=0$；

(3) $\begin{vmatrix} 1+x & 1 & 1 & 1 \\ 1 & 1-x & 1 & 1 \\ 1 & 1 & 1+y & 1 \\ 1 & 1 & 1 & 1-y \end{vmatrix}=x^2y^2$.

微课 12

1.3　克莱姆法则

通过第一节的学习，我们已经知道用二阶、三阶行列式可以分别解含有两个未知量两个方程和含有三个未知量三个方程的线性方程组.下面我们将用 n 阶行列式解含有 n 个未知量 n 个方程的线性方程组.

设含 n 个未知量 n 个方程的线性方程组为

$$\begin{cases} a_{11}x_1+a_{12}x_2+\cdots+a_{1n}x_n=b_1, \\ a_{21}x_1+a_{22}x_2+\cdots+a_{2n}x_n=b_2, \\ \qquad\cdots \\ a_{n1}x_1+a_{n2}x_2+\cdots+a_{nn}x_n=b_n. \end{cases} \tag{1.8}$$

它的系数组成的 n 阶行列式

$$D=\begin{vmatrix} a_{11} & a_{12} & \cdots & a_{1n} \\ a_{21} & a_{22} & \cdots & a_{2n} \\ \vdots & \vdots & & \vdots \\ a_{n1} & a_{n2} & \cdots & a_{nn} \end{vmatrix}$$

称为方程组(1.8)的**系数行列式**.

用常数项 $b_1,b_2,\cdots,b_n$ 代替系数行列式 D 中的第 j 列元素组成的 n 阶行列式记为 D_j,即

$$D_j=\begin{vmatrix} a_{11} & a_{12} & \cdots & a_{1,j-1} & b_1 & a_{1,j+1} & \cdots & a_{1n} \\ a_{21} & a_{22} & \cdots & a_{2,j-1} & b_2 & a_{2,j+1} & \cdots & a_{2n} \\ \vdots & \vdots & & \vdots & \vdots & \vdots & & \vdots \\ a_{n1} & a_{n2} & \cdots & a_{n,j-1} & b_n & a_{n,j+1} & \cdots & a_{nn} \end{vmatrix},\ j=1,2,\cdots,n.$$

定理 1.1(克莱姆法则) 若线性方程组(1.8)的系数行列式 $D\neq 0$,则方程组(1.8)存在唯一解:

$$x_1=\frac{D_1}{D},\ x_2=\frac{D_2}{D},\ \cdots,\ x_n=\frac{D_n}{D}.$$

证 首先证明解的存在性,即 $x_j=\dfrac{D_j}{D}$ 是方程组(1.8)的解. 行列式 D_j 按第 j 列展开,

$$D_j=b_1A_{1j}+b_2A_{2j}+\cdots+b_nA_{nj},$$

其中,A_{ij} 为系数行列式 D 中元素 a_{ij} 的代数余子式. 将 $x_j=\dfrac{D_j}{D}$ 代入方程组(1.8)中的第 i 个方程,得

$$\begin{aligned} a_{i1}x_1+a_{i2}x_2+\cdots+a_{in}x_n &= a_{i1}\frac{D_1}{D}+a_{i2}\frac{D_2}{D}+\cdots+a_{in}\frac{D_n}{D} \\ &= \frac{1}{D}[a_{i1}(b_1A_{11}+b_2A_{21}+\cdots+b_nA_{n1})+a_{i2}(b_1A_{12}+b_2A_{22}+\cdots+b_nA_{n2})+ \\ &\quad \cdots+a_{in}(b_1A_{1n}+b_2A_{2n}+\cdots+b_nA_{nn})] \\ &= \frac{1}{D}[b_1(a_{i1}A_{11}+a_{i2}A_{12}+\cdots+a_{in}A_{1n})+b_2(a_{i1}A_{21}+a_{i2}A_{22}+\cdots+a_{in}A_{2n})+ \\ &\quad \cdots+b_n(a_{i1}A_{n1}+a_{i2}A_{n2}+\cdots+a_{in}A_{nn})], \end{aligned}$$

因为 $a_{i1}A_{k1}+a_{i2}A_{k2}+\cdots+a_{in}A_{kn}=0(i\neq k)$,$a_{i1}A_{i1}+a_{i2}A_{i2}+\cdots+a_{in}A_{in}=D$,

所以 $a_{i1}x_1+a_{i2}x_2+\cdots+a_{in}x_n=\dfrac{1}{D}(b_iD)=b_i$,$i=1,2,\cdots,n$.

因此，$x_j=\dfrac{D_j}{D}$是方程组(1.8)的解.

下面证明唯一性.

用行列式 D 中第 j 列各元素的代数余子式 $A_{1j},A_{2j},\cdots,A_{nj}$ 依次乘方程组(1.8)的第1个、第2个、…、第 n 个方程，再将等式两端相加，整理得

$$\left(\sum_{k=1}^{n}a_{k1}A_{kj}\right)x_1+\cdots+\left(\sum_{k=1}^{n}a_{kj}A_{kj}\right)x_j+\cdots+\left(\sum_{k=1}^{n}a_{kn}A_{kj}\right)x_n=\sum_{k=1}^{n}b_kA_{kj}.$$

由第1.2节的内容可知，上式中 x_j 的系数等于 D，而其余 $x_i(i\neq j)$ 的系数均为0；又等式右端即为 D_j，$0\cdot x_1+\cdots+D\cdot x_j+\cdots+0\cdot x_n=D_j$，即

$$D\cdot x_j=D_j,\ j=1,2,\cdots,n. \tag{1.9}$$

由于方程组(1.9)是由方程组(1.8)经数乘与相加运算而得，故方程组(1.8)的解一定是方程组(1.9)的解，而方程组(1.9)当 $D\neq0$ 时，仅有一个解

$$x_j=\frac{D_j}{D},\ j=1,2,\cdots,n.$$

【例1.15】 解下列线性方程组：

$$\begin{cases}x_1-x_2+x_3-2x_4=2,\\2x_1-x_3+4x_4=4,\\3x_1+2x_2+x_3=-1,\\-x_1+2x_2-x_3+2x_4=-4.\end{cases}$$

解 先计算行列式 D 及 D_j，$j=1,2,3,4$，

$$D=\begin{vmatrix}1&-1&1&-2\\2&0&-1&4\\3&2&1&0\\-1&2&-1&2\end{vmatrix}\xlongequal[r_1+r_4]{\substack{-2r_1+r_2\\-3r_1+r_3}}\begin{vmatrix}1&-1&1&-2\\0&2&-3&8\\0&5&-2&6\\0&1&0&0\end{vmatrix}=\begin{vmatrix}2&-3&8\\5&-2&6\\1&0&0\end{vmatrix}=-2\neq0,$$

$$D_1=\begin{vmatrix}2&-1&1&-2\\4&0&-1&4\\-1&2&1&0\\-4&2&-1&2\end{vmatrix}=-2,\ D_2=\begin{vmatrix}1&2&1&-2\\2&4&-1&4\\3&-1&1&0\\-1&-4&-1&2\end{vmatrix}=4,$$

$$D_3=\begin{vmatrix}1&-1&2&-2\\2&0&4&4\\3&2&-1&0\\-1&2&-4&2\end{vmatrix}=0,\ D_4=\begin{vmatrix}1&-1&1&2\\2&0&-1&4\\3&2&1&-1\\-1&2&-1&-4\end{vmatrix}=-1.$$

由克莱姆法则，方程组有唯一解：

$$x_1=\frac{D_1}{D}=1,\ x_2=\frac{D_2}{D}=-2,$$

$$x_3=\frac{D_3}{D}=0,\ x_4=\frac{D_4}{D}=\frac{1}{2}.$$

克莱姆法则也可叙述如下：

定理 1.2　如果线性方程组(1.8)的系数行列式 $D\neq 0$，则方程组(1.8)一定有解，且解是唯一的.

它的逆否命题如下：

定理 1.3　如果线性方程组(1.8)无解或有两个不同的解，则它的系数行列式必为零($D=0$).

如果方程组(1.8)的常数项全部为零，即

$$\begin{cases} a_{11}x_1+a_{12}x_2+\cdots+a_{1n}x_n=0, \\ a_{21}x_1+a_{22}x_2+\cdots+a_{2n}x_n=0, \\ \cdots \\ a_{n1}x_1+a_{n2}x_2+\cdots+a_{nn}x_n=0, \end{cases} \tag{1.10}$$

则称为**齐次线性方程组**. 而常数项不全为零的线性方程组(1.8)称为**非齐次线性方程组**.

显然，齐次线性方程组(1.10)一定有零解 $x_1=x_2=\cdots=x_n=0$. 对于齐次线性方程组除零解外是否还有非零解，可由如下定理判定.

定理 1.4　如果齐次线性方程组(1.10)的系数行列式 $D\neq 0$，则它只有零解，即

$$x_1=x_2=\cdots=x_n=0.$$

证　因为 $D\neq 0$，由克莱姆法则，方程组(1.10)有唯一解：

$$x_j=\frac{D_j}{D},\ j=1,2,\cdots,n.$$

由于 D_j 中有一列元素全为 0，则 $D_j=0, j=1,2,\cdots,n$，所以方程组(1.10)只有零解 $x_1=x_2=\cdots=x_n=0$.

定理 1.5　齐次线性方程组(1.10)存在非零解的充分必要条件是(1.10)的系数行列式 $D=0$.

【例 1.16】　判定齐次线性方程组

微课 13

$$\begin{cases} x_1+x_2+2x_3+3x_4=0, \\ x_1+2x_2+3x_3-x_4=0, \\ 3x_1-x_2-x_3-2x_4=0, \\ 2x_1+3x_2-x_3-x_4=0, \end{cases}$$

是否仅有零解?

解 因为系数行列式

$$D=\begin{vmatrix}1&1&2&3\\1&2&3&-1\\3&-1&-1&-2\\2&3&-1&-1\end{vmatrix}=-153\neq 0,$$

所以方程组仅有零解.

【例 1.17】 问 λ 取何值时,齐次线性方程组

$$\begin{cases}(1-\lambda)x_1 & -2x_2 & +4x_3=0,\\ 2x_1+(3-\lambda)x_2 & & +x_3=0,\\ x_1 & +x_2+(1-\lambda)x_3=0,\end{cases}$$

有非零解?

解 由定理 1.5 可知,若所给齐次线性方程组有非零解,则它的系数行列式 $D=0$,而

$$\begin{aligned}D&=\begin{vmatrix}1-\lambda&-2&4\\2&3-\lambda&1\\1&1&1-\lambda\end{vmatrix}\\&=(1-\lambda)^2(3-\lambda)+8-2-4(3-\lambda)+4(1-\lambda)-(1-\lambda)\\&=(3-\lambda)(\lambda-2)\lambda,\end{aligned}$$

由 $D=0$,解得 $\lambda=0$, $\lambda=2$ 或 $\lambda=3$,不难验证,当 $\lambda=0$,2 或 3 时,所给齐次线性方程组有非零解.

习 题 1.3

1. 用克莱姆法则求下列线性方程组的解:

(1) $\begin{cases}2x_1-x_2-x_3=4,\\3x_1+4x_2-2x_3=11,\\3x_1-2x_2+4x_3=11;\end{cases}$ (2) $\begin{cases}2x_1-3x_2+x_3=-1,\\x_1+x_2+x_3=6,\\3x_1+x_2-2x_3=-1.\end{cases}$

2. 问 λ 取何值时,齐次线性方程组

$$\begin{cases}(5-\lambda)x_1 & +2x_2 & +2x_3=0,\\ 2x_1+(6-\lambda)x_2 & & =0,\\ 2x_1 & & +(4-\lambda)x_3=0,\end{cases}$$

有非零解?

微课 14

3. k 取何值时,下列齐次线性方程组有非零解:

(1) $\begin{cases} x_1 + x_2 + kx_3 = 0, \\ -x_1 + kx_2 + x_3 = 0, \\ x_1 - x_2 + 2x_3 = 0; \end{cases}$ (2) $\begin{cases} kx_1 + x_2 + x_3 = 0, \\ x_1 + kx_2 + x_3 = 0, \\ 3x_1 - x_2 + x_3 = 0. \end{cases}$

1.4 用 MATLAB 进行行列式的计算

采用 det 函数来求行列式的值,一般格式为:$D=\det(A)$,其中 A 为 $n\times n$ 个数按一定顺序排成的一个 n 行 n 列的数表.

【例 1.18】 求行列式 $\begin{vmatrix} 1 & -2 & 4 \\ -5 & 2 & 0 \\ 1 & 0 & 3 \end{vmatrix}$ 的值.

解

```
>> A=[1 -2 4;-5 2 0;1 0 3]
A=
    1   -2   4
   -5    2   0
    1    0   3
>> D=det(A)
D=
   -32
```

【例 1.19】 求行列式 $\begin{vmatrix} 1 & 2 & 3 & 2 \\ 1 & 2 & 0 & -5 \\ 1 & 0 & 1 & 2 \\ 4 & 3 & 1 & 2 \end{vmatrix}$ 的值.

解

```
>> A=[1 2 3 2;1 2 0-5;1 0 1 2;4 3 1 2]
A=
   1  2  3   2
   1  2  0  -5
   1  0  1   2
   4  3  1   2
>> D=det(A)
D=
   -48
```

【例 1.20】 求行列式$\begin{vmatrix} 1 & 2 & 3 \\ 4 & 5 & 6 \\ 7 & 8 & 9 \end{vmatrix}$的值.

解
```
>> A=[1 2 3;4 5 6;7 8 9]
A=
    1   2   3
    4   5   6
    7   8   9
>> D=det(A)
D=
    -9.5162e-16
```

第2章 矩 阵

矩阵是线性代数的一个重要概念,也是一个重要的数学工具,它被广泛地应用到现代管理科学、自然科学、工程技术等各个领域.本章主要介绍矩阵的概念及运算、矩阵的初等变换及逆矩阵等知识.

2.1 矩阵的概念及运算

2.1.1 矩阵的概念

引例 2.1(物资调运) 在物资调运中经常要考虑如何决定销地,使物资的总运费最低.如果某个地区的钢材有三个产地 x_1,x_2,x_3,有三个销地 y_1,y_2,y_3,可以用一个数表来表示钢材的调运方案,如表 2.1 所示.

表 2.1 钢材的调运方案

销地 / 产地	y_1	y_2	y_3
x_1	a_{11}	a_{12}	a_{13}
x_2	a_{21}	a_{22}	a_{23}
x_3	a_{31}	a_{32}	a_{33}

表中数据 a_{ij} 表示由产地 x_i 运到销地 y_j 的钢材数量,去掉表头后,得到以下按一定次序排列的数表:

$$\begin{pmatrix} a_{11} & a_{12} & a_{13} \\ a_{21} & a_{22} & a_{23} \\ a_{31} & a_{32} & a_{33} \end{pmatrix}.$$

引例 2.2(成绩统计) 某院校甲、乙、丙三个学生,第一学期数学、英语、计算机三门课程的成绩如表 2.2 所示.

表 2.2 学生成绩表

课程 学生	数学	英语	计算机
学生甲	74	95	65
学生乙	85	78	81
学生丙	91	85	79

为了简便，可以把它写成如下的数表：

$$\begin{pmatrix} 74 & 95 & 65 \\ 85 & 78 & 81 \\ 91 & 85 & 79 \end{pmatrix}.$$

定义 2.1 由 $m\times n$ 个数 $a_{ij}(i=1,2,\cdots,m;j=1,2,\cdots,n)$ 按一定顺序排成一个 m 行 n 列的数表

$$\boldsymbol{A}=\begin{pmatrix} a_{11} & a_{12} & \cdots & a_{1n} \\ a_{21} & a_{22} & \cdots & a_{2n} \\ \vdots & \vdots & & \vdots \\ a_{m1} & a_{m2} & \cdots & a_{mn} \end{pmatrix},$$

称为 m 行 n 列**矩阵**，简称 $m\times n$ **矩阵**，记作 $\boldsymbol{A}=(a_{ij})_{m\times n}$ 或 $\boldsymbol{A}=(a_{ij})$ 或 $\boldsymbol{A}_{m\times n}$.

当 $m=n$ 时，矩阵的行数与列数相等，这时称矩阵为 n 阶**方阵**.

当 $m=1$ 时，矩阵只有一行，即矩阵 $\boldsymbol{A}=(a_{11} \quad a_{12} \quad \cdots \quad a_{1n})$，称为**行矩阵**.

当 $n=1$ 时，矩阵只有一列，即矩阵 $\boldsymbol{A}=\begin{pmatrix} a_{11} \\ a_{21} \\ \vdots \\ a_{m1} \end{pmatrix}$，称为**列矩阵**.

当两个矩阵的行数相等，列数也相等时，就称它们是**同型矩阵**.

元素都是零的矩阵称为**零矩阵**，记作 $\boldsymbol{O}$. 不同型的零矩阵是不同的.

从左上角到右下角的直线称作**主对角线**. 主对角线以下的元素全为零的方阵，即

$$\begin{pmatrix} a_{11} & a_{12} & \cdots & a_{1n} \\ 0 & a_{22} & \cdots & a_{2n} \\ \vdots & \vdots & & \vdots \\ 0 & 0 & \cdots & a_{nn} \end{pmatrix},$$

称为**上三角矩阵**. 主对角线以上的元素全为零的方阵，即

$$
\begin{pmatrix} a_{11} & 0 & \cdots & 0 \\ a_{21} & a_{22} & \cdots & 0 \\ \vdots & \vdots & & \vdots \\ a_{n1} & a_{n2} & \cdots & a_{nn} \end{pmatrix},
$$

称为**下三角矩阵**.上三角矩阵与下三角矩阵统称为**三角矩阵**.

主对角线上存在非零元素,其他元素都是0的方阵称作**对角矩阵**,即

$$
\boldsymbol{A}=\begin{pmatrix} a_{11} & 0 & \cdots & 0 \\ 0 & a_{22} & \cdots & 0 \\ \vdots & \vdots & & \vdots \\ 0 & 0 & \cdots & a_{nn} \end{pmatrix}.
$$

我们也记作 $\boldsymbol{A}=\mathrm{diag}(a_{11},a_{22},\cdots,a_{nn})$.显然对角矩阵既是上三角矩阵,也是下三角矩阵.

特别地,主对角线上的元素都是1,其他元素都是0的矩阵称作**单位矩阵**,记为 $\boldsymbol{E}_n$,简记作 $\boldsymbol{E}$,即

$$
\boldsymbol{E}_n=\begin{pmatrix} 1 & 0 & \cdots & 0 \\ 0 & 1 & \cdots & 0 \\ \vdots & \vdots & & \vdots \\ 0 & 0 & \cdots & 1 \end{pmatrix}.
$$

2.1.2 矩阵的运算

2.1.2.1 矩阵的加法

首先,给出两个矩阵相等的概念.

如果 $\boldsymbol{A}=(a_{ij})$ 与 $\boldsymbol{B}=(b_{ij})$ 是同型矩阵,并且它们的对应元素都相等,即

$$
a_{ij}=b_{ij},i=1,2,\cdots,m;j=1,2,\cdots,n,
$$

则称矩阵 $\boldsymbol{A}$ 与 $\boldsymbol{B}$ **相等**,记作 $\boldsymbol{A}=\boldsymbol{B}$.

引例2.3(产品产量) 某公司有甲、乙两车间生产 A,B,C 三种产品,九月份、十月份两个月的产量如表2.3、表2.4所示.

表2.3 九月份产量(台)

数量 产品 / 车间	A	B	C
甲	11	64	35
乙	15	84	52

表 2.4　十月份产量(台)

车间＼数量＼产品	A	B	C
甲	25	59	44
乙	18	76	65

如果将九月份、十月份两个月的产量合起来进行分析，则有

甲车间：A 产品的产量为 $11+25=36$，乙车间：A 产品的产量为 $15+18=33$，

B 产品的产量为 $64+59=123$，　　B 产品的产量为 $84+76=160$，

C 产品的产量为 $35+44=79$，　　C 产品的产量为 $52+65=117$.

列成表格如下(表 2.5)：

表 2.5　九月份、十月份的总产量(台)

车间＼数量＼产品	A	B	C
甲	36	123	79
乙	33	160	117

写成矩阵形式有

$$\begin{pmatrix} 11 & 64 & 35 \\ 15 & 84 & 52 \end{pmatrix}+\begin{pmatrix} 25 & 59 & 44 \\ 18 & 76 & 65 \end{pmatrix}=\begin{pmatrix} 36 & 123 & 79 \\ 33 & 160 & 117 \end{pmatrix}.$$

定义 2.2　设 $\boldsymbol{A}=(a_{ij})$，$\boldsymbol{B}=(b_{ij})$ 均为 $m\times n$ 矩阵，则矩阵 $\boldsymbol{A}$ 与 $\boldsymbol{B}$ 的和记作 $\boldsymbol{A}+\boldsymbol{B}$，且

$$\boldsymbol{A}+\boldsymbol{B}=(a_{ij}+b_{ij})_{m\times n}.$$

设矩阵 $\boldsymbol{A}=(a_{ij})$，记 $-\boldsymbol{A}=(-a_{ij})$，$-\boldsymbol{A}$ 称为矩阵 $\boldsymbol{A}$ 的**负矩阵**. 显然 $\boldsymbol{A}+(-\boldsymbol{A})=\boldsymbol{O}$. 规定，矩阵的减法为 $\boldsymbol{A}-\boldsymbol{B}=\boldsymbol{A}+(-\boldsymbol{B})$.

由定义知，只有行数相同、列数也相同的矩阵才能相加减.

矩阵的加法满足以下运算规律：

(1) $\boldsymbol{A}+\boldsymbol{B}=\boldsymbol{B}+\boldsymbol{A}$；

(2) $(\boldsymbol{A}+\boldsymbol{B})+\boldsymbol{C}=\boldsymbol{A}+(\boldsymbol{B}+\boldsymbol{C})$；

(3) $\boldsymbol{A}+\boldsymbol{O}=\boldsymbol{A}$；

(4) $\boldsymbol{A}+(-\boldsymbol{A})=\boldsymbol{O}$；

其中，$\boldsymbol{A}$，$\boldsymbol{B}$，$\boldsymbol{C}$ 都是 m 行 n 列的矩阵.

2.1.2.2 数与矩阵相乘

定义 2.3 数 λ 与矩阵 $\boldsymbol{A}=(a_{ij})$ 的乘积记作 $\lambda\boldsymbol{A}$，规定为 $\lambda\boldsymbol{A}=(\lambda a_{ij})_{m\times n}$，即

$$\lambda\boldsymbol{A}=\lambda\begin{pmatrix}a_{11} & a_{12} & \cdots & a_{1n}\\ a_{21} & a_{22} & \cdots & a_{2n}\\ \vdots & \vdots & & \vdots\\ a_{m1} & a_{m2} & \cdots & a_{mn}\end{pmatrix}=\begin{pmatrix}\lambda a_{11} & \lambda a_{12} & \cdots & \lambda a_{1n}\\ \lambda a_{21} & \lambda a_{22} & \cdots & \lambda a_{2n}\\ \vdots & \vdots & & \vdots\\ \lambda a_{m1} & \lambda a_{m2} & \cdots & \lambda a_{mn}\end{pmatrix}.$$

显然，数与矩阵相乘满足下列运算规律：

(1) $(\lambda\mu)\boldsymbol{A}=\lambda(\mu\boldsymbol{A})$；

(2) $(\lambda+\mu)\boldsymbol{A}=\lambda\boldsymbol{A}+\mu\boldsymbol{A}$；

(3) $\lambda(\boldsymbol{A}+\boldsymbol{B})=\lambda\boldsymbol{A}+\lambda\boldsymbol{B}$；

其中，$\boldsymbol{A}$，$\boldsymbol{B}$ 都是 m 行 n 列的矩阵，λ，μ 为任意常数.

【例 2.1】 设 $\boldsymbol{A}=\begin{pmatrix}3 & 2\\ 0 & 8\\ -1 & 1\end{pmatrix}$，$\boldsymbol{B}=\begin{pmatrix}1 & 2\\ 2 & 0\\ 3 & -1\end{pmatrix}$，且 $\boldsymbol{A}+2\boldsymbol{X}=3\boldsymbol{B}$，求矩阵 $\boldsymbol{X}$.

解 由 $\boldsymbol{A}+2\boldsymbol{X}=3\boldsymbol{B}$ 知

$$\boldsymbol{X}=\frac{1}{2}(3\boldsymbol{B}-\boldsymbol{A})=\frac{1}{2}\times\left[3\begin{pmatrix}1 & 2\\ 2 & 0\\ 3 & -1\end{pmatrix}-\begin{pmatrix}3 & 2\\ 0 & 8\\ -1 & 1\end{pmatrix}\right]$$

$$=\frac{1}{2}\times\left[\begin{pmatrix}3 & 6\\ 6 & 0\\ 9 & -3\end{pmatrix}-\begin{pmatrix}3 & 2\\ 0 & 8\\ -1 & 1\end{pmatrix}\right]=\frac{1}{2}\times\begin{pmatrix}0 & 4\\ 6 & -8\\ 10 & -4\end{pmatrix}=\begin{pmatrix}0 & 2\\ 3 & -4\\ 5 & -2\end{pmatrix}.$$

2.1.2.3 矩阵与矩阵相乘

引例 2.4(成本和销售额) 设某厂生产甲、乙、丙三种产品，九月份和十月份的产量用矩阵 $\boldsymbol{A}$ 表示，其成本单价和销售单价用矩阵 $\boldsymbol{B}$ 表示，试求九月份和十月份的成本总额和销售总额.

$$\begin{matrix} & \text{甲} & \text{乙} & \text{丙} \\ \boldsymbol{A}= & \begin{pmatrix}a_{11} & a_{12} & a_{13}\\ a_{21} & a_{22} & a_{23}\end{pmatrix}\end{matrix},\quad \begin{matrix} & \text{成本单价} & \text{销售单价} \\ \boldsymbol{B}= & \begin{pmatrix}b_{11} & b_{12}\\ b_{21} & b_{22}\\ b_{31} & b_{32}\end{pmatrix}\end{matrix},\quad \begin{matrix} & \text{成本总额} & \text{销售总额} \\ \boldsymbol{C}= & \begin{pmatrix}c_{11} & c_{12}\\ c_{21} & c_{22}\end{pmatrix}\end{matrix},$$

用矩阵 $\boldsymbol{C}$ 来表示两个时间段的成本总额和销售总额，则有

九月份三种产品的成本总额为 $c_{11}=a_{11}b_{11}+a_{12}b_{21}+a_{13}b_{31}$，

销售总额为 $c_{12}=a_{11}b_{12}+a_{12}b_{22}+a_{13}b_{32}$，

十月份三种产品的成本总额为 $c_{21}=a_{21}b_{11}+a_{22}b_{21}+a_{23}b_{31}$，

销售总额为 $c_{22}=a_{21}b_{12}+a_{22}b_{22}+a_{23}b_{32}$.

从中可以看出，矩阵 $\boldsymbol{C}$ 的元素 $c_{ij}(i=1,2;j=1,2)$ 是矩阵 $\boldsymbol{A}$ 的第 i 行元素与矩阵 $\boldsymbol{B}$ 的第 j 列对应元素乘积之和.

定义 2.4 设 $\boldsymbol{A}=(a_{ij})$ 是一个 $m\times s$ 矩阵，$\boldsymbol{B}=(b_{ij})$ 是一个 $s\times n$ 矩阵，那么规定矩阵 $\boldsymbol{A}$ 与矩阵 $\boldsymbol{B}$ 的乘积是一个 $m\times n$ 矩阵 $\boldsymbol{C}=(c_{ij})$，其中

$$c_{ij}=a_{i1}b_{1j}+a_{i2}b_{2j}+\cdots+a_{is}b_{sj}=\sum_{k=1}^{s}a_{ik}b_{kj}, i=1,2,\cdots,m;j=1,2,\cdots,n.$$

记作 $\boldsymbol{C}=\boldsymbol{AB}$. 记号 $\boldsymbol{AB}$ 常读作 $\boldsymbol{A}$ 左乘 $\boldsymbol{B}$ 或 $\boldsymbol{B}$ 右乘 $\boldsymbol{A}$.

微课 16

由矩阵乘法的定义知，两个矩阵要能相乘，需满足：$\boldsymbol{A}$ 的列数 $=\boldsymbol{B}$ 的行数. $\boldsymbol{AB}$ 的行数 $=\boldsymbol{A}$ 的行数；$\boldsymbol{AB}$ 的列数 $=\boldsymbol{B}$ 的列数.

$\boldsymbol{A}$ 与 $\boldsymbol{B}$ 的先后次序不能改变. 例如，

$$\boldsymbol{A}=\begin{pmatrix}3&-1\\0&3\\1&0\end{pmatrix},\boldsymbol{B}=\begin{pmatrix}1&0&1&-1\\0&2&1&0\end{pmatrix},\boldsymbol{AB}=\begin{pmatrix}3&-2&2&-3\\0&6&3&0\\1&0&1&-1\end{pmatrix},$$

而 $\boldsymbol{BA}$ 无意义.

【例 2.2】 已知 $\boldsymbol{A}=\begin{pmatrix}1&0&3\\2&-1&0\end{pmatrix}$，$\boldsymbol{B}=\begin{pmatrix}1&-1\\2&3\\4&0\end{pmatrix}$，求 $\boldsymbol{AB}$ 与 $\boldsymbol{BA}$.

解 $\boldsymbol{AB}=\begin{pmatrix}13&-1\\0&-5\end{pmatrix}$，$\boldsymbol{BA}=\begin{pmatrix}-1&1&3\\8&-3&6\\4&0&12\end{pmatrix}$.

从本例可以看出，有时虽然 $\boldsymbol{AB}$ 与 $\boldsymbol{BA}$ 都有意义，但 $\boldsymbol{AB}$ 不一定等于 $\boldsymbol{BA}$，即**矩阵乘法不满足交换律**；

同样，若有两个矩阵 $\boldsymbol{A}$、$\boldsymbol{B}$ 满足 $\boldsymbol{AB}=\boldsymbol{O}$，不能得出 $\boldsymbol{A}=\boldsymbol{O}$ 或 $\boldsymbol{B}=\boldsymbol{O}$ 的结论，即**矩阵乘法不满足消去律**.

例如，设 $\boldsymbol{A}=\begin{pmatrix}1&-1\\-1&1\end{pmatrix}$，$\boldsymbol{B}=\begin{pmatrix}1&2\\1&2\end{pmatrix}$，则 $\boldsymbol{AB}=\begin{pmatrix}0&0\\0&0\end{pmatrix}$，$\boldsymbol{BA}=\begin{pmatrix}-1&1\\-1&1\end{pmatrix}$. 显然，$\boldsymbol{AB}\neq\boldsymbol{BA}$；$\boldsymbol{A}\neq\boldsymbol{O}$，$\boldsymbol{B}\neq\boldsymbol{O}$，但是 $\boldsymbol{AB}=\boldsymbol{O}$.

但在运算都可行的情况下，矩阵的乘法仍满足下列运算律：

(1) $(\boldsymbol{AB})\boldsymbol{C}=\boldsymbol{A}(\boldsymbol{BC})$；

(2) $\lambda(\boldsymbol{AB})=(\lambda\boldsymbol{A})\boldsymbol{B}=\boldsymbol{A}(\lambda\boldsymbol{B})$，其中 λ 为数；

(3) $\boldsymbol{A}(\boldsymbol{B}+\boldsymbol{C})=\boldsymbol{AB}+\boldsymbol{AC}$，$(\boldsymbol{B}+\boldsymbol{C})\boldsymbol{A}=\boldsymbol{BA}+\boldsymbol{CA}$.

对于单位矩阵 $\boldsymbol{E}$，易知

$$E_m A_{m\times n}=A_{m\times n}, \quad A_{m\times n}E_n=A_{m\times n},$$

可简记为
$$EA=AE=A.$$

可见在矩阵乘法中单位矩阵 E 类似于"1"在数的乘法中所起的作用.

案例 2.1(材料供应) 某建筑公司承包一住宅小区的 6 栋 A 类住房、5 栋 B 类住房和 3 栋 C 类住房的基建任务,各类住房每幢所需的主要原材料及其单价如表 2.6 所示. 试利用矩阵计算:

(1) 完成这些基建任务所需各种主要原材料的数量;

(2) 购买这些原材料共需支付多少款项?

表 2.6 各类住房每幢所需的主要原材料及其单价

类别＼数量＼原材料	钢筋(吨)	水泥(吨)	石子(吨)	黄沙(吨)
A	80	330	1480	780
B	95	390	1780	930
C	110	460	2080	1090
单价(元)	2500	350	25	20

解 设各类住房的数量矩阵为

$$A=(6 \quad 5 \quad 3),$$

各类住房所需各种原材料数量的矩阵为

$$B=\begin{pmatrix} 80 & 330 & 1480 & 780 \\ 95 & 390 & 1780 & 930 \\ 110 & 460 & 2080 & 1090 \end{pmatrix},$$

各种原材料单价矩阵

$$C=\begin{pmatrix} 2500 \\ 350 \\ 25 \\ 20 \end{pmatrix}.$$

(1) 完成基建任务所需各种原材料的数量为

$$AB=(6 \quad 5 \quad 3)\begin{pmatrix} 80 & 330 & 1480 & 780 \\ 95 & 390 & 1780 & 930 \\ 110 & 460 & 2080 & 1090 \end{pmatrix}$$

$$=(1285 \quad 5310 \quad 24020 \quad 12600),$$

即需要钢筋 1285 吨，水泥 5310 吨，石子 24020 吨，黄沙 12600 吨.

(2) 购买这些原材料所需支付的款项为

$$\boldsymbol{ABC}=(6 \quad 5 \quad 3)\begin{pmatrix} 80 & 330 & 1480 & 780 \\ 95 & 390 & 1780 & 930 \\ 110 & 460 & 2080 & 1090 \end{pmatrix}\begin{pmatrix} 2500 \\ 350 \\ 25 \\ 20 \end{pmatrix}$$

$$=(1285 \quad 5310 \quad 24020 \quad 12600)\begin{pmatrix} 2500 \\ 350 \\ 25 \\ 20 \end{pmatrix}$$

$$=5923500,$$

即需要支付 5923500 元.

2.1.2.4 矩阵的转置

定义 2.5 设矩阵

$$\boldsymbol{A}=\begin{pmatrix} a_{11} & a_{12} & \cdots & a_{1n} \\ a_{21} & a_{22} & \cdots & a_{2n} \\ \vdots & \vdots & & \vdots \\ a_{m1} & a_{m2} & \cdots & a_{mn} \end{pmatrix},$$

矩阵 $\boldsymbol{A}$ 的行与列依次互换所得到的矩阵称作 $\boldsymbol{A}$ 的**转置矩阵**，记作 $\boldsymbol{A}^{\mathrm{T}}$，即

$$\boldsymbol{A}^{\mathrm{T}}=\begin{pmatrix} a_{11} & a_{21} & \cdots & a_{m1} \\ a_{12} & a_{22} & \cdots & a_{m2} \\ \vdots & \vdots & & \vdots \\ a_{1n} & a_{2n} & \cdots & a_{mn} \end{pmatrix}.$$

矩阵的转置运算满足下述运算规律(假设运算都是可行的)：

(1) $(\boldsymbol{A}^{\mathrm{T}})^{\mathrm{T}}=\boldsymbol{A}$；

(2) $(\boldsymbol{A}+\boldsymbol{B})^{\mathrm{T}}=\boldsymbol{A}^{\mathrm{T}}+\boldsymbol{B}^{\mathrm{T}}$；

(3) $(\lambda\boldsymbol{A})^{\mathrm{T}}=\lambda\boldsymbol{A}^{\mathrm{T}}$；

(4) $(\boldsymbol{AB})^{\mathrm{T}}=\boldsymbol{B}^{\mathrm{T}}\boldsymbol{A}^{\mathrm{T}}$.

【例 2.3】 设 $\boldsymbol{A}=\begin{pmatrix} 1 & -1 & 2 \\ 1 & 0 & 3 \\ -1 & 2 & -1 \end{pmatrix}$，$\boldsymbol{B}=\begin{pmatrix} 1 & 1 \\ 2 & -1 \\ 3 & 2 \end{pmatrix}$，那么

$$\boldsymbol{AB}=\begin{pmatrix}5 & 6\\10 & 7\\0 & -5\end{pmatrix},\boldsymbol{A}^{\mathrm{T}}=\begin{pmatrix}1 & 1 & -1\\-1 & 0 & 2\\2 & 3 & -1\end{pmatrix},\boldsymbol{B}^{\mathrm{T}}=\begin{pmatrix}1 & 2 & 3\\1 & -1 & 2\end{pmatrix},$$

$$\boldsymbol{B}^{\mathrm{T}}\boldsymbol{A}^{\mathrm{T}}=\begin{pmatrix}5 & 10 & 0\\6 & 7 & -5\end{pmatrix}=(\boldsymbol{AB})^{\mathrm{T}}.$$

案例 2.2(销售利润) 某公司有Ⅰ、Ⅱ、Ⅲ三种商品,由甲、乙、丙三个超市销售.日销售量、各种商品的单位价格和利润如表 2.7 所示.

表 2.7 日销售量、各种商品的单位价格和利润

日销售量 / 商品 / 门市部	Ⅰ	Ⅱ	Ⅲ
甲	48	36	18
乙	42	40	12
丙	35	26	24
单位价格(元/件)	150	180	300
单位利润(元/件)	20	30	60

试求出各超市的当日销售额和利润.

解 设 $\boldsymbol{A}$ 为各种商品的单位价格和单位利润矩阵,$\boldsymbol{B}$ 为各超市每种商品的日销售量矩阵,则

$$\boldsymbol{A}=\begin{pmatrix}150 & 180 & 300\\20 & 30 & 60\end{pmatrix},\ \boldsymbol{B}=\begin{pmatrix}48 & 36 & 18\\42 & 40 & 12\\35 & 26 & 24\end{pmatrix},$$

于是各超市的当日销售额和利润为

$$\boldsymbol{AB}^{\mathrm{T}}=\begin{pmatrix}150 & 180 & 300\\20 & 30 & 60\end{pmatrix}\begin{pmatrix}48 & 42 & 35\\36 & 40 & 26\\18 & 12 & 24\end{pmatrix}$$

$$=\begin{pmatrix}19080 & 17100 & 17130\\3120 & 2760 & 2920\end{pmatrix},$$

各超市的当日销售额和利润如表 2.8 所示.

表 2.8　各超市的当日销售额和利润

超市	甲	乙	丙
日销售额	19080	17100	17130
日利润	3120	2760	2920

定义 2.6　设 $\boldsymbol{A}$ 为 n 阶方阵，如果满足 $\boldsymbol{A}^{\mathrm{T}}=\boldsymbol{A}$，即 $a_{ij}=a_{ji}(i,j=1,2,\cdots,n)$，则称 $\boldsymbol{A}$ 为**对称矩阵**.

如果满足 $\boldsymbol{A}^{\mathrm{T}}=-\boldsymbol{A}$，即 $a_{ij}=-a_{ji}(i,j=1,2,\cdots,n)$，则称 $\boldsymbol{A}$ 为**反对称矩阵**.

微课 17

例如：

$$\boldsymbol{A}=\begin{pmatrix}12 & 6 & 1\\ 6 & 8 & 0\\ 1 & 0 & 6\end{pmatrix}\text{是 3 阶对称矩阵.}$$

微课 18

$$\boldsymbol{B}=\begin{pmatrix}0 & -1 & 2\\ 1 & 0 & 3\\ -2 & -3 & 0\end{pmatrix}\text{是 3 阶反对称矩阵.}$$

【例 2.4】　设 $\boldsymbol{A}$ 是 n 阶反对称矩阵，$\boldsymbol{B}$ 是 n 阶对称矩阵，证明：$\boldsymbol{AB}+\boldsymbol{BA}$ 是 n 阶反对称矩阵.

证　因为 $\boldsymbol{A}^{\mathrm{T}}=-\boldsymbol{A}$，$\boldsymbol{B}^{\mathrm{T}}=\boldsymbol{B}$，而

$$\begin{aligned}(\boldsymbol{AB}+\boldsymbol{BA})^{\mathrm{T}}&=(\boldsymbol{AB})^{\mathrm{T}}+(\boldsymbol{BA})^{\mathrm{T}}=\boldsymbol{B}^{\mathrm{T}}\boldsymbol{A}^{\mathrm{T}}+\boldsymbol{A}^{\mathrm{T}}\boldsymbol{B}^{\mathrm{T}}\\&=\boldsymbol{B}(-\boldsymbol{A})+(-\boldsymbol{A})\boldsymbol{B}=-(\boldsymbol{AB}+\boldsymbol{BA}),\end{aligned}$$

所以结论成立.

2.1.2.5　方阵的行列式

定义2.7　由 n 阶方阵 $\boldsymbol{A}$ 的元素构成的行列式(各元素位置不变)，称为方阵 $\boldsymbol{A}$ 的**行列式**，记作 $|\boldsymbol{A}|$ 或 $\det\boldsymbol{A}$.

设 $\boldsymbol{A},\boldsymbol{B}$ 为 n 阶方阵，λ 为数，则下列等式成立：

(1) $|\boldsymbol{A}^{\mathrm{T}}|=|\boldsymbol{A}|$；

(2) $|\lambda\boldsymbol{A}|=\lambda^{n}|\boldsymbol{A}|$；

(3) $|\boldsymbol{AB}|=|\boldsymbol{A}||\boldsymbol{B}|$.

微课 19

【例 2.5】　设 $\boldsymbol{A}$ 是 n 阶方阵，满足 $\boldsymbol{AA}^{\mathrm{T}}=\boldsymbol{E}$，且 $|\boldsymbol{A}|=-1$，求 $|\boldsymbol{A}+\boldsymbol{E}|$.

解　由于 $|\boldsymbol{A}+\boldsymbol{E}|=|\boldsymbol{A}+\boldsymbol{AA}^{\mathrm{T}}|=|\boldsymbol{AE}+\boldsymbol{AA}^{\mathrm{T}}|=|\boldsymbol{A}(\boldsymbol{E}+\boldsymbol{A}^{\mathrm{T}})|$

$=|\boldsymbol{A}||\boldsymbol{E}+\boldsymbol{A}^{\mathrm{T}}|=|\boldsymbol{A}||\boldsymbol{E}^{\mathrm{T}}+\boldsymbol{A}^{\mathrm{T}}|=-|(\boldsymbol{E}+\boldsymbol{A})^{\mathrm{T}}|$

$=-|\boldsymbol{E}+\boldsymbol{A}|=-|\boldsymbol{A}+\boldsymbol{E}|$，

所以 $2|\boldsymbol{A}+\boldsymbol{E}|=0$，即 $|\boldsymbol{A}+\boldsymbol{E}|=0$.

微课 20

习 题 2.1

1. 设

$$A=\begin{pmatrix}2&4&1\\0&3&5\end{pmatrix},\ B=\begin{pmatrix}-1&3&1\\2&0&5\end{pmatrix},\ C=\begin{pmatrix}0&1&2\\-3&-1&3\end{pmatrix},$$

求 $3A-2B+C$.

2. 已知

$$2\begin{pmatrix}2&1&-3\\0&-2&1\end{pmatrix}+3X-\begin{pmatrix}1&-2&2\\3&0&-1\end{pmatrix}=0,$$

求矩阵 X.

3. 已知 $A=\begin{pmatrix}1&-2&0\\4&3&5\end{pmatrix}$, $B=\begin{pmatrix}8&2&6\\5&3&4\end{pmatrix}$,且满足 $2A+X=B-2X$,求 X.

4. 计算下列矩阵的乘积:

(1) $\begin{pmatrix}2\\-1\\3\end{pmatrix}(-1\quad 2)$;　　(2) $(1\quad -2\quad 3)\begin{pmatrix}1&0&-1\\2&4&1\\-3&-2&1\end{pmatrix}$;

(3) $\begin{pmatrix}4&3&1\\1&-2&3\\5&7&0\end{pmatrix}\begin{pmatrix}7\\2\\1\end{pmatrix}$;　　(4) $(x_1\quad x_2\quad x_3)\begin{pmatrix}a_{11}&a_{12}&a_{13}\\a_{21}&a_{22}&a_{23}\\a_{31}&a_{32}&a_{33}\end{pmatrix}\begin{pmatrix}x_1\\x_2\\x_3\end{pmatrix}$.

5. 设

$$A=\begin{pmatrix}1&1&1\\-1&1&1\\1&-1&1\end{pmatrix},\ B=\begin{pmatrix}1&2&1\\1&3&-1\\2&1&2\end{pmatrix},$$

求:(1) $AB-3B$;(2) $AB-BA$;(3) $(A-B)(A+B)$;(4) A^2-B^2.

6. 已知

$$A=\begin{pmatrix}2&1&1\\3&-1&2\\1&-1&0\end{pmatrix},$$

设 $f(x)=x^2-2x-1$,求 $f(A)$.

7. 设矩阵

$$A=\begin{pmatrix}3&1&1\\2&1&2\\1&2&3\end{pmatrix},\ B=\begin{pmatrix}1&1&1\\2&-1&0\\1&0&1\end{pmatrix},$$

求 $\boldsymbol{AB}-\boldsymbol{BA}$ 及 $\boldsymbol{B}^{\mathrm{T}}\boldsymbol{A}$.

8. 设 $\boldsymbol{A}=\begin{pmatrix}1 & 2\\1 & 3\end{pmatrix}$, $\boldsymbol{B}=\begin{pmatrix}1 & 0\\1 & 2\end{pmatrix}$,试问:

(1) $\boldsymbol{AB}=\boldsymbol{BA}$ 吗?

(2) $(\boldsymbol{A}+\boldsymbol{B})^2=\boldsymbol{A}^2+2\boldsymbol{AB}+\boldsymbol{B}^2$ 吗?

(3) $(\boldsymbol{A}+\boldsymbol{B})(\boldsymbol{A}-\boldsymbol{B})=\boldsymbol{A}^2-\boldsymbol{B}^2$ 吗?

(4) 由此关于矩阵的乘法得到何结论?

9. 举反例说明下列命题是错误的:

(1) 若 $\boldsymbol{A}^2=\boldsymbol{O}$,则 $\boldsymbol{A}=\boldsymbol{O}$;

(2) 若 $\boldsymbol{A}^2=\boldsymbol{A}$,则 $\boldsymbol{A}=\boldsymbol{O}$ 或 $\boldsymbol{A}=\boldsymbol{E}$;

(3) 若 $\boldsymbol{AX}=\boldsymbol{AY}$,且 $\boldsymbol{A}\neq\boldsymbol{O}$,则 $\boldsymbol{X}=\boldsymbol{Y}$

(4) 以上反例说明了什么?

10. 设 $\boldsymbol{A}=\begin{pmatrix}1 & 0\\\lambda & 1\end{pmatrix}$,求 $\boldsymbol{A}^2,\boldsymbol{A}^3,\cdots,\boldsymbol{A}^k$(先计算 $\boldsymbol{A}^2,\boldsymbol{A}^3$,观察出计算结果,然后用数学归纳法证明).

2.2　逆矩阵

在第 2.1 节定义了矩阵的加法、减法和乘法,那么是否也能定义除法呢?回答是否定的.但是这个问题可以换个角度去考虑,我们先看下面的引例.

引例 2.5(产品价格)　某公司有两个工厂,生产甲、乙两种产品,两个工厂每天生产两种产品的数量可用矩阵表示为

$$\begin{matrix} & \text{甲} & \text{乙} & \\ \boldsymbol{A}= & \begin{pmatrix}5 & 7\\6 & 3\end{pmatrix} & & \begin{matrix}\text{工厂一}\\\text{工厂二}\end{matrix}\end{matrix}$$

各工厂每天总收入用矩阵表示为

$$\begin{matrix} & \text{总收入} & \\ \boldsymbol{B}= & \begin{pmatrix}290\\240\end{pmatrix} & \begin{matrix}\text{工厂一}\\\text{工厂二}\end{matrix}\end{matrix}$$

问两种产品的单位售价是多少?

分析　若设两种产品的单位售价为

$$\boldsymbol{X}=\begin{pmatrix}x_1\\x_2\end{pmatrix},$$

根据题意有 $\boldsymbol{AX}=\boldsymbol{B}$,即

$$\begin{pmatrix}5 & 7\\6 & 3\end{pmatrix}\begin{pmatrix}x_1\\x_2\end{pmatrix}=\begin{pmatrix}290\\240\end{pmatrix},$$

如何从 $\boldsymbol{AX}=\boldsymbol{B}$ 中求得两种产品的单位售价 $\boldsymbol{X}$ 呢?

在代数运算中,如果数 $a\neq 0$,其倒数 a^{-1} 可由等式 $a\cdot a^{-1}=a^{-1}\cdot a=1$ 来描述.在矩阵的乘法运算中,对于任意 n 阶方阵 $\boldsymbol{A}$,都有 $\boldsymbol{EA}=\boldsymbol{AE}=\boldsymbol{A}$.那么,对于 n 阶方阵 $\boldsymbol{A}\neq\boldsymbol{O}$,是否存在 n 阶方阵 $\boldsymbol{B}$,使得 $\boldsymbol{AB}=\boldsymbol{BA}=\boldsymbol{E}$ 呢?如果存在这样的方阵 $\boldsymbol{B}$,那么 $\boldsymbol{A}$ 要满足什么条件呢?如何利用 $\boldsymbol{A}$ 将 $\boldsymbol{B}$ 求出来呢?为此引入逆矩阵的概念.

2.2.1 逆矩阵的概念

定义 2.8 对于 n 阶方阵 $\boldsymbol{A}$,如果有一个 n 阶方阵 $\boldsymbol{B}$,使得 $\boldsymbol{AB}=\boldsymbol{BA}=\boldsymbol{E}$ 成立,则称方阵 $\boldsymbol{A}$ 是**可逆**的,并把 $\boldsymbol{B}$ 称为 $\boldsymbol{A}$ 的**逆矩阵**.

显然,若 $\boldsymbol{B}$ 是 $\boldsymbol{A}$ 的逆矩阵,则 $\boldsymbol{A}$ 也是 $\boldsymbol{B}$ 的逆矩阵.如果 $\boldsymbol{A}$ 是可逆的,则 $\boldsymbol{A}$ 的逆矩阵唯一.由逆矩阵的唯一性,通常将 $\boldsymbol{A}$ 的逆矩阵记作 $\boldsymbol{A}^{-1}$.

2.2.2 逆矩阵的求法

定义 2.9 设 n 阶方阵

$$\boldsymbol{A}=\begin{pmatrix}a_{11} & a_{12} & \cdots & a_{1n}\\a_{21} & a_{22} & \cdots & a_{2n}\\\vdots & \vdots & & \vdots\\a_{n1} & a_{n2} & \cdots & a_{nn}\end{pmatrix},$$

A_{ij} 为行列式 $|\boldsymbol{A}|$ 中各元素 a_{ij} 的代数余子式,记

$$\boldsymbol{A}^{*}=\begin{pmatrix}A_{11} & A_{21} & \cdots & A_{n1}\\A_{12} & A_{22} & \cdots & A_{n2}\\\vdots & \vdots & & \vdots\\A_{1n} & A_{2n} & \cdots & A_{nn}\end{pmatrix},$$

称 $\boldsymbol{A}^{*}$ 为矩阵 $\boldsymbol{A}$ 的**伴随矩阵**.

根据行列式按行或按列展开公式,得

$$\boldsymbol{AA}^{*}=\begin{pmatrix}a_{11} & a_{12} & \cdots & a_{1n}\\a_{21} & a_{22} & \cdots & a_{2n}\\\vdots & \vdots & & \vdots\\a_{n1} & a_{n2} & \cdots & a_{nn}\end{pmatrix}\begin{pmatrix}A_{11} & A_{21} & \cdots & A_{n1}\\A_{12} & A_{22} & \cdots & A_{n2}\\\vdots & \vdots & & \vdots\\A_{1n} & A_{2n} & \cdots & A_{nn}\end{pmatrix}=\begin{pmatrix}|\boldsymbol{A}| & 0 & \cdots & 0\\0 & |\boldsymbol{A}| & \cdots & 0\\\vdots & \vdots & & \vdots\\0 & 0 & \cdots & |\boldsymbol{A}|\end{pmatrix}=|\boldsymbol{A}|\boldsymbol{E}.$$

同理 $\boldsymbol{A}^*\boldsymbol{A}=|\boldsymbol{A}|\boldsymbol{E}$，即当 $|\boldsymbol{A}|\neq 0$ 时，有 $\boldsymbol{A}\dfrac{\boldsymbol{A}^*}{|\boldsymbol{A}|}=\dfrac{\boldsymbol{A}^*}{|\boldsymbol{A}|}\boldsymbol{A}=\boldsymbol{E}$.

定理 2.1　n 阶方阵 $\boldsymbol{A}$ 可逆的充分必要条件是 $|\boldsymbol{A}|\neq 0$，且 $\boldsymbol{A}$ 可逆时，有

$$\boldsymbol{A}^{-1}=\frac{1}{|\boldsymbol{A}|}\boldsymbol{A}^*,$$

其中 $\boldsymbol{A}^*$ 为 $\boldsymbol{A}$ 的伴随矩阵.

证　先证必要性. 由于 $\boldsymbol{A}$ 是可逆的，则有 $\boldsymbol{A}^{-1}$，使 $\boldsymbol{A}^{-1}\boldsymbol{A}=\boldsymbol{E}$，故 $|\boldsymbol{A}^{-1}\boldsymbol{A}|=|\boldsymbol{E}|=1$，即 $|\boldsymbol{A}^{-1}|\,|\boldsymbol{A}|=1$，所以 $|\boldsymbol{A}|\neq 0$.

下证充分性. 设 $|\boldsymbol{A}|\neq 0$，由伴随矩阵 $\boldsymbol{A}^*$ 的性质，有

$$\boldsymbol{A}\boldsymbol{A}^*=\boldsymbol{A}^*\boldsymbol{A}=|\boldsymbol{A}|\boldsymbol{E}.$$

因 $|\boldsymbol{A}|\neq 0$，则 $\boldsymbol{A}\left(\dfrac{1}{|\boldsymbol{A}|}\boldsymbol{A}^*\right)=\left(\dfrac{1}{|\boldsymbol{A}|}\boldsymbol{A}^*\right)\boldsymbol{A}=\boldsymbol{E}$. 这说明 $\boldsymbol{A}$ 是可逆的，且 $\boldsymbol{A}^{-1}=\dfrac{1}{|\boldsymbol{A}|}\boldsymbol{A}^*$. 证毕.

推论 2.1　对于 n 阶方阵 $\boldsymbol{A}$，若存在 n 阶方阵 $\boldsymbol{B}$，使 $\boldsymbol{AB}=\boldsymbol{E}$（或 $\boldsymbol{BA}=\boldsymbol{E}$），则 $\boldsymbol{A}$ 一定可逆，且 $\boldsymbol{B}=\boldsymbol{A}^{-1}$.

证　由 $\boldsymbol{AB}=\boldsymbol{E}$，有 $|\boldsymbol{A}|\,|\boldsymbol{B}|=1\neq 0$，得 $|\boldsymbol{A}|\neq 0$，故 $\boldsymbol{A}^{-1}$ 存在，且 $\boldsymbol{B}=\boldsymbol{EB}=(\boldsymbol{A}^{-1}\boldsymbol{A})\boldsymbol{B}=\boldsymbol{A}^{-1}\boldsymbol{E}=\boldsymbol{A}^{-1}$. 证毕.

方阵的逆矩阵满足下面的运算法则：

微课 21

(1) 若 $\boldsymbol{A}$ 可逆，则 $\boldsymbol{A}^{-1}$ 也可逆，且 $(\boldsymbol{A}^{-1})^{-1}=\boldsymbol{A}$；

(2) 若 $\boldsymbol{A}$ 可逆，数 $\lambda\neq 0$，则 $\lambda\boldsymbol{A}$ 也可逆，且 $(\lambda\boldsymbol{A})^{-1}=\dfrac{1}{\lambda}\boldsymbol{A}^{-1}$；

(3) 若 $\boldsymbol{A},\boldsymbol{B}$ 为同阶矩阵且均可逆，则 $\boldsymbol{AB}$ 也可逆，且

$$(\boldsymbol{AB})^{-1}=\boldsymbol{B}^{-1}\boldsymbol{A}^{-1};$$

(4) 若 $\boldsymbol{A}$ 可逆，则 $\boldsymbol{A}^{\mathrm{T}}$ 也可逆，且 $(\boldsymbol{A}^{\mathrm{T}})^{-1}=(\boldsymbol{A}^{-1})^{\mathrm{T}}$；

(5) 若 $\boldsymbol{A}$ 可逆，则有 $|\boldsymbol{A}^{-1}|=|\boldsymbol{A}|^{-1}$；

微课 22

(6) 设 $\boldsymbol{A}=\mathrm{diag}(a_1,a_2,\cdots,a_n)$ 是对角矩阵，则 $\boldsymbol{A}$ 可逆的充分必要条件是 $a_i\neq 0\,(i=1,2,\cdots,n)$，且 $\boldsymbol{A}^{-1}=\mathrm{diag}(a_1^{-1},a_2^{-1},\cdots,a_n^{-1})$.

【例 2.6】　求方阵 $\boldsymbol{A}=\begin{pmatrix}1&2&3\\2&2&1\\3&4&3\end{pmatrix}$ 的逆矩阵.

解　因为 $|\boldsymbol{A}|=1\cdot A_{11}+2\cdot A_{12}+3\cdot A_{13}=2\neq 0$，所以 $\boldsymbol{A}^{-1}$ 存在.

$$A_{11}=2,\ A_{21}=6,\ A_{31}=-4,$$

$$A_{12}=-3,\ A_{22}=-6,\ A_{32}=5,$$
$$A_{13}=2,\ A_{23}=2,\ A_{33}=-2,$$

于是,$\boldsymbol{A}$ 的伴随矩阵为

$$\boldsymbol{A}^*=\begin{pmatrix}2 & 6 & -4\\ -3 & -6 & 5\\ 2 & 2 & -2\end{pmatrix},$$

因此,

$$\boldsymbol{A}^{-1}=\frac{1}{|\boldsymbol{A}|}\boldsymbol{A}^*=\begin{pmatrix}1 & 3 & -2\\ -\frac{3}{2} & -3 & \frac{5}{2}\\ 1 & 1 & -1\end{pmatrix}.$$

【例 2.7】 解矩阵方程

$$\begin{pmatrix}1 & 1 & 1\\ 2 & 1 & 0\\ 1 & 1 & 0\end{pmatrix}\boldsymbol{X}=\begin{pmatrix}2\\ -1\\ 1\end{pmatrix}.$$

解 设 $\boldsymbol{A}=\begin{pmatrix}1 & 1 & 1\\ 2 & 1 & 0\\ 1 & 1 & 0\end{pmatrix}$, $\boldsymbol{B}=\begin{pmatrix}2\\ -1\\ 1\end{pmatrix}$,

于是矩阵方程变为 $\boldsymbol{AX}=\boldsymbol{B}$. 若 $\boldsymbol{A}^{-1}$ 存在,则等式两边左乘 $\boldsymbol{A}^{-1}$,得到 $\boldsymbol{X}=\boldsymbol{A}^{-1}\boldsymbol{B}$.

因为 $|\boldsymbol{A}|=\begin{vmatrix}1 & 1 & 1\\ 2 & 1 & 0\\ 1 & 1 & 0\end{vmatrix}=1\neq0$,所以 $\boldsymbol{A}$ 可逆,且

$$\boldsymbol{A}^{-1}=\begin{pmatrix}0 & 1 & -1\\ 0 & -1 & 2\\ 1 & 0 & -1\end{pmatrix},$$

于是,

$$\boldsymbol{X}=\boldsymbol{A}^{-1}\begin{pmatrix}2\\ -1\\ 1\end{pmatrix}=\begin{pmatrix}0 & 1 & -1\\ 0 & -1 & 2\\ 1 & 0 & -1\end{pmatrix}\begin{pmatrix}2\\ -1\\ 1\end{pmatrix}=\begin{pmatrix}-2\\ 3\\ 1\end{pmatrix}.$$

【例 2.8】 解矩阵方程

$$\begin{pmatrix}0&1&0\\1&0&0\\0&0&1\end{pmatrix}\boldsymbol{X}\begin{pmatrix}1&0&0\\0&0&1\\0&1&0\end{pmatrix}=\begin{pmatrix}1&-4&3\\2&0&-1\\1&-2&0\end{pmatrix}.$$

解　记 $\boldsymbol{A}=\begin{pmatrix}0&1&0\\1&0&0\\0&0&1\end{pmatrix}$，$\boldsymbol{B}=\begin{pmatrix}1&0&0\\0&0&1\\0&1&0\end{pmatrix}$，$\boldsymbol{C}=\begin{pmatrix}1&-4&3\\2&0&-1\\1&-2&0\end{pmatrix}$，因为 $|\boldsymbol{A}|\neq0$，$|\boldsymbol{B}|\neq0$，所以矩阵方程 $\boldsymbol{AXB}=\boldsymbol{C}$ 有解，其解 $\boldsymbol{X}=\boldsymbol{A}^{-1}\boldsymbol{CB}^{-1}$，即

$$\boldsymbol{X}=\begin{pmatrix}0&1&0\\1&0&0\\0&0&1\end{pmatrix}^{-1}\begin{pmatrix}1&-4&3\\2&0&-1\\1&-2&0\end{pmatrix}\begin{pmatrix}1&0&0\\0&0&1\\0&1&0\end{pmatrix}^{-1}$$

$$=\begin{pmatrix}0&1&0\\1&0&0\\0&0&1\end{pmatrix}\begin{pmatrix}1&-4&3\\2&0&-1\\1&-2&0\end{pmatrix}\begin{pmatrix}1&0&0\\0&0&1\\0&1&0\end{pmatrix}$$

$$=\begin{pmatrix}2&0&-1\\1&-4&3\\1&-2&0\end{pmatrix}\begin{pmatrix}1&0&0\\0&0&1\\0&1&0\end{pmatrix}=\begin{pmatrix}2&-1&0\\1&3&-4\\1&0&-2\end{pmatrix}.$$

习　题　2.2

1. 求下列矩阵的逆矩阵：

(1) $\begin{pmatrix}1&-1\\2&3\end{pmatrix}$；　　(2) $\begin{pmatrix}\cos\theta&\sin\theta\\-\sin\theta&\cos\theta\end{pmatrix}$；

(3) $\begin{pmatrix}1&2&-3\\0&1&2\\0&0&1\end{pmatrix}$；　　(4) $\begin{pmatrix}1&2&-1\\3&4&-2\\5&-4&1\end{pmatrix}$；

(5) $\begin{pmatrix}5&2&0&0\\2&1&0&0\\0&0&8&3\\0&0&5&2\end{pmatrix}$.

2. 求下列矩阵方程的解：

(1) $\begin{pmatrix}2&5\\1&3\end{pmatrix}\boldsymbol{X}=\begin{pmatrix}4&-6\\2&1\end{pmatrix}$；

(2) $X\begin{pmatrix}2 & 1 & -1\\ 2 & 1 & 0\\ 1 & -1 & 1\end{pmatrix}=\begin{pmatrix}1 & -1 & 3\\ 4 & 3 & 2\end{pmatrix}$.

2.3 矩阵的初等变换与初等矩阵

在本节,我们将引入矩阵的初等变换,并建立矩阵的初等变换与矩阵乘法的联系.

2.3.1 矩阵的初等变换

定义 2.10 对矩阵施行以下 3 种变换称为矩阵的**初等行(列)变换**:

(1)交换矩阵的第 i 行(列)和第 j 行(列),记为 $r_i\leftrightarrow r_j\,(c_i\leftrightarrow c_j)$;

(2)以一个非零的数 k 乘以矩阵的第 i 行(列),记为 $kr_i\,(kc_i)$;

(3)把矩阵的第 i 行(列)所有元素的 k 倍加到第 j 行(列)对应的元素上,记为 $kr_i+r_j\,(kc_i+c_j)$.

初等行变换与初等列变换统称为**矩阵的初等变换**. 初等变换都是可逆的,且逆变换也是同类的初等变换.

微课 23

定义 2.11 如果矩阵 A 经有限次初等变换化为矩阵 B,则称矩阵 A 与 B **等价**,记为 $A\cong B$.

矩阵的等价关系具有下列性质:

(1)反身性:$A\cong A$;

(2)对称性:若 $A\cong B$,则 $B\cong A$;

(3)传递性:若 $A\cong B$,$B\cong C$,则 $A\cong C$.

【例 2.9】 已知 $A=\begin{pmatrix}3 & 2 & 9 & 6\\ -1 & -3 & 4 & -17\\ 1 & 4 & -7 & 3\\ -1 & -4 & 7 & -3\end{pmatrix}$,对其作如下初等行变换:

$$A\xrightarrow{r_1\leftrightarrow r_3}\begin{pmatrix}1 & 4 & -7 & 3\\ -1 & -3 & 4 & -17\\ 3 & 2 & 9 & 6\\ -1 & -4 & 7 & -3\end{pmatrix}\xrightarrow[r_1+r_4]{\substack{r_1+r_2\\ -3r_1+r_3}}\begin{pmatrix}1 & 4 & -7 & 3\\ 0 & 1 & -3 & -14\\ 0 & -10 & 30 & -3\\ 0 & 0 & 0 & 0\end{pmatrix}$$

$$\xrightarrow{10r_2+r_3}\begin{pmatrix}1 & 4 & -7 & 3\\ 0 & 1 & -3 & -14\\ 0 & 0 & 0 & -143\\ 0 & 0 & 0 & 0\end{pmatrix}=B\text{,则 }A\cong B.$$

我们称矩阵 $\boldsymbol{B}$ 为一个**行阶梯形矩阵**,它具有下列特征:

(1)元素全为零的行(简称为零行)位于非零行的下方;

(2)各非零行的首非零元(即该行从左至右的第一个不为零的元素)的列标随着行的增大而严格增大.

对矩阵 $\boldsymbol{B}$ 再作初等行变换:

$$\boldsymbol{B}\xrightarrow{-\frac{1}{143}r_3}\begin{pmatrix}1&4&-7&3\\0&1&-3&-14\\0&0&0&1\\0&0&0&0\end{pmatrix}\xrightarrow{-4r_2+r_1}\begin{pmatrix}1&0&5&59\\0&1&-3&-14\\0&0&0&1\\0&0&0&0\end{pmatrix}$$

$$\xrightarrow[14r_3+r_2]{-59r_3+r_1}\begin{pmatrix}1&0&5&0\\0&1&-3&0\\0&0&0&1\\0&0&0&0\end{pmatrix}=\boldsymbol{C}$$,则有 $\boldsymbol{B}\cong\boldsymbol{C}$,从而 $\boldsymbol{A}\cong C$.

我们称矩阵 $\boldsymbol{C}$ 为**行最简形矩阵**,它具有下列特征:

(1)它是行阶梯形矩阵;

(2)各非零行的首非零元都是1;

(3)每个首非零元所在列的其余元素都是0.

如果对矩阵 $\boldsymbol{C}$ 再作初等列变换:

$$\boldsymbol{C}\xrightarrow[3c_2+c_3]{-5c_1+c_3}\begin{pmatrix}1&0&0&0\\0&1&0&0\\0&0&0&1\\0&0&0&0\end{pmatrix}\xrightarrow{c_3\leftrightarrow r_4}\begin{pmatrix}1&0&0&0\\0&1&0&0\\0&0&1&0\\0&0&0&0\end{pmatrix}=\begin{pmatrix}\boldsymbol{E}_3&\boldsymbol{O}\\\boldsymbol{O}&\boldsymbol{O}\end{pmatrix}=\boldsymbol{D}.$$

矩阵 $\boldsymbol{D}$ 的左上角为一个单位矩形 $\boldsymbol{E}_3$,其他各分块都是零矩阵. 我们称矩形 $\boldsymbol{D}$ 为矩阵 $\boldsymbol{A}$ 的**等价标准形**.

事实上,有下面的结论:

定理 2.2 任何一个矩阵 $\boldsymbol{A}$ 总可以经过有限次初等行变换化为行阶梯形矩阵,并进一步化为行最简形矩阵.

定理 2.3 任何一个矩阵都有等价标准形,矩阵 $\boldsymbol{A}$ 与 $\boldsymbol{B}$ 等价,当且仅当它们有相同的等价标准形.

与矩阵 $\boldsymbol{A}$ 等价的行阶梯形矩阵和行最简形矩阵不是唯一的,但等价标准形是唯一的.

2.3.2 初等矩阵

定义 2.12 由单位矩阵 $\boldsymbol{E}$ 经过一次初等变换得到的矩阵称为**初等矩阵**.

初等矩阵都是方阵,3 种初等变换对应着 3 种初等方阵.

交换 $\boldsymbol{E}$ 的第 i 行和第 j 行(或交换 $\boldsymbol{E}$ 的第 i 列和第 j 列),得

$$\begin{pmatrix} 1 & & & & & & \\ & \ddots & & & & & \\ & & 0 & \cdots & 1 & & \\ & & & 1 & & & \\ & & \vdots & \ddots & \vdots & & \\ & & & & 1 & & \\ & & 1 & \cdots & 0 & & \\ & & & & & \ddots & \\ & & & & & & 1 \end{pmatrix} \begin{matrix} \\ \\ 第 i 行 \\ \\ \\ \\ 第 j 行 \\ \\ \\ \end{matrix};$$

用常数 k 乘 $\boldsymbol{E}$ 的第 i 行(或第 i 列),得

$$\begin{pmatrix} 1 & & & & & \\ & \ddots & & & & \\ & & 1 & & & \\ & & & k & & \\ & & & & 1 & \\ & & & & & \ddots & \\ & & & & & & 1 \end{pmatrix} \begin{matrix} \\ \\ \\ 第 i 行; \\ \\ \\ \\ \end{matrix}$$

将 $\boldsymbol{E}$ 的第 j 行的 k 倍加到第 i 行(或将第 i 列的 k 倍加到第 j 列),得

$$\begin{matrix} & & 第 i 行 & & 第 j 行 & & \end{matrix}$$

$$\begin{pmatrix} 1 & & & & & \\ & \ddots & & & & \\ & & 1 & \cdots & k & & \\ & & & \ddots & \vdots & & \\ & & & & 1 & & \\ & & & & & \ddots & \\ & & & & & & 1 \end{pmatrix} \begin{matrix} \\ \\ 第 i 行 \\ \\ 第 j 行 \\ \\ \\ \end{matrix}$$

这 3 类矩阵就是全部的初等矩阵. 容易证明,初等矩阵都是可逆的,它们的逆矩阵还是初等矩阵.

矩阵的初等变换与矩阵乘法的联系如下：

定理 2.4　对一个 $m\times n$ 矩阵 $\boldsymbol{A}$ 施行一次初等行变换，相当于用相应的 m 阶初等矩阵左乘 $\boldsymbol{A}$；对 $\boldsymbol{A}$ 施行一次初等列变换，相当于用相应的 n 阶初等矩阵右乘 $\boldsymbol{A}$.

例如，对矩阵 $\boldsymbol{A}=\begin{pmatrix}2&1&3\\0&1&2\end{pmatrix}$，有 $\boldsymbol{A}\xrightarrow{2r_2+r_1}\begin{pmatrix}2&3&7\\0&1&2\end{pmatrix}$，

而 $\begin{pmatrix}1&2\\0&1\end{pmatrix}\begin{pmatrix}2&1&3\\0&1&2\end{pmatrix}=\begin{pmatrix}2&3&7\\0&1&2\end{pmatrix}$. 这说明对 $\boldsymbol{A}$ 施行将第 2 行元素乘以 2 加到第 1 行对应元素上的初等行变换所得到的矩阵等于用初等矩阵 $\begin{pmatrix}1&2\\0&1\end{pmatrix}$ 左乘 $\boldsymbol{A}$.

对矩阵 $\boldsymbol{A}=\begin{pmatrix}2&1&3\\0&1&2\end{pmatrix}$，有 $\boldsymbol{A}\xrightarrow{5c_3}\begin{pmatrix}2&1&15\\0&1&10\end{pmatrix}$，

而 $\boldsymbol{A}\begin{bmatrix}1&0&0\\0&1&0\\0&0&5\end{bmatrix}=\begin{pmatrix}2&1&3\\0&1&2\end{pmatrix}\begin{bmatrix}1&0&0\\0&1&0\\0&0&5\end{bmatrix}=\begin{pmatrix}2&1&15\\0&1&10\end{pmatrix}$.

这说明对 $\boldsymbol{A}$ 施行将第 3 列元素乘以 5 的初等列变换所得到的矩阵等于用初等矩阵 $\begin{bmatrix}1&0&0\\0&1&0\\0&0&5\end{bmatrix}$ 右乘 $\boldsymbol{A}$.

推论 2.2　矩阵 $\boldsymbol{A}$ 与 $\boldsymbol{B}$ 等价的充分必要条件是：存在初等方阵 $\boldsymbol{P}_1,\cdots,\boldsymbol{P}_s,\boldsymbol{Q}_1,\cdots,\boldsymbol{Q}_t$，使

$$\boldsymbol{A}=\boldsymbol{P}_1\cdots\boldsymbol{P}_s\boldsymbol{B}\boldsymbol{Q}_1\cdots\boldsymbol{Q}_t.$$

2.3.3　用初等变换求逆矩阵

在本章的第 2.2 节中，我们给出了求逆矩阵的公式法——伴随矩阵法；但对于较高阶的矩阵，用伴随矩阵求逆矩阵的计算量太大. 下面给出另一种简便可行的方法——初等变换法.

定理 2.5　设 $\boldsymbol{A}$ 是 n 阶方阵，则下面的命题是等价的：

(1) $\boldsymbol{A}$ 是可逆的；

(2) $\boldsymbol{A}\cong\boldsymbol{E}$，$\boldsymbol{E}$ 是 n 阶单位矩阵；

(3) 存在 n 阶初等矩阵 $\boldsymbol{P}_1,\boldsymbol{P}_2,\cdots,\boldsymbol{P}_s$，使

$$\boldsymbol{A}=\boldsymbol{P}_1\boldsymbol{P}_2\cdots\boldsymbol{P}_s;$$

(4) $\boldsymbol{A}$ 可经过一系列初等行(列)变换化为 $\boldsymbol{E}$.

下面介绍用初等变换求逆矩阵的方法.

若 $\boldsymbol{A}$ 可逆,由定理 2.5 的(4)和定理 2.4,存在初等矩阵 $\boldsymbol{P}_1,\boldsymbol{P}_2,\cdots,\boldsymbol{P}_m$,使

$$\boldsymbol{P}_m\cdots\boldsymbol{P}_2\boldsymbol{P}_1\boldsymbol{A}=\boldsymbol{E},$$

上式两边右乘 $\boldsymbol{A}^{-1}$,则有

$$\boldsymbol{P}_m\cdots\boldsymbol{P}_2\boldsymbol{P}_1\boldsymbol{E}=\boldsymbol{A}^{-1}.$$

以上两式表明,将 $\boldsymbol{A}$ 施行一系列初等行变换化为 $\boldsymbol{E}$,则对 $\boldsymbol{E}$ 施行相同的一系列初等行变换可化为 $\boldsymbol{A}^{-1}$.

于是得到用初等变换求逆矩阵的方法:

构造一个 $n\times 2n$ 矩阵$(\boldsymbol{A}\ \vdots\ \boldsymbol{E})$,用初等行变换将它的左边一半$(\boldsymbol{A})$化为 $\boldsymbol{E}$,这时右边的一半便是 $\boldsymbol{A}^{-1}$,即

$$(\boldsymbol{A}\ \vdots\ \boldsymbol{E})\xrightarrow{\text{初等行变换}}(\boldsymbol{E}\ \vdots\ \boldsymbol{A}^{-1}).$$

微课 24

【例 2.10】 设 $\boldsymbol{A}=\begin{pmatrix}0 & 1 & 2\\ 1 & 1 & 4\\ 2 & -1 & 0\end{pmatrix}$,求 $\boldsymbol{A}^{-1}$.

解 对$(\boldsymbol{A}\ \vdots\ \boldsymbol{E})$作初等行变换:

$$(\boldsymbol{A}\ \vdots\ \boldsymbol{E})=\left(\begin{array}{ccc:ccc}0 & 1 & 2 & 1 & 0 & 0\\ 1 & 1 & 4 & 0 & 1 & 0\\ 2 & -1 & 0 & 0 & 0 & 1\end{array}\right)\xrightarrow{r_1\leftrightarrow r_2}\left(\begin{array}{ccc:ccc}1 & 1 & 4 & 0 & 1 & 0\\ 0 & 1 & 2 & 1 & 0 & 0\\ 2 & -1 & 0 & 0 & 0 & 1\end{array}\right)$$

$$\xrightarrow{-2r_1+r_3}\left(\begin{array}{ccc:ccc}1 & 1 & 4 & 0 & 1 & 0\\ 0 & 1 & 2 & 1 & 0 & 0\\ 0 & -3 & -8 & 0 & -2 & 1\end{array}\right)\xrightarrow{3r_2+r_3}\left(\begin{array}{ccc:ccc}1 & 1 & 4 & 0 & 1 & 0\\ 0 & 1 & 2 & 1 & 0 & 0\\ 0 & 0 & -2 & 3 & -2 & 1\end{array}\right)$$

$$\xrightarrow[-r_2+r_1]{\substack{r_3+r_2\\ 2r_3+r_1}}\left(\begin{array}{ccc:ccc}1 & 0 & 0 & 2 & -1 & 1\\ 0 & 1 & 0 & 4 & -2 & 1\\ 0 & 0 & -2 & 3 & -2 & 1\end{array}\right)\xrightarrow{-\frac{1}{2}r_3}\left(\begin{array}{ccc:ccc}1 & 0 & 0 & 2 & -1 & 1\\ 0 & 1 & 0 & 4 & -2 & 1\\ 0 & 0 & 1 & -\frac{3}{2} & 1 & -\frac{1}{2}\end{array}\right),$$

于是 $$\boldsymbol{A}^{-1}=\begin{pmatrix}2 & -1 & 1\\ 4 & -2 & 1\\ -\frac{3}{2} & 1 & -\frac{1}{2}\end{pmatrix}.$$

习　题　2.3

1. 用初等变换将下列矩阵化为等价标准形.

(1) $\begin{pmatrix} 3 & 2 & -4 \\ 3 & 2 & -4 \\ 1 & 2 & -1 \end{pmatrix}$；　　(2) $\begin{pmatrix} 1 & -1 & 2 & 1 & 0 \\ 2 & -2 & 4 & 2 & 0 \\ 3 & 0 & 6 & -1 & 1 \\ 3 & 0 & 6 & 3 & 1 \end{pmatrix}$.

2. 利用初等变换求下列矩阵的逆矩阵.

(1) $\begin{pmatrix} -11 & 2 & 2 \\ -4 & 0 & 1 \\ 6 & -1 & -1 \end{pmatrix}$；　　(2) $\begin{pmatrix} 1 & 1 & 1 & 1 \\ 1 & 1 & 1 & 0 \\ 1 & 1 & 0 & 0 \\ 1 & 0 & 0 & 0 \end{pmatrix}$.

2.4　矩阵的秩

微课 25

定义 2.13　在一个 $s\times n$ 矩阵 $\boldsymbol{A}$ 中任意选定 k 行和 k 列，位于这些选定的行和列交叉位置的 k^2 个元素按原来的次序所组成的 k 阶行列式，称为 $\boldsymbol{A}$ 的一个 **k 阶子式**.

显然，$k\leqslant\min\{s,n\}$（s,n 中较小的一个）.

【例 2.11】　在矩阵 $\boldsymbol{A}=\begin{pmatrix} 1 & 1 & 3 & 6 & 1 \\ 0 & 1 & -2 & 4 & 0 \\ 0 & 0 & 0 & 5 & 3 \\ 0 & 1 & 1 & 0 & 2 \end{pmatrix}$ 中，选定第 1、第 3、第 4 行和第 3、第 4、第 5 列，则位于其交叉位置的元素所组成的 3 阶行列式

$$\begin{vmatrix} 3 & 6 & 1 \\ 0 & 5 & 3 \\ 1 & 0 & 2 \end{vmatrix}$$

就是 $\boldsymbol{A}$ 的一个 3 阶子式.

易见，$\boldsymbol{A}$ 共有 3 阶子式的个数为 $C_4^3\cdot C_5^3=40$ 个. 一般地，$s\times n$ 矩阵 $\boldsymbol{A}$ 的 k 阶子式共有 $C_s^k\cdot C_n^k$ 个.

定义 2.14　设 $\boldsymbol{A}$ 为 $s\times n$ 矩阵，如果至少存在 $\boldsymbol{A}$ 的一个 r 阶子式不为 0，而 $\boldsymbol{A}$ 的所有 $r+1$ 阶子式（如果存在的话）都为 0，则称数 r 为矩阵 $\boldsymbol{A}$ 的**秩**，记为 $R(\boldsymbol{A})$，并规定零矩阵的秩等于 0.

微课 26

由行列式的性质可知，在 $\boldsymbol{A}$ 中当所有 $r+1$ 阶子式都为 0 时，所有高于 $r+1$ 阶的子式也全为 0，因此，矩阵 $\boldsymbol{A}$ 的秩 $R(\boldsymbol{A})$ 就是 $\boldsymbol{A}$ 的非零子式的最高阶数.

若 $R(\boldsymbol{A})=r$，则 $\boldsymbol{A}$ 一定存在一个 r 阶非零子式，称为 $\boldsymbol{A}$ 的**最高阶非零子式**. 一般来说，$\boldsymbol{A}$ 的最高阶非零子式可能不止一个.

【例 2.12】 求矩阵 $\boldsymbol{A}=\begin{pmatrix}1&2&3\\2&3&-5\\4&7&1\end{pmatrix}$ 的秩.

解 在 $\boldsymbol{A}$ 中，存在一个 2 阶子式 $\begin{vmatrix}1&3\\2&-5\end{vmatrix}\neq0$，

又因为 $\boldsymbol{A}$ 的 3 阶子式只有一个 $|\boldsymbol{A}|$，且

$$|\boldsymbol{A}|=\begin{vmatrix}1&2&3\\2&3&-5\\4&7&1\end{vmatrix}=0,$$

故 $R(\boldsymbol{A})=2$.

【例 2.13】 求矩阵 $\boldsymbol{A}=\begin{pmatrix}2&-1&0&3&-2\\0&3&1&-2&5\\0&0&0&4&-3\\0&0&0&0&0\end{pmatrix}$ 的秩.

解 $\boldsymbol{A}$ 是一个行阶梯形矩阵，其非零行只有 3 行，故知 $\boldsymbol{A}$ 的所有 4 阶子式全为零. 此外，$\boldsymbol{A}$ 存在一个 3 阶子式，

$$\boldsymbol{A}=\begin{vmatrix}2&-1&3\\0&3&-2\\0&0&4\end{vmatrix}=24\neq0,$$

所以 $R(\boldsymbol{A})=3$.

微课 27

从上例我们看出：一个行阶梯形矩阵的秩等于它的非零行的行数.

定理 2.6 两个同型矩阵等价的充分必要条件是它们的秩相等.

定理 2.6 表明，初等变换不改变矩阵的秩. 因此利用定理 2.6 求一个矩阵的秩，只需用初等行变换将矩阵化为行阶梯形矩阵，则其非零行的行数便是矩阵的秩.

【例 2.14】 设 $\boldsymbol{A}=\begin{pmatrix}3&2&0&5&0\\3&-2&3&6&-1\\2&0&1&5&-3\\1&6&-4&-1&4\end{pmatrix}$，求 $R(\boldsymbol{A})$，并求 $\boldsymbol{A}$ 的一个最高阶非零子式.

解 对 $\boldsymbol{A}$ 作初等行变换化为行阶梯形矩阵：

$$\boldsymbol{A}=\begin{pmatrix}3&2&0&5&0\\3&-2&3&6&-1\\2&0&1&5&-3\\1&6&-4&-1&4\end{pmatrix}\longrightarrow\begin{pmatrix}1&6&-4&-1&4\\0&-4&3&1&-1\\0&0&0&4&-8\\0&0&0&0&0\end{pmatrix}.$$

因为行阶梯形矩阵非零行的行数是 3，故 $R(\boldsymbol{A})=3$.

再求 $\boldsymbol{A}$ 的一个最高阶非零子式. 由 $R(\boldsymbol{A})=3$ 知，$\boldsymbol{A}$ 的最高阶非零子式为 3 阶子式. $\boldsymbol{A}$ 的 3 阶子式共有 $C_4^3\cdot C_5^3=40$ 个，要从 40 个子式中找出一个非零子式是相当麻烦的. 现在选取 $\boldsymbol{A}$ 的第 1 列，第 2 列和第 4 列，则矩阵

$$\boldsymbol{B}=\begin{pmatrix}3&2&5\\3&-2&6\\2&0&5\\1&6&-1\end{pmatrix}$$

所对应的行阶梯形矩阵是 $\begin{pmatrix}1&6&-1\\0&-4&1\\0&0&4\\0&0&0\end{pmatrix}$.

因此 $R(\boldsymbol{B})=3$，故 $\boldsymbol{B}$ 中必有 3 阶非零子式. 事实上，$\boldsymbol{B}$ 的前三行构成的子式

$$\begin{vmatrix}3&2&5\\3&-2&6\\2&0&5\end{vmatrix}=-16\neq0.$$

因此这个子式便是 $\boldsymbol{A}$ 的一个最高阶非零子式.

【例 2.15】 设 $\boldsymbol{A}$ 为 n 阶可逆方阵，$\boldsymbol{B}$ 为 $n\times m$ 矩阵. 证明：$R(\boldsymbol{AB})=R(\boldsymbol{B})$.

证 因为 $\boldsymbol{A}$ 可逆，故 $\boldsymbol{A}$ 可表示成若干个初等矩阵的乘积，即存在初等矩阵 $\boldsymbol{P}_1,\boldsymbol{P}_2,\cdots,\boldsymbol{P}_s$，使 $\boldsymbol{A}=\boldsymbol{P}_1\boldsymbol{P}_2\cdots\boldsymbol{P}_s$. 于是

$$\boldsymbol{AB}=\boldsymbol{P}_1\boldsymbol{P}_2\cdots\boldsymbol{P}_s\boldsymbol{B}.$$

这表明 $\boldsymbol{AB}$ 是 $\boldsymbol{B}$ 经过 s 次初等行变换而得到的. 由定理 2.6 可知

$$R(\boldsymbol{AB})=R(\boldsymbol{B}).$$

习　题　2.4

1. 求下列矩阵的秩：

(1) $\begin{pmatrix}1&1&5\\1&3&1\\2&1&1\end{pmatrix}$；　　(2) $\begin{pmatrix}4&1&-1&2\\-2&2&8&14\\1&-2&-7&-13\end{pmatrix}$；

(3) $\begin{pmatrix}1&-2&3&-1\\5&-9&11&-5\\3&-5&5&-3\end{pmatrix}$；　　(4) $\begin{pmatrix}2&-3&0&7&-5\\1&0&3&2&0\\2&1&8&3&7\\3&-2&5&8&0\end{pmatrix}$.

2.5 用 MATLAB 进行矩阵运算

2.5.1 矩阵的直接输入

最简单的建立矩阵的方法是从键盘直接输入矩阵元素，将矩阵元素用方括号括起来，逐行输入各元素，同一行各元素之间用空格或逗号分开，不同行元素之间用分号分隔.

【例 2.16】 用直接输入法建立矩阵.

```
>> A=[3 5 9;9 10 1;7 9 4;3 8 7]
A=
    3   5   9
    9  10   1
    7   9   4
    3   8   7
>> B=[sin(pi/3),cos(pi/4);log(3),tanh(5)]
B=
    0.8660   0.7071
    1.0986   0.9999
```

2.5.2 矩阵的函数生成法

MATLAB 提供了一些用来构造特殊矩阵的函数，见表 2.9.

表 2.9 MATLAB 提供的用来构造特殊矩阵的函数

函数名	功能	函数名	功能
zeros	创建全 0 矩阵	eye	创建单位矩阵
ones	创建全 1 矩阵	magic	创建魔方矩阵
rand	创建均匀分布随机矩阵	diag	创建对角矩阵

【例 2.17】

```
>> a=zeros(3,4)
a=
    0  0  0  0
    0  0  0  0
    0  0  0  0
>> b=ones(3)
b=
    1  1  1
    1  1  1
    1  1  1
>> c=rand(2,3)
c=
    0.8147  0.1270  0.6324
    0.9058  0.9134  0.0975
>> e=eye(4)
e=
    1  0  0  0
    0  1  0  0
    0  0  1  0
    0  0  0  1
>> f=magic(3)
f=
    8  1  6
    3  5  7
    4  9  2
>> g=diag(magic(3))
g=
```

```
    8
    5
    2
```

2.5.3 矩阵的加减运算

"＋"和"－"分别表示加和减运算，两个矩阵的运算是对应元素的加减.

【例 2.18】 已知矩阵 $\boldsymbol{A}=\begin{pmatrix}1&2&3\\4&5&6\\7&8&9\end{pmatrix}$ 和 $\boldsymbol{B}=\begin{pmatrix}1&3&5\\7&9&11\\13&15&17\end{pmatrix}$，求 $\boldsymbol{A}$ 和 $\boldsymbol{B}$ 的和与差.

```
>> A=[1 2 3;4 5 6 ;7 8 9];
>> B=[1 3 5;7 9 11;13 15 17];
>> C=B-A
C=
    0  1  2
    3  4  5
    6  7  8
>> D=B+A
D=
    2   5   8
    11  14  17
    20  23  26
```

2.5.4 矩阵的乘法运算

乘法的运算符是"＊"，数与矩阵的乘法是数和矩阵中每一个元素进行相乘运算，矩阵相乘则按照矩阵乘法法则进行，即前一个矩阵的列数和后一个矩阵的行数必须相同.

【例 2.19】 已知矩阵 $\boldsymbol{A}=\begin{pmatrix}1&2&3\\4&5&6\\7&8&9\end{pmatrix}$ 和 $\boldsymbol{B}=\begin{pmatrix}1&3&5\\7&9&11\\13&15&17\end{pmatrix}$，求 $\boldsymbol{A}$ 和 $\boldsymbol{B}$ 的乘积以及 $\boldsymbol{A}*60$.

```
>> A=[1 2 3;4 5 6 ;7 8 9];
>> B=[1 3 5;7 9 11;13 15 17];
>> C=A*B
C=
```

```
    54    66    78
   117   147   177
   180   228   276
>> D=A*60
D=
    60   120   180
   240   300   360
   420   480   540
```

2.5.5 矩阵的除法运算

矩阵除法有左除(运算符“\”)和右除(运算符“/”).

(1)矩阵左除

对于矩阵 **A** 和 **B** 来说,**A****B** 表示矩阵 **A** 左除矩阵 **B**,其计算结果与矩阵 **A** 的逆和矩阵 **B** 相乘的结果相似. 矩阵 **A****B** 可以看成是方程 **AX**=**B** 的解.

【例 2.20】 已知矩阵 $\boldsymbol{A}=\begin{pmatrix}1&2&3\\4&5&6\\7&8&10\end{pmatrix}$ 和 $\boldsymbol{B}=\begin{pmatrix}54&66&75\\117&147&171\\193&243&283\end{pmatrix}$,求 **A****B**.

```
>> A=[1 2 3;4 5 6;7 8 10];
>> B=[54 66 75;117 147 171;193 243 283];
>> C=A\B
C=
    1.0000    3.0000    5.0000
    7.0000    9.0000   11.0000
   13.0000   15.0000   16.0000
```

(2) 矩阵右除

对于矩阵 **A** 和 **B** 来说,**A**/**B** 表示矩阵 **A** 右除矩阵 **B**,其计算结果与矩阵 **A** 和矩阵 **B** 的逆相乘的结果相似. 矩阵 **A**/**B** 可以看成是方程 **XB**=**A** 的解.

【例 2.21】 已知矩阵 $\boldsymbol{A}=\begin{pmatrix}54&66&75\\117&147&171\\193&243&283\end{pmatrix}$ 和 $\boldsymbol{B}=\begin{pmatrix}1&3&5\\7&9&11\\13&15&16\end{pmatrix}$,求 **A**/**B**.

```
>> A=[54 66 75;117 147 171;193 243 283];
>> B=[1 3 5;7 9 11;13 15 16];
>> C=A/B
C=
```

```
    1.0000    2.0000     3.0000
    4.0000    5.0000     6.0000
    7.0000    8.0000    10.0000
```

2.5.6　矩阵的逆

对于一个 n 阶矩阵 $\boldsymbol{A}$，如果存在一个与其同阶的矩阵 $\boldsymbol{B}$，使得

$$\boldsymbol{A}*\boldsymbol{B}=\boldsymbol{B}*\boldsymbol{A}=\boldsymbol{E}$$

其中，$\boldsymbol{E}$ 为与 $\boldsymbol{A}$ 同阶的单位矩阵，则称 $\boldsymbol{B}$ 和 $\boldsymbol{A}$ 互为逆矩阵. MATLAB 采用 inv 函数求一个矩阵的逆，一般格式为

$$\boldsymbol{B}=\mathrm{inv}(\boldsymbol{A})$$

【例 2.22】　求矩阵的逆.

```
>> inv([1,2;3,4])
ans=
    -2.0000    1.0000
     1.5000   -0.5000
```

若 $\boldsymbol{A}$ 的行列式的值为 0，则 MATLAB 在执行 inv($\boldsymbol{A}$)这个命令时会给出警告信息.

【例 2.23】　对给定的 $\boldsymbol{A}$ 矩阵求逆.

```
>> A=[1,2,3;4,5,6;7,8,9]
A=
    1   2   3
    4   5   6
    7   8   9
>> B=inv(A)
```

警告：矩阵接近奇异值，或者缩放错误. 结果可能不准确. RCOND＝2.202823e－18.

```
B=
   1.0e+16 *
      0.3153   -0.6305     0.3153
     -0.6305    1.2610    -0.6305
      0.3153   -0.6305     0.3153
```

也可以用初等变换的方法来求逆矩阵.

【例 2.24】　用初等变换求矩阵的逆.

```
>> A=[1,2;3,4];
```

```
>> B=[1,2,1,0;3,4,0,1];
>> C=rref(B)
C=
    1.0000         0   -2.0000    1.0000
         0    1.0000    1.5000   -0.5000
>> X=C(:,3:4)
X=
   -2.0000    1.0000
    1.5000   -0.5000
```

2.5.7　矩阵的秩

已知矩阵 **A**,则矩阵的秩可用 rank(**A**)求得.

【例 2.25】　求矩阵的秩.

```
>> A=[1 2 3;4 5 6];
>> rank(A)
ans=
    2
>> B=[1 2 3;4 5 6;7 8 9];
>> rank(B)
ans=
    2
```

第3章 n维向量与向量空间

微课 28

3.1 n 维向量

3.1.1 n 维向量的概念

定义 3.1 n 个数组成的有序数组 $(a_1,a_2,\cdots,a_n)$

$$\text{或}\begin{pmatrix} a_1 \\ a_2 \\ \vdots \\ a_n \end{pmatrix},$$

称为一个 **n 维向量**,简称**向量**.一般地,我们用小写的黑斜体字母,如 $\boldsymbol{\alpha},\boldsymbol{\beta},\boldsymbol{\gamma},\cdots$ 来表示向量.

$(a_1,a_2,\cdots,a_n)$ 称为一个行向量,$\begin{pmatrix} a_1 \\ a_2 \\ \vdots \\ a_n \end{pmatrix}$ 称为一个列向量,数 $a_1,a_2,\cdots,a_n$ 称为这个向量的**分量**,a_i 称为这个向量的第 i 个分量或坐标.分量都是实数的向量称为**实向量**,分量是复数的向量称为**复向量**.

实际上,n 维行向量可以看成行矩阵,n 维列向量也常看成列矩阵.

3.1.2 向量的运算

下面我们只讨论实向量.设 k 和 l 为两个任意的常数,$\boldsymbol{\alpha}$,$\boldsymbol{\beta}$ 和 $\boldsymbol{\gamma}$ 为三个任意的 n 维向量,其中

$$\boldsymbol{\alpha}=(a_1,a_2,\cdots,a_n),$$
$$\boldsymbol{\beta}=(b_1,b_2,\cdots,b_n),$$
$$\boldsymbol{\gamma}=(c_1,c_2,\cdots,c_n).$$

定义 3.2 如果 $\boldsymbol{\alpha}$ 和 $\boldsymbol{\beta}$ 对应的分量都相等,即

$$a_i=b_i, i=1,2,\cdots,n,$$

就称这两个向量**相等**,记为 $\boldsymbol{\alpha}=\boldsymbol{\beta}$.

定义 3.3　向量

$$(a_1+b_1, a_2+b_2, \cdots, a_n+b_n)$$

称为 $\boldsymbol{\alpha}$ 与 $\boldsymbol{\beta}$ 的**和**,记为 $\boldsymbol{\alpha}+\boldsymbol{\beta}$.

向量$(ka_1, ka_2, \cdots, ka_n)$称为向量 $\boldsymbol{\alpha}$ 与数 k 的**数量乘积**,简称**数乘**,记为 $k\boldsymbol{\alpha}$.

定义 3.4　分量全为零的向量$(0,0,\cdots,0)$称为**零向量**,记为 $\mathbf{0}$.

$\boldsymbol{\alpha}$ 与-1 的数乘

$$(-1)\boldsymbol{\alpha}=(-a_1, -a_2, \cdots, -a_n)$$

称为 $\boldsymbol{\alpha}$ 的**负向量**,记为$-\boldsymbol{\alpha}$.

由向量的加法及负向量的定义可定义向量的减法：

$$\boldsymbol{\alpha}-\boldsymbol{\beta}=\boldsymbol{\alpha}+(-\boldsymbol{\beta}).$$

向量的加法与数乘具有下列性质：

(1)$\boldsymbol{\alpha}+\boldsymbol{\beta}=\boldsymbol{\beta}+\boldsymbol{\alpha}$;　　(交换律)

(2)$(\boldsymbol{\alpha}+\boldsymbol{\beta})+\boldsymbol{\gamma}=\boldsymbol{\alpha}+(\boldsymbol{\beta}+\boldsymbol{\gamma})$;　　(结合律)

(3)$\boldsymbol{\alpha}+\mathbf{0}=\boldsymbol{\alpha}$;　　(4)$\boldsymbol{\alpha}+(-\boldsymbol{\alpha})=\mathbf{0}$;

(5)$k(\boldsymbol{\alpha}+\boldsymbol{\beta})=k\boldsymbol{\alpha}+k\boldsymbol{\beta}$;　　(6)$(k+l)\boldsymbol{\alpha}=k\boldsymbol{\alpha}+l\boldsymbol{\alpha}$;

(7)$k(l\boldsymbol{\alpha})=(kl)\boldsymbol{\alpha}$;　　(8)$1\boldsymbol{\alpha}=\boldsymbol{\alpha}$;

(9)$0\boldsymbol{\alpha}=\mathbf{0}$;　　(10)$k\mathbf{0}=\mathbf{0}$.

在数学中,满足(1)～(8)的运算称为线性运算.我们还可以证明：

(11)如果 $k\neq 0$ 且 $\boldsymbol{\alpha}\neq\mathbf{0}$,那么 $k\boldsymbol{\alpha}\neq\mathbf{0}$.

由若干个同维数的列向量(或行向量)所组成的集合叫作**向量组**.

【例 3.1】　设 $\boldsymbol{\alpha}=(-3,3,6,0)$,$\boldsymbol{\beta}=(9,6,-3,18)$,求满足 $\boldsymbol{\alpha}+3\boldsymbol{\gamma}=\boldsymbol{\beta}$ 的 $\boldsymbol{\gamma}$.

解　因为 $3\boldsymbol{\gamma}=\boldsymbol{\beta}-\boldsymbol{\alpha}=(9,6,-3,18)-(-3,3,6,0)=(12,3,-9,18)$,所以 $\boldsymbol{\gamma}=\frac{1}{3}(12,3,-9,18)=(4,1,-3,6)$.

【例 3.2】　设 $2(\boldsymbol{\alpha}_1+\boldsymbol{\beta})-3(\boldsymbol{\beta}-\boldsymbol{\alpha}_2)=\boldsymbol{\beta}+2\boldsymbol{\alpha}_2$,其中 $\boldsymbol{\alpha}_1=(-1,2)$,$\boldsymbol{\alpha}_2=(0,3)$,求 $\boldsymbol{\beta}$.

解　$\boldsymbol{\beta}=\boldsymbol{\alpha}_1+\frac{1}{2}\boldsymbol{\alpha}_2=(-1,2)+\frac{1}{2}\times(0,3)=(-1,2)+\left(0,\frac{3}{2}\right)=\left(-1,\frac{7}{2}\right)$.

习　题　3.1

1. 设 $\boldsymbol{\alpha}_1=(1,2,-1)$,$\boldsymbol{\alpha}_2=(2,5,3)$,$\boldsymbol{\alpha}_3=(1,3,4)$,求$(3\boldsymbol{\alpha}_1-2\boldsymbol{\alpha}_2)+4\boldsymbol{\alpha}_3$.

2. 设 $\boldsymbol{\alpha}_1=(5,-1,3,2,4)$,且 $3\boldsymbol{\alpha}_1-4\boldsymbol{\alpha}_2=(3,-7,17,-2,8)$,求 $2\boldsymbol{\alpha}_1+3\boldsymbol{\alpha}_2$.

3.2 向量组的线性相关性

考察线性方程组$\begin{cases} a_{11}x_1+a_{12}x_2+\cdots+a_{1n}x_n=b_1, \\ a_{21}x_1+a_{22}x_2+\cdots+a_{2n}x_n=b_2, \\ \cdots \\ a_{m1}x_1+a_{m2}x_2+\cdots+a_{mn}x_n=b_m. \end{cases}$

写成向量形式有 $\begin{pmatrix} a_{11}x_1+a_{12}x_2+\cdots+a_{1n}x_n \\ a_{21}x_1+a_{22}x_2+\cdots+a_{2n}x_n \\ \vdots \\ a_{m1}x_1+a_{m2}x_2+\cdots+a_{mn}x_n \end{pmatrix}=\begin{pmatrix} b_1 \\ b_2 \\ \vdots \\ b_m \end{pmatrix}$,

$$\begin{pmatrix} a_{11}x_1 \\ a_{21}x_1 \\ \vdots \\ a_{m1}x_1 \end{pmatrix}+\begin{pmatrix} a_{12}x_2 \\ a_{22}x_2 \\ \vdots \\ a_{m2}x_2 \end{pmatrix}+\cdots+\begin{pmatrix} a_{1n}x_n \\ a_{2n}x_n \\ \vdots \\ a_{mn}x_n \end{pmatrix}=\begin{pmatrix} b_1 \\ b_2 \\ \vdots \\ b_m \end{pmatrix},$$

$$x_1\begin{pmatrix} a_{11} \\ a_{21} \\ \vdots \\ a_{m1} \end{pmatrix}+x_2\begin{pmatrix} a_{12} \\ a_{22} \\ \vdots \\ a_{m2} \end{pmatrix}+\cdots+x_n\begin{pmatrix} a_{1n} \\ a_{2n} \\ \vdots \\ a_{mn} \end{pmatrix}=\begin{pmatrix} b_1 \\ b_2 \\ \vdots \\ b_m \end{pmatrix},$$

令 $\boldsymbol{\alpha}_j=\begin{pmatrix} a_{1j} \\ a_{2j} \\ \vdots \\ a_{mj} \end{pmatrix}\quad(j=1,2,\cdots,n),\quad \boldsymbol{\beta}=\begin{pmatrix} b_1 \\ b_2 \\ \vdots \\ b_m \end{pmatrix}$,

则线性方程组可表示为如下向量形式：

$$x_1\boldsymbol{\alpha}_1+x_2\boldsymbol{\alpha}_2+\cdots+x_n\boldsymbol{\alpha}_n=\boldsymbol{\beta}.$$

这样，线性方程组是否有解的问题，就转化为是否存在一组数 $k_1,k_2,\cdots,k_n$，使得下列线性关系式成立：

$$\boldsymbol{\beta}=k_1\boldsymbol{\alpha}_1+k_2\boldsymbol{\alpha}_2+\cdots+k_n\boldsymbol{\alpha}.$$

为了解决这个问题，我们先定义向量组的线性组合的概念.

定义 3.5 给定向量 $\boldsymbol{\beta}$ 和向量组 $\boldsymbol{\alpha}_1,\boldsymbol{\alpha}_2,\cdots,\boldsymbol{\alpha}_n$，如果存在一组数 $k_1,k_2,\cdots,k_n$，使得

$$\boldsymbol{\beta}=k_1\boldsymbol{\alpha}_1+k_2\boldsymbol{\alpha}_2+\cdots+k_n\boldsymbol{\alpha}_n,$$

则称向量 $\boldsymbol{\beta}$ 为向量组 $\boldsymbol{\alpha}_1,\boldsymbol{\alpha}_2,\cdots,\boldsymbol{\alpha}_n$ 的一个**线性组合**，或者说 $\boldsymbol{\beta}$ 可由向量组 $\boldsymbol{\alpha}_1,\boldsymbol{\alpha}_2$，

$\cdots,\boldsymbol{\alpha}_n$ **线性表示**，$k_1,k_2,\cdots,k_n$ 称为**组合系数**.

【例 3.3】 $\boldsymbol{\alpha}_1=(1,1,1,1),\boldsymbol{\alpha}_2=(1,1,-1,-1),\boldsymbol{\alpha}_3=(1,-1,1,-1),\boldsymbol{\alpha}_4=(1,-1,-1,1),\boldsymbol{\beta}=(1,2,1,1)$. 试问 $\boldsymbol{\beta}$ 能否由 $\boldsymbol{\alpha}_1,\boldsymbol{\alpha}_2,\boldsymbol{\alpha}_3,\boldsymbol{\alpha}_4$ 线性表示？若能，写出具体表达式.

解　令 $\boldsymbol{\beta}=k_1\boldsymbol{\alpha}_1+k_2\boldsymbol{\alpha}_2+k_3\boldsymbol{\alpha}_3+k_4\boldsymbol{\alpha}_4$，

即　$(1,2,1,1)=k_1(1,1,1,1)+k_2(1,1,-1,-1)+k_3(1,-1,1,-1)+k_4(1,-1,-1,1)$，

$(1,2,1,1)=(k_1,k_1,k_1,k_1)+(k_2,k_2,-k_2,-k_2)+(k_3,-k_3,k_3,-k_3)+(k_4,-k_4,-k_4,k_4)$，

于是得线性方程组

$$\begin{cases}k_1+k_2+k_3+k_4=1,\\ k_1+k_2-k_3-k_4=2,\\ k_1-k_2+k_3-k_4=1,\\ k_1-k_2-k_3+k_4=1.\end{cases}$$

因为　$D=\begin{vmatrix}1&1&1&1\\1&1&-1&-1\\1&-1&1&-1\\1&-1&-1&1\end{vmatrix}=-16\neq 0$，

由克莱姆法则求出 $k_1=\dfrac{5}{4},k_2=\dfrac{1}{4},k_3=k_4=-\dfrac{1}{4}$，

所以 $\boldsymbol{\beta}=\dfrac{5}{4}\boldsymbol{\alpha}_1+\dfrac{1}{4}\boldsymbol{\alpha}_2-\dfrac{1}{4}\boldsymbol{\alpha}_3-\dfrac{1}{4}\boldsymbol{\alpha}_4$. 因此，$\boldsymbol{\beta}$ 能由 $\boldsymbol{\alpha}_1,\boldsymbol{\alpha}_2,\boldsymbol{\alpha}_3,\boldsymbol{\alpha}_4$ 线性表示.

下面我们考察齐次线性方程组$\begin{cases}a_{11}x_1+a_{12}x_2+\cdots+a_{1n}x_n=0,\\ a_{21}x_1+a_{22}x_2+\cdots+a_{2n}x_n=0,\\ \qquad\cdots\\ a_{m1}x_1+a_{m2}x_2+\cdots+a_{mn}x_n=0.\end{cases}$

令 $\boldsymbol{\alpha}_j=\begin{pmatrix}\alpha_{1j}\\ \alpha_{2j}\\ \vdots\\ \alpha_{mj}\end{pmatrix}(j=1,2,\cdots,n)$，　$\mathbf{0}=\begin{pmatrix}0\\0\\ \vdots\\0\end{pmatrix}$，

则齐次线性方程组可表示为如下向量形式：

$$x_1\boldsymbol{\alpha}_1+x_2\boldsymbol{\alpha}_2+\cdots+x_n\boldsymbol{\alpha}_n=\mathbf{0}.$$

这样，齐次线性方程组是否有非零解存在的问题，就转化为是否存在一组不全为零的数 $k_1,k_2,\cdots,k_n$，使得下列线性关系式成立：

$$k_1\boldsymbol{\alpha}_1+k_2\boldsymbol{\alpha}_2+\cdots+k_n\boldsymbol{\alpha}_n=\mathbf{0}.$$

为了解决这一问题,下面我们给出向量组的线性相关和线性无关的概念.

定义 3.6　对于向量组 $\boldsymbol{\alpha}_1,\boldsymbol{\alpha}_2,\cdots,\boldsymbol{\alpha}_n$,如果存在不全为零的数 $k_1,k_2,\cdots,k_n$,使得

$$k_1\boldsymbol{\alpha}_1+k_2\boldsymbol{\alpha}_2+\cdots k_n\boldsymbol{\alpha}_n=\mathbf{0},$$

则称向量组 $\boldsymbol{\alpha}_1,\boldsymbol{\alpha}_2,\cdots,\boldsymbol{\alpha}_n$ **线性相关**.

反之,如果只有在 $k_1=k_2=\cdots=k_n=0$ 时上式才成立,就称向量组 $\boldsymbol{\alpha}_1,\boldsymbol{\alpha}_2,\cdots,\boldsymbol{\alpha}_n$ **线性无关**.

特别地,对于由单个向量构成的向量组 $\boldsymbol{\alpha}_1$,如果存在不为零的数 k_1,使得

$$k_1\boldsymbol{\alpha}_1=\mathbf{0},$$

则称向量组 $\boldsymbol{\alpha}_1$ 线性相关.

反之,如果只有在 $k_1=0$ 时上式才成立,就称向量组 $\boldsymbol{\alpha}_1$ 线性无关.

单个零向量构成的向量组是线性相关的,单个非零向量构成的向量组是线性无关的.

【例 3.4】　判断向量组 $\begin{cases}\boldsymbol{e}_1=(1,0,\cdots,0)\\ \boldsymbol{e}_2=(0,1,\cdots,0)\\ \cdots\\ \boldsymbol{e}_n=(0,0,\cdots,1)\end{cases}$ 的线性相关性.

微课 29

解　对任意的常数 $k_1,k_2,\cdots,k_n$ 都有

$$\begin{aligned}k_1\boldsymbol{e}_1+k_2\boldsymbol{e}_2+\cdots+k_n\boldsymbol{e}_n&=k_1(1,0,\cdots,0)+k_2(0,1,\cdots,0)+\cdots+k_n(0,0,\cdots,1)\\&=(k_1,0,\cdots,0)+(0,k_2,\cdots,0)+\cdots+(0,0,\cdots,k_n)\\&=(k_1,k_2,\cdots,k_n).\end{aligned}$$

所以,当且仅当 $k_1=k_2=\cdots=k_n=0$,才有 $k_1\boldsymbol{e}_1+k_2\boldsymbol{e}_2+\cdots+k_n\boldsymbol{e}_n=\mathbf{0}$. 因此,$\boldsymbol{e}_1,\boldsymbol{e}_2,\cdots,\boldsymbol{e}_n$ 线性无关.

$\boldsymbol{e}_1,\boldsymbol{e}_2,\cdots,\boldsymbol{e}_n$ 称为**基本单位向量组**.

【例 3.5】　设向量组 $\boldsymbol{\alpha}_1,\boldsymbol{\alpha}_2,\boldsymbol{\alpha}_3$ 线性无关,且 $\boldsymbol{\beta}_1=\boldsymbol{\alpha}_1+\boldsymbol{\alpha}_2,\boldsymbol{\beta}_2=\boldsymbol{\alpha}_2+\boldsymbol{\alpha}_3,\boldsymbol{\beta}_3=\boldsymbol{\alpha}_3+\boldsymbol{\alpha}_1$,试证向量组 $\boldsymbol{\beta}_1,\boldsymbol{\beta}_2,\boldsymbol{\beta}_3$ 也线性无关.

证　对任意的常数 k_1,k_2,k_3,都有

$$\begin{aligned}k_1\boldsymbol{\beta}_1+k_2\boldsymbol{\beta}_2+k_3\boldsymbol{\beta}_3&=k_1(\boldsymbol{\alpha}_1+\boldsymbol{\alpha}_2)+k_2(\boldsymbol{\alpha}_2+\boldsymbol{\alpha}_3)+k_3(\boldsymbol{\alpha}_3+\boldsymbol{\alpha}_1)\\&=(k_1+k_3)\boldsymbol{\alpha}_1+(k_1+k_2)\boldsymbol{\alpha}_2+(k_2+k_3)\boldsymbol{\alpha}_3.\end{aligned}$$

令 $k_1\boldsymbol{\beta}_1+k_2\boldsymbol{\beta}_2+k_3\boldsymbol{\beta}_3=\mathbf{0}$,

即 $(k_1+k_2)\boldsymbol{\alpha}_1+(k_1+k_2)\boldsymbol{\alpha}_2+(k_2+k_3)\boldsymbol{\alpha}_3=\mathbf{0}$,

因 $\boldsymbol{\alpha}_1,\boldsymbol{\alpha}_2,\boldsymbol{\alpha}_3$ 线性无关,故有$\begin{cases} k_1+k_3=0, \\ k_1+k_2=0, \\ k_2+k_3=0. \end{cases}$

由于满足此方程的 k_1,k_2,k_3 的取值只能 $k_1=k_2=k_3=0$,因此 $\boldsymbol{\beta}_1,\boldsymbol{\beta}_2,\boldsymbol{\beta}_3$ 线性无关.

定理 3.1　设 m 个 n 维向量 $\boldsymbol{\alpha}_1=(a_{11},a_{12},\cdots,a_{1n})$,$\boldsymbol{\alpha}_2=(a_{21},a_{22},\cdots,a_{2n})$,$\cdots$,$\boldsymbol{\alpha}_m=(a_{m1},a_{m2},\cdots,a_{mn})$,则当 $m>n$ 时向量组线性相关.

证明　对于向量组 $\boldsymbol{\alpha}_1,\boldsymbol{\alpha}_2,\cdots,\boldsymbol{\alpha}_m$,存在 $k_1,k_2,\cdots,k_m$,使得 $k_1\boldsymbol{\alpha}_1+k_2\boldsymbol{\alpha}_2+\cdots+k_m\boldsymbol{\alpha}_m=\mathbf{0}$,利用向量的线性运算,得到

齐次线性方程组$\begin{cases} a_{11}k_1+a_{21}k_2+\cdots+a_{m1}k_m=0, \\ a_{12}k_1+a_{22}k_2+\cdots+a_{m2}k_m=0, \\ \qquad\cdots \\ a_{1n}k_1+a_{2n}k_2+\cdots+a_{mn}k_m=0, \end{cases}$

显然当 $m>n$ 时齐次线性方程组有非零解,即向量组线性相关.

定理 3.2　设 n 个 n 维向量 $\alpha_i=(a_{i1},a_{i2},\cdots,a_{in})(i=1,2,\cdots,n)$,则

向量组线性相关的充分必要条件是$\begin{vmatrix} a_{11} & a_{12} & \cdots & a_{1n} \\ a_{21} & a_{22} & \cdots & a_{2n} \\ \vdots & \vdots & & \vdots \\ a_{n1} & a_{n2} & \cdots & a_{nn} \end{vmatrix}=0$.

同理,当$\begin{vmatrix} a_{11} & a_{12} & \cdots & a_{1n} \\ a_{21} & a_{22} & \cdots & a_{2n} \\ \vdots & \vdots & & \vdots \\ a_{n1} & a_{n2} & \cdots & a_{nn} \end{vmatrix}\neq 0$ 时,向量组线性无关.

【例 3.6】　已知

$$\boldsymbol{\alpha}_1=\begin{pmatrix}1\\1\\0\end{pmatrix},\boldsymbol{\alpha}_2=\begin{pmatrix}-1\\1\\2\end{pmatrix},\boldsymbol{\alpha}_3=\begin{pmatrix}1\\3\\2\end{pmatrix},$$

讨论向量组 $\boldsymbol{\alpha}_1,\boldsymbol{\alpha}_2,\boldsymbol{\alpha}_3$ 的线性相关性.

解　$\mathbf{A}=(\boldsymbol{\alpha}_1,\boldsymbol{\alpha}_2,\boldsymbol{\alpha}_3)=\begin{pmatrix}1 & -1 & 1\\1 & 1 & 3\\0 & 2 & 2\end{pmatrix}\to\begin{pmatrix}1 & -1 & 1\\0 & 2 & 2\\0 & 2 & 2\end{pmatrix}\to\begin{pmatrix}1 & -1 & 1\\0 & 2 & 2\\0 & 0 & 0\end{pmatrix}$,

于是,矩阵 $\mathbf{A}$ 所构成的行列式等于零,由定理 3.2 知,向量组 $\boldsymbol{\alpha}_1,\boldsymbol{\alpha}_2,\boldsymbol{\alpha}_3$ 线性相关.

习　题　3.2

1. 将下列向量 $\boldsymbol{\beta}$ 用其余向量线性表示：

(1)$\boldsymbol{\alpha}_1=(1,1,-1)$，$\boldsymbol{\alpha}_2=(1,2,1)$，$\boldsymbol{\alpha}_3=(0,0,1)$，$\boldsymbol{\beta}=(1,0,-2)$；

(2)$\boldsymbol{\alpha}_1=(1,1,1,1)$，$\boldsymbol{\alpha}_2=(1,1,-1,-1)$，$\boldsymbol{\alpha}_3=(1,-1,1,-1)$，

$\boldsymbol{\alpha}_4=(1,-1,-1,1)$，$\boldsymbol{\beta}=(1,2,1,1)$.

2. 判断下列向量组的线性相关性：

(1)$\boldsymbol{\alpha}_1=(1,1,1)$，$\boldsymbol{\alpha}_2=(0,2,5)$，$\boldsymbol{\alpha}_3=(1,3,6)$；

(2)$\boldsymbol{\alpha}_1=(2,-1,3)$，$\boldsymbol{\alpha}_2=(3,-1,5)$，$\boldsymbol{\alpha}_3=(1,-4,3)$；

(3)$\boldsymbol{\alpha}_1=(4,3,-1,1,-1)$，$\boldsymbol{\alpha}_2=(2,1,-3,2,-5)$，$\boldsymbol{\alpha}_3=(1,5,2,-2,6)$，

$\boldsymbol{\alpha}_4=(1,-3,0,1,-2)$.

3. 试证：

(1)若 $\boldsymbol{\alpha}_1,\boldsymbol{\alpha}_2,\boldsymbol{\alpha}_3$ 线性无关，则 $2\boldsymbol{\alpha}_1+\boldsymbol{\alpha}_2,\boldsymbol{\alpha}_2+5\boldsymbol{\alpha}_3,4\boldsymbol{\alpha}_3+3\boldsymbol{\alpha}_1$ 线性无关.

(2)若 $\boldsymbol{\alpha}_1,\boldsymbol{\alpha}_2,\boldsymbol{\alpha}_3$ 线性无关，则 $\boldsymbol{\alpha}_1,\boldsymbol{\alpha}_1+\boldsymbol{\alpha}_2,\boldsymbol{\alpha}_1+\boldsymbol{\alpha}_2+\boldsymbol{\alpha}_3$ 线性无关.

3.3　向量组的秩

定义 3.7　设 $\boldsymbol{\alpha}_1,\boldsymbol{\alpha}_2,\cdots,\boldsymbol{\alpha}_m$ 是向量组 T 中的 m 个向量，如果满足：

①$\boldsymbol{\alpha}_1,\boldsymbol{\alpha}_2,\cdots,\boldsymbol{\alpha}_m$ 线性无关；

②T 中其余向量都可由 $\boldsymbol{\alpha}_1,\boldsymbol{\alpha}_2,\cdots,\boldsymbol{\alpha}_m$ 线性表示.

则称 $\boldsymbol{\alpha}_1,\boldsymbol{\alpha}_2,\cdots,\boldsymbol{\alpha}_m$ 是向量组 T 的一个**极大线性无关组**(简称为**极大无关组**).

定义 3.8　向量组 T 的极大无关组所含向量的个数称为向量组 T 的**秩**，记为 $R(T)$. 规定只含零向量的向量组的秩为 0.

定理 3.3　设矩阵 $\boldsymbol{A}_{m\times n}=\begin{pmatrix} a_{11} & a_{12} & \cdots & a_{1n} \\ a_{21} & a_{22} & \cdots & a_{2n} \\ \vdots & \vdots & & \vdots \\ a_{m1} & a_{m2} & \cdots & a_{mn} \end{pmatrix}$ 的行向量组为

T：$\boldsymbol{\alpha}_1=(a_{11},a_{12},\cdots,a_{1n})$，$\boldsymbol{\alpha}_2=(a_{21},a_{22},\cdots,a_{2n})$，$\cdots$，$\boldsymbol{\alpha}_m=(a_{m1},a_{m2},\cdots,a_{mn})$，则 $R(\boldsymbol{A})=R(T)$.

利用定理 3.3 可将求向量组的秩转化为求矩阵的秩.

【例 3.7】　求下列向量组的秩，并求一个极大无关组：

(1)$\boldsymbol{\alpha}_1=(1,1,0,0)$，$\boldsymbol{\alpha}_2=(1,0,1,1)$，$\boldsymbol{\alpha}_3=(2,-1,3,3)$；

(2)$\boldsymbol{\beta}_1=(1,0,1,0)$，$\boldsymbol{\beta}_2=(2,1,-1,-3)$，$\boldsymbol{\beta}_3=(1,0,-3,-1)$，

$\boldsymbol{\beta}_4=(0,2,-6,3)$.

解　(1)取 $\boldsymbol{A}=\begin{pmatrix}1&1&2\\1&0&-1\\0&1&3\\0&1&3\end{pmatrix}\rightarrow\begin{pmatrix}1&1&2\\0&-1&-3\\0&1&3\\0&1&3\end{pmatrix}\rightarrow\begin{pmatrix}1&1&2\\0&1&3\\0&0&0\\0&0&0\end{pmatrix}\rightarrow\begin{pmatrix}1&0&-1\\0&1&3\\0&0&0\\0&0&0\end{pmatrix}$,

于是 $R(\boldsymbol{A})=2$. 因此,$R(\boldsymbol{\alpha}_1,\boldsymbol{\alpha}_2,\boldsymbol{\alpha}_3)=2$,$\boldsymbol{\alpha}_1,\boldsymbol{\alpha}_2$ 是一个极大无关组,且

$$\boldsymbol{\alpha}_3=-\boldsymbol{\alpha}_1+3\boldsymbol{\alpha}_2.$$

(2)取

$$\boldsymbol{B}=\begin{pmatrix}1&2&1&0\\0&1&0&2\\1&-1&-3&-6\\0&-3&-1&3\end{pmatrix}\rightarrow\begin{pmatrix}1&2&1&0\\0&1&0&2\\0&0&1&-9\\0&0&0&-36\end{pmatrix},$$

于是 $R(\boldsymbol{B})=4$,即 $R(\boldsymbol{\beta}_1,\boldsymbol{\beta}_2,\boldsymbol{\beta}_3,\boldsymbol{\beta}_4)=4$,故 $\boldsymbol{\beta}_1,\boldsymbol{\beta}_2,\boldsymbol{\beta}_3,\boldsymbol{\beta}_4$ 线性无关,极大无关组就是它本身.

注:求向量组的极大无关组时,把各向量作为列向量构成一个矩阵,然后对矩阵作初等行变换,化为行最简形矩阵,首非零元所在列对应的列向量构成向量组的一个极大无关组.

【例 3.8】　判断下列向量组是否线性相关.

$\boldsymbol{\alpha}_1=(1,0,1,0)$,$\boldsymbol{\alpha}_2=(0,1,0,1)$,$\boldsymbol{\alpha}_3=(0,0,1,1)$,$\boldsymbol{\alpha}_4=(1,1,0,0)$.

解　因为

$$\begin{vmatrix}1&0&1&0\\0&1&0&1\\0&0&1&1\\1&1&0&0\end{vmatrix}=\begin{vmatrix}1&0&1\\0&1&1\\1&0&0\end{vmatrix}-\begin{vmatrix}0&1&0\\1&0&1\\0&1&1\end{vmatrix}=-1+1=0,$$

所以 $\boldsymbol{\alpha}_1,\boldsymbol{\alpha}_2,\boldsymbol{\alpha}_3,\boldsymbol{\alpha}_4$ 线性相关.

【例 3.9】【调味品配制】　某调料有限公司用 6 种成分来来制造多种调味制品. 以下表格列出了 5 种调味品 A,B,C,D,E,每包所需各成分的量见表 3.1.

表 3.1　调味品成分

	A	B	C	D	E
红辣椒	3	1.5	4.5	7.5	4.5
姜　黄	2	4	0	8	6
胡　椒	1	2	0	4	3
丁香油	1	2	0	4	3
大蒜粉	0.5	1	0	2	1.5
盐	0.25	0.5	0	2	0.75

一顾客为避免购买全部5种调味品,他可以只购买其中的一部分并用它配制出其余几种调味品。问这位顾客必须购买的最少的调味品的种类是多少？写出所需最少的调味品的集合.

解 5种调味品各自的成分可用向量来表示,即

$$\boldsymbol{\alpha}_1=\begin{pmatrix}3\\2\\1\\1\\0.5\\0.25\end{pmatrix},\boldsymbol{\alpha}_2=\begin{pmatrix}1.5\\4\\2\\2\\1\\0.5\end{pmatrix},\boldsymbol{\alpha}_3=\begin{pmatrix}4.5\\0\\0\\0\\0\\0\end{pmatrix},\boldsymbol{\alpha}_4=\begin{pmatrix}7.5\\8\\4\\4\\2\\2\end{pmatrix},\boldsymbol{\alpha}_5=\begin{pmatrix}4.5\\6\\3\\3\\1.5\\0.75\end{pmatrix}.$$

一顾客只购买其中的一部分,用它们来调制出其余几种调味品,相当于求向量组 $\boldsymbol{\alpha}_1,\boldsymbol{\alpha}_2,\boldsymbol{\alpha}_3,\boldsymbol{\alpha}_4,\boldsymbol{\alpha}_5$ 的一个极大线性无关组.由定理3.3知,只需求矩阵 $\boldsymbol{A}$ 的秩即可.由矩阵秩的求法,有：

$$\boldsymbol{A}=\begin{pmatrix}3&1.5&4.5&7.5&4.5\\2&4&0&8&6\\1&2&0&4&3\\1&2&0&4&3\\0.5&1&0&2&1.5\\0.25&0.5&0&2&0.75\end{pmatrix}\longrightarrow\begin{pmatrix}1&0&2&0&1\\0&1&-1&0&1\\0&0&0&1&0\\0&0&0&0&0\\0&0&0&0&0\\0&0&0&0&0\end{pmatrix}=\boldsymbol{B},$$

(矩阵 $\boldsymbol{A}$ 的各列依次标为 $\boldsymbol{\alpha}_1,\boldsymbol{\alpha}_2,\boldsymbol{\alpha}_3,\boldsymbol{\alpha}_4,\boldsymbol{\alpha}_5$,矩阵 $\boldsymbol{B}$ 的各列依次标为 $\boldsymbol{\beta}_1,\boldsymbol{\beta}_2,\boldsymbol{\beta}_3,\boldsymbol{\beta}_4,\boldsymbol{\beta}_5$)

故 $R(\boldsymbol{A})=R(\boldsymbol{B})=3$,$\boldsymbol{B}$ 中5个列向量反映了5种调味品经过某种混合后的状态,其中两种调味品可用其他三种调味品配制出来,即

$$\boldsymbol{\beta}_3=2\boldsymbol{\beta}_1-\boldsymbol{\beta}_2+0\boldsymbol{\beta}_4,\qquad \boldsymbol{\beta}_5=\boldsymbol{\beta}_1+\boldsymbol{\beta}_2+0\boldsymbol{\beta}_4$$

因为考虑问题的实际意义,系数不可能为负,则上式可化为

$$\boldsymbol{\beta}_1=\frac{1}{2}\boldsymbol{\beta}_2+\frac{1}{2}\boldsymbol{\beta}_3+0\boldsymbol{\beta}_4,\qquad \boldsymbol{\beta}_5=\frac{3}{2}\boldsymbol{\beta}_2+\frac{1}{2}\boldsymbol{\beta}_3+0\boldsymbol{\beta}_4,$$

上面的关系式对原调味品来说，就是

$$\boldsymbol{\alpha}_1=\frac{1}{2}\boldsymbol{\alpha}_2+\frac{1}{2}\boldsymbol{\alpha}_3+0\boldsymbol{\alpha}_4,\qquad \boldsymbol{\alpha}_5=\frac{3}{2}\boldsymbol{\alpha}_2+\frac{1}{2}\boldsymbol{\alpha}_3+0\boldsymbol{\alpha}_4,$$

即 A,E 两种调味品通过 B,C,D 调制,所以 B,C,D 三种调味品可作为最小调味品集合.

习　题　3.3

1. 求下列向量组的秩和它的一个极大无关组：

(1)$\boldsymbol{\alpha}_1=(2,1,1)$，$\boldsymbol{\alpha}_2=(1,2,-1)$，$\boldsymbol{\alpha}_3=(-2,3,0)$；

(2)$\boldsymbol{\alpha}_1=(2,1,3,-1)$，$\boldsymbol{\alpha}_2=(3,-1,2,0)$，$\boldsymbol{\alpha}_3=(1,3,4,-2)$，

$\boldsymbol{\alpha}_4=(4,-3,1,1)$.

2. 求下列向量组的秩及其一个极大无关组，并把其余向量用极大无关组表示：

(1)$\boldsymbol{\alpha}_1=(1,-1,2,4)$，$\boldsymbol{\alpha}_2=(0,3,1,2)$，$\boldsymbol{\alpha}_3=(3,0,7,14)$，$\boldsymbol{\alpha}_4=(1,-1,2,3)$；

(2)$\boldsymbol{\alpha}_1=(1,3,1)$，$\boldsymbol{\alpha}_2=(1,1,0)$，$\boldsymbol{\alpha}_3=(1,0,0)$，$\boldsymbol{\alpha}_4=(1,-2,-3)$.

3.4　向量空间

定义 3.9　设 V 为 n 维向量组成的集合，如果 V 非空，且对于向量加法及数乘运算封闭，即对任意的 $\boldsymbol{\alpha},\boldsymbol{\beta}\in V$ 和常数 k 都有 $\boldsymbol{\alpha}+\boldsymbol{\beta},k\boldsymbol{\alpha}\in V$，就称集合 V 为一个**向量空间**.

【例 3.10】　n 维向量的全体 $\boldsymbol{R}^n$ 构成一个向量空间.

【例 3.11】　n 维零向量所形成的集合$\{\boldsymbol{0}\}$构成一个向量空间.

【例 3.12】　判断集合 $V=\{(x_1,x_2,\cdots,x_n)\mid x_1+x_2+\cdots+x_n=1\}$是否可以构成向量空间.

解　取 $\boldsymbol{\alpha}=(x_1,x_2,\cdots,x_n)\in V$，　$\boldsymbol{\beta}=(y_1,y_2,\cdots,y_n)\in V$，

其中 $\sum\limits_{i=1}^{n}x_i=1,\sum\limits_{i=1}^{n}y_i=1$，有

$$\boldsymbol{\alpha}+\boldsymbol{\beta}=(x_1+y_1,x_2+y_2,\cdots,x_n+y_n),$$

其中 $\sum\limits_{i=1}^{n}(x_i+y_i)=\sum\limits_{i=1}^{n}x_i+\sum\limits_{i=1}^{n}y_i=2\neq 1$，因此 $\boldsymbol{\alpha}+\boldsymbol{\beta}\notin V$. 故 V 不能构成向量空间.

定义 3.10　设 V 为一个向量空间，如果 V 中的向量组 $\boldsymbol{\alpha}_1,\boldsymbol{\alpha}_2,\cdots,\boldsymbol{\alpha}_r$ 满足：

(1)$\boldsymbol{\alpha}_1,\boldsymbol{\alpha}_2,\cdots,\boldsymbol{\alpha}_r$ 线性无关；

(2)V 中其余向量都可由 $\boldsymbol{\alpha}_1,\boldsymbol{\alpha}_2,\cdots,\boldsymbol{\alpha}_r$ 线性表示.

那么，向量组 $\boldsymbol{\alpha}_1,\boldsymbol{\alpha}_2,\cdots,\boldsymbol{\alpha}_r$ 就称为 V 的一个**基**，r 称为 V 的**维数**，记作 $\dim V$，并称 V 为一个 **r 维向量空间**.

如果向量空间 V 没有基，就说 V 的维数为 0，0 维向量空间只含一个零向量.

如果把向量空间 V 看作向量组，那么 V 的基就是它的极大线性无关组，V 的维数就是它的秩. 当 V 由 n 维向量组成时，它的维数不会超过 n.

如果 $\dim V=r$，则 V 中的任意 r 个线性无关的向量都可以作为 V 的一个基.

因此,一般来说,向量空间的基不是唯一的,但基所含向量的个数是唯一确定的.

定义 3.11 设 $\boldsymbol{\alpha}_1,\boldsymbol{\alpha}_2,\cdots,\boldsymbol{\alpha}_r$ 是 r 维向量空间 V 的一个基,则对于任一向量 $\boldsymbol{\alpha}\in V$,有且仅有一组数 $x_1,x_2,\cdots,x_r$,使

$$\boldsymbol{\alpha}=x_1\boldsymbol{\alpha}_1+x_2\boldsymbol{\alpha}_2+\cdots+x_r\boldsymbol{\alpha}_r,$$

有序数组 $x_1,x_2,\cdots,x_r$ 称为 $\boldsymbol{\alpha}$ 在基 $\boldsymbol{\alpha}_1,\boldsymbol{\alpha}_2,\cdots,\boldsymbol{\alpha}_r$ 下的**坐标**,记为 $(x_1,x_2,\cdots,x_r)^{\mathrm{T}}$.

【例 3.13】 3 维向量 $\boldsymbol{\alpha}=(1,2,3)$ 在 $\boldsymbol{R}^3$ 的一个基 $\boldsymbol{e}_1=(1,0,0)$,$\boldsymbol{e}_2=(0,1,0)$,$\boldsymbol{e}_3=(0,0,1)$ 下的坐标为 $(1,2,3)^{\mathrm{T}}$.

【例 3.14】 验证 $\boldsymbol{\alpha}_1=(1,-1,0)$,$\boldsymbol{\alpha}_2=(2,1,3)$,$\boldsymbol{\alpha}_3=(3,1,2)$ 为 $\boldsymbol{R}^3$ 的一个基,并把 $\boldsymbol{\beta}_1=(5,0,7)$,$\boldsymbol{\beta}_2=(-9,-8,-13)$ 用这个基线性表示.

解 设

$$\boldsymbol{A}=(\boldsymbol{\alpha}_1,\boldsymbol{\alpha}_2,\boldsymbol{\alpha}_3),\quad \boldsymbol{B}=(\boldsymbol{\beta}_1,\boldsymbol{\beta}_2),$$

又设

$$\boldsymbol{\beta}_1=x_{11}\boldsymbol{\alpha}_1+x_{21}\boldsymbol{\alpha}_2+x_{31}\boldsymbol{\alpha}_3,\quad \boldsymbol{\beta}_2=x_{12}\boldsymbol{\alpha}_1+x_{22}\boldsymbol{\alpha}_2+x_{32}\boldsymbol{\alpha}_3,$$

即

$$(\boldsymbol{\beta}_1,\boldsymbol{\beta}_2)=(\boldsymbol{\alpha}_1,\boldsymbol{\alpha}_2,\boldsymbol{\alpha}_3)\begin{pmatrix}x_{11}&x_{12}\\x_{21}&x_{22}\\x_{31}&x_{32}\end{pmatrix},$$

记作

$$\boldsymbol{B}=\boldsymbol{AX}.$$

则

$$(\boldsymbol{A}\ \vdots\ \boldsymbol{B})=\left(\begin{array}{ccc:cc}1&2&3&5&-9\\-1&1&1&0&-8\\0&3&2&7&-13\end{array}\right)\longrightarrow\left(\begin{array}{ccc:cc}1&2&3&5&-9\\0&3&4&5&-17\\0&3&2&7&-13\end{array}\right)\longrightarrow$$

$$\left(\begin{array}{ccc:cc}1&2&3&5&-9\\0&3&2&7&-13\\0&0&2&-2&-4\end{array}\right)\longrightarrow\left(\begin{array}{ccc:cc}1&0&0&2&3\\0&1&0&3&-3\\0&0&1&-1&-2\end{array}\right).$$

因有 $\boldsymbol{A}\backsimeq\boldsymbol{E}$,故 $\boldsymbol{\alpha}_1,\boldsymbol{\alpha}_2,\boldsymbol{\alpha}_3$ 为 $\boldsymbol{R}^3$ 的一个基,且

$$(\boldsymbol{\beta}_1,\boldsymbol{\beta}_2)=(\boldsymbol{\alpha}_1,\boldsymbol{\alpha}_2,\boldsymbol{\alpha}_3)\begin{pmatrix}2&3\\3&-3\\-1&-2\end{pmatrix},$$

即

$$\boldsymbol{\beta}_1=2\boldsymbol{\alpha}_1+3\boldsymbol{\alpha}_2-\boldsymbol{\alpha}_1,\quad \boldsymbol{\beta}_2=3\boldsymbol{\alpha}_1-3\boldsymbol{\alpha}_2-2\boldsymbol{\alpha}_3.$$

习　题　3.4

1. 集合 $V_1=\{(\boldsymbol{x}_1,\boldsymbol{x}_2,\cdots,\boldsymbol{x}_n)\mid \boldsymbol{x}_1,\boldsymbol{x}_2,\cdots,\boldsymbol{x}_n\in\mathbf{R}$ 且 $\boldsymbol{x}_1+\boldsymbol{x}_2+\cdots+\boldsymbol{x}_n=0\}$ 是否构成向量空间？为什么？
2. 在 $\boldsymbol{R}^3$ 中求一个向量 $\boldsymbol{\gamma}$，使它在下面两个基下有相同的坐标.
   (1) $\boldsymbol{\alpha}_1=(1,0,1)$，$\boldsymbol{\alpha}_2=(-1,0,0)$，$\boldsymbol{\alpha}_3=(0,1,1)$；
   (2) $\boldsymbol{\beta}_1=(0,-1,0)$，$\boldsymbol{\beta}_2=(1,-1,-1)$，$\boldsymbol{\beta}_3=(1,0,0)$.

3.5　用 MATLAB 进行向量运算

在 MATLAB 中可以把向量看作是特殊的矩阵，其中行向量相当于行矩阵，列向量相当于列矩阵，因此，有关向量的线性运算可以看成矩阵的线性运算.

向量组秩的求法等价于对应矩阵的秩的求法，向量的输入可当作 $1\times n$ 矩阵一样输入，也常采用“：”和函数 linspace、logspace 两种输入方式，它们的用法可以从下面的例子知道.

【例 3.15】 ＞＞a＝1：5　（从 1 到 5 公差为 1(可缺省)的等差数组）

a＝

　1　2　3　4　5

【例 3.16】 ＞＞b＝1：2：7　（从 1 到 7 公差为 2 的等差数组，如果输入 b＝1：2：8，得到同样结果）

b＝

　1　3　5　7

【例 3.17】 ＞＞c＝6：－3：－6　（从 6 到－6 公差为－3 的等差数组）

c＝

　6　3　0　－3　－6

【例 3.18】 ＞＞linspace(0,1,9)　（从 0 到 1 共 9 个数值的等差数组）

ans＝

　0　0.1250　0.2500　0.3750　0.5000　0.6250　0.7500　0.8750
1.000

函数 linspace(a,b,n)生成从 a 到 b 共 n 个数值的等差数组，公差不必给出.与它相仿的是函数 logspace(a,b,n)，生成从 10^a 到 10^b 共 n 个数值的等比数组.

【例 3.19】 4 等分 π(MATLAB 中 π 的符号是 pi)的数组可以用以下两种方式输入：

＞＞x＝0：pi/4：pi

$x=$

```
    0   0.7854   1.5708   2.3562   3.1416
>>x=linspace(0,pi,5)
```

输出同上.

第4章　线性方程组

微课 30

解线性方程组是线性代数最主要的任务之一，在科学技术与经济管理等许多领域中，我们面对更多的是方程的个数与未知量的个数不相等的情形，或者即使方程的个数与未知量的个数相等，方程组的系数行列式也可能等于零. 为了解决这一大类问题，我们有必要从更加普遍的角度来讨论线性方程组的一般理论.

4.1　线性方程组的消元法

解线性方程组最常用的方法就是消元法，其步骤是逐步消除变元的系数，把原方程组化为等价的三角形方程组，再用回代过程解此等价的方程组，从而得出原方程组的解.

【例 4.1】　解线性方程组 $\begin{cases} 2x_1+2x_2+3x_3=3, \\ -2x_1+4x_2+5x_3=-7, \\ 4x_1+7x_2+7x_3=1. \end{cases}$

解　将第一个方程加到第二个方程上，再将第一个方程乘以 -2 加到第三个方程上，得到与原方程组同解的线性方程组：

$$\begin{cases} 2x_1+2x_2+3x_3=3, \\ 6x_2+8x_3=-4, \\ 3x_2+x_3=-5. \end{cases}$$

在上式中交换第二个和第三个方程，然后把第二个方程乘以 -2 加到第三个方程上，得到与原方程组同解的三角形方程组：

$$\begin{cases} 2x_1+2x_2+3x_3=3, \\ 3x_2+x_3=-5, \\ 6x_3=6. \end{cases}$$

再回代，得 $x_3=1,x_2=-2,x_1=2$.

我们对方程施行了三种变换：

(1)交换两个方程的位置；

(2)用一个不等于0的数乘某个方程；

(3)用一个数乘某一个方程加到另一个方程上.

这三种变换称为线性方程组的**初等变换**,也称为**同解变换**.

定理4.1　初等变换把一个线性方程组变为一个与它同解的线性方程组.

线性方程组有没有解以及有些什么样的解,完全取决于它的系数和常数项.因此我们在讨论线性方程组时,主要研究它的系数和常数项.

设线性方程组
$$\begin{cases} a_{11}x_1+a_{12}x_2+\cdots+a_{1n}x_n=b_1, \\ a_{21}x_1+a_{22}x_2+\cdots+a_{2n}x_n=b_2, \\ \cdots \\ a_{m1}x_1+a_{m2}x_2+\cdots+a_{mn}x_n=b_m, \end{cases} \tag{4.1}$$

令
$$\boldsymbol{A}=\begin{pmatrix} a_{11} & a_{12} & \cdots & a_{1n} \\ a_{21} & a_{22} & \cdots & a_{2n} \\ \vdots & \vdots & & \vdots \\ a_{m1} & a_{m2} & \cdots & a_{mn} \end{pmatrix}, \boldsymbol{x}=\begin{pmatrix} x_1 \\ x_2 \\ \vdots \\ x_n \end{pmatrix}, \boldsymbol{b}=\begin{pmatrix} b_1 \\ b_2 \\ \vdots \\ b_m \end{pmatrix},$$

则线性方程组(4.1)可以写成矩阵形式:$\boldsymbol{Ax}=\boldsymbol{b}$.

我们分别称$\boldsymbol{A}$,$\boldsymbol{x}$和$\boldsymbol{b}$是线性方程组(4.1)的**系数矩阵**、**未知量矩阵**和**常数项矩阵**.

同时我们称
$$\widetilde{\boldsymbol{A}}=(\boldsymbol{A}\,\vdots\,\boldsymbol{b})=\begin{pmatrix} a_{11} & a_{12} & \cdots & a_{1n} & b_1 \\ a_{21} & a_{22} & \cdots & a_{2n} & b_2 \\ \vdots & \vdots & & \vdots & \vdots \\ a_{m1} & a_{m2} & \cdots & a_{mn} & b_m \end{pmatrix}$$

是线性方程组(4.1)的**增广矩阵**.

若常数项$b_1,b_2,\cdots,b_m$不全为零,则称(4.1)式为**非齐次线性方程组**;若常数项$b_1,b_2,\cdots,b_m$全为零,则称(4.1)式为**齐次线性方程组**.

满足式(4.1)的一个n元有序数组称为n元线性方程组(4.1)的一个**解**,一般用列向量形式$\boldsymbol{\xi}=(k_1,k_2,\cdots,k_n)^T$表示,因此也称$\boldsymbol{\xi}$是方程组(4.1)的一个**解向量**.

当线性方程组有无穷多个解时,其所有解的集合称为方程组的**通解**或**一般解**.对一个方程组施行消元法求解,即对方程组施行了初等变换,相当于对它的增广矩阵施行了一个相应的初等变换.而化简线性方程组相当于用初等行变换化简它的增广矩阵.这样,不但讨论起来比较方便,而且能够给予我们一种方法,即利用一个线

微课31

性方程组的增广矩阵来解这个线性方程组,而不必每次把未知量写出.

【例4.2】 解线性方程组

$$\begin{cases}\frac{1}{2}x_1+\frac{1}{3}x_2+x_3=1,\\ x_1+\frac{5}{3}x_2+3x_3=3,\\ 2x_1+\frac{4}{3}x_2+5x_3=2.\end{cases}$$

解 其增广矩阵是 $\widetilde{\boldsymbol{A}}=\begin{pmatrix}\frac{1}{2} & \frac{1}{3} & 1 & 1\\ 1 & \frac{5}{3} & 3 & 3\\ 2 & \frac{4}{3} & 5 & 2\end{pmatrix}$,

交换矩阵第一行与第二行,再把第一行分别乘以 $-\frac{1}{2}$ 和 -2 加到第二行和第三行上,再把第二行乘以 -2,得

$$\widetilde{\boldsymbol{A}}_1=\begin{pmatrix}1 & \frac{5}{3} & 3 & 3\\ 0 & 1 & 1 & 1\\ 0 & -2 & -1 & -4\end{pmatrix},$$

在 $\widetilde{\boldsymbol{A}}_1$ 中将第二行乘以2加到第三行上,得

$$\widetilde{\boldsymbol{A}}_2=\begin{pmatrix}1 & \frac{5}{3} & 3 & 3\\ 0 & 1 & 1 & 1\\ 0 & 0 & 1 & -2\end{pmatrix},$$

最后的行阶梯形矩阵对应的三角形(阶梯形)方程组为

$$\begin{cases}x_1+\frac{5}{3}x_2+3x_3=4,\\ x_2+x_3=1,\\ x_3=-2.\end{cases}$$

回代,得 $x_1=4,x_2=3,x_3=-2$.

从上面的例子我们看到,用消元法解线性方程组的过程,实质上就是对该方程组的增广矩阵作初等行变换化为行阶梯形矩阵的过程.在解线性方程组时,只写出方程组的增广矩阵的变换过程即可.

微课 32

习 题 4.1

1. 用消元法解下列方程组.

$$\begin{cases} x_1+2x_2+2x_3=2, \\ 2x_1+5x_2+2x_3=4, \\ x_1+2x_2+4x_3=6. \end{cases}$$

4.2 线性方程组有解的判别定理

微课 33

上一节,我们讨论了用消元法解线性方程组(4.1),这个方法实际应用时比较方便,但是我们还有几个问题没有解决,就是方程组在什么时候无解?在什么时候有解?有解时,又有多少解?这一节我们将对这些问题予以解答.首先,设线性方程组的增广矩阵为

$$\widetilde{\boldsymbol{A}}=(\boldsymbol{A} \vdots \boldsymbol{b})=\begin{pmatrix} a_{11} & a_{12} & \cdots & a_{1n} & b_1 \\ a_{21} & a_{22} & \cdots & a_{2n} & b_2 \\ \vdots & \vdots & & \vdots & \vdots \\ a_{m1} & a_{m2} & \cdots & a_{mn} & b_m \end{pmatrix}, \tag{4.2}$$

对增广矩阵 $\widetilde{\boldsymbol{A}}$ 施行初等行变换,可化为下面的行最简形矩阵:

$$\begin{pmatrix} 1 & 0 & \cdots & 0 & c_{1,r+1} & \cdots & c_{1n} & d_1 \\ 0 & 1 & \cdots & 0 & c_{2,r+1} & \cdots & c_{2n} & d_2 \\ \vdots & \vdots & & \vdots & \vdots & & \vdots & \vdots \\ 0 & 0 & \cdots & 1 & c_{r,r+1} & \cdots & c_{rn} & d_r \\ 0 & 0 & \cdots & 0 & 0 & \cdots & 0 & d_{r+1} \\ 0 & 0 & \cdots & 0 & 0 & \cdots & 0 & 0 \\ \vdots & \vdots & & \vdots & \vdots & & \vdots & \vdots \\ 0 & 0 & \cdots & 0 & 0 & \cdots & 0 & 0 \end{pmatrix}, \tag{4.3}$$

与矩阵(4.3)对应的线性方程组为

$$\begin{cases} x_1+c_{1,r+1}x_{r+1}+\cdots+c_{1n}x_n=d_1, \\ x_2+c_{2,r+1}x_{r+1}+\cdots+c_{2n}x_n=d_2, \\ \cdots \\ x_r+c_{r,r+1}x_{r+1}+\cdots+c_{rn}x_n=d_r, \\ 0=d_{r+1}, \\ 0=0, \\ \cdots \\ 0=0. \end{cases} \tag{4.4}$$

由定理 4.1 知,方程组(4.1)与方程组(4.4)是同解方程组.在方程组(4.4)中去掉“0=0”形成的方程并不影响方程组的解,因此,我们可以看到,方程组(4.4)是否有解就取决于 $d_{r+1}=0$ 是否成立.这就给出了判别方程组(4.1)是否有解的一个方法:用初等变换将方程组(4.1)变为(4.4),则方程组(4.1)有解的充分必要条件为 $d_{r+1}=0$.

有解可分两种情形来加以考虑:

(1)当 $r=n$ 时,方程组(4.4)可写成

$$\begin{cases} x_1=d_1, \\ x_2=d_2, \\ \quad\vdots \\ x_n=d_n. \end{cases}$$

此即方程组(4.1)的唯一解.

(2)当 $r<n$ 时,方程组(4.4)可写成

$$\begin{aligned} x_1&=d_1-c_{1,r+1}x_{r+1}-\cdots-c_{1n}x_n, \\ x_2&=d_2-c_{2,r+1}x_{r+1}-\cdots-c_{2n}x_n, \\ &\cdots \\ x_r&=d_r-c_{r,r+1}x_{r+1}-\cdots-c_{rn}x_n. \end{aligned}$$

视 $x_{r+1},x_{r+2},\cdots,x_n$ 为 $n-r$ 个自由未知量,若任给 $x_{r+1},x_{r+2},\cdots,x_n$ 一组值 $t_1,t_2,\cdots,t_{n-r}$,就唯一地确定出 $x_1,x_2,\cdots,x_r$ 的值,从而给出方程组(4.1)的一个解.这表明方程组(4.1)有无穷多个解,其一般解的形式为

$$\begin{cases} x_1=d_1-c_{1,r+1}t_1-\cdots-c_{1n}t_{n-r}, \\ x_2=d_2-c_{2,r+1}t_1-\cdots-c_{2n}t_{n-r}, \\ \quad\cdots \\ x_r=d_r-c_{r,r+1}t_1-\cdots-c_{rn}t_{n-r}, \\ x_{r+1}=t_1, \\ x_{r+2}=t_2, \\ \quad\cdots \\ x_n=t_{n-r}. \end{cases} \tag{4.5}$$

总之,解线性方程组的步骤是:用初等行变换化方程组(4.1)的增广矩阵为行最简形矩阵,根据 d_{r+1} 是否等于 0 来判断原方程组是否有解.如果 $d_{r+1}\neq 0$ 则有 $R(\mathbf{A})=r$,而 $R(\widetilde{\mathbf{A}})=r+1$,即 $R(\mathbf{A})\neq R(\widetilde{\mathbf{A}})$,此时方程组(4.1)无解;如果 $d_{r+1}=0$,则 $R(\mathbf{A})=R(\widetilde{\mathbf{A}})=r$,此时方程组(4.1)有解.而当 $r=n$ 时,方程组(4.1)有唯一解;当 $r<n$ 时,方程组(4.1)有无穷多个解.由此可以得到如下定理:

定理 4.2(线性方程组有解的判别定理) 线性方程组(4.1)有解的充分必要条件是系数矩阵与增广矩阵有相同的秩 r.

(1)当 r 等于方程组所含未知量个数 n 时,方程组有唯一的解;

(2)当 $r<n$ 时,方程组有无穷多解.

【例 4.3】 研究线性方程组

$$\begin{cases} x_1 - x_2 + 3x_3 - x_4 = 1, \\ 2x_1 - x_2 - x_3 + 4x_4 = 2, \\ 3x_1 - 2x_2 + 2x_3 + 3x_4 = 3, \\ x_1 - 4x_3 + 5x_4 = -1 \end{cases}$$

的解的存在情况.

解 对增广矩阵进行初等行变换,化成行阶梯形矩阵

$$\widetilde{A} = \begin{pmatrix} 1 & -1 & 3 & -1 & 1 \\ 2 & -1 & -1 & 4 & 2 \\ 3 & -2 & 2 & 3 & 3 \\ 1 & 0 & -4 & 5 & -1 \end{pmatrix} \xrightarrow[-r_1+r_4]{\substack{-2r_1+r_2 \\ -3r_1+r_3}} \begin{pmatrix} 1 & -1 & 3 & -1 & 1 \\ 0 & 1 & -7 & 6 & 0 \\ 0 & 1 & -7 & 6 & 0 \\ 0 & 1 & -7 & 6 & -2 \end{pmatrix}$$

$$\xrightarrow[-r_2+r_4]{-r_2+r_3} \begin{pmatrix} 1 & -1 & 3 & -1 & 1 \\ 0 & 1 & -7 & 6 & 0 \\ 0 & 0 & 0 & 0 & 0 \\ 0 & 0 & 0 & 0 & -2 \end{pmatrix} \xrightarrow{r_3 \leftrightarrow r_4} \begin{pmatrix} 1 & -1 & 3 & -1 & 1 \\ 0 & 1 & -7 & 6 & 0 \\ 0 & 0 & 0 & 0 & -2 \\ 0 & 0 & 0 & 0 & 0 \end{pmatrix}.$$

由此可见 $R(\mathbf{A}) \neq R(\widetilde{\mathbf{A}})$,所以方程组无解.

【例 4.4】 解线性方程组

$$\begin{cases} x_1 + 2x_2 + 3x_3 + x_4 = 5, \\ 2x_1 + 2x_3 - 2x_4 = 2, \\ -x_1 - 2x_2 + 3x_3 + 2x_4 = 8, \\ x_1 + 2x_2 - 9x_3 - 5x_4 = -21. \end{cases}$$

解 对该方程组的增广矩阵进行初等行变换,化为行最简形矩阵:

$$\widetilde{A} = \begin{pmatrix} 1 & 2 & 3 & 1 & 5 \\ 2 & 0 & 2 & -2 & 2 \\ -1 & -2 & 3 & 2 & 8 \\ 1 & 2 & -9 & -5 & -21 \end{pmatrix} \xrightarrow[-r_1+r_4]{\substack{-2r_1+r_2 \\ r_1+r_3}} \begin{pmatrix} 1 & 2 & 3 & 1 & 5 \\ 0 & -4 & -4 & -4 & -8 \\ 0 & 0 & 6 & 3 & 13 \\ 0 & 0 & -12 & 6 & -26 \end{pmatrix}$$

$$\xrightarrow[2r_3+r_4]{-\frac{1}{4}r_2}\begin{pmatrix}1&2&3&1&5\\0&1&1&1&2\\0&0&6&3&13\\0&0&0&0&0\end{pmatrix}\xrightarrow[\frac{1}{6}r_3]{-2r_2+r_1}\begin{pmatrix}1&0&1&-1&1\\0&1&1&1&2\\0&0&1&\frac{1}{2}&\frac{13}{6}\\0&0&0&0&0\end{pmatrix}$$

$$\xrightarrow[-r_3+r_2]{-r_3+r_1}\begin{pmatrix}1&0&0&-\frac{3}{2}&-\frac{7}{6}\\0&1&0&\frac{1}{2}&-\frac{1}{6}\\0&0&1&\frac{1}{2}&\frac{13}{6}\\0&0&0&0&0\end{pmatrix}.$$

由上式可看出，$R(\boldsymbol{A})=R(\widetilde{\boldsymbol{A}})=3<n=4$，所以方程组有无穷多个解. 最后的矩阵对应的方程组是

$$\begin{cases}x_1-\frac{3}{2}x_4=-\frac{7}{6},\\x_2+\frac{1}{2}x_4=-\frac{1}{6},\\x_3+\frac{1}{2}x_4=\frac{13}{6}.\end{cases}$$

把 x_4 移到右边作为自由未知量，令 $x_4=k$，即得原方程组的通解为

$$\begin{cases}x_1=-\frac{7}{6}+\frac{3}{2}k,\\x_2=-\frac{1}{6}-\frac{1}{2}k,\\x_3=\frac{13}{6}-\frac{1}{2}k,\\x_4=k,\end{cases}$$

其中 k 为任意常数.

下面我们考虑齐次线性方程组

$$\begin{cases}a_{11}x_1+a_{12}x_2+\cdots+a_{1n}x_n=0,\\a_{21}x_1+a_{22}x_2+\cdots+a_{2n}x_n=0,\\\cdots\\a_{m1}x_1+a_{m2}x_2+\cdots+a_{mn}x_n=0.\end{cases}\tag{4.6}$$

齐次线性方程组(4.6)的矩阵形式可以写成

$$\boldsymbol{Ax}=\boldsymbol{0},\tag{4.7}$$

其中

$$A=\begin{pmatrix} a_{11} & a_{12} & \cdots & a_{1n} \\ a_{21} & a_{22} & \cdots & a_{2n} \\ \vdots & \vdots & & \vdots \\ a_{m1} & a_{m2} & \cdots & a_{mn} \end{pmatrix}, x=\begin{pmatrix} x_1 \\ x_2 \\ \vdots \\ x_n \end{pmatrix}.$$

我们常常希望知道,一个齐次线性方程组有没有非零解.对于齐次线性方程组,增广矩阵最后一列的元素全部为零,不管作什么样的初等变换,最后一列的元素始终为零,因此我们可直接考虑它的系数矩阵.由定理4.2可得到下面的定理.

定理4.3 齐次线性方程组(4.6)有非零解的充分必要条件是系数矩阵的秩

$$R(A)<n.$$

由定理4.3我们很容易得到下面的几个推论:

推论4.1 当方程的个数 m 小于未知量的个数 n 时,齐次线性方程组(4.6)有非零解.

推论4.2 齐次线性方程组(4.6)只有零解的充分必要条件是系数矩阵的秩 $R(A)=n$.

推论4.3 当 $m=n$ 时,齐次线性方程组(4.6)只有零解(有非零解)的充分必要条件是系数行列式 $|A|\neq 0$($|A|=0$).

【例4.5】 求解齐次线性方程组

$$\begin{cases} x_1+2x_2+2x_3+x_4=0, \\ 2x_1+x_2-2x_3-2x_4=0, \\ x_1-x_2-4x_3-3x_4=0. \end{cases}$$

解 对系数矩阵 A 施行初等行变换

$$A=\begin{pmatrix} 1 & 2 & 2 & 1 \\ 2 & 1 & -2 & -2 \\ 1 & -1 & -4 & -3 \end{pmatrix} \to \begin{pmatrix} 1 & 2 & 2 & 1 \\ 0 & -3 & -6 & -4 \\ 0 & -3 & -6 & -4 \end{pmatrix} \to \begin{pmatrix} 1 & 2 & 2 & 1 \\ 0 & 1 & 2 & \frac{4}{3} \\ 0 & 0 & 0 & 0 \end{pmatrix}$$

$$\to \begin{pmatrix} 1 & 0 & -2 & -\frac{5}{3} \\ 0 & 1 & 2 & \frac{4}{3} \\ 0 & 0 & 0 & 0 \end{pmatrix}.$$

根据最后的增广矩阵,写出原方程组的同解方程组

$$\begin{cases} x_1 = 2x_3 + \dfrac{5}{3}x_4, \\ x_2 = -2x_3 - \dfrac{4}{3}x_4. \end{cases} \quad (x_3, x_4 \text{ 可任意取值})$$

令 $x_3 = c_1, x_4 = c_2$，即

$$\begin{cases} x_1 = 2c_1 + \dfrac{5}{3}c_2, \\ x_2 = -2c_1 - \dfrac{4}{3}c_2, \\ x_3 = c_1, \\ x_4 = c_2, \end{cases}$$

其中 c_1, c_2 为任意常数.

习　题　4.2

1. 求下列非齐次线性方程组的解：

(1) $\begin{cases} x_1 - 2x_2 + 4x_3 = -5, \\ 2x_1 + 3x_2 + x_3 = 4, \\ 3x_1 + 8x_2 - 2x_3 = 13, \\ 4x_1 - x_2 + 9x_3 = -6; \end{cases}$　　(2) $\begin{cases} x_1 - x_2 + x_3 = 1, \\ 2x_1 - x_2 + 5x_3 = 2, \\ 2x_1 + x_2 + 12x_3 = 0; \end{cases}$

(3) $\begin{cases} 2x_1 + x_2 - x_3 = 1, \\ 3x_1 - 2x_2 + x_3 = 4, \\ x_1 + 2x_2 + x_3 = 4. \end{cases}$

2. 求解下列齐次线性方程组：

(1) $\begin{cases} x_1 + x_2 + 2x_3 - x_4 = 0, \\ 2x_1 + x_2 + x_3 - x_4 = 0, \\ 2x_1 + 2x_2 + x_3 + 2x_4 = 0; \end{cases}$　　(2) $\begin{cases} x_1 + 2x_2 + x_3 - x_4 = 0, \\ 3x_1 + 6x_2 - x_3 - 3x_4 = 0, \\ 5x_1 + 10x_2 + x_3 - 5x_4 = 0. \end{cases}$

4.3　线性方程组解的结构

上一节给出了线性方程组有解的判别定理，下面我们用向量组的线性相关性知识来研究线性方程组解的结构.

4.3.1　齐次线性方程组解的结构

齐次线性方程组(4.6)的解具有下面的性质：

性质 4.1 若 $\boldsymbol{\xi}_1,\boldsymbol{\xi}_2$ 是齐次线性方程组(4.6)的解,则 $\boldsymbol{\xi}_1+\boldsymbol{\xi}_2$ 也是齐次方程组(4.6)的解.

性质 4.2 若 $\boldsymbol{\xi}$ 是齐次线性方程组(4.6)的解,k 为任意实数,则 $k\boldsymbol{\xi}$ 也是齐次方程组(4.6)的解.

推论 4.4 若 $\boldsymbol{\xi}_1,\boldsymbol{\xi}_2,\cdots,\boldsymbol{\xi}_r$ 是齐次线性方程组(4.6)的 r 个解,若 $k_1,k_2,\cdots,k_r$ 为任意实数,则 $k_1\boldsymbol{\xi}_1+k_2\boldsymbol{\xi}_2+\cdots+k_r\boldsymbol{\xi}_r$ 也是齐次线性方程组(4.6)的解.

这说明,齐次线性方程组的解的线性组合仍是该方程组的解.

由此可知,齐次线性方程组的解向量对于向量加法和数乘是封闭的.因此,齐次线性方程组若有一个非零解,则它就有无穷多个解,它所有的解构成了一个向量空间 ,称为齐次线性方程组的**解空间**.如果能够求出这个解空间的一个基,就能用它来表示齐次线性方程组的全部解.

定义 4.1 设 $\boldsymbol{\alpha}_1,\boldsymbol{\alpha}_2,\cdots,\boldsymbol{\alpha}_s$ 是齐次线性方程组(4.6)的 s 个解向量, 如果满足条件:

(1)$\boldsymbol{\alpha}_1,\boldsymbol{\alpha}_2,\cdots,\boldsymbol{\alpha}_s$ 线性无关;

(2)方程组(4.6)的其余解向量 $\boldsymbol{\alpha}$ 都能由 $\boldsymbol{\alpha}_1,\boldsymbol{\alpha}_2,\cdots,\boldsymbol{\alpha}_s$ 线性表示,则 $\boldsymbol{\alpha}_1,\boldsymbol{\alpha}_2,\cdots,\boldsymbol{\alpha}_s$ 称为齐次线性方程组(4.6)的**基础解系**.

易见,基础解系可看成解向量组的一个极大线性无关组,也就是解空间的一个基.显然,齐次方程组的基础解系不是唯一的.

定理 4.4 齐次线性方程组(4.6)若有非零解,则它一定有基础解系,且基础解系所含解向量的个数等于 $n-r$,其中 r 是系数矩阵的秩.

定理 4.5(齐次线性方程组解的结构定理) 齐次线性方程组(4.6)若有非零解,则它的通解就是基础解系的线性组合.

【例 4.6】 求齐次线性方程组

$$\begin{cases}x_1-x_2+x_3-x_4=0,\\x_1-x_2-x_3+x_4=0,\\x_1-x_2-2x_3+2x_4=0\end{cases}$$

的基础解系与通解.

解 齐次线性方程组的系数矩阵为

$$\boldsymbol{A}=\begin{pmatrix}1&-1&1&-1\\1&-1&-1&1\\1&-1&-2&2\end{pmatrix},$$

对 $\boldsymbol{A}$ 进行初等行变换化为行最简形矩阵,即

$$\boldsymbol{A}=\begin{pmatrix}1&-1&1&-1\\1&-1&-1&1\\1&-1&-2&2\end{pmatrix}\longrightarrow\begin{pmatrix}1&-1&1&-1\\0&0&-2&2\\0&0&-3&3\end{pmatrix}\longrightarrow\begin{pmatrix}1&-1&1&-1\\0&0&-1&1\\0&0&-3&3\end{pmatrix}$$

$$\longrightarrow\begin{pmatrix}1&-1&1&-1\\0&0&-1&1\\0&0&0&0\end{pmatrix}\longrightarrow\begin{pmatrix}1&-1&0&0\\0&0&1&-1\\0&0&0&0\end{pmatrix}.$$

由此可看出，$r=2<4$，故有非零解，其对应的同解方程组是$\begin{cases}x_1-x_2=0,\\x_3-x_4=0.\end{cases}$把 x_2,x_4 看作自由未知量，令$\begin{pmatrix}x_2\\x_4\end{pmatrix}=\begin{pmatrix}1\\0\end{pmatrix},\begin{pmatrix}0\\1\end{pmatrix}$，得$\begin{pmatrix}x_1\\x_3\end{pmatrix}=\begin{pmatrix}1\\0\end{pmatrix},\begin{pmatrix}0\\1\end{pmatrix}$.

从而得基础解系 $\boldsymbol{\xi}_1=\begin{pmatrix}1\\1\\0\\0\end{pmatrix},\boldsymbol{\xi}_2=\begin{pmatrix}0\\0\\1\\1\end{pmatrix}$.

由此，得方程组的通解为

$$x=c_1\boldsymbol{\xi}_1+c_2\boldsymbol{\xi}_2,$$

其中 c_1,c_2 为任意实数.

4.3.2　非齐次线性方程组解的结构

下面讨论非齐次线性方程组的解的结构.

非齐次线性方程组
$$\begin{cases}a_{11}x_1+a_{12}x_2+\cdots+a_{1n}x_n=b_1,\\a_{21}x_1+a_{22}x_2+\cdots+a_{2n}x_n=b_2,\\\cdots\\a_{m1}x_1+a_{m2}x_2+\cdots+a_{mn}x_n=b_m.\end{cases}\tag{4.8}$$

的矩阵形式可以表示为

$$\boldsymbol{Ax}=\boldsymbol{b}.\tag{4.9}$$

其中 $\boldsymbol{A}=\begin{pmatrix}a_{11}&a_{12}&\cdots&a_{1n}\\a_{21}&a_{22}&\cdots&a_{2n}\\\vdots&\vdots&&\vdots\\a_{m1}&a_{m2}&\cdots&a_{mn}\end{pmatrix},\boldsymbol{x}=\begin{pmatrix}x_1\\x_2\\\vdots\\x_n\end{pmatrix},\boldsymbol{b}=\begin{pmatrix}b_1\\b_2\\\vdots\\b_m\end{pmatrix}$.

取 $\boldsymbol{b}=\boldsymbol{0}$ 得到齐次线性方程组

$$\boldsymbol{Ax}=\boldsymbol{0},\tag{4.10}$$

称(4.10)为非齐次线性方程组(4.9)的导出方程组，简称导出组. 非齐次线性方程组(4.9)的解与它的导出组(4.10)的解有下列性质：

性质 4.3 如果 $\boldsymbol{\eta}$ 是非齐次线性方程组(4.9)的一个解,$\boldsymbol{\xi}$ 是其导出组的一个解,则 $\boldsymbol{\xi}+\boldsymbol{\eta}$ 是非齐次线性方程组(4.9)的一个解.

性质 4.4 如果 $\boldsymbol{\eta}_1,\boldsymbol{\eta}_2$ 是非齐次线性方程组(4.9)的任意两个解,则 $\boldsymbol{\eta}_1-\boldsymbol{\eta}_2$ 是其导出组的解.

定理 4.6(非齐次线性方程组解的结构定理) 如果非齐次线性方程组(4.8)有解,则其通解为 $\boldsymbol{x}=\boldsymbol{\eta}^*+\boldsymbol{\xi}$,其中 $\boldsymbol{\eta}^*$ 是 $\boldsymbol{\xi}$ 非齐次线性方程组(4.8)的一个特解,而 $\boldsymbol{\xi}$ 是其导出组的通解.

由此定理可知,如果非齐次线性方程组有解,则只需求出它的一个特解 $\boldsymbol{\eta}^*$,并求出其导出组的一个基础解系 $\boldsymbol{\xi}_1,\boldsymbol{\xi}_2,\cdots,\boldsymbol{\xi}_{n-r}$,则其全部解可以表示为

$$\boldsymbol{x}=\boldsymbol{\eta}^*+k_1\boldsymbol{\xi}_1+k_2\boldsymbol{\xi}_2+\cdots+k_{n-r}\boldsymbol{\xi}_{n-r},$$

其中,$k_1,k_2,\cdots,k_{n-r}$ 为任意常数.

一般地,求非齐次线性方程组(4.8)的一个特解与求它的导出组的通解可同时进行.

【例 4.7】 试求 $\begin{cases}x_1+3x_2-x_3+2x_4+4x_5=3,\\2x_1-x_2+8x_3+7x_4+2x_5=9,\\4x_1+5x_2+6x_3+11x_4+10x_5=15\end{cases}$ 的全部解.

解 对增广矩阵进行初等行变换

$$\widetilde{\boldsymbol{A}}=\begin{pmatrix}1&3&-1&2&4&3\\2&-1&8&7&2&9\\4&5&6&11&10&15\end{pmatrix}\longrightarrow\begin{pmatrix}1&3&-1&2&4&3\\0&-7&10&3&-6&3\\0&-7&10&3&-6&3\end{pmatrix}\longrightarrow$$

$$\begin{pmatrix}1&3&-1&2&4&3\\0&-7&10&3&-6&3\\0&0&0&0&0&0\end{pmatrix}\longrightarrow\begin{pmatrix}1&3&-1&2&4&3\\0&1&-\frac{10}{7}&-\frac{3}{7}&\frac{6}{7}&-\frac{3}{7}\\0&0&0&0&0&0\end{pmatrix}\longrightarrow$$

$$\begin{pmatrix}1&0&\frac{23}{7}&\frac{23}{7}&\frac{10}{7}&\frac{30}{7}\\0&1&-\frac{10}{7}&-\frac{3}{7}&\frac{6}{7}&-\frac{3}{7}\\0&0&0&0&0&0\end{pmatrix},$$

由此可知系数矩阵与增广矩阵的秩都是 2,故有解.

其同解方程组为 $\begin{cases}x_1=\frac{30}{7}-\frac{23}{7}x_3-\frac{23}{7}x_4-\frac{10}{7}x_5,\\x_2=-\frac{3}{7}+\frac{10}{7}x_3+\frac{3}{7}x_4-\frac{6}{7}x_5,\end{cases}$ 其中 x_3,x_4,x_5 为自由未知量.

令 $\begin{pmatrix} x_3 \\ x_4 \\ x_5 \end{pmatrix} = \begin{pmatrix} 0 \\ 0 \\ 0 \end{pmatrix}$,得方程组的一个特解为 $\boldsymbol{\eta}^* = \left(\frac{30}{7}, -\frac{3}{7}, 0, 0, 0\right)^T$.

原方程组的导出组与方程组

$$\begin{cases} x_1 = -\frac{23}{7}x_3 - \frac{23}{7}x_4 - \frac{10}{7}x_5, \\ x_2 = \frac{10}{7}x_3 + \frac{3}{7}x_4 - \frac{6}{7}x_5 \end{cases}$$

同解(去掉常数列).选择 x_3, x_4, x_5 为自由未知量.

令 $\begin{pmatrix} x_3 \\ x_4 \\ x_5 \end{pmatrix} = \begin{pmatrix} 1 \\ 0 \\ 0 \end{pmatrix}, \begin{pmatrix} 0 \\ 1 \\ 0 \end{pmatrix}, \begin{pmatrix} 0 \\ 0 \\ 1 \end{pmatrix}$,得导出组的基础解系为

$$\boldsymbol{\xi}_1 = \begin{pmatrix} -\frac{23}{7} \\ \frac{10}{7} \\ 1 \\ 0 \\ 0 \end{pmatrix}, \boldsymbol{\xi}_2 = \begin{pmatrix} -\frac{23}{7} \\ \frac{3}{7} \\ 0 \\ 1 \\ 0 \end{pmatrix}, \boldsymbol{\xi}_3 = \begin{pmatrix} -\frac{10}{7} \\ -\frac{6}{7} \\ 0 \\ 0 \\ 1 \end{pmatrix}.$$

于是原方程组的全部解(一般解)为 $\boldsymbol{x} = \boldsymbol{\eta}^* + k_1\boldsymbol{\xi}_1 + k_2\boldsymbol{\xi}_2 + k_3\boldsymbol{\xi}_3$,其中 k_1, k_2, k_3 为任意实数.

微课 34

注意:在求方程组的特解与它的导出组的基础解系时,一定要小心常数列(项)的处理,最好把特解与基础解系中的解分别代入两个方程组进行验证.

习　题　4.3

1. 求下列齐次线性方程组的基础解系.

(1) $\begin{cases} x_1 + 3x_3 + 2x_3 = 0, \\ x_1 + 5x_2 + x_3 = 0, \\ 3x_1 + 5x_2 + 8x_3 = 0; \end{cases}$

(2) $\begin{cases} x_1 + x_2 + 2x_3 + 2x_4 + 7x_5 = 0, \\ 2x_1 + 3x_2 + 4x_3 + 5x_4 = 0, \\ 3x_1 + 5x_2 + 6x_3 + 8x_4 = 0. \end{cases}$

2. 解下列非齐次线性方程组.

(1) $\begin{cases} 2x_1+x_2-x_3+x_4=1, \\ 4x_1+2x_2-2x_3+x_4=2, \\ 2x_1+x_2-x_3-x_4=1; \end{cases}$　　(2) $\begin{cases} x_1-2x_2+x_3+x_4=1, \\ x_1-2x_2+x_3-x_4=-1, \\ x_1-2x_2+x_3+x_4=5. \end{cases}$

4.4　用 MATLAB 求解线性方程组

【例 4.8】 用消元法解方程组 $\begin{cases} x_1+2x_2+2x_3=2, \\ 2x_1+5x_2+2x_3=4, \\ x_1+2x_2+4x_3=6. \end{cases}$

```
>>A=[1 2 2 2;2 5 2 4;1 2 4 6 ];
for i=2:3;
A(i,:)=A(i,:)-A(i,1)/A(1,1) * A(1,:);
end
k=find(A(2:3,2));
k=k(1)+1;
t=A(k,:);
A(2,:)=A(k,:);
A(k,:)=t;
for i=3;
A(i,:)=A(i,:)-A(i,2)/A(2,2) * A(2,:);
end
B=A(:,4);
A=A(:,1:3);
X=A\B
X =
    -10
    4
    2
```

【例 4.9】 求非齐次线性方程组 $\begin{cases} x_1+3x_2-x_3+2x_4+4x_5=3, \\ 2x_1-x_2+8x_3+7x_4+2x_5=9, \\ 4x_1+5x_2+6x_3+11x_4+10x_5=15 \end{cases}$ 的通解.

```
>>A=[1 3 -1 2 4 3;2 -1 8 7 2 9;4 5 6 11 10 15];
for i=2:3;
```

```
A(i,:)=A(i,:)-A(i,1)/A(1,1)*A(1,:);
end
k=find(A(2:3,2));
k=k(1)+1;
t=A(k,:);
A(k,:)=A(2,:);
A(2,:)=t;
for i=3;
A(i,:)=A(i,:)-A(i,2)/A(2,2)*A(2,:);
end
format rat;
t=1/A(2,2)*A(2,:);
A(2,:)=t;
t=-A(1,2)*A(2,:)+A(1,:);
A(1,:)=t;
x=A(:,6);
O=[0;0];
x=[x;O];
y=-A(1:2,3);
u=[1;0;0];
y1=[y;u];
y=-A(1:2,4);
v=[0;1;0];
y2=[y;v];
y=-A(1:2,5);
w=[0;0;1];
y3=[y;w];
syms k1 k2 k3;
x=x+k1*y1+k2*y2+k3*y3
x =
    30/7 - (23*k2)/7 - (10*k3)/7 - (23*k1)/7
        (10*k1)/7 + (3*k2)/7 - (6*k3)/7 - 3/7
                                             k1
                                             k2
                                             k3
```

第二部分　多元微积分

第 1 章　向量代数与空间解析几何

向量代数是向量运算的一个方面，它不仅是解析几何内容中的基础部分，也是科学研究的重要工具. 向量除了一些与数量运算相同的规律外，更有它独特的运算性质，因此利用向量解决某些问题时更快速而简便. 在这一章中，我们首先介绍向量的概念、性质及其运算，然后根据向量的线性运算建立空间坐标系，并介绍空间解析几何的相关内容.

微课 35

1.1　向量及其线性运算

1.1.1　向量的概念

客观世界中的量一般可以分为数量和向量两类. 其中既要大小，还要方向才能确定的量，如力、加速度、速度、位移等叫作**向量**，也称为**矢量**.

数学上，一个向量可用一条有指向的线段$\overrightarrow{AB}$表示，A 为向量的起点，B 为向量的终点(图 1.1). 有时为了书写方便，在字母上面画一个箭头，如 $\vec{F}$ 表示向量，有时也用一个黑体字母，如 $\boldsymbol{F}$ 表示向量.

图 1.1

向量的大小叫作向量的**模**. 若向量为$\overrightarrow{AB}$，$\vec{a}$ 或 $\boldsymbol{a}$，则它的模依次用$|\overrightarrow{AB}|$，$|\vec{a}|$ 或 $|\boldsymbol{a}|$ 表示. 其中模等于 1 的向量叫作**单位向量**；模等于零的向量叫作**零向量**，用 $\vec{0}$ 或 $\boldsymbol{0}$ 表示. 零向量的起点与终点重合，表示一个点. 零向量的方向可以看作是任意的.

如果空间中任意的两个向量$\overrightarrow{AB}$和$\overrightarrow{CD}$的模相等且方向相同，那么我们就说向量$\overrightarrow{AB}$和$\overrightarrow{CD}$为**相等向量**，记作$\overrightarrow{AB}=\overrightarrow{CD}$(图 1.2). 相等向量之间的区别只在于它们的起点可能不同. 在数学上，我们只讨论与起点无关的向量，并称这种向量为自由向量(以下简称向量)，即只考虑向量的大小及方向. 也就是说，一个向量在不改变它的大小和方向的前提下，可以在空间中自由移动. 所有的零向量都可以看

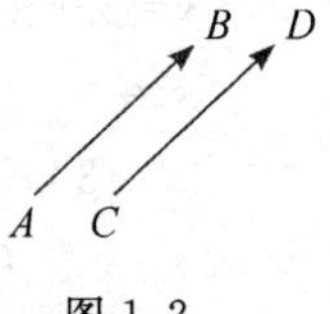

图 1.2

作相等向量. 与向量 $\boldsymbol{a}$ 的模相等，但方向相反的向量叫作向量 $\boldsymbol{a}$ 的**负向量**，记作 $-\boldsymbol{a}$.

当两个向量位于平行直线上（或在同一直线上）时，两向量平行，这两个向量又叫作**共线向量**. 平行于同一平面（或在同一平面上）的向量叫作**共面向量**.

1.1.2　向量的线性运算

1.1.2.1　向量的加减法

向量的加法运算类似于物理学中力的合成法则，因此加法运算规定如下：

设有两个向量 $\boldsymbol{a}$ 和 $\boldsymbol{b}$，将向量 $\boldsymbol{b}$ 的起点附着于向量 $\boldsymbol{a}$ 的终点，则新向量 $\boldsymbol{c}$ 以向量 $\boldsymbol{a}$ 的起点为起点，向量 $\boldsymbol{b}$ 的终点为终点，向量 $\boldsymbol{c}$ 叫作向量 $\boldsymbol{a}$ 与 $\boldsymbol{b}$ 的和，记作

$$\boldsymbol{c}=\boldsymbol{a}+\boldsymbol{b}.$$

上述求两向量之和的方法叫作向量相加的三角形法则（图 1.3）.

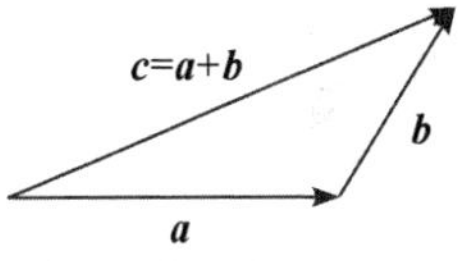

图 1.3

易知，任意向量与零向量的和等于它本身.

向量的加法具有下列运算规律：

(1)交换律　$\boldsymbol{a}+\boldsymbol{b}=\boldsymbol{b}+\boldsymbol{a}$；

(2)结合律　$(\boldsymbol{a}+\boldsymbol{b})+\boldsymbol{c}=\boldsymbol{a}+(\boldsymbol{b}+\boldsymbol{c})$.

这是因为按照向量的加法运算规定，如果我们把向量 $\boldsymbol{a}$ 和 $\boldsymbol{b}$ 的起点放置在同一 O 点，用 A 和 B 点分别表示两向量的终点. 再平移向量 $\boldsymbol{b}$ 附着于 A 点，用 C 点表示其终点. 连接点 B 与 C，可知四边形 $OACB$ 是平行四边形，所以向量 $\overrightarrow{BC}$ 与向量 $\overrightarrow{OA}$ 模相等，方向相同（图 1.4）.

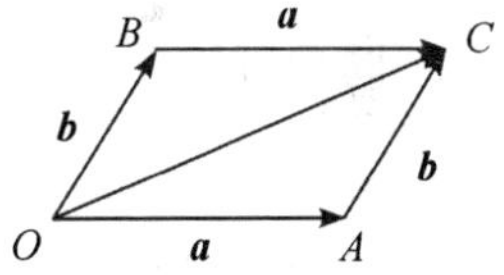

图 1.4

因此，$\overrightarrow{BC}=\boldsymbol{a}$，根据向量加法的三角形法则，在 $\triangle OAC$ 和 $\triangle OBC$ 中有

$$\boldsymbol{a}+\boldsymbol{b}=\overrightarrow{OA}+\overrightarrow{AC}=\overrightarrow{OC},$$

和

$$\boldsymbol{b}+\boldsymbol{a}=\overrightarrow{OB}+\overrightarrow{BC}=\overrightarrow{OC},$$

即符合向量的交换律. 向量加法的交换律说明，任意两个向量的和与它们相加的顺序并无关系.

又如图 1.5 所示，如果把向量 $\boldsymbol{b}$ 的起点附着于向量 $\boldsymbol{a}$ 的终点，再把向量 $\boldsymbol{c}$ 的起点附着于向量 $\boldsymbol{b}$ 的终点. 用点 O 表示向量 $\boldsymbol{a}$ 的起点，点 A,B,C 分别表示向量 $\boldsymbol{a},\boldsymbol{b},\boldsymbol{c}$ 的终点，则根据向量的加法运算规定有

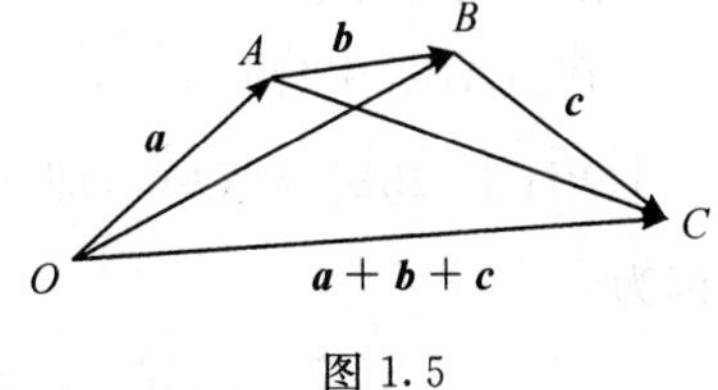

图 1.5

$$(\boldsymbol{a}+\boldsymbol{b})+\boldsymbol{c}=(\overrightarrow{OA}+\overrightarrow{AB})+\overrightarrow{BC}=\overrightarrow{OB}+\overrightarrow{BC}=\overrightarrow{OC},$$
$$\boldsymbol{a}+(\boldsymbol{b}+\boldsymbol{c})=\overrightarrow{OA}+(\overrightarrow{AB}+\overrightarrow{BC})=\overrightarrow{OA}+\overrightarrow{AC}=\overrightarrow{OC},$$

即符合向量的结合律. 向量加法的结合律说明,任意三个及以上向量的和与它们结合的顺序没有关系.

由于向量的加法符合交换律和结合律,故当我们求任意多个向量的和时,不必依次求出两个向量的和,可以按照向量相加的三角形法则作出:把前一向量 $\boldsymbol{a}_{m-1}$ 的终点作为后一向量 $\boldsymbol{a}_m$ 的起点,依此类推到最后一个向量 $\boldsymbol{a}_n$ 为止. 再以第一个向量的起点为起点,以最后一个向量的终点为终点作一向量,该向量就是所求向量的和. 如果用点 O 表示向量的起点,用 $A_1,A_2,\cdots,A_n$ 分别表示向量 $\boldsymbol{a}_1$, $\boldsymbol{a}_2,\cdots,\boldsymbol{a}_n$ 的终点,则

$$\overrightarrow{OA_n}=\overrightarrow{OA_1}+\overrightarrow{A_1A_2}+\cdots+\overrightarrow{A_{n-1}A_n},$$

即

$$\boldsymbol{a}=\boldsymbol{a}_1+\boldsymbol{a}_2+\cdots+\boldsymbol{a}_n.$$

利用向量 $\boldsymbol{a}$ 的负向量 $(-\boldsymbol{a})$ 可以把向量的减法运算变为加法运算,由图 1.6 可以直接观察到,为了求向量 $\boldsymbol{b}$ 与 $\boldsymbol{a}$ 的差 $\boldsymbol{b}-\boldsymbol{a}$,可以在向量 $\boldsymbol{b}$ 上加上向量 $\boldsymbol{a}$ 的负向量,即

$$\boldsymbol{b}-\boldsymbol{a}=\boldsymbol{b}+(-\boldsymbol{a}).$$

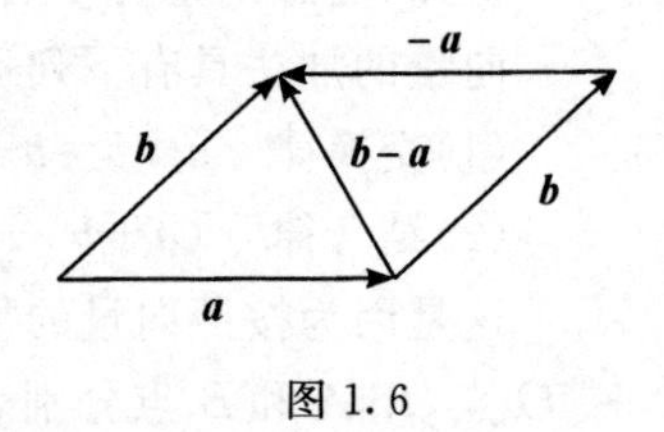

图 1.6

同理可知,

$$\boldsymbol{b}-(-\boldsymbol{a})=\boldsymbol{b}+\boldsymbol{a}.$$

特别地,当 $\boldsymbol{b}=\boldsymbol{a}$ 时,可知

$$\boldsymbol{b}-\boldsymbol{a}=\boldsymbol{a}+(-\boldsymbol{a})=\boldsymbol{0}.$$

由此得到向量减法的几何图法:附着于同一起点的两个向量的差,是从“减向量”的终点到“被减向量的终点”的向量.

【例 1.1】 对于任意的两个向量 $\boldsymbol{a}$ 和 $\boldsymbol{b}$,证明下列不等式成立:

$$|\boldsymbol{a}|-|\boldsymbol{b}|\leqslant|\boldsymbol{a}-\boldsymbol{b}|.$$

解 易知在初等几何中,三角形任意两边之和大于第三边.

在△ABC 中(图 1.7),

$$|\overrightarrow{OB}|+|\overrightarrow{BA}|>|\overrightarrow{OA}|,\text{即}|\overrightarrow{OA}|-|\overrightarrow{OB}|<|\overrightarrow{BA}|.$$

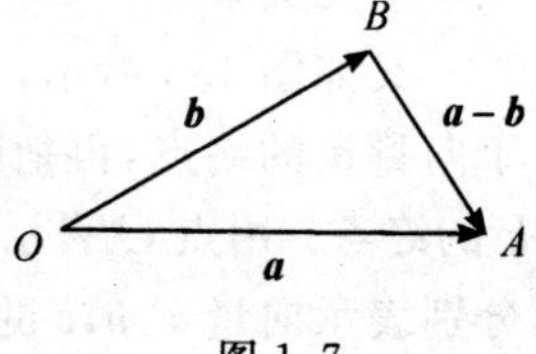

图 1.7

因为

$$\overrightarrow{OA}=\boldsymbol{a},\overrightarrow{OB}=\boldsymbol{b},\overrightarrow{BA}=\boldsymbol{a}-\boldsymbol{b},$$

所以

$$|\overrightarrow{OA}|=|\boldsymbol{a}|,|\overrightarrow{OB}|=|\boldsymbol{b}|,|\overrightarrow{BA}|=|\boldsymbol{a}-\boldsymbol{b}|.$$

代入上式，得

$$|\boldsymbol{a}|-|\boldsymbol{b}|<|\boldsymbol{a}-\boldsymbol{b}|.$$

当 B 点在 OA 上时，$|\boldsymbol{a}|-|\boldsymbol{b}|=|\boldsymbol{a}-\boldsymbol{b}|$，即求证的不等式也成立.

1.1.2.2　向量与数的乘积

对向量与数的乘法运算，首先我们可以设向量 $\boldsymbol{a}$ 与任意实数 λ，则两者的乘积记作 $\lambda\boldsymbol{a}$，规定 $\lambda\boldsymbol{a}$ 是一个向量，它的模为

$$|\lambda\boldsymbol{a}|=|\lambda||\boldsymbol{a}|,$$

当 $\lambda>0$ 时，它的方向与向量 $\boldsymbol{a}$ 相同；当 $\lambda<0$ 时，它的方向与向量 $\boldsymbol{a}$ 相反.

由向量与数的乘积的定义，可知

(a)向量 $\boldsymbol{a}$ 乘以 $\lambda(\lambda=0)$ 时，$\lambda\boldsymbol{a}$ 是零向量，此时它的方向可以是任意的.

(b) $1\cdot\boldsymbol{a}=\boldsymbol{a}$，$(-1)\cdot\boldsymbol{a}=-\boldsymbol{a}$.

向量与数的乘积具有以下运算规律：

(1)结合律

$$\lambda(\mu\boldsymbol{a})=\mu(\lambda\boldsymbol{a})=(\lambda\mu)\boldsymbol{a}.$$

事实上，向量 $\lambda(\mu\boldsymbol{a})$，$\mu(\lambda\boldsymbol{a})$，$(\lambda\mu)\boldsymbol{a}$ 都与向量 $\boldsymbol{a}$ 平行，当数 λ 与 μ 的符号相同时，它们的方向与向量 $\boldsymbol{a}$ 相同；当数 λ 与 μ 的符号不相同时，它们的方向与向量 $\boldsymbol{a}$ 相反，而且

$$|\lambda(\mu\boldsymbol{a})|=|\mu(\lambda\boldsymbol{a})|=|(\lambda\mu)\boldsymbol{a}|=|\lambda\mu||\boldsymbol{a}|,$$

因此

$$\lambda(\mu\boldsymbol{a})=\mu(\lambda\boldsymbol{a})=(\lambda\mu)\boldsymbol{a}$$

成立.

(2)分配律

$$(\lambda+\mu)\boldsymbol{a}=\lambda\boldsymbol{a}+\mu\boldsymbol{a},\tag{1.1}$$

$$\lambda(\boldsymbol{a}+\boldsymbol{b})=\lambda\boldsymbol{a}+\lambda\boldsymbol{b}.\tag{1.2}$$

事实上，对于式(1.1)来说，向量 $(\lambda+\mu)\boldsymbol{a}$ 与向量 $\lambda\boldsymbol{a}+\mu\boldsymbol{a}$ 平行，当数 λ 与 μ 的符号相同时，向量 $\lambda\boldsymbol{a}$ 的方向和向量 $\mu\boldsymbol{a}$ 相同，此时向量 $(\lambda+\mu)\boldsymbol{a}$ 的方向也与它们相同，并且模等于它们模的和：

$$|(\lambda+\mu)\boldsymbol{a}|=|\lambda+\mu||\boldsymbol{a}|=(|\lambda|+|\mu|)|\boldsymbol{a}|$$
$$=|\lambda||\boldsymbol{a}|+|\mu||\boldsymbol{a}|$$
$$=|\lambda\boldsymbol{a}|+|\mu\boldsymbol{a}|.$$

所以,向量$(\lambda+\mu)\boldsymbol{a}$是向量$\lambda\boldsymbol{a}$和$\mu\boldsymbol{a}$的和.

若数λ与μ的符号相反,情况相似,这里从略了.

对于式(1.2),向量$\boldsymbol{a}+\boldsymbol{b}$为向量$\boldsymbol{a}$和$\boldsymbol{b}$构成的平行四边形的对角线. 当数$\lambda$($\lambda\neq0$)分别乘以向量$\boldsymbol{a}+\boldsymbol{b},\boldsymbol{a},\boldsymbol{b}$时,就把原来的平行四边形进行了等比例变换,向量$\lambda(\boldsymbol{a}+\boldsymbol{b})$就是向量$\lambda\boldsymbol{a}$和$\lambda\boldsymbol{b}$构成的平行四边形的对角线,由此可证向量$\lambda(\boldsymbol{a}+\boldsymbol{b})$为向量$\lambda\boldsymbol{a}$和$\lambda\boldsymbol{b}$的和(图 1.8),即式(1.2)成立.

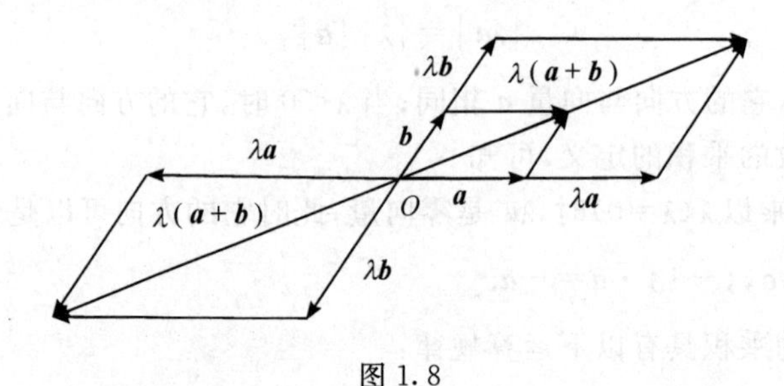

图 1.8

上述性质也可以得到向量多项式乘以数量多项式的乘法,就是逐项相乘.

【例 1.2】 已知平行四边形$ABCD$的对角线$\overrightarrow{AC}=\boldsymbol{a}$,$\overrightarrow{BD}=\boldsymbol{b}$,试用$\boldsymbol{a}$和$\boldsymbol{b}$表示平行四边形四边上对应的向量.

解 由图 1.9 可知:
$$\overrightarrow{BC}=\overrightarrow{AD}=\overrightarrow{AM}+\overrightarrow{MD}=\frac{1}{2}\boldsymbol{a}+\frac{1}{2}\boldsymbol{b}=\frac{1}{2}(\boldsymbol{a}+\boldsymbol{b}),$$
$$\overrightarrow{DC}=\overrightarrow{AB}=\overrightarrow{AM}+\overrightarrow{MB}=\frac{1}{2}\boldsymbol{a}-\frac{1}{2}\boldsymbol{b}=\frac{1}{2}(\boldsymbol{a}-\boldsymbol{b}).$$

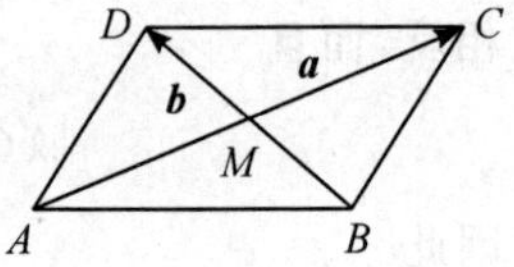

图 1.9

我们定义单位向量为模等于 1 的向量,与向量$\boldsymbol{a}$具有同一方向的单位向量叫作向量$\boldsymbol{a}$的单位向量,记作$\boldsymbol{e}_a$. 那么按照向量与数的乘积的规定,$|\boldsymbol{a}|\boldsymbol{e}_a$与$\boldsymbol{e}_a$的方向相同(其中$|\boldsymbol{a}|>0$),即向量$|\boldsymbol{a}|\boldsymbol{e}_a$与向量$\boldsymbol{a}$的方向也相同,且向量$|\boldsymbol{a}|\boldsymbol{e}_a$的模为$|\boldsymbol{a}||\boldsymbol{e}_a|=|\boldsymbol{a}|\cdot1=|\boldsymbol{a}|$,即向量$|\boldsymbol{a}|\boldsymbol{e}_a$的模也与向量$\boldsymbol{a}$相同,所以,

$$\boldsymbol{a}=|\boldsymbol{a}|\boldsymbol{e}_a.$$

即有

$$\boldsymbol{e}_a=\frac{\boldsymbol{a}}{|\boldsymbol{a}|}.$$

在引入线性相关和线性无关的概念下，对于向量 $\boldsymbol{a},\boldsymbol{b},\cdots,\boldsymbol{m}$，若存在不全为零的数 $a,b,\cdots,m$，且满足条件

$$a\boldsymbol{a}+b\boldsymbol{b}+\cdots+m\boldsymbol{m}=\boldsymbol{0},$$

则向量 $\boldsymbol{a},\boldsymbol{b},\cdots,\boldsymbol{m}$ 叫作线性相关，否则叫作线性无关.

关于线性相关，一个重要的命题就是：

两个向量平行的充分必要条件是它们线性相关.

因为一个与向量 $\boldsymbol{a}$ 平行的向量 $\boldsymbol{b}$ 可以写为 $\boldsymbol{b}=l\boldsymbol{a}$，若令 $l=-\dfrac{a}{b}$，则有

$$a\boldsymbol{a}+b\boldsymbol{b}=\boldsymbol{0},$$

其中 $b\neq0$，所以向量 $\boldsymbol{a}$ 和 $\boldsymbol{b}$ 是线性相关的；反之，若向量 $\boldsymbol{a}$ 和 $\boldsymbol{b}$ 线性相关，则 $a\boldsymbol{a}+b\boldsymbol{b}=\boldsymbol{0}$ 成立. 因为数 a 和 b 中至少有一个不为零，可以设 $b\neq0$，则有

$$\boldsymbol{b}=l\boldsymbol{a}\qquad\text{或}\qquad\boldsymbol{b}=-\frac{a}{b}\boldsymbol{a},$$

因此向量 $\boldsymbol{a}$ 和 $\boldsymbol{b}$ 是平行的.

对于数轴的建立需要三要素，即给定原点、方向以及单位长度. 由于一个单位向量既确定了单位长度，也确定了方向，因此再定一个原点就可以确定一条数轴. 设点 O 表示原点，与单位向量 $\boldsymbol{i}$ 确定数轴 Ox（图 1.10），对于数轴上任意一点 P，对应向量 $\overrightarrow{OP}$. 由于向量 $\overrightarrow{OP}\parallel\boldsymbol{i}$，所以必有唯一的实数 x，使得 $\overrightarrow{OP}=x\boldsymbol{i}$，其中实数 x 叫作向量 $\overrightarrow{OP}$ 在数轴上的值，且 $\overrightarrow{OP}$ 与实数 x 一一对应. 据此，定义实数 x 为数轴上点 P 的坐标.

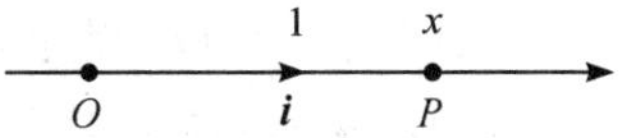

图 1.10

1.1.3　空间直角坐标系

我们已经知道数轴和平面直角坐标系，空间直角坐标系则是它们的一种扩展. 关于建立空间直角坐标系的条件将是我们接下去要学习的.

在空间中取一定点 O 和相互垂直的三个轴（O 点为它们的交点），用 Ox 表示第一个轴，Oy 表示第二个轴，Oz 表示第三个轴（图 1.11），再确定一个线段作为测量长度的单位，则它们构成一个空间直角坐标系，称为 $Oxyz$ 坐标系.

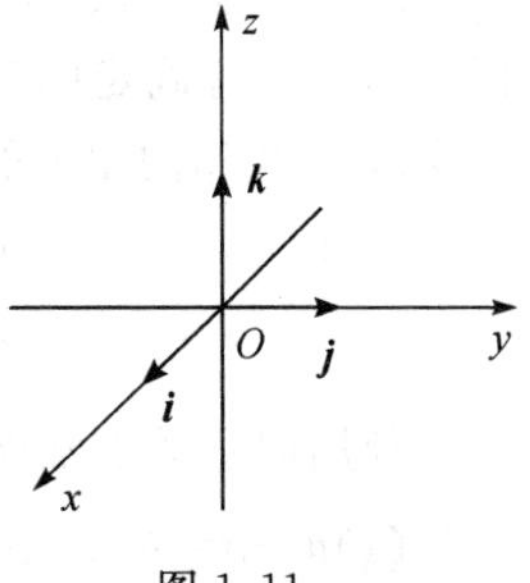

图 1.11

空间的所有点 M 与全体有序三数组 x,y,z 之间有一一对应关系. 建立点与数组之间的这种对应关系就是在空间导入坐标，这种坐标系叫作**空间直角坐标系**. 空间点 M 所对应的数组 x,y,z 叫作点 M 的**直角坐标**，其中

数 x 叫作点 M 的横坐标，数 y 叫作点 M 的纵坐标，数 z 叫作点 M 的竖坐标. 通常把 x 轴和 y 轴配置在水平面上，而 z 轴则是铅垂线，正向情况下符合右手规则.

空间任意点 M 的坐标，通常用 x,y,z 表示，记作 $M(x,y,z)$.

三个坐标面，xOy 面，yOz 面和 zOx 面把整个空间分成八个区域，每个区域叫作一个卦限. 第一卦限：轴 Ox，Oy，Oz 正向的区域；第二卦限：轴 Ox 负向，轴 Oy，Oz 正向的区域；第三卦限：轴 Ox，Oy 负向，轴 Oz 正向的区域；第四卦限：轴 Ox，Oz 正向，轴 Oy 负向的区域. 第五至第八卦限分别对应第一、二、三、四卦限下方的区域. 这八个卦限分别用字母 Ⅰ、Ⅱ、Ⅲ、Ⅳ、Ⅴ、Ⅵ、Ⅶ、Ⅷ 表示（图 1.12）.

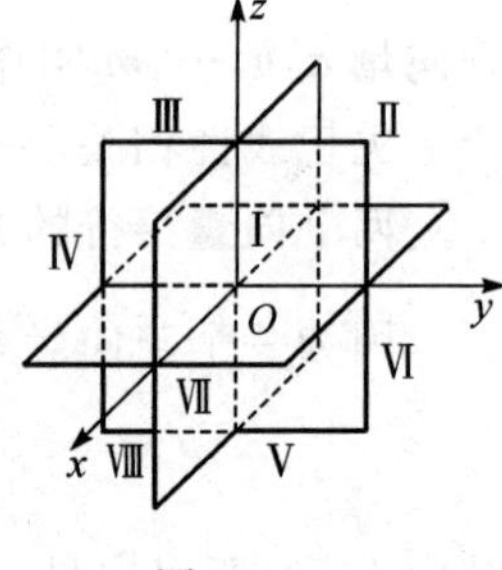

图 1.12

显然，在平面 xOy 上，每个点的竖坐标 $z=0$；平面 yOz 上，每个点的横坐标 $x=0$；平面 zOx 上，每个点的纵坐标 $y=0$. 而坐标原点是三个轴的交点，因此它的三个坐标都为 0，即 $O(0,0,0)$.

1.1.4 利用坐标作向量的线性运算

利用向量坐标，为了简便，可取三个基本向量 $\boldsymbol{i},\boldsymbol{j},\boldsymbol{k}$ 来替代 $\boldsymbol{a},\boldsymbol{b},\boldsymbol{c}$. 这三个基本向量满足下列三个条件：

(a)向量 $\boldsymbol{i}$ 在 Ox 轴上，向量 $\boldsymbol{j}$ 在 Oy 轴上，向量 $\boldsymbol{k}$ 在 Oz 轴上.

(b)向量 $\boldsymbol{i},\boldsymbol{j},\boldsymbol{k}$ 都是单位向量，即 $|\boldsymbol{i}|=|\boldsymbol{j}|=|\boldsymbol{k}|=1$.

(c)向量 $\boldsymbol{i},\boldsymbol{j},\boldsymbol{k}$ 方向都与它们所在轴的正方向相同.

因此，空间中任一向量 $\boldsymbol{r}$，可以把它的起点置于坐标原点，作一个以 $\boldsymbol{r}$ 为对角线的长方体（图 1.13）.

向量 $\boldsymbol{r}$ 可以分解为

$$\boldsymbol{r}=x\boldsymbol{i}+y\boldsymbol{j}+z\boldsymbol{k}.$$

因为分解系数 x,y,z 是唯一确定的，所以空间中任一向量总有确定的三个数与之对应. 我们把分解系数 x,y,z 叫作向量 $\boldsymbol{r}$ 的直角坐标，记作 $\boldsymbol{r}=(x,y,z)$.

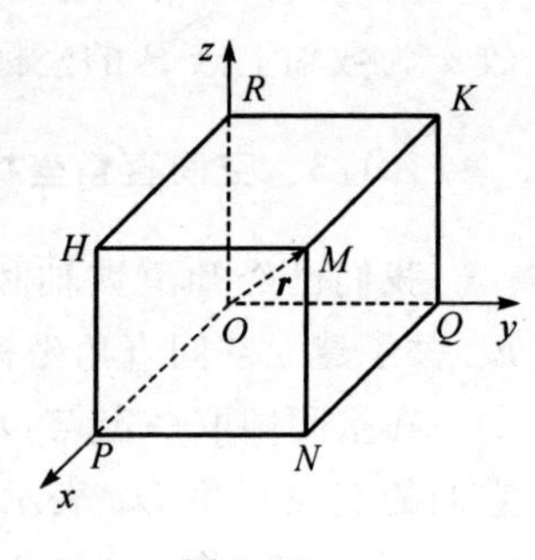

图 1.13

设 $\boldsymbol{a}=(a_x,a_y,a_z)$，$\boldsymbol{b}=(b_x,b_y,b_z)$，即

$$\boldsymbol{a}=a_x\boldsymbol{i}+a_y\boldsymbol{j}+a_z\boldsymbol{k},\boldsymbol{b}=b_x\boldsymbol{i}+b_y\boldsymbol{j}+b_z\boldsymbol{k}.$$

利用向量的加法交换律、结合律，向量与数的乘法的结合律与分配律，则有

(1) $\boldsymbol{a}+\boldsymbol{b}=(a_x+b_x)\boldsymbol{i}+(a_y+b_y)\boldsymbol{j}+(a_z+b_z)\boldsymbol{k}$；

(2) $\boldsymbol{a}-\boldsymbol{b}=(a_x-b_x)\boldsymbol{i}+(a_y-b_y)\boldsymbol{j}+(a_z-b_z)\boldsymbol{k}$；

(3) $\lambda\boldsymbol{a}=(\lambda a_x)\boldsymbol{i}+(\lambda a_y)\boldsymbol{j}+(\lambda a_z)\boldsymbol{k}$（$\lambda$ 为实数），

即

(1)$\boldsymbol{a}+\boldsymbol{b}=(a_x+b_x, a_y+b_y, a_z+b_z)$；

(2)$\boldsymbol{a}-\boldsymbol{b}=(a_x-b_x, a_y-b_y, a_z-b_z)$；

(3)$\lambda\boldsymbol{a}=(\lambda a_x, \lambda a_y, \lambda a_z)$.

因此，向量的加、减及与数相乘，只需要对向量的各个坐标进行相应的数量运算即可.

【例 1.3】 已知向量 $\boldsymbol{a}=(2,1,2)$，$\boldsymbol{b}=(-1,1,-2)$，求 $3\boldsymbol{a}+5\boldsymbol{b}$.

解　因为

$$\boldsymbol{a}=2\boldsymbol{i}+\boldsymbol{j}+2\boldsymbol{k}, 3\boldsymbol{a}=6\boldsymbol{i}+3\boldsymbol{j}+6\boldsymbol{k},$$
$$\boldsymbol{b}=-\boldsymbol{i}+\boldsymbol{j}-2\boldsymbol{k}, 5\boldsymbol{b}=-5\boldsymbol{i}+5\boldsymbol{j}-10\boldsymbol{k},$$

所以

$$3\boldsymbol{a}+5\boldsymbol{b}=\boldsymbol{i}+8\boldsymbol{j}-4\boldsymbol{k},$$

或者记作

$$3\boldsymbol{a}+5\boldsymbol{b}=(1,8,-4).$$

也可直接计算：

因为

$$\boldsymbol{a}=(2,1,2), 3\boldsymbol{a}=(6,3,6),$$

又因为

$$\boldsymbol{b}=(-1,1,-2), 5\boldsymbol{b}=(-5,5,-10),$$

可得

$$3\boldsymbol{a}+5\boldsymbol{b}=(6+(-5), 3+5, 6+(-10))=(1,8,-4).$$

1.1.5　向量的模、方向角、投影

1.1.5.1　向量的模与两点间的距离

已知空间任一向量 $\boldsymbol{r}=(x,y,z)$，则向量 $\boldsymbol{r}$ 总可以看成长方体的对角线. 若把向量 $\boldsymbol{r}$ 沿坐标轴的分量当作长方体的棱长(图 1.13)，所以这些棱长分别是 $|x|$，$|y|$，$|z|$，按勾股定理可得

$$|\boldsymbol{r}|=\sqrt{x^2+y^2+z^2},$$

这就是利用向量的坐标计算向量的模的公式.

对于空间任意两点 $M_1(x_1,y_1,z_1)$ 和 $M_2(x_2,y_2,z_2)$，可以求出它们之间的距离.

设 d 为点 M_1 和 M_2 之间的距离，则 d 可以看作向量$\overrightarrow{M_1M_2}$的模，即 $d=|\overrightarrow{M_1M_2}|$，而向量$\overrightarrow{M_1M_2}$为

$$\overrightarrow{M_1M_2}=(x_2-x_1,y_2-y_1,z_2-z_1).$$

由上述求向量的模的公式可知，

$$d=|\overrightarrow{M_1M_2}|=\sqrt{(x_2-x_1)^2+(y_2-y_1)^2+(z_2-z_1)^2},$$

这就是空间任意两点之间距离的计算公式.

【例 1.4】 试证明以三点 $A(4,1,9)$，$B(10,-1,6)$，$C(2,4,3)$为顶点的三角形是等腰直角三角形.

解 因为

$$|AB|=\sqrt{(10-4)^2+(-1-1)^2+(6-9)^2}=7,$$

$$|BC|=\sqrt{(2-10)^2+[4-(-1)]^2+(3-6)^2}=\sqrt{98},$$

$$|CA|=\sqrt{(4-2)^2+(1-4)^2+(9-3)^2}=7,$$

所以

$$|AB|=|CA|，且|AB|^2+|CA|^2=|BC|^2,$$

即$\triangle ABC$是等腰直角三角形.

1.1.5.2 向量的方向余弦

非零向量 $\boldsymbol{r}$ 与三条坐标轴的夹角 α,β,γ 叫作向量 $\boldsymbol{r}$ 的**方向角**(图 1.14). 然而在解析几何中，我们并不常用方向角，而是使用这些方向角的余弦 $\cos\alpha,\cos\beta,\cos\gamma$，我们把 $\cos\alpha,\cos\beta,\cos\gamma$ 称为向量 $\boldsymbol{r}$ 的**方向余弦**. 向量的坐标就是它在三个坐标轴上的投影，因此对于任意向量 $\boldsymbol{r}$，它的模$|\boldsymbol{r}|$，方向余弦 $\cos\alpha,\cos\beta,\cos\gamma$ 和它的坐标 x,y,z 之间的关系如下：

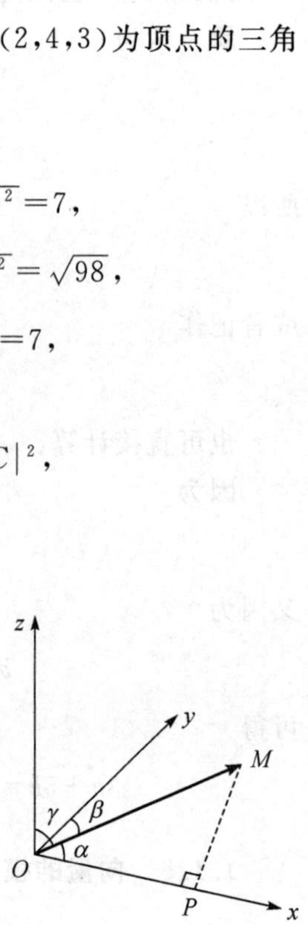

$$x=|\boldsymbol{r}|\cos\alpha,y=|\boldsymbol{r}|\cos\beta,z=|\boldsymbol{r}|\cos\gamma.$$

图 1.14

当向量 $\boldsymbol{r}$ 为单位向量时，上式变为

$$x=\cos\alpha,y=\cos\beta,z=\cos\gamma,$$

并由此可得

$$\cos^2\alpha+\cos^2\beta+\cos^2\gamma=1.$$

【例 1.5】 已知向量$\overrightarrow{AB}$的起点坐标为 $A(1,2,0)$，终点坐标为 $B(0,1,\sqrt{2})$，计算向量$\overrightarrow{AB}$的模、方向余弦和方向角.

解
$$\overrightarrow{AB}=(0-1,1-2,\sqrt{2}-0)=(-1,-1,\sqrt{2}),$$
$$|\overrightarrow{AB}|=\sqrt{(-1)^2+(-1)^2+(\sqrt{2})^2}=\sqrt{1+1+2}=2;$$
$$\cos\alpha=-\frac{1}{2},\cos\beta=-\frac{1}{2},\cos\gamma=\frac{\sqrt{2}}{2};$$
$$\alpha=\frac{2}{3}\pi,\ \beta=\frac{2}{3}\pi,\ \gamma=\frac{1}{4}\pi.$$

【例 1.6】 设点 M 位于第Ⅱ卦限，向量$\overrightarrow{OM}$与 x 轴和 y 轴的夹角依次为$\frac{2}{3}\pi$和$\frac{\pi}{3}$，且$|\overrightarrow{OM}|=4$，求点 M 的坐标.

解 设 $\alpha=\frac{2}{3}\pi,\ \beta=\frac{\pi}{3}$.

已知方向余弦的关系式 $\cos^2\alpha+\cos^2\beta+\cos^2\gamma=1$，所以
$$\cos^2\gamma=1-\cos^2\frac{2}{3}\pi-\cos^2\frac{1}{3}\pi=1-\left(-\frac{1}{2}\right)^2-\left(\frac{1}{2}\right)^2=\frac{1}{2}.$$

又因为点 M 在第Ⅱ卦限，即 $\cos\gamma=\frac{\sqrt{2}}{2}$.

于是$\overrightarrow{OM}=|\overrightarrow{OM}|e_{\overrightarrow{OM}}=4\left(-\frac{1}{2},\frac{1}{2},\frac{\sqrt{2}}{2}\right)=(-2,2,2\sqrt{2})$.

1.1.5.3　向量在轴上的投影

设已知任意轴 u 和某一向量$\overrightarrow{AB}$，我们分别过点 A 和 B 作垂直于 u 轴的平面 α，β. 这两个平面与 u 轴的交点分别为点 A' 和 B'（点 A' 和 B' 叫作点 A 和 B 在 u 轴上的投影，图 1.15），则向量$\overrightarrow{A'B'}$叫作向量$\overrightarrow{AB}$在 u 轴上的**投影向量**，投影向量$\overrightarrow{A'B'}$对 u 轴的代数值叫作向量$\overrightarrow{AB}$在 u 轴上的**投影**，记作

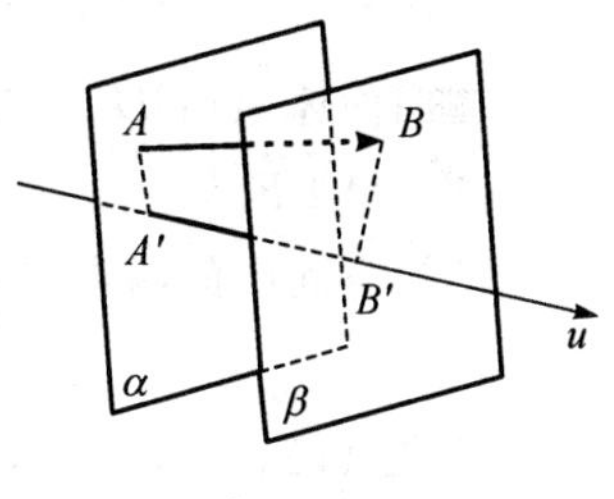

图 1.15

$$\text{Prj}_u\overrightarrow{AB}\quad 或\quad (\overrightarrow{AB})_u.$$

按此定义，向量 $\boldsymbol{r}$ 在直角坐标系 $Oxyz$ 中的坐标 r_x,r_y,r_z 就是 $\boldsymbol{r}$ 分别在三条坐标轴上的投影，即
$$r_x=\text{Prj}_x\boldsymbol{r},r_y=\text{Prj}_y\boldsymbol{r},r_z=\text{Prj}_z\boldsymbol{r},$$
或
$$r_x=(\boldsymbol{r})_x,r_y=(\boldsymbol{r})_y,r_z=(\boldsymbol{r})_z.$$

由此可知，向量的投影具有与坐标相同的性质：

性质 1.1 $\mathrm{Prj}_u\boldsymbol{a}=|\boldsymbol{a}|\cos\varphi$,其中 φ 为向量 $\boldsymbol{a}$ 与 u 轴之间的夹角.

性质 1.2 $\mathrm{Prj}_u(\boldsymbol{a}+\boldsymbol{b})=\mathrm{Prj}_u\boldsymbol{a}+\mathrm{Prj}_u\boldsymbol{b}$.

性质 1.3 $\mathrm{Prj}_u(\lambda\boldsymbol{a})=\lambda\mathrm{Prj}_u\boldsymbol{a}$.

【例 1.7】 设 $\boldsymbol{m}=3\boldsymbol{i}+4\boldsymbol{j}-6\boldsymbol{k}$,$\boldsymbol{n}=\boldsymbol{i}+4\boldsymbol{j}+3\boldsymbol{k}$,$\boldsymbol{p}=3\boldsymbol{i}-2\boldsymbol{j}+4\boldsymbol{k}$,求向量 $\boldsymbol{a}=2\boldsymbol{m}-\boldsymbol{n}+3\boldsymbol{p}$ 在 x 轴上的投影和 y 轴上的分向量.

解 因为
$$\begin{aligned}\boldsymbol{a}&=2\boldsymbol{m}-\boldsymbol{n}+3\boldsymbol{p}\\&=2(3\boldsymbol{i}+4\boldsymbol{j}-6\boldsymbol{k})-(\boldsymbol{i}+4\boldsymbol{j}+3\boldsymbol{k})+3(3\boldsymbol{i}-2\boldsymbol{j}+4\boldsymbol{k})\\&=14\boldsymbol{i}-2\boldsymbol{j}-3\boldsymbol{k},\end{aligned}$$
所以在 x 轴上的投影 $\mathrm{Prj}_x\boldsymbol{a}=a_x=14$;在 y 轴上的分向量为 $-2\boldsymbol{j}$.

习 题 1.1

1. 指出下列各量是向量还是数量:
   (1)物体受到地球的引力; (2)桌子长 1.5m;
   (3)零下 10 摄氏度的温度; (4)汽车行驶的速度;
   (5)人的体重为 50kg; (6)电荷克服库仑力所做的功.
2. 设 $\boldsymbol{p}=\boldsymbol{a}+2\boldsymbol{b}$,$\boldsymbol{q}=3\boldsymbol{a}-\boldsymbol{b}$,求 $3\boldsymbol{p}+\boldsymbol{q}$.
3. 化简 $3\boldsymbol{a}-2\boldsymbol{b}+6\left(-\frac{2}{3}\boldsymbol{b}+\frac{\boldsymbol{b}-3\boldsymbol{a}}{5}\right)$.
4. 已知两点 $M_1(0,1,2)$ 和 $M_2(1,-1,0)$,试用坐标表示向量 $\overrightarrow{M_1M_2}$ 及 $-2\overrightarrow{M_1M_2}$.
5. 在四面体 $ABCD$ 中,E,F 分别是棱 AC,BD 的中点,求证:$\overrightarrow{AB}+\overrightarrow{AD}+\overrightarrow{CB}+\overrightarrow{CD}=4\overrightarrow{EF}$.
6. 已知空间中的两点 $A(3,2,1)$ 和 $B(-1,3,-5)$,求与向量 $\overrightarrow{AB}$ 方向相同的单位向量 $\boldsymbol{e}_{\overrightarrow{AB}}$.
7. 求点 $A(2,-4,-3)$ 到各坐标轴的距离.
8. 已知两非零向量 $\boldsymbol{a}$ 和 $\boldsymbol{b}$ 垂直,且 $|\boldsymbol{a}|=6$,$|\boldsymbol{b}|=10$,求 $|\boldsymbol{a}+\boldsymbol{b}|$ 及 $|\boldsymbol{a}-\boldsymbol{b}|$.
9. 已知两不平行的向量 $\boldsymbol{a}$ 和 $\boldsymbol{b}$,$\boldsymbol{c}=2\boldsymbol{a}+\boldsymbol{b}$,$\boldsymbol{d}=3\boldsymbol{a}-2\boldsymbol{b}$,请判断向量 $\boldsymbol{c}$ 和 $\boldsymbol{d}$ 是否线性相关.
10. 已知点 $A(1,3,-2)$,$B(2,-1,4)$ 和 $C(5,1,-2)$,求点 D 的坐标,使得 $\overrightarrow{AD}=3\overrightarrow{CB}$ 成立.
11. 设已知两点 $M_1(4,\sqrt{2},1)$ 和 $M_2(3,0,2)$,计算向量 $\overrightarrow{M_1M_2}$ 的模、方向余弦和方向角.
12. 一向量的终点在点 $B(2,-1,7)$,它在 x 轴、y 轴和 z 轴上的投影分别为 4,-4 和 7,求该向量的起点 A 的坐标.

1.2　数量积、向量积

微课 36

1.2.1　两向量的数量积

首先我们复习力学中的一个例子. 设一物体在恒力 $\boldsymbol{F}$ 的作用下沿直线从点 M_1 运动到点 M_2,用 $\boldsymbol{s}$ 表示位移$\overrightarrow{M_1M_2}$. 由力学知道,设恒力 $\boldsymbol{F}$ 和位移 $\boldsymbol{s}$ 之间的夹角为 θ,则恒力 $\boldsymbol{F}$ 所做的功可以表示为

$$W=|\boldsymbol{F}||\boldsymbol{s}|\cos\theta.$$

这里的功 W 是一个数量,我们把这个数量称为力 $\boldsymbol{F}$ 和位移 $\boldsymbol{s}$ 的**数量积**,即任意两个向量 $\boldsymbol{a}$ 和 $\boldsymbol{b}$ 的模与它们夹角 θ 的余弦的乘积(图 1.16),记作

$$\boldsymbol{a}\cdot\boldsymbol{b}=|\boldsymbol{a}||\boldsymbol{b}|\cos\theta.$$

图 1.16

向量的数量积具有以下几何性质:

性质 1.4　两个非零向量 $\boldsymbol{a}$ 和 $\boldsymbol{b}$ 相互垂直的充分必要条件是它们的数量积等于零.

若两个非零向量 $\boldsymbol{a}$ 和 $\boldsymbol{b}$ 是相互垂直的,则它们的夹角为 $\theta=\frac{\pi}{2}$,即 $\cos\theta=0$,因此数量积

$$\boldsymbol{a}\cdot\boldsymbol{b}=|\boldsymbol{a}||\boldsymbol{b}|\cos\theta=0;$$

反之,若两个非零向量 $\boldsymbol{a}$ 和 $\boldsymbol{b}$ 的数量积 $\boldsymbol{a}\cdot\boldsymbol{b}=|\boldsymbol{a}||\boldsymbol{b}|\cos\theta=0$,则 $\cos\theta=0$,所以 $\theta=\frac{\pi}{2}$,即向量 $\boldsymbol{a}$ 和 $\boldsymbol{b}$ 相互垂直.

由于可以认为零向量与任意向量垂直,因此上述结论可以描述为:向量 $\boldsymbol{a}\perp\boldsymbol{b}$ 的充分必要条件是 $\boldsymbol{a}\cdot\boldsymbol{b}=0$.

性质 1.5　向量的数量平方等于它的长度平方,即 $\boldsymbol{a}\cdot\boldsymbol{a}=|\boldsymbol{a}|^2$.

因为两个相同向量的夹角 $\theta=0$,所以

$$\boldsymbol{a}\cdot\boldsymbol{a}=|\boldsymbol{a}|^2\cos\theta=|\boldsymbol{a}|^2.$$

性质 1.6　两个向量 $\boldsymbol{a}$ 和 $\boldsymbol{b}$ 的数量积等于其中一个向量的模与另一个向量在这个向量上的投影的乘积.

由于 $\mathrm{Prj}_{\boldsymbol{a}}\boldsymbol{b}=|\boldsymbol{b}|\cos\theta$,即有

$$\boldsymbol{a}\cdot\boldsymbol{b}=|\boldsymbol{a}|\mathrm{Prj}_{\boldsymbol{a}}\boldsymbol{b}.$$

同理,当 $\boldsymbol{b}\neq\boldsymbol{0}$ 时,即有

$$\boldsymbol{a}\cdot\boldsymbol{b}=|\boldsymbol{b}|\mathrm{Prj}_{\boldsymbol{b}}\boldsymbol{a}.$$

向量的数量积具有以下基本运算规律：

(1)交换律　　$\boldsymbol{a}\cdot\boldsymbol{b}=\boldsymbol{b}\cdot\boldsymbol{a}$

因为$\boldsymbol{a}\cdot\boldsymbol{b}=|\boldsymbol{a}||\boldsymbol{b}|\cos\langle\boldsymbol{a},\boldsymbol{b}\rangle$，($\langle\boldsymbol{a},\boldsymbol{b}\rangle$表示向量$\boldsymbol{a}$和$\boldsymbol{b}$的夹角)

$$\boldsymbol{b}\cdot\boldsymbol{a}=|\boldsymbol{b}||\boldsymbol{a}|\cos\langle\boldsymbol{b},\boldsymbol{a}\rangle.$$

而$|\boldsymbol{a}||\boldsymbol{b}|=|\boldsymbol{b}||\boldsymbol{a}|$且$\cos\langle\boldsymbol{a},\boldsymbol{b}\rangle=\cos\langle\boldsymbol{b},\boldsymbol{a}\rangle$，
所以

$$\boldsymbol{a}\cdot\boldsymbol{b}=\boldsymbol{b}\cdot\boldsymbol{a}.$$

(2)分配律　　$(\boldsymbol{a}+\boldsymbol{b})\cdot\boldsymbol{c}=\boldsymbol{a}\cdot\boldsymbol{c}+\boldsymbol{b}\cdot\boldsymbol{c}$

当$\boldsymbol{c}=\boldsymbol{0}$时，上式显然成立；当$\boldsymbol{c}\neq\boldsymbol{0}$时，根据几何性质可知

$$(\boldsymbol{a}+\boldsymbol{b})\cdot\boldsymbol{c}=|\boldsymbol{c}|\mathrm{Prj}_{\boldsymbol{c}}(\boldsymbol{a}+\boldsymbol{b}).$$

又因为

$$\mathrm{Prj}_{\boldsymbol{c}}(\boldsymbol{a}+\boldsymbol{b})=\mathrm{Prj}_{\boldsymbol{c}}\boldsymbol{a}+\mathrm{Prj}_{\boldsymbol{c}}\boldsymbol{b},$$

所以

$$(\boldsymbol{a}+\boldsymbol{b})\cdot\boldsymbol{c}=|\boldsymbol{c}|\mathrm{Prj}_{\boldsymbol{c}}(\boldsymbol{a}+\boldsymbol{b})=|\boldsymbol{c}|(\mathrm{Prj}_{\boldsymbol{c}}\boldsymbol{a}+\mathrm{Prj}_{\boldsymbol{c}}\boldsymbol{b})=\boldsymbol{a}\cdot\boldsymbol{c}+\boldsymbol{b}\cdot\boldsymbol{c}.$$

(3)结合律　　$(\lambda\boldsymbol{a})\cdot\boldsymbol{b}=\lambda(\boldsymbol{a}\cdot\boldsymbol{b})$

当$\boldsymbol{b}=\boldsymbol{0}$时，上式显然成立；当$\boldsymbol{b}\neq\boldsymbol{0}$时，根据几何性质可知

$$(\lambda\boldsymbol{a})\cdot\boldsymbol{b}=|\boldsymbol{b}|\mathrm{Prj}_{\boldsymbol{b}}(\lambda\boldsymbol{a})=|\boldsymbol{b}|\lambda\mathrm{Prj}_{\boldsymbol{b}}(\boldsymbol{a})=\lambda(\boldsymbol{a}\cdot\boldsymbol{b}).$$

根据数量积的基本运算规律，可以得到关于向量多项式数量积的乘法法则，就是逐项相乘.

【例 1.8】 试用向量证明三角形的余弦定理.

证 设在$\triangle ABC$中，$\angle BCA=\theta$(图 1.17)，$|\overrightarrow{BC}|=a$，$|\overrightarrow{CA}|=b$，$|\overrightarrow{AB}|=c$，即证

$$c^2=a^2+b^2-2ab\cos\theta.$$

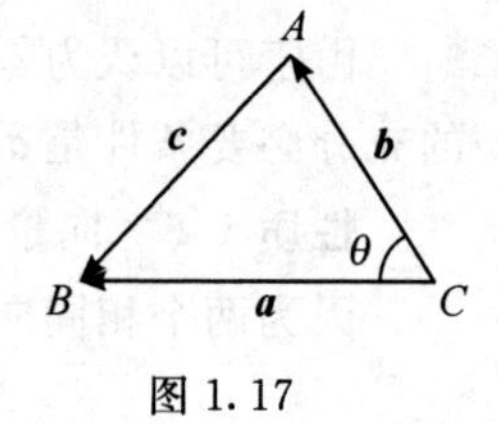

图 1.17

记$\overrightarrow{CB}=\boldsymbol{a}$，$\overrightarrow{CA}=\boldsymbol{b}$，$\overrightarrow{AB}=\boldsymbol{c}$，则有

$$\boldsymbol{c}=\boldsymbol{a}-\boldsymbol{b},$$

从而

$$\begin{aligned}|\boldsymbol{c}|^2&=\boldsymbol{c}\cdot\boldsymbol{c}=(\boldsymbol{a}-\boldsymbol{b})\cdot(\boldsymbol{a}-\boldsymbol{b})=\boldsymbol{a}\cdot\boldsymbol{a}+\boldsymbol{b}\cdot\boldsymbol{b}-2\boldsymbol{a}\cdot\boldsymbol{b}\\&=|\boldsymbol{a}|^2+|\boldsymbol{b}|^2-2|\boldsymbol{a}||\boldsymbol{b}|\cos\langle\boldsymbol{a},\boldsymbol{b}\rangle.\end{aligned}$$

又因为

$$|\boldsymbol{a}|=a,|\boldsymbol{b}|=b,|\boldsymbol{c}|=c,\langle\boldsymbol{a},\boldsymbol{b}\rangle=\theta,$$

所以

$$c^2=a^2+b^2-2ab\cos\theta.$$

下面我们来推导数量积的坐标表示式.

设 $\boldsymbol{a}=(a_x,a_y,a_z),\boldsymbol{b}=(b_x,b_y,b_z)$，则

$$\begin{aligned}\boldsymbol{a}\cdot\boldsymbol{b}&=(a_x\boldsymbol{i}+a_y\boldsymbol{j}+a_z\boldsymbol{k})\cdot(b_x\boldsymbol{i}+b_y\boldsymbol{j}+b_z\boldsymbol{k})\\&=a_xb_x\boldsymbol{i}\cdot\boldsymbol{i}+a_xb_y\boldsymbol{i}\cdot\boldsymbol{j}+a_xb_z\boldsymbol{i}\cdot\boldsymbol{k}+\\&\quad a_yb_x\boldsymbol{j}\cdot\boldsymbol{i}+a_yb_y\boldsymbol{j}\cdot\boldsymbol{j}+a_yb_z\boldsymbol{j}\cdot\boldsymbol{k}+\\&\quad a_zb_x\boldsymbol{k}\cdot\boldsymbol{i}+a_zb_y\boldsymbol{k}\cdot\boldsymbol{j}+a_zb_z\boldsymbol{k}\cdot\boldsymbol{k}\\&=a_xb_x+0+0+0+a_yb_y+0+0+0+a_zb_z\\&=a_xb_x+a_yb_y+a_zb_z.\end{aligned}$$

这就是两个向量的数量积的坐标表达式：$\boldsymbol{a}\cdot\boldsymbol{b}=a_xb_x+a_yb_y+a_zb_z$. 因为 $\boldsymbol{a}\cdot\boldsymbol{b}=|\boldsymbol{a}||\boldsymbol{b}|\cos\theta$，所以当向量 $\boldsymbol{a}$ 与 $\boldsymbol{b}$ 都不为零向量时，可得两向量夹角余弦的坐标表达式：

$$\cos\theta=\frac{a_xb_x+a_yb_y+a_zb_z}{\sqrt{a_x^2+a_y^2+a_z^2}\sqrt{b_x^2+b_y^2+b_z^2}}.$$

【例 1.9】 试证平行四边形 $ABCD$ 对角线的平方和等于它各边的平方和.

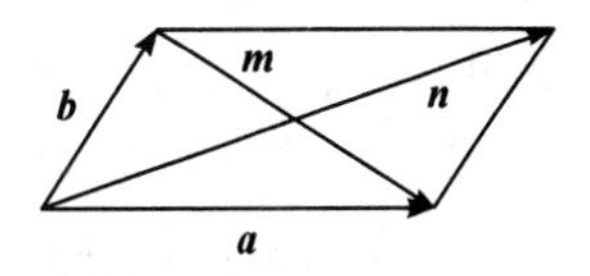

图 1.18

证 把平行四边形的边和对角线分别看作向量(图 1.18). 易知，$\boldsymbol{m}=\boldsymbol{a}-\boldsymbol{b},\boldsymbol{n}=\boldsymbol{a}+\boldsymbol{b}$，则有

$$|\boldsymbol{m}|^2=\boldsymbol{m}\cdot\boldsymbol{m}=(\boldsymbol{a}-\boldsymbol{b})\cdot(\boldsymbol{a}-\boldsymbol{b})=\boldsymbol{a}^2+\boldsymbol{b}^2-2\boldsymbol{a}\cdot\boldsymbol{b}=|\boldsymbol{a}|^2+|\boldsymbol{b}|^2-2\boldsymbol{a}\cdot\boldsymbol{b},$$
$$|\boldsymbol{n}|^2=\boldsymbol{n}\cdot\boldsymbol{n}=(\boldsymbol{a}+\boldsymbol{b})\cdot(\boldsymbol{a}+\boldsymbol{b})=\boldsymbol{a}^2+\boldsymbol{b}^2+2\boldsymbol{a}\cdot\boldsymbol{b}=|\boldsymbol{a}|^2+|\boldsymbol{b}|^2+2\boldsymbol{a}\cdot\boldsymbol{b},$$

两等式的左右两边分别相加，得

$$|\boldsymbol{m}|^2+|\boldsymbol{n}|^2=2(|\boldsymbol{a}|^2+|\boldsymbol{b}|^2).$$

【例 1.10】 设三个力 $\boldsymbol{F}_1=(1,1,-2),\boldsymbol{F}_2=(-2,1,1),\boldsymbol{F}_3=(3,-4,2)$ 同时作用于一质点，使得该质点从坐标原点 O 沿射线的方向移动到点 $M(4,-3,1)$. 求：

(1)合力 $\boldsymbol{F}$ 所做的功(力的单位为 N，位移的单位为 m)；

(2)合力 $\boldsymbol{F}$ 与位移 $\overrightarrow{OM}$ 的夹角.

解 先求合力 $\boldsymbol{F}$.

$$\boldsymbol{F}=\boldsymbol{F}_1+\boldsymbol{F}_2+\boldsymbol{F}_3=(1-2+3,1+1-4,-2+1+2)=(2,-2,1).$$

再求位移 $\overrightarrow{OM}$：

$$\overrightarrow{OM}=(4-0,-3-0,1-0)=(4,-3,1).$$

(1)合力 $\boldsymbol{F}$ 所做的功

$$W=\boldsymbol{F}\cdot\overrightarrow{OM}=2\times4+(-2)\times(-3)+1\times1=15.$$

(2)因为

$$\begin{aligned}\cos<\boldsymbol{F},\overrightarrow{OM}>&=\frac{\boldsymbol{F}\cdot\overrightarrow{OM}}{|\boldsymbol{F}|\,|\overrightarrow{OM}|}\\&=\frac{15}{\sqrt{2^2+(-2)^2+1^2}\sqrt{4^2+(-3)^2+1^2}}\\&=\frac{5}{\sqrt{26}},\end{aligned}$$

所以所求夹角为 $\arccos\frac{5}{\sqrt{26}}$.

1.2.2　两向量的向量积

我们在研究物理学中的例子,如物体的转动问题时,不仅要考虑物体所受的力,还需要分析这些力所产生的力矩. 如图 1.19 所示,有一杠杆 L 的支点为 O,力 $\boldsymbol{F}$ 作用于杠杆的 P 点处. 设力 $\boldsymbol{F}$ 与$\overrightarrow{OP}$的正向夹角为 θ. 物理学上,关于力矩 $\boldsymbol{M}$ 的性质中,$\boldsymbol{M}$ 的模为:

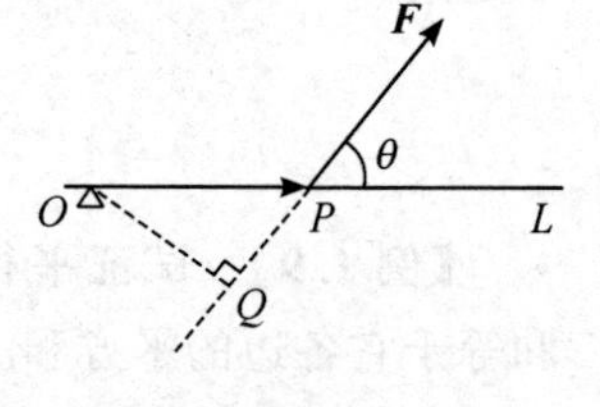

图 1.19

$$|\boldsymbol{M}|=|\overrightarrow{OQ}|\,|\boldsymbol{F}|=|\overrightarrow{OP}|\,|\boldsymbol{F}|\sin\theta,$$

$\boldsymbol{M}$ 的方向垂直于 $\boldsymbol{F}$ 与$\overrightarrow{OP}$. $\boldsymbol{F}$,$\overrightarrow{OP}$和 $\boldsymbol{M}$ 适用右手规则.

这种由两个已知向量按照上面规则得到另一个向量的情况,在其他问题中也常常遇到. 综合这些情况,可以概括出两个向量的向量积概念.

若向量 $\boldsymbol{c}$ 满足下列三个条件:

(1)向量 $\boldsymbol{a}\times\boldsymbol{b}$ 的模 $|\boldsymbol{a}\times\boldsymbol{b}|=|\boldsymbol{a}|\,|\boldsymbol{b}|\sin\theta$,其中 θ 为向量 $\boldsymbol{a}$ 和 $\boldsymbol{b}$ 的夹角;

(2)向量 $\boldsymbol{a}\times\boldsymbol{b}$ 与向量 $\boldsymbol{a}$ 和 $\boldsymbol{b}$ 都垂直;

(3)向量 $\boldsymbol{a},\boldsymbol{b},\boldsymbol{a}\times\boldsymbol{b}$ 的方向符合右手规则,

则向量 $\boldsymbol{c}$ 叫作向量 $\boldsymbol{a}$ 和 $\boldsymbol{b}$ 的**向量积**,记作 $\boldsymbol{c}=\boldsymbol{a}\times\boldsymbol{b}$ 或者$\vec{c}=\vec{a}\times\vec{b}$.

由向量积的定义可以推出:

(1)$\boldsymbol{a}\times\boldsymbol{a}=\boldsymbol{0}$.

这是因为向量 $\boldsymbol{a}$ 和 $\boldsymbol{a}$ 之间的夹角 $\theta=0$,因此 $|\boldsymbol{a}\times\boldsymbol{a}|=|\boldsymbol{a}|^2\sin\theta=0$.

(2)对于两个非零向量 $\boldsymbol{a}$ 和 $\boldsymbol{b}$ 平行的充分必要条件是它们的向量积为零向量.

这是因为,若向量 $\boldsymbol{a}$ 和 $\boldsymbol{b}$ 平行,则它们的夹角 $\theta=0$ 或 π,即 $\sin\theta=0$,所以

$$|\boldsymbol{a}\times\boldsymbol{b}|=|\boldsymbol{a}||\boldsymbol{b}|\sin\theta=0,$$

也就是说向量 $\boldsymbol{a}\times\boldsymbol{b}$ 的模为零,即 $\boldsymbol{a}\times\boldsymbol{b}$ 是零向量.

反之,当向量 $\boldsymbol{a}$ 和 $\boldsymbol{b}$ 的向量积为零向量时,且向量 $\boldsymbol{a}$ 和 $\boldsymbol{b}$ 均为非零向量,若 $|\boldsymbol{a}\times\boldsymbol{b}|=|\boldsymbol{a}||\boldsymbol{b}|\sin\theta=0$,必有 $\sin\theta=0$,所以向量 $\boldsymbol{a}$ 和 $\boldsymbol{b}$ 平行.

由于零向量可以认为与任何向量都平行,因此上述结论也成立.

向量积具有下列基本运算规律:

(1)反交换律 $\boldsymbol{a}\times\boldsymbol{b}=-\boldsymbol{b}\times\boldsymbol{a}$.

这是因为按右手规则,从向量 $\boldsymbol{b}$ 转至向量 $\boldsymbol{a}$ 时给出的方向恰好与向量 $\boldsymbol{a}$ 转向向量 $\boldsymbol{b}$ 时给出的方向相反.

(2)分配律 $(\boldsymbol{a}+\boldsymbol{b})\times\boldsymbol{c}=\boldsymbol{a}\times\boldsymbol{c}+\boldsymbol{b}\times\boldsymbol{c}$.

(3)结合律 $(\lambda\boldsymbol{a})\times\boldsymbol{b}=\lambda(\boldsymbol{a}\times\boldsymbol{b})$.

下面将介绍向量积的坐标表示式:

设向量 $\boldsymbol{a}$ 和 $\boldsymbol{b}$ 的坐标为 $\boldsymbol{a}=(a_x,a_y,a_z)$,$\boldsymbol{b}=(b_x,b_y,b_z)$,那么按照上述运算规则,可得

$$\begin{aligned}\boldsymbol{a}\times\boldsymbol{b}&=(a_x\boldsymbol{i}+a_y\boldsymbol{j}+a_z\boldsymbol{k})\times(b_x\boldsymbol{i}+b_y\boldsymbol{j}+b_z\boldsymbol{k})\\&=a_x\boldsymbol{i}\times(b_x\boldsymbol{i}+b_y\boldsymbol{j}+b_z\boldsymbol{k})+a_y\boldsymbol{j}\times(b_x\boldsymbol{i}+b_y\boldsymbol{j}+b_z\boldsymbol{k})+\\&\quad a_z\boldsymbol{k}\times(b_x\boldsymbol{i}+b_y\boldsymbol{j}+b_z\boldsymbol{k})\\&=a_xb_x(\boldsymbol{i}\times\boldsymbol{i})+a_xb_y(\boldsymbol{i}\times\boldsymbol{j})+a_xb_z(\boldsymbol{i}\times\boldsymbol{k})+\\&\quad a_yb_x(\boldsymbol{j}\times\boldsymbol{i})+a_yb_y(\boldsymbol{j}\times\boldsymbol{j})+a_yb_z(\boldsymbol{j}\times\boldsymbol{k})+\\&\quad a_zb_x(\boldsymbol{k}\times\boldsymbol{i})+a_zb_y(\boldsymbol{k}\times\boldsymbol{j})+a_zb_z(\boldsymbol{k}\times\boldsymbol{k}).\end{aligned}$$

由于向量 $\boldsymbol{i},\boldsymbol{j},\boldsymbol{k}$ 是两两互相垂直的单位向量,因此 $\boldsymbol{i}\times\boldsymbol{i}=\boldsymbol{j}\times\boldsymbol{j}=\boldsymbol{k}\times\boldsymbol{k}=\boldsymbol{0}$,$\boldsymbol{i}\times\boldsymbol{j}=\boldsymbol{k}$,$\boldsymbol{j}\times\boldsymbol{k}=\boldsymbol{i}$,$\boldsymbol{k}\times\boldsymbol{i}=\boldsymbol{j}$,$\boldsymbol{j}\times\boldsymbol{i}=-\boldsymbol{k}$,$\boldsymbol{k}\times\boldsymbol{j}=-\boldsymbol{i}$ 及 $\boldsymbol{i}\times\boldsymbol{k}=-\boldsymbol{j}$,所以

$$\boldsymbol{a}\times\boldsymbol{b}=(a_yb_z-a_zb_y)\boldsymbol{i}+(a_zb_x-a_xb_z)\boldsymbol{j}+(a_xb_y-a_yb_x)\boldsymbol{k}.$$

这个结果也可以用三阶行列式表示:

$$\boldsymbol{a}\times\boldsymbol{b}=\begin{vmatrix}\boldsymbol{i}&\boldsymbol{j}&\boldsymbol{k}\\a_x&a_y&a_z\\b_x&b_y&b_z\end{vmatrix}.$$

【例 1.11】 计算向量积 $(2\boldsymbol{a}+\boldsymbol{b})\times(\boldsymbol{a}-3\boldsymbol{b})$.

解
$$\begin{aligned}(2\boldsymbol{a}+\boldsymbol{b})\times(\boldsymbol{a}-3\boldsymbol{b})&=(2\boldsymbol{a}+\boldsymbol{b})\times\boldsymbol{a}-(2\boldsymbol{a}+\boldsymbol{b})\times3\boldsymbol{b}\\&=2(\boldsymbol{a}\times\boldsymbol{a})+\boldsymbol{b}\times\boldsymbol{a}-6(\boldsymbol{a}\times\boldsymbol{b})-3(\boldsymbol{b}\times\boldsymbol{b}).\end{aligned}$$

已知两平行向量的向量积为零向量，即 $\boldsymbol{a}\times\boldsymbol{a}=\boldsymbol{0},\boldsymbol{b}\times\boldsymbol{b}=\boldsymbol{0}$，所以

$$\begin{aligned}(2\boldsymbol{a}+\boldsymbol{b})\times(\boldsymbol{a}-3\boldsymbol{b})&=(2\boldsymbol{a}+\boldsymbol{b})\times\boldsymbol{a}-(2\boldsymbol{a}+\boldsymbol{b})\times 3\boldsymbol{b}\\&=\boldsymbol{b}\times\boldsymbol{a}-6(\boldsymbol{a}\times\boldsymbol{b})\\&=-7(\boldsymbol{a}\times\boldsymbol{b}).\end{aligned}$$

【例 1.12】 求同时垂直于向量 $\boldsymbol{a}=(2,2,1)$ 和 $\boldsymbol{b}=(4,5,3)$ 的单位向量.

解 因为向量 $\boldsymbol{a}\times\boldsymbol{b}$ 垂直于向量 $\boldsymbol{a}$ 和 $\boldsymbol{b}$，所以所求的单位向量必平行于向量 $\boldsymbol{a}\times\boldsymbol{b}$.

$$\boldsymbol{a}\times\boldsymbol{b}=\begin{vmatrix}\boldsymbol{i}&\boldsymbol{j}&\boldsymbol{k}\\2&2&1\\4&5&3\end{vmatrix}=\boldsymbol{i}-2\boldsymbol{j}+2\boldsymbol{k};$$

$$|\boldsymbol{a}\times\boldsymbol{b}|=\sqrt{1^2+(-2)^2+2^2}=3,$$

所求的单位向量

$$\boldsymbol{e}=\frac{\boldsymbol{a}\times\boldsymbol{b}}{|\boldsymbol{a}\times\boldsymbol{b}|}=\frac{1}{3}\boldsymbol{i}-\frac{2}{3}\boldsymbol{j}+\frac{2}{3}\boldsymbol{k},$$

同样地，$-\frac{1}{3}\boldsymbol{i}+\frac{2}{3}\boldsymbol{j}-\frac{2}{3}\boldsymbol{k}$ 也是所求的单位向量.

【例 1.13】 点 $A(2,2,1),B(2,-1,3),C(3,1,2)$ 为 $\triangle ABC$ 的三个顶点，求 $\triangle ABC$ 的面积.

解 $\overrightarrow{AB}=(0,-3,2),\overrightarrow{AC}=(1,-1,1)$，得

$$\overrightarrow{AB}\times\overrightarrow{AC}=\begin{vmatrix}\boldsymbol{i}&\boldsymbol{j}&\boldsymbol{k}\\0&-3&2\\1&-1&1\end{vmatrix}=-\boldsymbol{i}+2\boldsymbol{j}+3\boldsymbol{k},$$

以 $\overrightarrow{AB}$ 和 $\overrightarrow{AC}$ 为邻边的平行四边形的面积

$$S=|\overrightarrow{AB}\times\overrightarrow{AC}|=\sqrt{(-1)^2+2^2+3^2}=\sqrt{14},$$

因此所求 $\triangle ABC$ 的面积 $S_{\triangle ABC}=\frac{1}{2}S=\frac{\sqrt{14}}{2}$.

习 题 1.2

1. 确定 m,n 的值，使得向量 $\boldsymbol{a}=-\boldsymbol{i}+4\boldsymbol{j}+m\boldsymbol{k}$ 与 $\boldsymbol{b}=3\boldsymbol{i}+n\boldsymbol{j}+2\boldsymbol{k}$ 平行.
2. 已知三个单位向量 $\boldsymbol{a},\boldsymbol{b},\boldsymbol{c}$，若 $\boldsymbol{a}+\boldsymbol{b}+\boldsymbol{c}=\boldsymbol{0}$，计算 $\boldsymbol{a}\cdot\boldsymbol{b}+\boldsymbol{b}\cdot\boldsymbol{c}+\boldsymbol{c}\cdot\boldsymbol{a}$.
3. 设 $\boldsymbol{a}=3\boldsymbol{i}-\boldsymbol{j}-2\boldsymbol{k},\boldsymbol{b}=\boldsymbol{i}+2\boldsymbol{j}-\boldsymbol{k}$，求：

   (1) $\boldsymbol{a}\cdot\boldsymbol{b}$ 及 $\boldsymbol{a}\times\boldsymbol{b}$；

   (2) $(-2\boldsymbol{a})\cdot 3\boldsymbol{b}$ 及 $\boldsymbol{a}\times 2\boldsymbol{b}$；

   (3) $\boldsymbol{a},\boldsymbol{b}$ 的夹角的余弦.

4. 设 $M_1(1,-1,2)$，$M_2(3,3,1)$ 和 $M_3(3,1,3)$，求 $\overrightarrow{M_1M_2}$、$\overrightarrow{M_2M_3}$ 同时垂直的单位向量.

5. 求向量 $\boldsymbol{a}=(4,-3,4)$ 在向量 $\boldsymbol{b}=(2,2,1)$ 上的投影.

6. 设 $\overrightarrow{OA}=\boldsymbol{i}+3\boldsymbol{k}$，$\overrightarrow{OB}=\boldsymbol{j}+3\boldsymbol{k}$，求 $\triangle OAB$ 的面积.

7. 已知 $\boldsymbol{a}=\boldsymbol{i}+2\boldsymbol{j}-\boldsymbol{k}$，$\boldsymbol{b}=\boldsymbol{i}-2\boldsymbol{j}+\boldsymbol{k}$，求：

(1)以 $\boldsymbol{a}$，$\boldsymbol{b}$ 为邻边的平行四边形的面积；

(2)该平行四边形的两条对角线的夹角.

1.3　平面及其方程

微课 37

几何图形中的平面和直线在日常生产、生活实践中应用很多，也是空间解析几何中非常重要的内容. 对此，下面将以向量代数为工具研究各种不同形式的平面的方程以及一些实际应用.

1.3.1　平面的点法式方程

若一非零向量垂直于一平面，则称该向量为该平面的**法线向量**，该平面上的任意向量均与法线向量垂直.

过空间中一点可以作并且只能作唯一平面 Π 垂直于一已知直线，所以当已知平面 Π 上的点 $M_0(x_0,y_0,z_0)$ 和它的一个法线向量 $\boldsymbol{n}=(A,B,C)$ 时，平面 Π 的位置就被唯一确定下来了(图 1.20). 下面，我们将建立平面 Π 的方程.

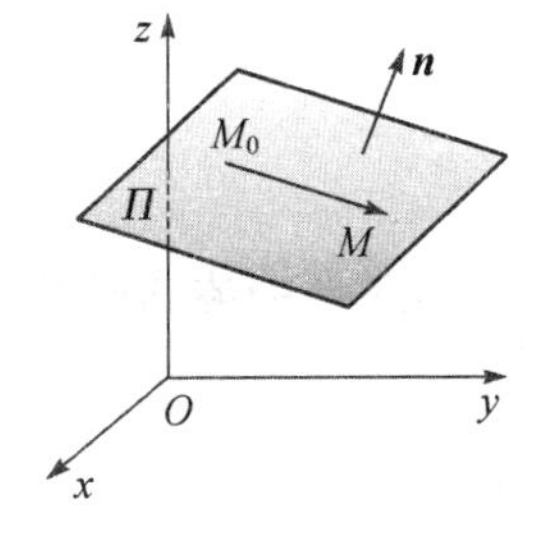

图 1.20

取平面 Π 上一点 $M(x,y,z)$，易知向量 $\overrightarrow{M_0M}$ 必定与平面 Π 的法线向量 $\boldsymbol{n}$ 垂直，则它们的数量积为零：

$$\overrightarrow{M_0M}\cdot\boldsymbol{n}=0.$$

又因为 $\boldsymbol{n}=(A,B,C)$，而 $\overrightarrow{M_0M}=(x-x_0,y-y_0,z-z_0)$，所以

$$A(x-x_0)+B(y-y_0)+C(z-z_0)=0. \tag{1.3}$$

这就是平面 Π 上任意一点 M 的坐标 x,y,z 所满足的方程.

反之，如果点 M 不在平面 Π 上，那么向量 $\overrightarrow{M_0M}$ 不与平面 Π 的法线向量 $\boldsymbol{n}$ 垂直，则它们的数量积不为零，即平面 Π 外的点 M 不满足方程(1.3).

综上可知，平面 Π 上的任意一点 M 的坐标 x,y,z 都满足方程(1.3)；平面 Π 外的点 M 都不满足方程(1.3). 也就是说，方程(1.3)就是平面 Π 的方程，而平面 Π 就是方程(1.3)的图形. 由于方程(1.3)是由平面 Π 上的点 $M_0(x_0,y_0,z_0)$ 和它的一个法线向量 $\boldsymbol{n}=(A,B,C)$ 所确定的，所以我们把方程(1.3)叫作平面的**点法**

式方程.

【例 1.14】 已知两点 $A(-1,2,0)$ 与 $B(3,4,2)$，求线段 AB 的垂直平分面的方程.

解 易知向量$\overrightarrow{AB}=(4,2,2)$. 设该垂直平分面过线段 AB 的中点 M，则该平面的法线向量为

$$\boldsymbol{n}=\overrightarrow{AB}=(4,2,2),$$

且 M 点的坐标为 $M(1,3,1)$.

所以由平面的点法式方程可得所求平面的方程为

$$4(x-1)+2(y-3)+2(z-1)=0,$$

化简得

$$2x+y+z-6=0.$$

【例 1.15】 求过点 $M_1(2,-1,4)$，$M_2(-1,3,-2)$ 和 $M_3(0,2,3)$ 三点的平面的方程.

解 本题的关键在于首先要找出法线向量 $\boldsymbol{n}$. 易知$\overrightarrow{M_1M_2}=(-3,4,-6)$，$\overrightarrow{M_1M_3}=(-2,3,-1)$，法线向量 $\boldsymbol{n}$ 与$\overrightarrow{M_1M_2}$、$\overrightarrow{M_1M_3}$均垂直，所以可以取

$$\boldsymbol{n}=\overrightarrow{M_1M_2}\times\overrightarrow{M_1M_3}=\begin{vmatrix}\boldsymbol{i} & \boldsymbol{j} & \boldsymbol{k}\\ -3 & 4 & -6\\ -2 & 3 & -1\end{vmatrix}=14\boldsymbol{i}+9\boldsymbol{j}-\boldsymbol{k}$$

作为平面的法线向量. 根据平面的点法式方程，所求平面的方程为

$$14(x-2)+9(y+1)-(z-4)=0,$$

化简得

$$14x+9y-z-15=0.$$

若取点 M_2 或 M_3 作为平面点法式方程中的点 M_0，可得相同的结果，读者可自行验证.

1.3.2 平面的一般方程

在直角坐标系中，任一平面方程都可以用三元一次方程来表示.

设在直角坐标系中，已知任一平面 Π，取平面 Π 上的一点 $M_0(x_0,y_0,z_0)$，再取垂直于平面 Π 的任一向量 $\boldsymbol{n}=(A,B,C)$，取平面 Π 上一点 $M(x,y,z)$，由平面的点法式方程可知：

$$A(x-x_0)+B(y-y_0)+C(z-z_0)=0, \tag{1.4}$$

把方程 (1.4)变形为

$$Ax+By+Cz+(-Ax_0-By_0-Cz_0)=0.$$

令 $D=-Ax_0-By_0-Cz_0$，则有

$$Ax+By+Cz+D=0. \tag{1.5}$$

我们把方程(1.5)叫作平面的**一般方程**，其中 x,y,z 的系数就是该平面一个法线向量 $\boldsymbol{n}$ 的坐标，即 $\boldsymbol{n}=(A,B,C)$.

【例 1.16】 一平面通过原点，且与平面 $x+2y-3z+1=0$ 和 $2x-y+4z-3=0$ 都垂直，求该平面方程.

解 因为平面通过原点，所以可设其方程为

$$Ax+By+Cz=0.$$

又因为该平面与已知的两平面均垂直，则

$$\begin{cases}A+2B-3C=0,\\2A-B+4C=0,\end{cases}$$

解得

$$\begin{cases}A=-C,\\B=2C,\end{cases}$$

将 A,B 代入所设方程，可得

$$-x+2y+z=0,$$

此即为所求平面方程.

【例 1.17】 设一平面与 x 轴、y 轴、z 轴的交点依次为 $P(a,0,0)$，$Q(0,b,0)$，$R(0,0,c)$ 这三点(图 1.21)，试写出该平面的方程.

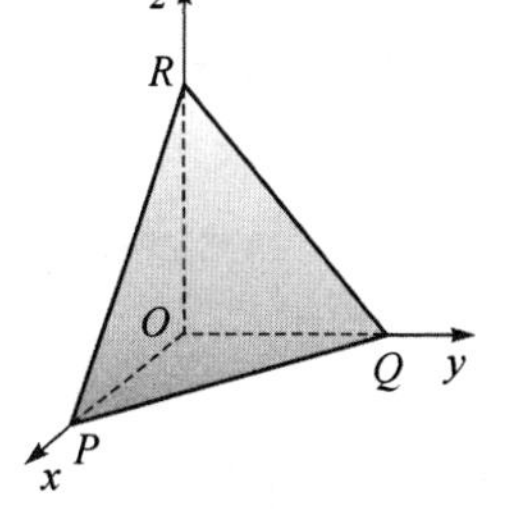

图 1.21

解 设该平面的方程为

$$Ax+By+Cz+D=0.$$

由于 P,Q,R 三点均在该平面上，所以这三点坐标均满足所设平面的方程，即

$$\begin{cases}aA+D=0,\\bB+D=0,\\cC+D=0,\end{cases}$$

解得 $A=-\dfrac{D}{a}$，$B=-\dfrac{D}{b}$，$C=-\dfrac{D}{c}$.

将此代入所设平面的方程，并同时除以 D(D 不为零)，可得所求平面的方程为

$$\frac{x}{a}+\frac{y}{b}+\frac{z}{c}=1. \tag{1.6}$$

方程(1.6)称作平面的**截距式方程**,其中 a,b,c 分别称为平面在 x 轴、y 轴、z 轴上的截距.

1.3.3 两平面的夹角

空间中两个平面的法线向量之间的夹角(通常指锐角或者直角)叫作**两平面的夹角**.

已知两平面 Π_1 和 Π_2 的法线向量分别为 $\boldsymbol{n}_1=(A_1,B_1,C_1)$,$\boldsymbol{n}_2=(A_2,B_2,C_2)$.

根据计算两个向量夹角的公式可得

$$\cos\theta=\frac{|A_1A_2+B_1B_2+C_1C_2|}{\sqrt{A_1^2+B_1^2+C_1^2}\sqrt{A_2^2+B_2^2+C_2^2}}. \tag{1.7}$$

为得到两个平面夹角中的锐角或者直角,只需取 $\cos\theta$ 绝对值所确定的角 θ 即可.

【例 1.18】 求两平面 $x-y+2z-6=0$ 和 $2x+y+z-5=0$ 的夹角.

解 由公式(1.7)可得

$$\cos\theta=\frac{|1\times2+(-1)\times1+2\times1|}{\sqrt{1^2+(-1)^2+2^2}\sqrt{2^2+1^2+1^2}}=\frac{1}{2},$$

故所求夹角 $\theta=\frac{\pi}{3}$.

【例 1.19】 一平面通过点 $M_1(1,1,1)$ 和 $M_2(0,1,-1)$ 且垂直于平面 $x+y+z=0$,求它的方程.

解 设该平面的方程为 $Ax+By+Cz+D=0$. 由于 M_1,M_2 两点均在该平面上,所以这两点坐标均满足所设平面的方程,即

$$\begin{cases}A+B+C+D=0,\\ B-C+D=0.\end{cases}$$

又因为该平面与已知平面垂直,所以

$$A+B+C=0.$$

由上面三式联立可得

$$A=-2C,B=C,D=0.$$

将该结果代入所设方程,化简后得

$$2x-y-z=0,$$

这就是所求的方程.

习　题　1.3

1. 求过点(1,0,−1)且与平面 $x+3y+5z-7=0$ 平行的平面方程.

2. 求过点 $M_1(0,4,-2)$,$M_2(1,5,7)$且与 y 轴平行的平面方程.

3. 求过点 $M_0(2,4,-1)$且与连接坐标原点及点 M_0 的线段 OM_0 垂直的平面方程.

4. 求过三点 $M_1(1,1,-1)$,$M_2(0,-1,0)$和 $M_3(1,0,1)$的平面的一般式方程.

5. 过点 $M(-1,-3,2)$且在 x 轴、y 轴上的截距分别为 1 和 3 的平面的方程.

6. 求通过 z 轴和点(−1,1,2)的平面方程.

7. 求点(3,7,4)到平面 $2x-y+2z-1=0$ 的距离.

8. 求下列各平面之间的夹角:

(1)平面 $x+y-11=0$ 与平面 $3x+8=0$;

(2)平面 $2x+3y-z=0$ 与平面 $4x-3y+5z-8=0$.

9. 求两平行平面 $3x+6y-2z-7=0$ 与 $3x+6y-2z+7=0$ 之间的距离.

1.4　空间直线及其方程

微课 38

1.4.1　空间直线的一般方程

我们知道,空间直线 L 可以看作是两个平面的交线(图 1.22). 因此,空间直线可以用两个三元一次方程来确定.

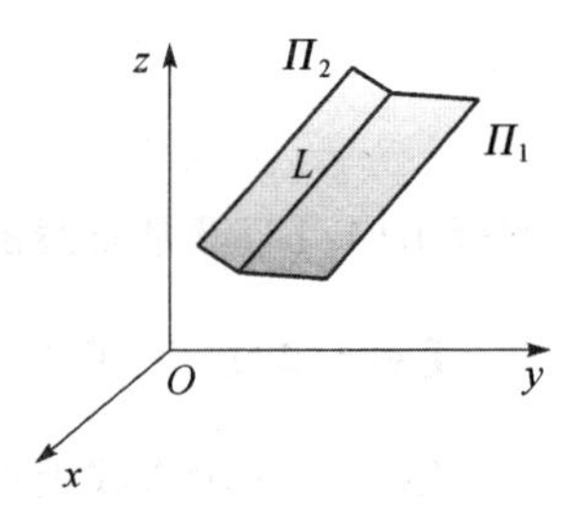

图 1.22

如果两个相交的平面 Π_1 和 Π_2 的方程分别为 $A_1x+B_1y+C_1z+D_1=0$ 和 $A_2x+B_2y+C_2z+D_2=0$,那么直线上的任一点 M 的坐标应该同时满足这两个平面的方程,即

$$\begin{cases}A_1x+B_1y+C_1z+D_1=0,\\A_2x+B_2y+C_2z+D_2=0,\end{cases}\tag{1.8}$$

反之,若点 M 不在直线 L 上,那么它不可能同时在平面 Π_1 和 Π_2 上,即不满足方程组(1.8). 因此,直线 L 可以用方程组(1.8)来表示,我们把方程组(1.8)叫作**空间直线的一般方程**.

1.4.2　空间直线的对称式方程与参数方程

如果一个非零向量平行于一条已知直线,那么这个向量就叫作该直线的**方向向量**.

由于过空间中的一点只能作一条直线平行于已知直线，所以当直线 L 上的一点 $M_0(x_0,y_0,z_0)$ 和它的方向向量 $\boldsymbol{s}=(m,n,p)$ 已知时，直线 L 的位置就可以完全确定. 下面我们将建立该直线的方程.

设直线 L 上的任意一点 $M(x,y,z)$，则向量 $\overrightarrow{M_0M}$ 与直线 L 的方向向量 $\boldsymbol{s}$ 平行(图 1.23)，所以两向量的坐标对应成比例，其中 $\overrightarrow{M_0M}=(x-x_0,y-y_0,z-z_0)$，$\boldsymbol{s}=(m,n,p)$，则有

$$\frac{x-x_0}{m}=\frac{y-y_0}{n}=\frac{z-z_0}{p}. \tag{1.9}$$

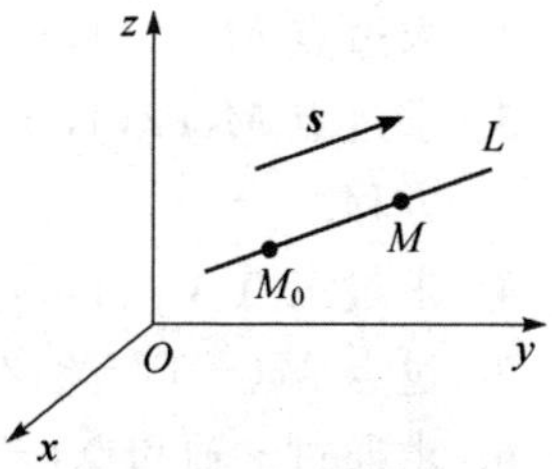

图 1.23

反之，若点 M 不在直线 L 上，则向量 $\overrightarrow{M_0M}$ 与直线 L 的方向向量 $\boldsymbol{s}$ 不平行，这两向量的坐标不能对应成比例. 因此，方程组(1.9)就是直线 L 的方程，我们把方程组(1.9)叫作直线 L 的**对称式方程或点向式方程**.

设已知直线 L 通过点 $M_0(x_0,y_0,z_0)$，且直线 L 的方向向量 $\boldsymbol{s}=(m,n,p)$，若 M 是直线 L 上的任意一点，则向量 $\overrightarrow{M_0M}$ 与方向向量 $\boldsymbol{s}$ 平行，也就是说

$$\overrightarrow{M_0M}=t\boldsymbol{s},$$

则有

$$\begin{cases} x=x_0+mt, \\ y=y_0+nt, \\ z=z_0+pt. \end{cases} \tag{1.10}$$

方程组(1.10)就是直线的**参数方程**.

【例 1.20】 将直线方程 $\begin{cases} x+y+z+2=0 \\ 2x-y+3z+10=0 \end{cases}$ 化为对称式方程和参数方程.

解 先求出直线上的一个定点 $M(x_0,y_0,z_0)$. 令 $x_0=0$，并代入方程组，得

$$\begin{cases} y_0+z_0+2=0, \\ -y_0+3z_0+10=0, \end{cases}$$

解该二元一次方程组，得 $y_0=1,z_0=-3$，即直线过点 $M(0,1,-3)$.

接着找到直线的方向向量 $\boldsymbol{s}$. 由于两平面的交线与两平面的法线向量 $\boldsymbol{n}_1=(1,1,1)$，$\boldsymbol{n}_2=(2,-1,3)$ 都垂直，所以直线的方向向量 $\boldsymbol{s}$ 可以取

$$\boldsymbol{s}=\boldsymbol{n}_1\times\boldsymbol{n}_2=\begin{vmatrix} \boldsymbol{i} & \boldsymbol{j} & \boldsymbol{k} \\ 1 & 1 & 1 \\ 2 & -1 & 3 \end{vmatrix}=4\boldsymbol{i}-\boldsymbol{j}-3\boldsymbol{k}.$$

因此，所给直线的对称式方程为

$$\frac{x}{4}=\frac{y-1}{-1}=\frac{z+3}{-3}.$$

令$\frac{x}{4}=\frac{y-1}{-1}=\frac{z+3}{-3}=t$,则所给直线的参数方程为

$$\begin{cases}x=4t,\\ y=1-t,\\ z=-3-3t.\end{cases}$$

1.4.3　两直线的夹角

空间中两条直线的方向向量之间的夹角(通常指锐角或者直角)叫作**两直线的夹角**.

若两条直线 L_1 和 L_2 的方向向量分别为

$$\boldsymbol{s}_1=(m_1,n_1,p_1),\qquad \boldsymbol{s}_2=(m_2,n_2,p_2),$$

根据向量的夹角公式,可得

$$\cos\theta=\frac{|m_1m_2+n_1n_2+p_1p_2|}{\sqrt{m_1^2+n_1^2+p_1^2}\sqrt{m_2^2+n_2^2+p_2^2}}.$$

为得到两个平面夹角中的锐角,只需取 $\cos\theta$ 绝对值所确定的角 θ 即可.

若两直线 L_1 和 L_2 垂直或者平行,则它们的方向向量垂直或者平行;反之,也成立. 因此从两向量垂直或平行的充分必要条件便可推出下列结论:

(1)若两直线 L_1 和 L_2 垂直,则 $m_1m_2+n_1n_2+p_1p_2=0$;

(2)若两直线 L_1 和 L_2 平行,则$\frac{m_1}{m_2}=\frac{n_1}{n_2}=\frac{p_1}{p_2}$.

【例 1.21】　求两直线$\frac{x-1}{1}=\frac{y}{-4}=\frac{z+3}{1}$和$\frac{x}{2}=\frac{y+2}{-2}=\frac{z}{-1}$的夹角.

解　易知两直线的方向向量分别为 $\boldsymbol{s}_1=(1,-4,1)$和 $\boldsymbol{s}_2=(2,-2,-1)$. 设这两条直线之间的夹角为 φ,则

$$\cos\varphi=\frac{|1\times2+(-4)\times(-2)+1\times(-1)|}{\sqrt{1^2+(-4)^2+1^2}\sqrt{2^2+(-2)^2+(-1)^2}}=\frac{\sqrt{2}}{2},$$

因此 $\varphi=\frac{\pi}{4}$.

1.4.4 直线与平面的夹角

当直线与平面不垂直时，直线与它在平面上的投影之间的锐角叫作**直线与平面的夹角**(图 1.24). 当直线与平面垂直时，规定直线与平面的夹角为$\frac{\pi}{2}$.

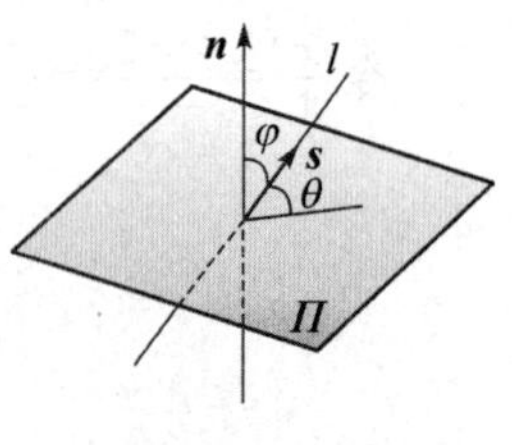

图 1.24

为了求得这个角，我们来分析一下该角与平面法线向量$\boldsymbol{n}=(A,B,C)$和直线的方向向量$\boldsymbol{s}=(m,n,p)$之间角的关系. 设直线与平面的夹角为θ，直线与平面法线向量的夹角为φ，从图 1.24 中可以看出，角θ和φ之间的关系为：

$$\theta=\left|\frac{\pi}{2}-\varphi\right|,$$

因此

$$\sin\theta=|\cos\varphi|,$$

根据两向量夹角的余弦坐标表示式，可得

$$\sin\theta=\frac{|Am+Bn+Cp|}{\sqrt{A^2+B^2+C^2}\sqrt{m^2+n^2+p^2}}.$$

若直线与平面平行，则直线的方向向量与平面的法线向量垂直，因而

$$Am+Bn+Cp=0.$$

若直线与平面垂直，则直线的方向向量与平面的法线向量平行，因而

$$\frac{A}{m}=\frac{B}{n}=\frac{C}{p}.$$

【例 1.22】 求通过点$M(1,-2,4)$，且垂直于平面$2x-3y+z-4=0$的直线方程.

解 因为该直线垂直于已知平面，所以可取已知平面的法线向量$\boldsymbol{n}=(2,-3,1)$作为该直线的方向向量，可得该直线的方程为

$$\frac{x-1}{2}=\frac{y+2}{-3}=\frac{z-4}{1}.$$

习 题 1.4

1. 求适合下列条件的直线方程：

(1)过点$(1,0,-3)$，且与平面$3x-4y+z-10=0$垂直；

(2)过点$(1,0,-2)$，且与直线$\frac{x-3}{1}=\frac{y+2}{4}=\frac{z}{1}$平行.

2. 求过点(0,2,4)且与平面 $x+2z=1$ 和 $y-3z=2$ 平行的直线方程.

3. 试确定下列各组中的直线和平面间的关系：

(1)$\dfrac{x+3}{-2}=\dfrac{y+4}{-7}=\dfrac{z}{3}$和 $4x-2y-2z=3$；

(2)$\dfrac{x}{3}=\dfrac{y}{-2}=\dfrac{z}{7}$和 $3x-2y+7z=8$.

4. 求点 $A(1,1,4)$到直线 L:$\dfrac{x-2}{1}=\dfrac{y-3}{1}=\dfrac{z-4}{2}$的距离.

5. 一直线过点 $M(2,2,2)$，且平行于平面 $2x+y-z+1=0$，该直线到 x 轴的距离等于 2，求该直线方程.

6. 直线 L:$\begin{cases}A_1x+B_1y+C_1z+D_1=0\\A_2x+B_2y+C_2z+D_2=0\end{cases}$中各系数分别满足什么条件，使得直线：

(1)经过原点；

(2)与 x 轴重合；

(3)与 y 轴相交；

(4)与 z 轴平行.

1.5　曲面及其方程

微课 39

1.5.1　曲面研究的基础问题

曲面是空间解析几何中的主要内容，在科学研究及生产生活中都有广泛的应用. 在曲面的研究讨论中，有以下两个基本问题：

(1)已知作为点的几何轨迹的曲面时，建立这个曲面的方程；

(2)已知曲面的方程时，研究这个方程所表示的曲面的形状.

对于曲面，我们可以给出如下定义：

坐标满足方程 $f(x,y,z)=0$ 的空间所有集合叫作**曲面**，该方程 $f(x,y,z)=0$ 叫作**曲面方程**. 在第 1.3 节中涉及的平面方程就是一种最简单的曲面方程. 我们所熟知的球面方程则是一种特殊的曲面方程.

【例 1.23】 已知球面的球心在点 $M(x_0,y_0,z_0)$处，且其半径等于 R，求它的方程.

解　用(x,y,z)表示球面上任意一点 P 的坐标(图 1.25). 根据球面的定义，可知点 P 到球心点 M 的距离与半径相等，即$|\overrightarrow{MP}|=R$，于是

$$|\overrightarrow{MP}|=\sqrt{(x-x_0)^2+(y-y_0)^2+(y-y_0)^2}=R,$$

等式两边同时平方，得

$$(x-x_0)^2+(y-y_0)^2+(y-y_0)^2=R^2. \quad (1.11)$$

这就是球面上的点的坐标所满足的方程，不是该球面上的点则都不满足该方程，因此该方程就是以 $M(x_0,y_0,z_0)$ 为球心，以 R 为半径的球面方程.

特殊地，若球心在坐标原点，则球面方程变为

$$x^2+y^2+z^2=R^2.$$

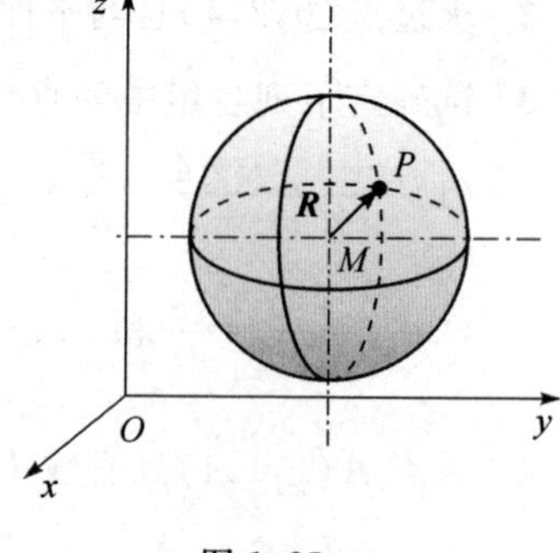

图 1.25

1.5.2 旋转曲面

任一平面曲线绕它所在平面上的一条直线旋转一周所形成的曲面叫作**旋转曲面**. 平面曲线叫作旋转曲面的**母线**，定直线叫作旋转曲面的**旋转轴**.

设在平面 yOz 上有一已知曲线 C 的方程是

$$f(y,z)=0,$$

把这条曲线 C 绕 z 轴旋转一周所构成的旋转曲面的方程可用如下方法求得：

在曲线 C 上任取一点 $M_0(0,y_0,z_0)$，因为点 M_0 在曲线上，所以它的坐标必满足曲面方程：

$$f(y_0,z_0)=0. \quad (1.12)$$

当曲线 C 绕 z 轴旋转时，点 M_0 绕 z 轴转到另一个点 $M(x,y,z_0)$，它们的竖坐标保持不变，即

$$z_0=z,$$

且点 M 到 z 轴的距离

$$d=\sqrt{(x-0)^2+(y-0)^2+(z_0-z_0)^2}=\sqrt{x^2+y^2}=|y_0|.$$

把 y_0，z_0 的表达式代入(1.12)式，可得

$$f(\pm\sqrt{x^2+y^2},z)=0, \quad (1.13)$$

方程(1.13)就是所求的旋转曲面的方程.

由此可知，在平面 yOz 上的曲线 $f(y,z)=0$，绕 z 轴旋转所形成的旋转曲面的方程，只要把其中的 y 用 $\pm\sqrt{x^2+y^2}$ 代替，而 z 保持不变即可得到.

同理，可以得到曲线 C 绕其他坐标轴形成的旋转曲面的方程.

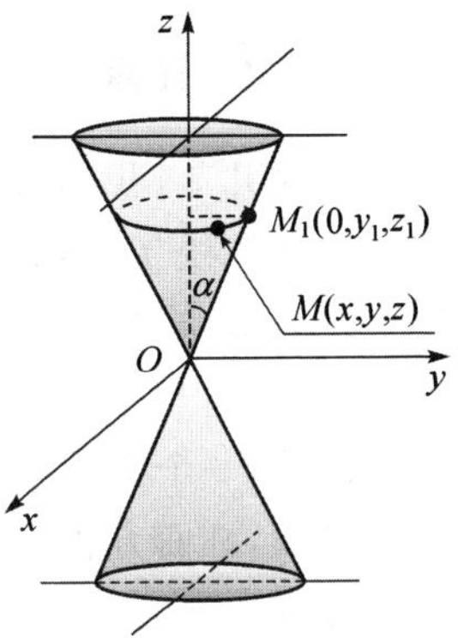

【例 1.24】 直线 L 绕另一条与 L 相交的直线旋转一周,所得旋转曲面叫作圆锥面. 两直线的交点叫作圆锥面的顶点,两直线的夹角 $\alpha\left(0<\alpha<\frac{\pi}{2}\right)$ 叫作圆锥面的半顶角. 试建立顶点在坐标原点 O,旋转轴为 z 轴,半顶角为 α 的圆锥面(图 1.26)的方程.

图 1.26

解 在 yOz 坐标平面上,直线 L 的方程为

$$z=y\cot\alpha, \tag{1.14}$$

由于绕 z 轴旋转,因此只要将(1.14)式中的 y 改写为 $\pm\sqrt{x^2+y^2}$ 即可,则该圆锥面的方程为

$$z=\pm\sqrt{x^2+y^2}\cot\alpha,$$

或者

$$z^2=a^2(x^2+y^2),\qquad 其中,a=\cot\alpha. \tag{1.15}$$

这就是圆锥面上的点 M 的坐标所满足的方程,若不是该圆锥面上的点 M,那么直线 OM 与 z 轴的夹角就不等于 α,则点 M 的坐标就不满足该方程.

【例 1.25】 将 xOy 坐标平面上的双曲面

$$\frac{x^2}{a^2}-\frac{z^2}{c^2}=1,$$

分别绕 z 轴和 x 轴旋转一周,求所生成的旋转曲面的方程.

解 绕 x 轴旋转而成的旋转曲面叫作旋转双叶双曲面(图 1.27),其方程为

$$\frac{x^2}{a^2}-\frac{y^2+z^2}{c^2}=1$$

绕 z 轴旋转而成的旋转曲面叫作旋转单叶双曲面(图 1.28),其方程为

$$\frac{x^2+y^2}{a^2}-\frac{z^2}{c^2}=1.$$

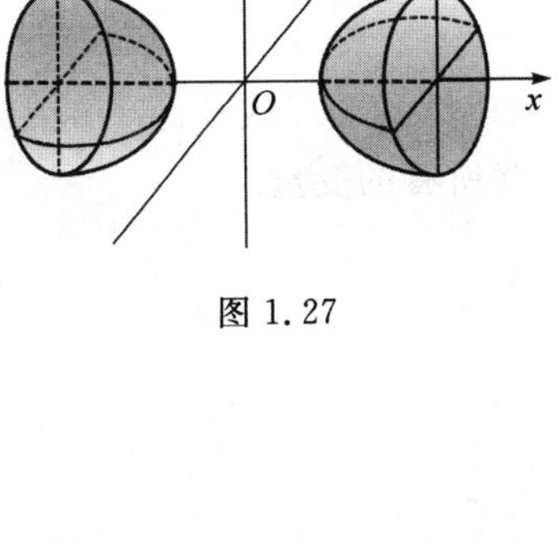

图 1.27

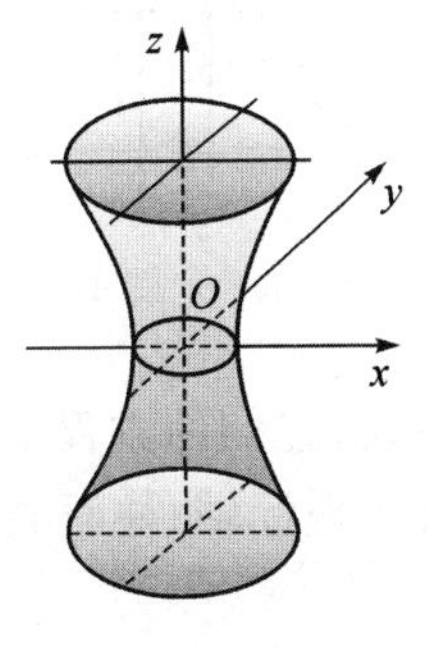

图 1.28

1.5.3　柱面

前面几节，我们讨论了 $f(x,y)=0$ 类型的方程. 在空间直角坐标系中，它表示以平面曲线 $f(x,y)=0$ 为准线，母线平行于 z 轴的柱面.

一般地，当母线平行于某一坐标轴时，柱面的方程不包含该坐标轴；反之，一个不包含某一个坐标的方程，表示为母线平行于该坐标轴的柱面.

因此，一个坐标平面上的任意一条曲面都能确定一个柱面，其中母线垂直于这个平面，柱面方程就是曲线在坐标平面上的方程. 例如：

方程

$$\frac{x^2}{a^2}+\frac{y^2}{b^2}=1,$$

表示母线平行于 z 轴，它的准线为平面 xOy 上的椭圆，该柱面叫作椭圆柱面(图 1.29).

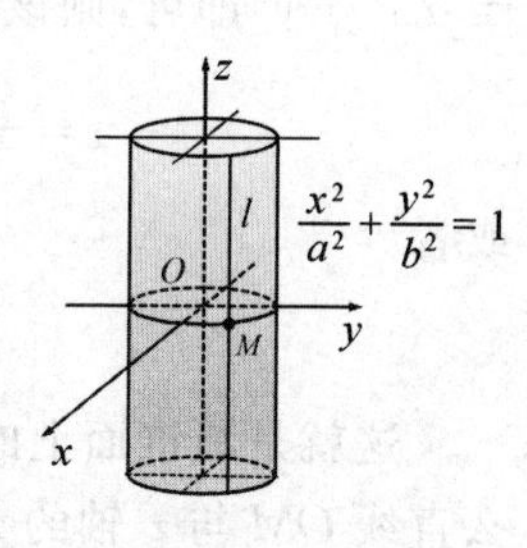

图 1.29

方程

$$y^2=2x,$$

表示母线平行于 z 轴，它的准线为平面 xOy 上的抛物线，该柱面叫作抛物柱面(图 1.30).

又如，方程

$$\frac{x^2}{a^2}-\frac{y^2}{b^2}=1,$$

表示母线平行于 z 轴，它的准线为平面 xOy 上的双曲线，该柱面叫作双曲柱面(图 1.31).

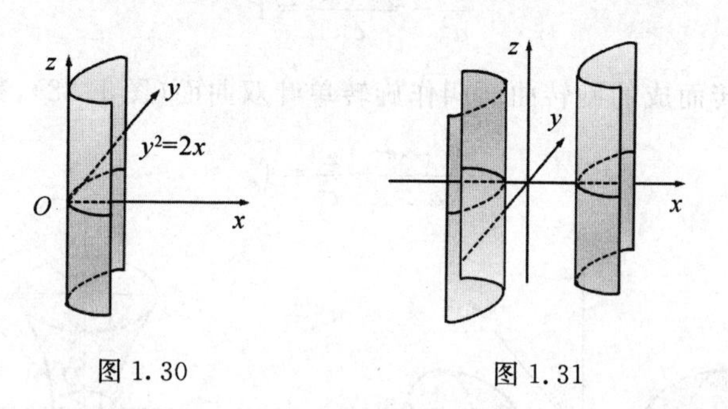

图 1.30　　　　图 1.31

以上三种柱面，它们的方程都是二次的，所以统称为二次柱面. 值得注意的是，若母线不平行于坐标轴，柱面的方程就要包含所有的变量.

1.5.4　二次曲面

与平面解析几何中规定的二次曲线类似，我们把三元二次方程 $F(x,y,z)=0$ 所表示的曲面称为**二次曲面**.

总的来说，二次曲面有 9 种，适当地选取空间直角坐标系，可以得到它们的标准方程. 把这 9 种类型列于表 1.1 中。

表 1.1　9 种二次曲面

类序	标准方程	曲面形状	曲面名称
1	$\dfrac{x^2}{a^2}+\dfrac{y^2}{b^2}=z^2$		椭圆锥面
2	$\dfrac{x^2}{a^2}+\dfrac{y^2}{b^2}+\dfrac{z^2}{c^2}=1$		椭球面
3	$\dfrac{x^2}{a^2}+\dfrac{y^2}{b^2}-\dfrac{z^2}{c^2}=1$		单叶双曲面
4	$\dfrac{x^2}{a^2}-\dfrac{y^2}{b^2}-\dfrac{z^2}{c^2}=1$		双叶双曲面

续表

类序	标准方程	曲面形状	曲面名称
5	$\frac{x^2}{a^2}+\frac{y^2}{b^2}=z$	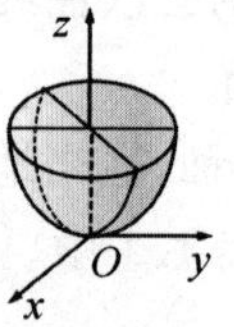	椭圆抛物面
6	$\frac{x^2}{a^2}-\frac{y^2}{b^2}=z$	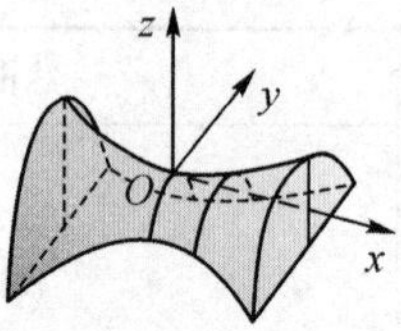	双曲抛物面
7	$\frac{x^2}{a^2}+\frac{y^2}{b^2}=1$	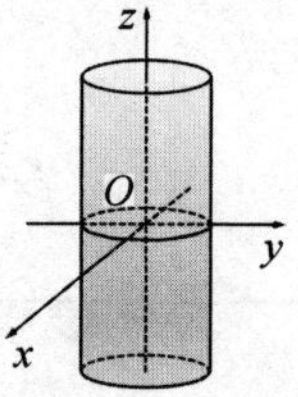	椭圆柱面
8	$\frac{x^2}{a^2}-\frac{y^2}{b^2}=1$	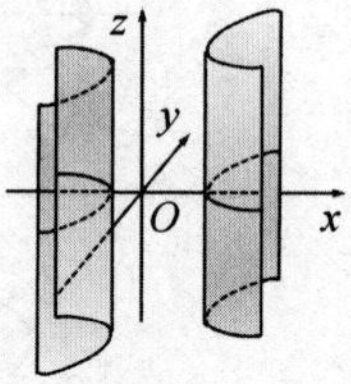	双曲柱面
9	$y^2=2px$	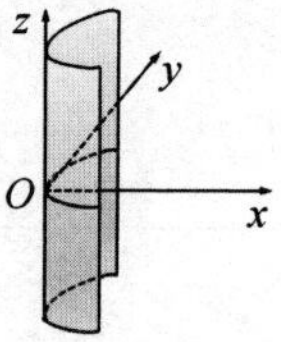	抛物柱面

习　题　1.5

1. 点 $A(-2,-1,3)$，$B(3,1,2)$ 和 $C(4,-2,2)$ 是否在曲面 $x^2+y^2+z^2+4x+2y-6z+14=0$ 上？

2. 求以点 $M(1,2,-3)$ 为球心，且通过坐标原点的球面方程.

3. 描述方程 $x^2+y^2+z^2-2x+4y+2z=0$ 所表示的曲面的特征.

4. 将 xOy 坐标平面上的圆 $x^2+y^2=4$ 绕 y 轴旋转一周，试求所生成的旋转曲面的方程.

5. 在平面解析几何中和在空间解析几何中下列方程分别表示什么图形？

(1) $y=1$；　　(2) $y=2x+2$；

(3) $x^2-y^2=1$；　　(4) $x^2+y^2=1$.

6. 求适合下列条件的曲面方程：

(1) 曲线 $\begin{cases}x^2+2y^2=4\\ z=0\end{cases}$ 绕 y 轴旋转一周；

(2) 以 $\begin{cases}x^2+y^2=2z\\ x+z=1\end{cases}$ 为准线，母线平行于 z 轴的柱面.

1.6　空间曲线及其方程

微课 40

1.6.1　空间曲线的一般方程

我们知道空间曲线可以看成两个曲面的交线. 若设两个曲面方程分别为 $F(x,y,z)=0$ 和 $G(x,y,z)=0$，则方程组

$$\begin{cases}F(x,y,z)=0,\\ G(x,y,z)=0\end{cases} \tag{1.16}$$

就是这两个曲面的交线 C 的方程，方程组(1.16)也叫作空间曲线 C 的一般方程.

【例 1.26】 方程组

$$\begin{cases}x^2+y^2=1,\\ 2x+3z=6\end{cases}$$

表示怎么样的曲线？

解　上述方程组中的第一个方程表示的是一个准线为 xOy 平面上的圆(圆心在坐标原点、半径为 1)，母线平行于 z 轴的圆柱面. 方程组中的第二个方程表示的是一个准线为 zOx 平面上的直线，母线平行于 y 轴的平面. 方程组则表示该圆柱面与该平面的交线(图 1.32).

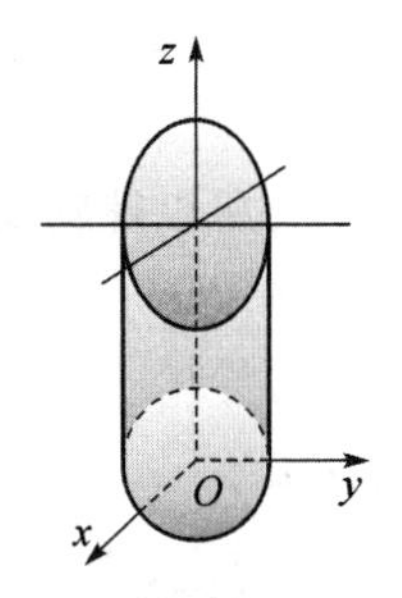

图 1.32

【例 1.27】 方程组

$$\begin{cases}z=\sqrt{a^2-x^2-y^2},\\ \left(x-\dfrac{a}{2}\right)^2+y^2=\left(\dfrac{a}{2}\right)^2\end{cases}$$

表示怎么样的曲线?

解　上述方程组中的第一个方程表示的是一个球心在坐标原点,半径为 a 的上半球面.方程组中的第二个方程表示的是一个准线为 xOy 平面上的圆 $\left(\text{圆心在点}\left(\frac{a}{2},0\right),\text{半径为}\frac{a}{2}\right)$,母线平行于 z 轴的圆柱面.方程组则表示该上半球面与该圆柱面的交线(图 1.33).

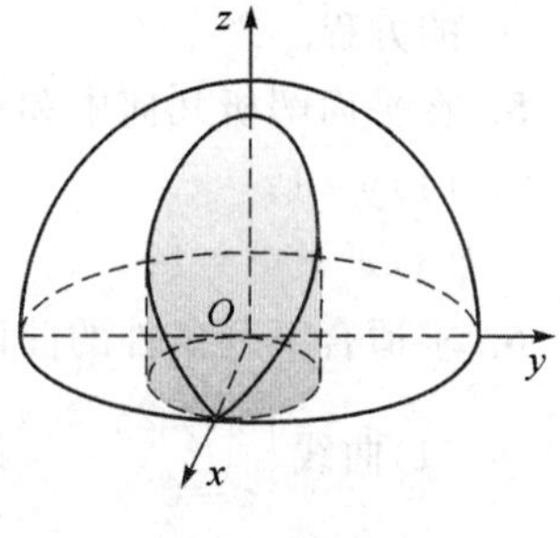

图 1.33

1.6.2　空间曲线的参数方程

空间曲线 C 除一般方程外,还可以用参数形式表示,只要将曲线 C 上的动点坐标 x,y,z 分别用参数表示,即

$$\begin{cases}x=x(t),\\y=y(t),\\z=z(t).\end{cases}\tag{1.17}$$

【例 1.28】 若空间中一点 P 在半径为 r 的圆柱面上以角速度 ω 绕 z 轴旋转运动,同时又以线速度 v 沿平行于 z 轴的正方向上升(其中 ω,v 均为常数),则点 P 的运动轨迹叫作螺旋线,试用参数方程表示.

解　设 $P(x,y,z)$ 是螺旋线上的任意一点.取时间 t 为参数,当 $t=0$ 时,点 P 从点 $A(a,0,0)$ 处开始运动,经过时间 t 运动到点 $P(x,y,z)$.作点 P 在 xOy 平面上的投影 Q,则 $Q(x,y,0)$(图 1.34).又因为动点 P 在圆柱面上以角速度 ω 绕 z 轴旋转,所以经过 t 时间后,$\angle AOQ=\omega t$,则

$$\begin{aligned}x&=|OQ|\cos\angle AOQ=r\cos\omega t,\\y&=|OQ|\sin\angle AOQ=r\sin\omega t,\\z&=|QP|=vt.\end{aligned}$$

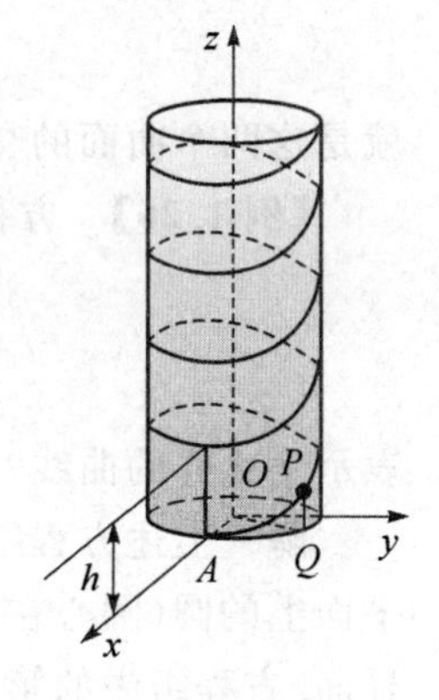

图 1.34

所以螺旋线的参数方程为

$$\begin{cases}x=r\cos\omega t,\\y=r\sin\omega t,\\z=vt.\end{cases}$$

如令 $b=\dfrac{v}{\omega},\theta=\omega t$,上式也可以改写为

$$\begin{cases} x = r\cos\theta, \\ y = r\sin\theta, \\ z = b\theta. \end{cases} \qquad (0 \leqslant \theta < \infty)$$

当 $\theta = 2\pi$ 时，$z = 2\pi b$，表示点 P 绕 z 轴旋转一周后，在 Oz 方向上移动的距离，在工程技术上叫作螺距 h.

1.6.3　空间曲线上的坐标投影

设空间曲线 C 的一般方程为(1.16)，若方程组(1.16)消去变量 z，可得方程

$$H(x, y) = 0, \tag{1.18}$$

由此可知，若 x, y, z 满足方程组(1.16)，则 x 和 y 必然满足方程(1.18). 换句话说，曲线 C 上的所有点都在方程(1.18)所确定的平面上.

由第 1.5 节可知，方程(1.18)表示母线平行于 z 轴的一个柱面，即曲线 C 必定在该柱面上. 以曲线 C 为准线，母线平行于 z 轴的柱面叫作曲线 C 关于面 xOy 的**投影柱面**，投影柱面与面 xOy 的交线叫作空间曲线 C 在面 xOy 上的**投影曲线**，简称**投影**. 所以，方程(1.18)所确定的柱面必定包含投影柱面，方程

$$\begin{cases} H(x, y) = 0, \\ z = 0, \end{cases}$$

所确定的曲线必定包含空间曲线 C 在面 xOy 上的投影.

同样地，若消去方程组(1.16)中的变量 x 或 y，再分别与 $x = 0$ 或 $y = 0$ 联立方程：

$$\begin{cases} R(y, z) = 0, \\ x = 0, \end{cases} \quad 或 \quad \begin{cases} T(x, z) = 0, \\ y = 0, \end{cases}$$

便可得到包含曲线 C 在面 yOz 或面 xOz 上的投影曲线.

【例 1.29】　求曲线$\begin{cases} x^2 + y^2 + z^2 = R^2 \\ z = \sqrt{x^2 + y^2} \end{cases}$在 xOy 平面上的投影曲线方程.

解　消去曲线方程中的 z 可得投影柱面方程：

$$x^2 + y^2 = \frac{R^2}{2},$$

将投影柱面方程与 $z = 0$ 联立，可得曲线在 xOy 平面上的投影曲线方程：

$$\begin{cases} x^2 + y^2 = \dfrac{R^2}{2}, \\ z = 0. \end{cases}$$

上述投影曲线方程描绘的是在 xOy 平面上的圆（圆心在坐标原点，半径为$\frac{\sqrt{2}}{2}R$）.

换句话说，上半球面 $x^2+y^2+z^2=R^2$ 与锥面 $z=\sqrt{x^2+y^2}$ 所围成的区域 Ω 在 xOy 平面上的投影区域 D 是一个圆形域，用不等式表示为

$$\begin{cases} x^2+y^2\leqslant\dfrac{R^2}{2}, \\ z=0. \end{cases}$$

当用消去法求出投影柱面后，原曲线方程可改写成

$$\begin{cases} x^2+y^2=\dfrac{R^2}{2}, \\ z=\dfrac{R}{\sqrt{2}}. \end{cases}$$

所以其参数方程为

$$\begin{cases} x=\dfrac{R}{\sqrt{2}}\cos\theta, \\ y=\dfrac{R}{\sqrt{2}}\sin\theta, \qquad (0\leqslant\theta\leqslant2\pi) \\ z=\dfrac{R}{\sqrt{2}}. \end{cases}$$

习　题　1.6

1. 画出下列曲线在第一卦限内的图形：

(1) $\begin{cases} z=\sqrt{4-x^2-y^2}, \\ x-y=0; \end{cases}$　　(2) $\begin{cases} x=2, \\ y=4; \end{cases}$

(3) $\begin{cases} \dfrac{y^2}{9}-\dfrac{z^2}{4}=1, \\ x-2=0; \end{cases}$　　(4) $\begin{cases} (x-1)^2+(y+4)^2+z^2=25, \\ y+1=0. \end{cases}$

2. 下列方程组在平面解析几何中与在空间解析几何中分别表示什么图形？

(1) $\begin{cases} y=x+1, \\ y=3x-3; \end{cases}$　　(2) $\begin{cases} \dfrac{x^2}{4}+\dfrac{y^2}{9}=1, \\ y=3. \end{cases}$

3. 求球面 $x^2+y^2+z^2=16$ 与平面 $x+z=2$ 的交线在 xOy 平面上的投影的方程.

4. 求单叶双曲面$\frac{x^2}{16}+\frac{y^2}{4}-\frac{z^2}{5}=1$与平面 $x-2z+3=0$ 的交线关于 xOy 平面的投影柱面方程和交线在 xOy 平面上的投影方程.

1.7　MATLAB 在向量中的应用

用 MATLAB 计算向量的加减和数乘。

【例 1.30】 已知 $\boldsymbol{a}=(1,2,3)$,$\boldsymbol{b}=(-1,1,0)$,求 $\boldsymbol{a}+\boldsymbol{b}$,$\boldsymbol{a}-\boldsymbol{b}$,$3\boldsymbol{a}$,$-2\boldsymbol{b}$.

解
```
>>x=[1,2,3];
>>y=[-1,1,0];
>>x+y
ans=
      0 3 3
>>x-y
ans=
      2 1 3
>>k=3;
>>k*x
ans=
      3 6 9
>>k=-2;
>>k*y
ans=
      2-2 0
```

【例 1.31】 已知 $\boldsymbol{a}=(1,1,3)$,$\boldsymbol{b}=(-1,2,1)$,求 $\boldsymbol{a}\cdot\boldsymbol{b}$.

解
```
>>x=[1,1,3];
>>y=[-1,2,1];
>>dot(x,y)    %向量的数量积
ans=
      4
```

第2章　多元函数微分学

本章将立足一元函数微分学，进一步讨论多元函数的基本概念、微分法及相关应用. 在讨论中，我们会以二元函数为主，保证从一元函数类推二元函数时产生的新问题在从二元函数类推更多元函数时仍成立.

2.1　多元函数的基本概念

微课 41

2.1.1　平面点集

为了将一元函数推广至多元函数，我们首先将讨论一元函数时常用的邻域、区间、两点之间的距离等概念加以推广，以及一些其他的概念，如平面点集的一些概念.

由平面解析几何可知，当在平面上引入一个直角坐标系后，平面上的点 P 和有序二元实数组 (x,y) 之间便建立了一一对应的关系. 上述这种建立了坐标系的平面叫作**坐标平面**.

坐标平面上具有某种性质的点 P 的集合，叫作**平面点集**，记作

$$E=\{(x,y)\mid(x,y)\text{具有性质 }P\}.$$

例如，平面上以 (a,b) 为中心、r 为半径的圆上所有点的集合是

$$E=\{(x,y)\mid(x-a)^2+(y-b)^2=r^2\}.$$

对于邻域，我们可以设平面上的点 $P_0(x_0,y_0)$ 为一中心，δ 是某一大于零的数，以 δ 为半径的圆内（不包含圆周）的点 $P(x,y)$ 的全体，叫作点 $P_0(x_0,y_0)$ 的邻域，记作

$$U(P_0,\delta),$$

即 $U(P_0,\delta)=\left\{(x,y)\,\middle|\,\sqrt{(x-x_0)^2+(y-y_0)^2}<\delta\right\}$.

而点 $P_0(x_0,y_0)$ 的去心 δ 邻域，记作 $\mathring{U}(P_0,\delta)$，定义为

$$\mathring{U}(P_0,\delta)=\left\{(x,y)\,\middle|\,0<\sqrt{(x-x_0)^2+(y-y_0)^2}<\delta\right\}.$$

若不需要强调邻域半径为 δ，则用 $U(P_0)$ 和 $\mathring{U}(P_0)$ 分别表示点 $P_0(x_0,y_0)$ 的邻域和去心邻域.

对于区域，假设 E 和 P 分别是平面上的一个点集和平面上的一个点.

若存在点 P 的某个邻域 $U(P_0)$，且 $U(P_0)\subset E$，则称点 P 为 E 的内点.

若存在点 P 的某个邻域 $U(P_0)$，且 $U(P_0)\cap E=\varnothing$，则称点 P 为 E 的外点.

若存在点 P 的任何一个邻域 $U(P_0)$ 中既有属于 E 的点，又有不属于 E 的点，则称点 P 为 E 的边界点. E 的边界点的全体称为 E 的边界(图 2.1).

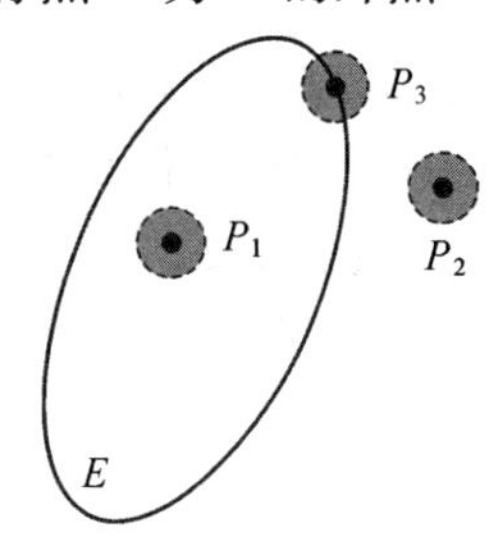

图 2.1

连通的开集称为区域或者开区域，如 $E=\{(x,y)\mid 2x+3y>0\}$；区域连同它的边界一起称为闭区域，如 $E=\{(x,y)\mid 1\leqslant x^2+y^2\leqslant 2\}$.

若对于任意给定的 δ，点 P 的去心邻域 $\mathring{U}(P_0,\delta)$ 中，总有点集 E 中的点，则称点 P 为点集 E 的聚点.

如点(0,0)就是点集 $E=\{(x,y)\mid 0<x^2+y^2\leqslant 4\}$ 的聚点，同时方程 $x^2+y^2=4$ 所确定的圆上的每一个点都是点集 E 的聚点. 所以，聚点既可以属于点集 E，也可以不属于点集 E.

【例 2.1】 描述下列各区域，并指出它们属于哪类区域：

(1) $D_1=\{(x,y)\mid x+y>0\}$；

(2) $D_2=\left\{(x,y)\,\middle|\,\dfrac{1}{9}\leqslant x^2+y^2\leqslant 1\right\}$；

(3) $D_3=\{(x,y)\mid y-x>0, x\geqslant 0, x^2+y^2<1\}$.

解 (1)无界开区域，如图 2.2(a)；

(2)有界闭区域，如图 2.2(b)；

(3)非开非闭有界区域，如图 2.2(c).

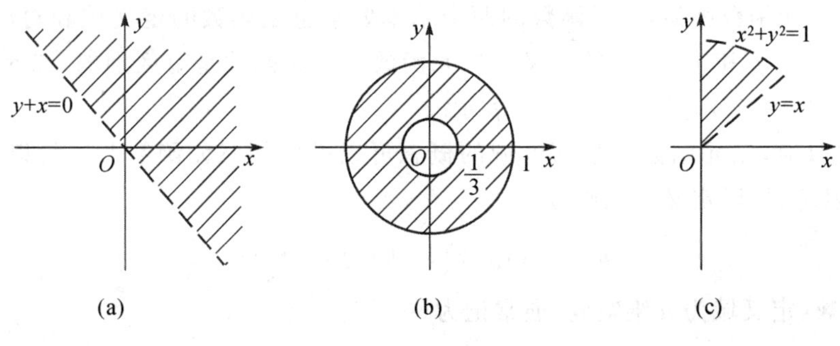

图 2.2

2.1.2　多元函数的概念

在生产实践中经常会遇到两个或多个变量之间的依赖关系.

【例 2.2】 圆柱体的体积 V 和它的底面半径 r、高 h 之间的关系如下：

$$V=\pi r^2 h,$$

这里,半径 r 和高 h 是两个独立的变量. r 和 h 的集合 $\{(r,h)\,|\,r>0,h>0\}$ 内所取的每一对值,体积 V 都有一确定的值与之对应.

【例 2.3】 一定量的理想气体,其压强 p、体积 V 和绝对温度 T 三者之间具有如下关系：

$$p=\frac{RT}{V},$$

其中 R 为常数. 这里,当 V 和 T 的集合 $\{(V,T)\,|\,V>0,T>0\}$ 内取定一对值时,压强 p 的对应值也随之确定了.

由上述两个不同的例子,我们可以发现它们之间具有共同的性质,由此可以得到下列二元函数的定义：

定义 2.1 设在某一变化过程中,平面 xOy 上的点集 D 内任意的一个点 $P(x,y)$,它所对应的数 x,y,变量 z 按照一定的法则,总有确定的数值与之相对应,称 z 是关于 x,y 的**二元函数**,通常记作

$$z=f(x,y),\quad (x,y)\in D,$$

或者

$$z=f(P),\quad P\in D,$$

其中点集 D 称为该函数的定义域,x,y 称为自变量,z 称为因变量.

上述定义中,与实数对(x,y)相对应的数值 $f(x,y)$称为 f 在点(x,y)处的函数值,全体函数值 $f(x,y)$所构成的集合称为函数的值域.

与一元函数相似,二元函数的两个基本要素也是函数的定义域和对应法则. 但是在记号 f 和 $f(x,y)$的意义上二元函数与一元函数是有区别的,二元函数 f 习惯上用 $z=f(x,y)$,$(x,y)\in D$ 表示.

类似地,二元函数及平面区域的概念可以推广到三元函数及三元以上的函数. 一般地,可以定义三元函数

$$u=f(x,y,z),\quad (x,y,z)\in D,$$

n 元函数(定义域为 n 维空间)通常记为

$$u=f(x_1,x_2,x_3,\cdots,x_n),\quad (x_1,x_2,x_3,\cdots,x_n)\in D,$$

或者简记为

$$u=f(\boldsymbol{x}),\quad \boldsymbol{x}=(x_1,x_2,x_3,\cdots,x_n)\in D \quad 或 \quad u=f(P),\quad P(x_1,x_2,x_3,\cdots,x_n)\in D.$$

对于多元函数的定义域，我们在讨论用算式表达的多元函数 $u=f(P)$时，就认为使 $u=f(P)$有意义的变量 P 全部的值所组成的点集是这个多元函数 $u=f(P)$的自然定义域. 这样把一元函数和多元函数统一起来，不再特别标出这些函数的定义域.

对于给定的二元函数 $z=f(x,y)$，其定义域为 D. 任取定义域内一点 $P(x,y)$，可以在空间直角坐标系中作出它的对应点 $M(x,y,z)$. 当(x,y)遍取 D 上所有点时，得到点 M 的轨迹就是一张曲面，这个曲面称为多元函数的图形(图 2.3).

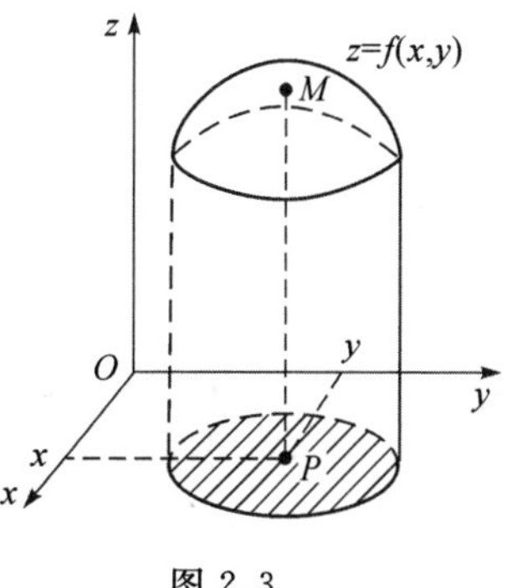

图 2.3

2.1.3　多元函数的极限

我们先讨论二元函数的极限. 相对于一元函数，在二元函数 $z=f(x,y)$中，需要研究当自变量 $x\to x_0, y\to y_0$(即 $P(x,y)\to P_0(x_0,y_0)$)时的极限.

当点 $P(x,y)$无限趋近于点 $P_0(x_0,y_0)$时，也就是说点 P 和 P_0 之间的距离趋于零时，对应的函数值 $f(x,y)$无限接近于某一确定的常数 A，我们就说 A 是函数 $f(x,y)$当 $x\to x_0, y\to y_0$ 时的极限.

定义 2.2　设二元函数 $f(P)=f(x,y)$的定义域为平面点集 D，点 $P_0(x_0,y_0)$是 D 的聚点. 如果对于任意给定的正数 ε，总存在正数 δ，使得当点 $P(x,y)\in D$且满足不等式

$$0<|PP_0|=\sqrt{(x-x_0)^2+(y-y_0)^2}<\delta$$

时都有

$$|f(P)-A|=|f(x,y)-A|<\varepsilon,$$

则称 A 为函数 $f(x,y)$当 $x\to x_0, y\to y_0$ 时的**极限**，记作

$$\lim_{\substack{x\to x_0\\ y\to y_0}} f(x,y)=A \qquad 或 \qquad \lim_{P\to P_0} f(x,y)=A.$$

同时为了区别于一元函数的极限，我们把二元函数的极限称为**二重极限**.

【例 2.4】　设 $f(x,y)=(x^2+y^2)\sin\dfrac{1}{x^2+y^2}$，求证：

$$\lim_{(x,y)\to(0,0)} f(x,y)=0.$$

证 先确定函数 $f(x,y)$ 的定义域 D，$D=\mathbf{R}^2\setminus\{(0,0)\}$，而点 $O(0,0)$ 是定义域 D 的聚点. 因为

$$|f(x,y)-0|=\left|(x^2+y^2)\sin\frac{1}{x^2+y^2}-0\right|\leqslant x^2+y^2,$$

所以 $\forall\varepsilon>0$，取 $\delta=\sqrt{\varepsilon}$，即 $0<\sqrt{(x-0)^2+(y-0)^2}<\delta$，

也就是说，当 $P(x,y)\in D\cap\mathring{U}(0,\delta)$ 时，

$$|f(x,y)-0|<\varepsilon,$$

总是成立的. 因此

$$\lim_{(x,y)\to(0,0)}f(x,y)=0.$$

必须注意的是，二重极限虽然从形式上看与一元函数的极限并无差异，但是本质上会复杂很多. 对于一元函数，当 $x\to x_0$ 时函数的极限，只要研究点 x 沿一条直线趋向于 x_0 即可；而对于二元函数，当点 $P(x,y)$ 沿一条直线趋向于点 $P_0(x_0,y_0)$ 时，即使函数无限趋向于唯一确定的值 A，我们仍不能断定函数的极限存在，因为点 $P(x,y)$ 可以沿任何路径趋向于点 $P_0(x_0,y_0)$；反之，如果点 $P(x,y)$ 沿不同路径趋向于点 $P_0(x_0,y_0)$ 时函数趋向于不同的值，那么就可以断定该函数的极限不存在.

【例 2.5】 讨论函数 $f(x,y)=\begin{cases}\dfrac{xy}{x^2+y^2}, & x^2+y^2\neq 0,\\ 0, & x^2+y^2=0,\end{cases}$ 在点 $(0,0)$ 处的极限.

解 确定函数的定义域 D，$D=\mathbf{R}^2$.

当点 $P(x,y)$ 沿着 x 轴趋于点 $(0,0)$，即当 $y=0,x\to 0$ 时，有

$$\lim_{\substack{(x,y)\to(0,0)\\ y=0}}f(x,y)=\lim_{x\to 0}f(x,0)=\lim_{x\to 0}0=0;$$

当点 $P(x,y)$ 沿着 y 轴趋于点 $(0,0)$，即当 $x=0,y\to 0$ 时，有

$$\lim_{\substack{(x,y)\to(0,0)\\ x=0}}f(x,y)=\lim_{y\to 0}f(x,0)=\lim_{y\to 0}0=0.$$

从而有 $\lim\limits_{\substack{(x,y)\to(0,0)\\ y=0}}f(x,y)=\lim\limits_{\substack{(x,y)\to(0,0)\\ x=0}}f(x,y)=0$，但是 $\lim\limits_{(x,y)\to(0,0)}f(x,y)$ 不存在.

因为当点 $P(x,y)$ 沿着直线 $y=kx(k\neq 0)$ 趋于点 $(0,0)$，即当 $y=kx,x\to 0$ 时，有

$$\lim_{\substack{(x,y)\to(0,0)\\ y=kx}}f(x,y)=\lim_{x\to 0}f(x,kx)=\lim_{x\to 0}\frac{kx^2}{x^2+k^2x^2}=\frac{k}{1+k^2},$$

显然，当 k 的取值不同时，$\frac{k}{1+k^2}$ 的值也是不同的.

【例 2.6】 求 $\lim\limits_{(x,y)\to(0,2)} \frac{\sin xy}{x}$.

解 首先确定函数 $\frac{\sin xy}{x}$ 的定义域 D，$D=\{(x,y)\mid x\neq 0, y\in\mathbf{R}\}$，而点 $P_0(0,2)$ 为定义域 D 的聚点.

根据积的极限运算法则可得

$$\lim_{(x,y)\to(0,2)} \frac{\sin xy}{x} = \lim_{(x,y)\to(0,2)} \left[\frac{\sin xy}{xy} \cdot y\right] = \lim_{xy\to 0} \frac{\sin xy}{xy} \cdot \lim_{y\to 2} y$$
$$= 1 \cdot 2 = 2.$$

2.1.4　多元函数的连续性

多元函数的连续性可以类比于一元函数.

定义 2.3 设二元函数 $f(P)=f(x,y)$ 在点 $P_0(x_0,y_0)$ 及 $P_0(x_0,y_0)$ 附近有定义，并且当 $P(x,y)$ 沿函数定义域上的点无限趋近于点 $P_0(x_0,y_0)$ 时

$$\lim_{\substack{x\to x_0\\ y\to y_0}} f(x,y) = f(x_0,y_0),$$

则称函数 $f(x,y)$ 在点 $P_0(x_0,y_0)$ 连续.

如果函数 $f(x,y)$ 在区域 D 上每一点都连续，那么就称函数 $f(x,y)$ 在区域 D 上连续，或者称函数 $f(x,y)$ 在区域 D 上为连续函数.

如果函数 $f(x,y)$ 在点 $P_0(x_0,y_0)$ 不连续，那么称点 $P_0(x_0,y_0)$ 为函数 $f(x,y)$ 的间断点.

函数 $f(x,y)$ 在点 $P_0(x_0,y_0)$ 连续必须同时满足三个条件：

i) 函数 $f(x,y)$ 在点 $P_0(x_0,y_0)$ 处有定义；

ii) 当 $P(x,y)$ 无限趋近于点 $P_0(x_0,y_0)$ 时，函数 $f(x,y)$ 的极限存在；

iii) $\lim\limits_{\substack{x\to x_0\\ y\to y_0}} f(x,y) = f(x_0,y_0)$.

将一元函数关于极限的运算法则推广至多元函数，可以得到，多元连续函数的和、差、积、商（分母不为零）及复合函数都是连续函数. 所以，一切多元初等函数在其定义域内是连续的. 所谓定义区间是指包含在定义域内的区域或者闭区间.

【例 2.7】 求 $\lim\limits_{(x,y)\to(1,2)} \frac{x+y}{xy}$.

解 函数 $f(x,y)=\frac{x+y}{xy}$ 为初等函数，其定义域 $D=\{(x,y)\mid x\neq 0, y\neq 0\}$.

可知点 $P_0(1,2)$ 是定义域 D 的内点，因此存在 P_0 的某个邻域 $U(P_0)\subset D$，而任何邻域都是区域，因此 $U(P_0)$ 是函数 $f(x,y)$ 的一个定义区域，所以

$$\lim_{(x,y)\to(1,2)}\frac{x+y}{xy}=f(1,2)=\frac{3}{2}.$$

同样地，多元初等函数是指可用一个式子表示的多元函数，其中该式子是由常数及具有不同自变量的一元基本初等函数经过有限次四则运算和有限步骤复合运算构成的.

由多元函数的连续性可知，多元初等函数在其定义域内一点的极限值就是函数在该点的函数值，即

$$\lim_{P\to P_0}f(x,y)=f(P_0).$$

上述二元函数的连续性概念可以推广至 n 元函数.

与闭区域上连续一元函数的性质类似，在有界闭区域上连续的多元函数具有下列两条性质：

性质 2.1(最大值最小值定理) 在有界闭区域上连续的多元函数定能取得它的最大值和最小值.

性质 2.2(介值定理) 在有界闭区域上连续的多元函数必能取得在最大值和最小值之间的任何数值.

【例 2.8】 求 $\lim\limits_{(x,y)\to(0,1)}\dfrac{e^{\sin x}(\sqrt{x+1}-\ln y)}{x^2+1}$.

解 可知点 $P_0(0,1)$ 是 $f(x,y)=\dfrac{e^{\sin x}(\sqrt{x+1}-\ln y)}{x^2+1}$ 定义域 D 的内点，所以函数 $f(x,y)$ 在点 $P_0(0,1)$ 处连续.

由函数连续性的定义可知：

$$\lim_{(x,y)\to(0,1)}\frac{e^{\sin x}(\sqrt{x+1}-\ln y)}{x^2+1}=\frac{e^{\sin x}(\sqrt{x+1}-\ln y)}{x^2+1}\Big|_{(0,1)}=1.$$

习　题　2.1

1. 已知函数 $f(x,y)=x^2+y^2-xy\cos\dfrac{x}{y}$，试求 $f(tx,ty)$.

2. 求下列函数的定义域：

(1) $z=\ln(y^2-2x+1)$；　　(2) $z=\dfrac{1}{\sqrt{x+y}}+\dfrac{1}{\sqrt{x-y}}$；

(3) $z=\sqrt{x-\sqrt{y}}$；　　　　(4) $z=\dfrac{\sqrt{4x-y^2}}{\ln(1-x^2-y^2)}$.

3. 求下列个极限：

(1) $\lim\limits_{(x,y)\to(0,1)}\dfrac{1-xy}{x^2+y^2}$；　　　　(2) $\lim\limits_{(x,y)\to(0,0)}\dfrac{x^2+y^2}{\sqrt{x^2+y^2+1}-1}$；

(3) $\lim\limits_{(x,y)\to(0,0)}\dfrac{xy}{\sqrt{2-e^{xy}}-1}$；　　　　(4) $\lim\limits_{(x,y)\to(0,2)}\dfrac{\tan xy}{x}$.

4. 已知 $z=f(u,v,w)=u^w+w^{u+v}$，求 $f(x+y,x-y,xy)$.

5. 函数 $z=\dfrac{1}{(x^2+y^2)\sqrt{1-x^2-y^2}}$ 在何处间断？

2.2　偏导数

微课 42

2.2.1　偏导数的定义及其计算方法

在研究一元微分学中，我们从函数的变化率入手引入导数的概念. 对于多元函数同样也需要研究它的变化率问题. 但是从上一节我们知道，多元函数的自变量不只一个，导致自变量与因变量之间的关系比一元函数复杂很多. 本节中，我们首先考虑多元函数关于其中一个自变量的变化率. 以 $z=f(x,y)$ 为例，二元函数的一个自变量固定（即看成常数），关于另一个自变量的导数称为二元函数的偏导数，即有如下定义：

定义 2.4　设函数 $z=f(x,y)$ 在点 (x_0,y_0) 的某一邻域内有定义，当其中一自变量 y 固定在 y_0，而另一自变量 x 在 x_0 处有增量 $\Delta x(\Delta x\neq 0)$ 时，函数 z 相应地对 x 有偏增量

$$\Delta_x z=f(x_0+\Delta x,y_0)-f(x_0,y_0),$$

若极限

$$\lim_{\Delta x\to 0}\frac{\Delta_x z}{\Delta x}=\lim_{\Delta x\to 0}\frac{f(x_0+\Delta x,y_0)-f(x_0,y_0)}{\Delta x}$$

存在，那么就称此极限为函数 $z=f(x,y)$ 在点 (x_0,y_0) 处关于 x 的**偏导数**，记作

$$\left.\frac{\partial z}{\partial x}\right|_{\substack{x=x_0\\y=y_0}},\quad \left.\frac{\partial f}{\partial x}\right|_{\substack{x=x_0\\y=y_0}},\quad \left.z_x\right|_{\substack{x=x_0\\y=y_0}}\text{ 或者 } f_x(x_0,y_0).$$

类似地，如果当一自变量 x 固定在 x_0，而 y 在 y_0 处有增量 Δy 时，函数的极限

$$\lim_{\Delta y\to 0}\frac{\Delta_y z}{\Delta y}=\lim_{\Delta y\to 0}\frac{f(x_0,y_0+\Delta y)-f(x_0,y_0)}{\Delta y}$$

存在,那么就称此极限为函数 $z=f(x,y)$ 在点 (x_0,y_0) 处关于 y 的**偏导数**,记作

$$\left.\frac{\partial z}{\partial y}\right|_{\substack{x=x_0\\y=y_0}},\quad \left.\frac{\partial f}{\partial y}\right|_{\substack{x=x_0\\y=y_0}},\quad \left.z_y\right|_{\substack{x=x_0\\y=y_0}}\text{或者 } f_y(x_0,y_0).$$

如果函数在区域 D 内每一点对 x 的偏导数都存在,那么这个偏导数就是 x,y 的函数,它就称为函数 $z=f(x,y)$ 关于自变量 x 的偏导函数,记作

$$\frac{\partial z}{\partial x},\quad \frac{\partial f}{\partial x},\quad z_x \text{ 或者 } f_x(x,y).$$

类似地,可以定义函数 $z=f(x,y)$ 关于自变量 y 的偏导函数,记作

$$\frac{\partial z}{\partial y},\quad \frac{\partial f}{\partial y},\quad z_y \text{ 或者 } f_y(x,y).$$

由上述偏导函数的概念可知,函数 $z=f(x,y)$ 在点 (x_0,y_0) 处关于 x 的偏导数 $f_x(x_0,y_0)$ 是偏导数函数 $f_x(x,y)$ 在点 (x_0,y_0) 处的函数值;$f_y(x_0,y_0)$ 是偏导函数 $f_y(x,y)$ 在点 (x_0,y_0) 处的函数值. 偏导函数也称为偏导数.

与一元函数的微分法相比,在求解函数 $z=f(x,y)$ 的偏导数时,我们并不需要利用新的方法,因为此时函数 $z=f(x,y)$ 只有一个自变量在变,另一个自变量看成是固定的,所以与一元函数的微分法是相同的.

偏导数的概念还可以推广到更多元的函数. 例如三元函数 $u=f(x,y,z)$ 在点 (x_0,y_0,z_0) 关于 x 的偏导数定义为

$$\lim_{\Delta x\to 0}\frac{\Delta_x z}{\Delta x}=\lim_{\Delta x\to 0}\frac{f(x_0+\Delta x,y_0,z_0)-f(x_0,y_0,z_0)}{\Delta x},$$

记作

$$\left.\frac{\partial u}{\partial x}\right|_{\substack{x=x_0\\y=y_0\\z=z_0}},\quad \left.\frac{\partial f}{\partial x}\right|_{\substack{x=x_0\\y=y_0\\z=z_0}},\quad \left.u_x\right|_{\substack{x=x_0\\y=y_0\\z=z_0}}\text{或者 } f_x(x_0,y_0,z_0),$$

其中,点 (x_0,y_0,z_0) 为三元函数 $u=f(x,y,z)$ 的定义域的内点.

【例 2.9】 求 $z=x^2+3xy+y^2$ 在点(1, 2)处的偏导数.

解 把 y 看成常量,可得

$$\frac{\partial z}{\partial x}=2x+3y;$$

把 x 看成常量,可得;

$$\frac{\partial z}{\partial y}=3x+2y;$$

把(1, 2) 代入上式,得$\left.\frac{\partial z}{\partial x}\right|_{\substack{x=1\\y=2}}=2\cdot 1+3\cdot 2=8$,　$\left.\frac{\partial z}{\partial y}\right|_{\substack{x=1\\y=2}}=3\cdot 1+2\cdot 2=7$.

【例 2.10】　求 $z=x^2\sin 2y$ 的偏导数.

解　$\frac{\partial z}{\partial x}=2x\sin 2y$,　$\frac{\partial z}{\partial y}=2x^2\cos 2y$.

【例 2.11】　求 $r=\sqrt{x^2+y^2+z^2}$ 的偏导数.

解　把 y、z 都看成常量,可得

$$\frac{\partial r}{\partial x}=\frac{x}{\sqrt{x^2+y^2+z^2}}=\frac{x}{r}.$$

从所求函数中可以看到,该函数关于自变量的对称性,于是有

$$\frac{\partial r}{\partial y}=\frac{y}{r},\quad \frac{\partial r}{\partial z}=\frac{z}{r}.$$

【例 2.12】　已知气体的状态方程 $pV=RT$(其中 R 为常数),证明

$$\frac{\partial p}{\partial V}\cdot\frac{\partial V}{\partial T}\cdot\frac{\partial T}{\partial p}=-1.$$

证　因为

$$p=\frac{RT}{V},\quad \frac{\partial p}{\partial V}=-\frac{RT}{V^2};$$

$$V=\frac{RT}{p},\quad \frac{\partial V}{\partial T}=\frac{R}{p};$$

$$T=\frac{Vp}{R},\quad \frac{\partial T}{\partial p}=\frac{V}{R},$$

所以

$$\frac{\partial p}{\partial V}\cdot\frac{\partial V}{\partial T}\cdot\frac{\partial T}{\partial p}=-\frac{RT}{V^2}\cdot\frac{R}{p}\cdot\frac{V}{R}=-\frac{RT}{Vp}=-1.$$

在一元函数中,$\frac{\mathrm{d}y}{\mathrm{d}x}$可以看作是函数的微分 $\mathrm{d}y$ 与自变量的微分 $\mathrm{d}x$ 之商. 而例 2.12 表明,偏导数的记号是一个整体记号,不能看作分子和分母之商.

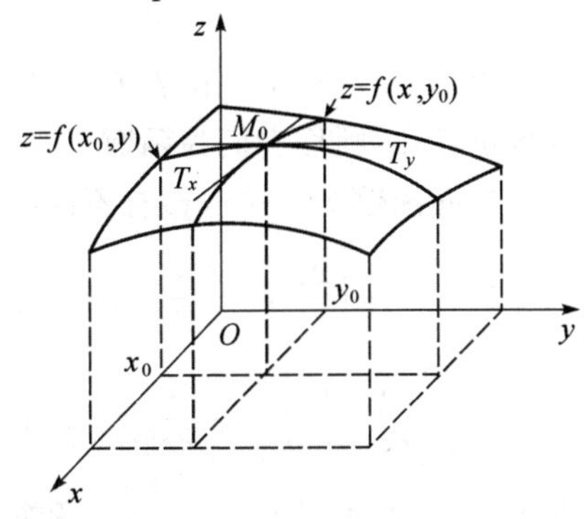

图 2.4

二元函数 $z=f(x,y)$ 在点 (x_0,y_0) 处偏导数的几何意义表述如下:

设 $M_0(x_0,y_0,f(x_0,y_0))$ 为曲面 $z=f(x,y)$ 上的一点,过点 M_0 作平面 $y=y_0$,截此曲面得到一条曲线,此曲线在平面 $y=y_0$

上对应的方程为 $z=f(x,y_0)$，则导数 $\left.\frac{\mathrm{d}}{\mathrm{d}x}f(x,y_0)\right|_{x=x_0}$，即偏导数 $f_x(x_0,y_0)$ 就是该曲线在点 M_0 处的切线 M_0T_x 对 x 轴的斜率(图 2.4). 同样，偏导数 $f_y(x_0,y_0)$ 的几何意义就是曲面被平面 $x=x_0$ 截得的曲线在点 M_0 处的切线 M_0T_y 对 y 轴的斜率(图 2.4).

我们知道，一元函数若在某点具有导数，那么它在该点必定是连续的. 但在二元函数中，我们发现，即使各偏导数在某点都是存在的，也不能保证此二元函数在该点连续，这是因为二元函数各偏导数存在只能保证点 $P(x,y)$ 沿着平行于坐标轴的方向趋近于 $P_0(x_0,y_0)$ 时，$f(P)$ 无限趋近于 $f(P_0)$，却不能保证当点 $P(x,y)$ 按任意方向趋近于 $P_0(x_0,y_0)$ 时，$f(P)$ 都可以无限趋近于 $f(P_0)$.

【例 2.13】 设函数 $f(x,y)=\begin{cases}\dfrac{xy}{x^2+y^2}, & x^2+y^2\neq 0,\\ 0, & x^2+y^2=0,\end{cases}$ 求 $f(x,y)$ 在坐标原点 $(0,0)$ 处的偏导数.

解 在坐标原点 $(0,0)$ 处对 x 的偏导数为

$$f_x(0,0)=\lim_{\Delta x\to 0}\frac{f(0+\Delta x,0)-f(0,0)}{\Delta x}=\lim_{\Delta x\to 0}0=0;$$

$$f_y(0,0)=\lim_{\Delta y\to 0}\frac{f(0,0+\Delta y)-f(0,0)}{\Delta y}=\lim_{\Delta y\to 0}0=0.$$

但是，我们知道该函数在坐标原点 $(0,0)$ 并不连续.

2.2.2 高阶偏导数

设二元函数 $z=f(x,y)$ 在区域 D 内有偏导数

$$\frac{\partial z}{\partial x}=f_x(x,y),\quad \frac{\partial z}{\partial y}=f_y(x,y),$$

在区域 D 内 $f_x(x,y)$ 和 $f_y(x,y)$ 仍是 x,y 的函数. 若这两个函数关于 x,y 的偏导数也存在，则称它们为函数 $z=f(x,y)$ 的二阶偏导数.

二元函数 $z=f(x,y)$ 有不同的四个二阶偏导数，分别为

$$\frac{\partial}{\partial x}\left(\frac{\partial z}{\partial x}\right)=\frac{\partial^2 z}{\partial x^2}=f_{xx}(x,y),\quad \frac{\partial}{\partial y}\left(\frac{\partial z}{\partial x}\right)=\frac{\partial^2 z}{\partial x\partial y}=f_{xy}(x,y),$$

$$\frac{\partial}{\partial x}\left(\frac{\partial z}{\partial y}\right)=\frac{\partial^2 z}{\partial y\partial x}=f_{yx}(x,y),\quad \frac{\partial}{\partial y}\left(\frac{\partial z}{\partial y}\right)=\frac{\partial^2 z}{\partial y\partial y}=f_{yy}(x,y).$$

其中，第二个偏导数 $f_{xy}(x,y)$ 和第三个偏导数 $f_{yx}(x,y)$ 称为混合偏导数. 按照上述方法可得三阶、四阶……n 阶偏导数. 二阶及二阶以上的偏导数统称为高阶

偏导数.

【例 2.14】 设 $z=x^3y^2-3xy^3-xy+1$. 求 $\frac{\partial^2 z}{\partial x^2}$, $\frac{\partial^2 z}{\partial y\partial x}$, $\frac{\partial^2 z}{\partial x\partial y}$, $\frac{\partial^2 z}{\partial y^2}$ 及 $\frac{\partial^3 z}{\partial x^3}$.

解
$$\frac{\partial z}{\partial x}=3x^2y^2-3y^3-y,\qquad \frac{\partial z}{\partial y}=2x^3y-9xy^2-x,$$
$$\frac{\partial^2 z}{\partial x^2}=6xy^2,\qquad \frac{\partial^2 z}{\partial y\partial x}=6x^2y-9y^2-1,$$
$$\frac{\partial^2 z}{\partial x\partial y}=6x^2y-9y^2-1,\qquad \frac{\partial^2 z}{\partial y^2}=2x^3-18xy,$$
$$\frac{\partial^3 z}{\partial x^3}=6y^2.$$

定理 2.1 如果二元函数 $z=f(x,y)$ 有两个二阶混合偏导数 $\frac{\partial^2 z}{\partial x\partial y}$ 和 $\frac{\partial^2 z}{\partial y\partial x}$ 在区域 D 内连续,则在该区域内必有
$$\frac{\partial^2 z}{\partial x\partial y}=\frac{\partial^2 z}{\partial y\partial x},$$
也就是说,二阶混合偏导数与求导的次序无关,如例 2.14.

【例 2.15】 验证函数 $z=\ln\sqrt{x^2+y^2}$ 满足方程
$$\frac{\partial^2 z}{\partial x^2}+\frac{\partial^2 z}{\partial y^2}=0.$$

证 因为
$$z=\ln\sqrt{x^2+y^2}=\frac{1}{2}\ln(x^2+y^2),$$
所以
$$\frac{\partial z}{\partial x}=\frac{x}{x^2+y^2},\quad \frac{\partial z}{\partial y}=\frac{y}{x^2+y^2},$$
$$\frac{\partial^2 z}{\partial x^2}=\frac{(x^2+y^2)-x\cdot 2x}{(x^2+y^2)^2}=\frac{y^2-x^2}{(x^2+y^2)^2},$$
$$\frac{\partial^2 z}{\partial y^2}=\frac{(x^2+y^2)-y\cdot 2y}{(x^2+y^2)^2}=\frac{x^2-y^2}{(x^2+y^2)^2},$$
所以
$$\frac{\partial^2 z}{\partial x^2}+\frac{\partial^2 z}{\partial y^2}=\frac{y^2-x^2}{(x^2+y^2)^2}+\frac{x^2-y^2}{(x^2+y^2)^2}=0.$$

【例 2.16】 证明函数 $u=\frac{1}{r}$(其中 $r=\sqrt{x^2+y^2+z^2}$),满足方程

$$\frac{\partial^2 u}{\partial x^2}+\frac{\partial^2 u}{\partial y^2}+\frac{\partial^2 u}{\partial z^2}=0.$$

证　因为

$$\frac{\partial u}{\partial x}=-\frac{1}{r^2}\frac{\partial r}{\partial x}=-\frac{1}{r^2}\cdot\frac{x}{r}=-\frac{x}{r^3},$$

$$\frac{\partial^2 u}{\partial x^2}=\frac{\partial}{\partial x}\left(-\frac{x}{r^3}\right)=-\frac{1}{r^3}+\frac{3x^2}{r^5}.$$

根据函数关于自变量的对称性,可得

$$\frac{\partial^2 u}{\partial y^2}=\frac{\partial}{\partial y}\left(-\frac{y}{r^3}\right)=-\frac{1}{r^3}+\frac{3y^2}{r^5},$$

$$\frac{\partial^2 u}{\partial z^2}=\frac{\partial}{\partial z}\left(-\frac{z}{r^3}\right)=-\frac{1}{r^3}+\frac{3z^2}{r^5}.$$

所以

$$\begin{aligned}\frac{\partial^2 u}{\partial x^2}+\frac{\partial^2 u}{\partial y^2}+\frac{\partial^2 u}{\partial x^2}&=\left(-\frac{1}{r^3}+\frac{3x^2}{r^5}\right)+\left(-\frac{1}{r^3}+\frac{3y^2}{r^5}\right)+\left(-\frac{1}{r^3}+\frac{3z^2}{r^5}\right)\\&=-\frac{3}{r^3}+\frac{3(x^2+y^2+z^2)}{r^5}=0.\end{aligned}$$

习　题　2.2

1. 求下列函数的偏导数:

(1) $z=x^3y-y^3x$;　　(2) $z=\sin(xy)+\cos^2(xy)$;

(3) $u=x^{\frac{y}{z}}$;　　(4) $z=\sqrt{\ln(xy)}$;

(5) $z=\frac{xe^y}{y^2}$;　　(6) $z=\left(\frac{1}{2}\right)^{\frac{y}{x}}$.

2. 设 $z=e^{-\left(\frac{1}{x}+\frac{1}{y}\right)}$,求证 $x^2\frac{\partial z}{\partial x}+y^2\frac{\partial z}{\partial y}=2z$.

3. 求下列函数的 $\frac{\partial^2 z}{\partial x^2}$,$\frac{\partial^2 z}{\partial y^2}$ 和 $\frac{\partial^2 z}{\partial x\partial y}$.

(1) $z=x^4+y^4-4x^2y^2$;

(2) $z=\arctan\frac{x}{y}$;

(3) $z=y^x$.

4. 设 $z=x\ln(xy)$，求 $\dfrac{\partial^3 z}{\partial x^2\partial y}$ 及 $\dfrac{\partial^3 z}{\partial x\partial y^2}$.

5. 设 $f(x,y)=3x^2+\ln(1+xy)$，求 $f_x(1,2)$，$f_y(2,3)$ 及 $f_{xy}(1,1)$.

6. $f(x,y)=\dfrac{x\cos y-y\cos x}{1+\sin x+\sin y}$，求 $f_x(0,0)$，$f_y(0,0)$.

7. 设函数 $f(x,y)$ 在点 (a,b) 处的偏导数存在，求 $\lim\limits_{x\to 0}\dfrac{f(a+x,b)-f(a-x,b)}{x}$.

8. 验证函数 $z=\ln(\sqrt{x}+\sqrt{y})$ 满足 $x\dfrac{\partial z}{\partial x}+y\dfrac{\partial z}{\partial y}=\dfrac{1}{2}$.

2.3　全微分

微课 43

结合一元函数微分学中增量与微分的关系和偏导数的定义（二元函数 $z=f(x,y)$ 对某一自变量的偏导数表示当一个自变量固定时，因变量相对于该自变量的变化率）可得

$$f(x+\Delta x,y)-f(x,y)\approx f_x(x,y)\Delta x,$$
$$f(x,y+\Delta y)-f(x,y)\approx f_y(x,y)\Delta y.$$

上两式中，左端分别叫作二元函数 $z=f(x,y)$ 对 x 和对 y 的偏增量，而右端分别叫作二次函数 $z=f(x,y)$ 关于对 x 和对 y 的偏微分.

在二元函数 $z=f(x,y)$ 中，当自变量有增量 Δx 和 Δy 时，二元函数的全增量记作 Δz，为

$$\Delta z=f(x+\Delta x,y+\Delta y)-f(x,y).$$

一般来说，函数的全增量 Δz 比较复杂. 我们需要寻找自变量增量 Δx 和 Δy 的线性表达式来近似地代替全增量 Δz.

定义 2.5　设函数 $z=f(x,y)$ 在点 (x,y) 的某一邻域内有定义，如果函数 $z=f(x,y)$ 在点 (x,y) 的全增量 $\Delta z=f(x+\Delta x,y+\Delta y)-f(x,y)$ 可以表示为

$$\Delta z=A\Delta x+B\Delta y+o(\rho),$$

其中，A、B 仅与 x 和 y 有关，而与 Δx 和 Δy 无关，$\rho=\sqrt{(\Delta x)^2+(\Delta y)^2}$，则称函数 $f(x,y)$ 在点 (x,y) 可微分，而 $A\Delta x+B\Delta y$ 称为函数 $f(x,y)$ 在点 (x,y) 的**全微分**，记作 $\mathrm{d}z$，为

$$\mathrm{d}z=A\Delta x+B\Delta y.$$

如果函数在区域 D 内每个点处都可微分,则称该函数在 D 内可微分.

从全微分的定义可知,如果函数 $f(x,y)$ 在点 (x,y) 可微,则有

$$\lim_{\substack{x\to x_0\\ y\to y_0}}\Delta z=\lim_{\rho\to 0}[A\Delta x+B\Delta y+o(\rho)]=0,$$

所以如果函数 $f(x,y)$ 在点 (x,y) 可微,则函数 $f(x,y)$ 在点 (x,y) 一定连续.

下面给出二元函数可微分的条件.

定理 2.2(必要条件) 若函数 $z=f(x,y)$ 在点 (x,y) 可微分,则该函数在点 (x,y) 的偏导数 $f_x(x,y)$ 和 $f_y(x,y)$ 一定存在,且

$$dz=f_x(x,y)dx+f_y(x,y)dy.$$

定理 2.3(充分条件) 若函数 $z=f(x,y)$ 的偏导数 $f_x(x,y)$ 和 $f_y(x,y)$ 在点 (x,y) 连续,则函数在该点可微分.

以上讨论的二元函数全微分的定义及可微分的必要条件和充分条件可以推广至三元及以上的多元函数.

【例 2.17】 计算函数 $z=x^2y+y^2$ 的全微分.

解 因为 $\frac{\partial z}{\partial x}=2xy,\frac{\partial z}{\partial y}=x^2+2y$,所以函数的全微分

$$dz=2xydx+(x^2+2y)dy.$$

【例 2.18】 求函数 $z=\frac{x+y}{x-y}$ 在点 $(2,1)$ 处的全微分.

解

$$\frac{\partial z}{\partial x}=\frac{-2y}{(x-y)^2},\quad \frac{\partial z}{\partial y}=\frac{2x}{(x-y)^2},$$

$$\left.\frac{\partial z}{\partial x}\right|_{\substack{x=2\\ y=1}}=-2,\left.\frac{\partial z}{\partial y}\right|_{\substack{x=2\\ y=1}}=4,$$

所以

$$dz=-2dx+4dy.$$

【例 2.19】 求函数 $u=x+\sin\frac{y}{2}+e^{yz}$ 的全微分.

解 因为 $\frac{\partial u}{\partial x}=1,\quad \frac{\partial u}{\partial y}=\frac{1}{2}\cos\frac{y}{2}+ze^{yz},\quad \frac{\partial u}{\partial z}=ye^{yz},$

所以 $du=dx+\left(\frac{1}{2}\cos\frac{y}{2}+ze^{yz}\right)dy+ye^{yz}dz.$

习　题　2.3

1. 求下列函数的全微分：

(1)$z=xy+\frac{x}{y}$；　　(2)$z=\frac{y}{\sqrt{x^2+y^2}}$；

(3)$u=\frac{s+t}{s-t}$；　　(4)$z=e^{x-2y}$.

2. 求函数 $z=\ln(1+x^2+y^2)$ 在点(1,2)处的全微分.

3. 求函数 $z=\sqrt{\frac{y}{x}}$ 在点(1,4)处的全微分.

2.4　多元复合函数的求导法则

微课 44

对于函数 $z=f(u,v)$，通过中间变量 $u=u(x,y)$，$v=v(x,y)$ 复合而成的关于 x,y 的二元复合函数

$$z=f[u(x,y),v(x,y)],$$

对比一元函数，我们仍可以直接由函数 $f(u,v)$，$u(x,y)$，$v(x,y)$ 的偏导数来求解 $\frac{\partial z}{\partial x}$ 或 $\frac{\partial z}{\partial y}$.

定理 2.4(链式法则)　如果函数 $u(x,y)$ 和 $v(x,y)$ 在点 (x,y) 存在偏导数，函数 $f(u,v)$ 在点 (x,y) 对应的点 (u,v) 可微分，那么复合函数 $z=f[u(x,y),v(x,y)]$ 在点 (x,y) 的偏导数 $\frac{\partial z}{\partial x}$ 和 $\frac{\partial z}{\partial y}$ 存在(图 2.5)，即

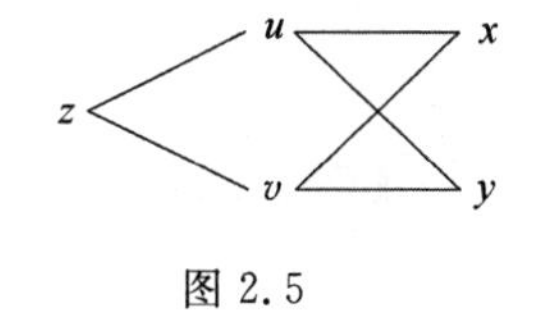

图 2.5

$$\begin{cases}\frac{\partial z}{\partial x}=\frac{\partial z}{\partial u}\frac{\partial u}{\partial x}+\frac{\partial z}{\partial v}\frac{\partial v}{\partial x},\\ \frac{\partial z}{\partial y}=\frac{\partial z}{\partial u}\frac{\partial u}{\partial y}+\frac{\partial z}{\partial v}\frac{\partial v}{\partial y}.\end{cases}$$

证　固定 y，给 x 一增量 Δx，则 u 和 v 相应地得到偏增量 $\Delta_x u$ 和 $\Delta_x v$，而 $z=f(u,v)$ 也有偏增量 $\Delta_x z$. 根据定理条件函数 $z=f(u,v)$ 在点 (u,v) 处可微分，即

$$\Delta_x z=\frac{\partial z}{\partial u}\Delta_x u+\frac{\partial z}{\partial v}\Delta_x v+o(\rho),$$

其中，$\rho=\sqrt{(\Delta_x u)^2+(\Delta_x v)^2}$. 上述等式左右两边同时除以增量 $\Delta x(\Delta x\neq 0)$ 得

$$\frac{\Delta_x z}{\Delta x}=\frac{\partial z}{\partial u}\frac{\Delta_x u}{\Delta x}+\frac{\partial z}{\partial v}\frac{\Delta_x v}{\Delta x}+\frac{o(\rho)}{\Delta x}.$$

又因为函数 $u(x,y)$ 和 $v(x,y)$ 在点 (x,y) 存在偏导数，所以当 y 固定时，函数 $u(x,y)$ 和 $v(x,y)$ 是关于 x 的连续函数，所以当 $\Delta x\to 0$ 时，$\Delta_x u\to 0$，$\Delta_x v\to 0$，得到 $\rho\to 0$，且

$$\lim_{\Delta x\to 0}\frac{\Delta_x u}{\Delta x}=\frac{\partial u}{\partial x},\lim_{\Delta x\to 0}\frac{\Delta_x v}{\Delta x}=\frac{\partial v}{\partial x},$$

$$\begin{aligned}\lim_{\Delta x\to 0}\frac{o(\rho)}{\Delta x}&=\lim_{\Delta x\to 0}\frac{o(\rho)}{\rho}\cdot\frac{\rho}{\Delta x}\\&=\pm\lim_{\rho\to 0}\frac{o(\rho)}{\rho}\cdot\lim_{\Delta x\to 0}\sqrt{\left(\frac{\Delta_x u}{\Delta x}\right)^2+\left(\frac{\Delta_x v}{\Delta x}\right)^2}\\&=\pm 0\cdot\sqrt{\left(\frac{\partial u}{\partial x}\right)^2+\left(\frac{\partial v}{\partial x}\right)^2}=0,\end{aligned}$$

其中，“±”号根据 Δx 的正负而定，所以

$$\begin{aligned}\lim_{\Delta x\to 0}\frac{\Delta_x z}{\Delta x}&=\frac{\partial x}{\partial u}\cdot\lim_{\Delta x\to 0}\frac{\Delta_x u}{\Delta x}+\frac{\partial z}{\partial v}\cdot\lim_{\Delta x\to 0}\frac{\Delta_x v}{\Delta x}+\lim_{\Delta x\to 0}\frac{o(\rho)}{\Delta x}\\&=\frac{\partial z}{\partial u}\frac{\partial u}{\partial x}+\frac{\partial z}{\partial v}\frac{\partial v}{\partial x},\end{aligned}$$

即偏导数 $\frac{\partial z}{\partial x}$ 存在，$\frac{\partial z}{\partial x}=\frac{\partial z}{\partial u}\frac{\partial u}{\partial x}+\frac{\partial z}{\partial v}\frac{\partial v}{\partial x}$；

同样地，$\frac{\partial z}{\partial y}=\frac{\partial z}{\partial u}\frac{\partial u}{\partial y}+\frac{\partial z}{\partial v}\frac{\partial v}{\partial y}$.

【例 2.20】 设 $z=e^u\sin v$，而 $u=xy$，$v=x+y$，求 $\frac{\partial z}{\partial x}$ 和 $\frac{\partial z}{\partial y}$.

解
$$\begin{aligned}\frac{\partial z}{\partial x}&=\frac{\partial z}{\partial u}\frac{\partial u}{\partial x}+\frac{\partial z}{\partial v}\frac{\partial v}{\partial x}=e^u\sin v\cdot y+e^u\cos v\cdot 1\\&=e^{xy}[y\sin(x+y)+\cos(x+y)],\end{aligned}$$

$$\begin{aligned}\frac{\partial z}{\partial y}&=\frac{\partial z}{\partial u}\frac{\partial u}{\partial y}+\frac{\partial z}{\partial v}\frac{\partial v}{\partial y}=e^u\sin v\cdot x+e^u\cos v\cdot 1\\&=e^{xy}[x\sin(x+y)+\cos(x+y)].\end{aligned}$$

【例 2.21】 设 $z=(3x^2+y^2)^{4x+2y}$，求 $\frac{\partial z}{\partial x}$ 和 $\frac{\partial z}{\partial y}$.

解 设 $u=3x^2+y^2$，$v=4x+2y$，则 $z=u^v$.

$$\begin{aligned}\frac{\partial z}{\partial x}&=\frac{\partial z}{\partial u}\frac{\partial u}{\partial x}+\frac{\partial z}{\partial v}\frac{\partial v}{\partial x}=vu^{v-1}\cdot 6x+u^v\ln u\cdot 4\\&=6x(4x+2y)(3x^2+y^2)^{4x+2y-1}+4(3x^2+y^2)^{4x+2y}\ln(3x^2+y^2).\end{aligned}$$

$$\frac{\partial z}{\partial y}=\frac{\partial z}{\partial u}\frac{\partial u}{\partial y}+\frac{\partial z}{\partial v}\frac{\partial v}{\partial y}=vu^{v-1}\cdot 2y+u^{v}\cdot \ln u\cdot 2$$
$$=2y(4x+2y)(3x^2+y^2)^{4x+2y-1}+2(3x^2+y^2)^{4x+2y}\ln(3x^2+y^2).$$

【例 2.22】 设 $w=f(x+y+z,xyz)$，其中 f 具有二阶连续偏导数，求$\frac{\partial w}{\partial x}$和$\frac{\partial^2 w}{\partial x\partial z}$.

解 设 $u=x+y+z,v=xyz$，则 $w=f(u,v)$.

由于所求函数由 $w=f(u,v)$ 与 $u=x+y+z,v=xyz$ 复合而成，因此根据复合函数求导法则，可得

$$\frac{\partial w}{\partial x}=\frac{\partial f}{\partial u}\frac{\partial u}{\partial x}+\frac{\partial f}{\partial v}\frac{\partial v}{\partial x}=f_u+yzf_v,$$

$$\frac{\partial^2 w}{\partial x\partial z}=\frac{\partial}{\partial z}(f_u+yzf_v)=\frac{\partial f_u}{\partial z}+yf_v+yz\frac{\partial f_v}{\partial z}$$

值得注意的是，在求$\frac{\partial f_u}{\partial z}$和$\frac{\partial f_v}{\partial z}$时，要考虑 $f_u(u,v)$ 和 $f_v(u,v)$ 的中间变量 u，v，根据复合函数求导法则，可得

$$\frac{\partial f_u}{\partial z}=\frac{\partial f_u}{\partial u}\frac{\partial u}{\partial z}+\frac{\partial f_u}{\partial v}\frac{\partial v}{\partial z}=f_{uu}+xyf_{uv};$$

$$\frac{\partial f_v}{\partial z}=\frac{\partial f_v}{\partial u}\frac{\partial u}{\partial z}+\frac{\partial f_v}{\partial v}\frac{\partial v}{\partial z}=f_{vu}+xyf_{vv};$$

所以

$$\frac{\partial^2 w}{\partial x\partial z}=f_{uu}+xyf_{uv}+yf_v+yzf_{vu}+xy^2zf_{vv}$$
$$=f_{uu}+y(x+z)f_{uv}+xy^2zf_{vv}+yf_v.$$

有时候为了方便表达，引入下列记号：

$$f'_1(u,v)=f_u(u,v),f'_2(u,v)=f_v(u,v),f''_{12}(u,v)=f_{uv}(u,v),$$

上式中的下标 1 表示对第一个变量 u 求偏导数，下标 2 表示对第二个变量 v 求偏导数. 同样地，可以得到 $f''_{11},f''_{21},f''_{22}$ 等.

根据链式法则，求解多元复合函数的偏导数的关键在于弄清中间变量、自变量以及它们之间的关系. 实际上，多元函数的复合方式总是多种多样的，我们不能也不必把每一种情形的求导公式推导出来. 我们只要把定理中的链式方法进行推广，就可以类似地求导出多元复合函数的求导公式.

二元函数的全微分也有与一元函数的一阶微分形式不变相似的性质.

设函数 $z=f(u,v)$ 具有连续偏导数，则 u 和 v 无论是自变量还是中间变量，函数 $z=f(u,v)$ 的全微分总保持同一形式，即

$$dz=\frac{\partial z}{\partial u}du+\frac{\partial z}{\partial v}dv,$$

这个性质叫作全微分性质不变性.

【例 2.23】 设 $z=e^{xy}\ln(x+y)$，利用全微分形式不变性求出 $dz,\frac{\partial z}{\partial x}$及$\frac{\partial z}{\partial y}$.

解 设 $u=xy,v=x+y$，则 $z=e^u\ln v$，所以

$$\begin{aligned}dz&=\frac{\partial z}{\partial u}du+\frac{\partial z}{\partial v}dv=e^u\ln v du+\frac{e^u}{v}dv\\&=e^{xy}\ln(x+y)(ydx+xdy)+\frac{e^{xy}}{x+y}(dx+dy)\\&=e^{xy}\left[y\ln(x+y)+\frac{1}{x+y}\right]dx+e^{xy}\left[x\ln(x+y)+\frac{1}{x+y}\right]dy,\end{aligned}$$

因此

$$\frac{\partial z}{\partial x}=e^{xy}\left[y\ln(x+y)+\frac{1}{x+y}\right],$$

$$\frac{\partial z}{\partial y}=e^{xy}\left[x\ln(x+y)+\frac{1}{x+y}\right].$$

习 题 2.4

1. 设 $z=u^2+v^2$，而 $u=x+y,v=x-2y$，求$\frac{\partial z}{\partial x}$及$\frac{\partial z}{\partial y}$.

2. 设 $z=u^2v-uv^2$，而 $u=x\cos y,v=x\sin y$，求$\frac{\partial z}{\partial x}$及$\frac{\partial z}{\partial y}$.

3. 设 $z=u^2\ln v$，而 $u=\frac{x}{y},v=3x-2y$，求$\frac{\partial z}{\partial x}$及$\frac{\partial z}{\partial y}$.

4. 设 $z=\arctan(x-y)$，而 $x=3t,y=4t^3$，求$\frac{dz}{dt}$.

5. 求下列函数的一阶偏导数(其中 f 具有一阶连续偏导数)：

(1) $u=f(x^2-y^2,e^{xy})$； (2)$u=f(x,xy,xyz)$；

(3)$u=f\left(\sqrt{xy},\frac{x}{y}\right)$.

6. 设 $z=f(x^2+y^2)$，其中 f 具有二阶导数，求$\frac{\partial^2 z}{\partial x^2},\frac{\partial^2 z}{\partial x\partial y},\frac{\partial^2 z}{\partial y^2}$.

7. 设 $z=f(u,v)$，求下列二阶偏导数：

(1)若 $u=x,v=\frac{x}{y}$，求$\frac{\partial^2 z}{\partial x\partial y}$；

(2)若 $u=\sin xy, v=\arctan y$,求$\dfrac{\partial^2 z}{\partial x^2}$.

8. 证明:若 $z=xy+xF(u), u=\dfrac{x}{y}$,则有

$$x\frac{\partial z}{\partial x}+y\frac{\partial z}{\partial y}=xy+z.$$

2.5　隐函数的求导公式

微课 45

2.5.1　一元隐函数的导数公式

在一元函数微分法中,我们已经知道隐函数的概念,利用一元复合函数求导法,研究由方程 $F(x,y)=0$ 所确定的隐函数 $y=f(x)$ 的导数问题. 类似地,可以尝试利用多元复合函数的求导法导出隐函数的导数公式.

设函数 $y=f(x)$ 是由方程 $F(x,y)=0$ 所确定的隐函数. 若将函数 $y=f(x)$ 代回原方程,可以得到关于 x 的恒等式,即

$$F[x,f(x)]\equiv 0.$$

上述方程的左端仍可以看成关于 x 的一个复合函数. 若函数 $F(x,y)$ 在点 $P(x_0,y_0)$ 的某一邻域内具有连续偏导数 $F_x(x_0,y_0), F_y(x_0,y_0)$ 且 $F_y(x_0,y_0)\neq 0$,方程两边分别对 x 求导,得

$$\frac{\partial F}{\partial x}+\frac{\partial F}{\partial y}\frac{\mathrm{d}y}{\mathrm{d}x}=0.$$

因为 $F_y(x_0,y_0)$ 连续且 $F_y(x_0,y_0)\neq 0$,所以存在 (x_0,y_0) 的一个邻域,在这个邻域内 $F_y\neq 0$,可得

$$\frac{\mathrm{d}y}{\mathrm{d}x}=-\frac{\dfrac{\partial F}{\partial x}}{\dfrac{\partial F}{\partial y}}=-\frac{F_x}{F_y}.$$

该公式就是由方程 $F(x,y)=0$ 所确定的隐函数 $y=f(x)$ 的求导公式. 如果 $F(x,y)$ 的二阶偏导数也是连续的,则可以对该公式再一次求导.

【例 2.24】 设 $y-xe^y+x=0$,求$\dfrac{\mathrm{d}y}{\mathrm{d}x}$和$\dfrac{\mathrm{d}^2 y}{\mathrm{d}x^2}$.

解　设 $F(x,y)=y-xe^y+x$,则有

$$\frac{\partial F}{\partial x}=-e^y+1,\frac{\partial F}{\partial y}=1-xe^y,$$

因此

$$\frac{\mathrm{d}y}{\mathrm{d}x}=-\frac{-\mathrm{e}^y+1}{1-x\mathrm{e}^y}=\frac{\mathrm{e}^y-1}{1-x\mathrm{e}^y}.$$

若要求$\frac{\mathrm{d}^2y}{\mathrm{d}x^2}$,则可将一阶导数$\frac{\mathrm{d}y}{\mathrm{d}x}$的求导结果再次对 x 求导,此时要注意上式中的 y 是关于 x 的函数,即

$$\begin{aligned}\frac{\mathrm{d}^2y}{\mathrm{d}x^2}&=\frac{\mathrm{d}}{\mathrm{d}x}\left(\frac{\mathrm{e}^y-1}{1-x\mathrm{e}^y}\right)=\frac{\mathrm{e}^yy'(1-x\mathrm{e}^y)-(\mathrm{e}^y-1)(-\mathrm{e}^y-x\mathrm{e}^yy')}{(1-x\mathrm{e}^y)^2}\\&=\frac{(1-x)\mathrm{e}^yy'+(\mathrm{e}^y-1)\mathrm{e}^y}{(1-x\mathrm{e}^y)^2}\\&=\frac{(2-x-x\mathrm{e}^y)(\mathrm{e}^y-1)\mathrm{e}^y}{(1-x\mathrm{e}^y)^3}.\end{aligned}$$

2.5.2　多元隐函数的导数公式

与一元隐函数对应的,还有多元隐函数,如由方程

$$F(x,y,z)=0$$

就可能确定一个二元隐函数 $z=z(x,y)$,在平面 xOy 上的某区域 D 内可以满足方程

$$F[x,y,z(x,y)]\equiv 0.$$

上述方程的左端仍可以看成关于 x,y 的一个复合函数.若函数 $F(x,y,z)$在点$P(x_0,y_0,z_0)$的某一邻域内具有连续偏导数,且 $F_z(x_0,y_0,z_0)\neq 0$,方程两边分别对 x 和 y 求导,得

$$\frac{\partial F}{\partial x}+\frac{\partial F}{\partial z}\frac{\partial z}{\partial x}=0,\quad \frac{\partial F}{\partial y}+\frac{\partial F}{\partial z}\frac{\partial z}{\partial y}=0.$$

所以如果$\frac{\partial F}{\partial z}=F_z\neq 0$,可得

$$\begin{cases}\dfrac{\partial z}{\partial x}=-\dfrac{\frac{\partial F}{\partial x}}{\frac{\partial F}{\partial z}}=-\dfrac{F_x}{F_z},\\[2ex]\dfrac{\partial z}{\partial y}=-\dfrac{\frac{\partial F}{\partial y}}{\frac{\partial F}{\partial z}}=-\dfrac{F_y}{F_z}.\end{cases}$$

该公式就是由方程 $F(x,y,z)=0$ 所确定的隐函数 $z=z(x,y)$的求导公式.

【例 2.25】　设 $x^2+y^2+z^2-4z=0$,求$\frac{\partial^2 z}{\partial x\partial y}$.

解　设 $F(x,y,z)=x^2+y^2+z^2-4z$,则有 $F_x=2x,F_y=2y,F_z=2z-4$.

当 $z\neq 2$ 时,可得

$$\frac{\partial z}{\partial x}=\frac{x}{2-z};$$

再次对 y 求偏导数,可得

$$\frac{\partial^2 z}{\partial x\partial y}=\frac{\partial}{\partial y}\left(\frac{x}{2-z}\right)=-\frac{x(-z_y)}{(2-z)^2}=\frac{x\left(\frac{y}{2-z}\right)}{(2-z)^2}$$

$$=\frac{xy}{(2-z)^3}.$$

此外,我们也可以直接对原方程的两边分别关于 x,y 求偏导数. 此时在求导过程中应将 z 看成是关于 x,y 的函数 $z=z(x,y)$.

例如,方程 $z^3-3xyz=a^3$,原方程两边对 x 求偏导数,可得

$$3z^2z_x-3yz-3xyz_x=0.$$

所以

$$z_x=\frac{yz}{z^2-xy}.$$

同样地,可得 $z_y=\frac{xz}{z^2-xy}$.

在方程组的情况中,也可以推广隐函数求导法.

【例 2.26】　设$\begin{cases}xu-yv=0\\ yu+xv=1\end{cases}$,求$\frac{\partial u}{\partial x},\frac{\partial u}{\partial y},\frac{\partial v}{\partial x}$及$\frac{\partial v}{\partial y}$.

解　由题意可知,u,v 是关于 x,y 的函数,在方程组中,对 x 求偏导数,可得

$$\begin{cases}1\cdot u+x\cdot\frac{\partial u}{\partial x}-y\cdot\frac{\partial v}{\partial x}=0;\\ y\cdot\frac{\partial u}{\partial x}+1\cdot v+x\cdot\frac{\partial v}{\partial x}=0.\end{cases}$$

化简,得

$$\begin{cases}x\cdot\frac{\partial u}{\partial x}-y\cdot\frac{\partial v}{\partial x}=-u;\\ y\cdot\frac{\partial u}{\partial x}+x\cdot\frac{\partial v}{\partial x}=-v.\end{cases}$$

解上述关于$\frac{\partial u}{\partial x}$,$\frac{\partial v}{\partial x}$的方程组,当$x^2+y^2\neq 0$时,可得

$$\frac{\partial u}{\partial x}=-\frac{xu+yv}{x^2+y^2},\quad \frac{\partial v}{\partial x}=\frac{yu-xv}{x^2+y^2}.$$

同样地,在方程组中对y求偏导数,可得

$$\frac{\partial u}{\partial y}=\frac{xv-yu}{x^2+y^2},\quad \frac{\partial v}{\partial y}=-\frac{xu+yv}{x^2+y^2}.$$

习 题 2.5

1. 设$\sin y+e^x-xy-1=0$,求$\frac{\mathrm{d}y}{\mathrm{d}x}$.

2. 设$x+2y+z-2\sqrt{xyz}=0$,求$\frac{\partial z}{\partial x}$及$\frac{\partial z}{\partial y}$.

3. 设$z^3-3xyz=a^3$,求$\frac{\partial^2 z}{\partial x\partial y}$.

4. 设$z^3-2xz+y=0$,求$\frac{\partial^2 z}{\partial x^2}$.

5. 求由下列方程确定的隐函数$y=f(x)$的导数:

(1)$y=x^y$;(2)$\ln\sqrt{x^2+y^2}=\arctan\frac{x}{y}$.

6. 设$\begin{cases}x^2+y^2-z=0\\x^2+2y^2+3z^2=1\end{cases}$,求$\frac{\mathrm{d}y}{\mathrm{d}x}$及$\frac{\mathrm{d}z}{\mathrm{d}x}$.

7. 设$F(x,y)$具有连续偏导数,已知方程$F\left(\frac{x}{z},\frac{y}{z}\right)=0$,求$\mathrm{d}z$.

8. 证明:由方程$x-mz=\varphi(y-nz)$所确定的隐函数满足

$$m\frac{\partial z}{\partial x}+n\frac{\partial z}{\partial y}=1.$$

2.6 空间曲线的切线与法平面

微课 46

设空间曲线Γ的参数方程为

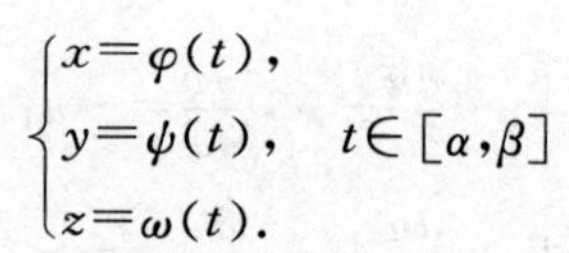

$$\begin{cases}x=\varphi(t),\\y=\psi(t),\quad t\in[\alpha,\beta]\\z=\omega(t).\end{cases}$$

在$[\alpha,\beta]$上三个函数均可导，且三个导数不同时为零．设点 $M(x_0,y_0,z_0)$是曲线 Γ 上当 $t=t_0$ 时的点，而 $M'(x_0+\Delta x,y_0+\Delta y,z_0+\Delta z)$是曲线$\Gamma$上当$t=t_0+\Delta t$时的点，作割线 MM'，当 M'沿曲线 Γ 趋近于 M 时，如果割线绕点 $M(x_0,y_0,z_0)$旋转而趋近于极限位置 MT，直线 MT 就是曲线 Γ 在点 M 处的切线(图 2.6)．

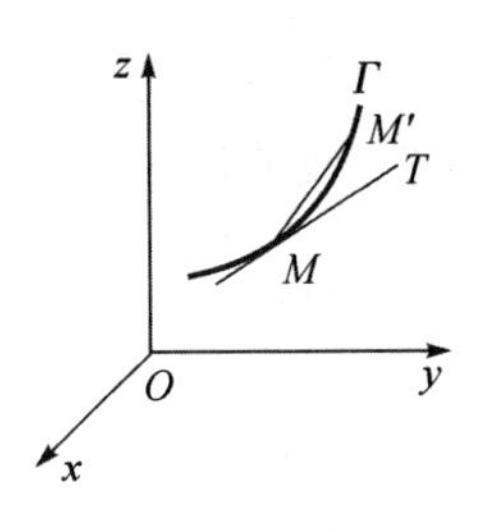

图 2.6

由空间解析几何可知，割线 MT 的方程为

$$\frac{x-x_0}{\Delta x}=\frac{y-y_0}{\Delta y}=\frac{z-z_0}{\Delta z}.$$

用 Δt 除以上式中的各个分母，可得

$$\frac{x-x_0}{\frac{\Delta x}{\Delta t}}=\frac{y-y_0}{\frac{\Delta y}{\Delta t}}=\frac{z-z_0}{\frac{\Delta z}{\Delta t}}.$$

当 M'沿曲线 Γ 趋近于 M_0(即 $\Delta t\to 0$)时，可得到上式的极限，即曲线 Γ 在点 M 处的切线方程

$$\frac{x-x_0}{\varphi'(t_0)}=\frac{y-y_0}{\psi'(t_0)}=\frac{z-z_0}{\omega'(t_0)}.$$

过点 M 且与切线垂直的平面称为曲线 Γ 在点 M 的**法平面**．它是通过点 $M(x_0,y_0,z_0)$且以切向量 $\boldsymbol{T}=(\varphi'(t_0),\psi'(t_0),\omega'(t_0))$为法线向量的平面，因此该法平面的方程为

$$\varphi'(t_0)(x-x_0)+\psi'(t_0)(y-y_0)+\omega'(t_0)(z-z_0)=0.$$

【例 2.27】 求曲线 $x=1-2\cos t,y=3+\sin 2t,z=1+\cos 3t$，当 $t=\frac{\pi}{2}$时所对应点处的切线方程和法线方程．

解 由于$x'_t=2\sin t,y'_t=2\cos 2t,z'_t=-3\sin 3t$，所以当 $t=\frac{\pi}{2}$时所对应点为$(1, 3, 1)$，此时切向量 $\boldsymbol{T}=(2, -2, 3)$，即切线方程为

$$\frac{x-1}{2}=\frac{y-3}{-2}=\frac{z-1}{3};$$

法平面方程为

$$2(x-1)-2(y-3)+3(z-1)=0,$$

或者

$$2x-2y+3z=-1.$$

如果曲线Γ以其他的形式给定，则可以选定一个变量作为参变量，从而求出该曲线的切向量，进一步求得切线方程和法平面方程.

【例 2.28】 分别求出曲线Γ: $\begin{cases} xyz=1 \\ y^2=x \end{cases}$上点 (1, 1, 1) 处的切线方程和法平面方程.

解 取y作为参变量，则曲线Γ可用参数方程的形式表示为

$$\begin{cases} x=y^2, \\ y=y, \\ z=y^{-3}. \end{cases}$$

在点 (1, 1, 1)处的切向量$\boldsymbol{T}=(2, 1, -3)$，所以切线方程为

$$\frac{x-1}{2}=\frac{y-1}{1}=\frac{z-1}{-3};$$

法平面方程为

$$2(x-1)+(y-1)-3(z-1)=0,$$

或者

$$2x+y-3z=0.$$

习　题　2.6

1. 下列各题中，$\boldsymbol{r}=f(t)$表示空间中的质点M在时刻t的位置，求质点M在时刻t_0的速度向量和加速度向量以及在任意时刻t的速率.

(1)$\boldsymbol{r}=f(t)=(t+1)\boldsymbol{i}+(t^2-1)\boldsymbol{j}+2t\boldsymbol{k}$，　$t_0=1$；

(2)$\boldsymbol{r}=f(t)=(2\cos t)\boldsymbol{i}+(3\sin t)\boldsymbol{j}+4t\boldsymbol{k}$，　$t_0=\frac{\pi}{2}$.

2. 求曲线$x=\frac{1}{4}t^4, y=\frac{1}{3}t^3, z=\frac{1}{2}t^2$在对应于$t=1$的点处的切线方程及法平面方程.

3. 求曲线$\begin{cases} x^2+y^2+z^2-3x=0 \\ 2x-3y+5z-4=0 \end{cases}$在点(1,1,1)处的切线方程及法平面方程.

2.7　MATLAB 在多元函数微分学中的应用

diff 既可以用于求解一元函数的导数，也可以用于求解多元函数的偏导数.

用于求解偏导数时,根据需要分别可采用以下几种形式:

(1) $f(x,y,z)$对 x 的偏导数,输入 diff($f(x,y,z)$,x)

(2) $f(x,y,z)$对 y 的偏导数,输入 diff($f(x,y,z)$,y)

(3) $f(x,y,z)$对 x 的二阶偏导数,输入 diff(diff($f(x,y,z)$,x),x)或者 diff($f(x,y,z)$,x,2)

(4) $f(x,y,z)$对 x, y 的混合偏导数,输入 diff(diff($f(x,y,z)$,x),y)

等等.

【例 2.29】 设 $z=\sin(xy)+\cos^2(xy)$,求$\frac{\partial z}{\partial x}$,$\frac{\partial z}{\partial y}$,$\frac{\partial^2 z}{\partial x^2}$及$\frac{\partial^2 z}{\partial x\partial y}$.

解

```
>>syms x y
>>z=sin(x*y)+cos(x*y)^2
z =
    cos(x*y)^2 + sin(x*y)
>>diff(z,x)
ans=
    y*cos(x*y)-2*y*cos(x*y)*sin(x*y)
>>diff(z,y)
ans=
    x*cos(x*y)-2*x*cos(x*y)*sin(x*y)
>>diff(z,x,2)
ans=
    2*y^2*sin(x*y)^2 - 2*y^2*cos(x*y)^2 - y^2*sin(x*y)
>>diff(diff(z,x),y)
ans=
    cos(x*y) - 2*cos(x*y)*sin(x*y) - x*y*sin(x*y) -
    2*x*y*cos(x*y)^2 + 2*x*y*sin(x*y)^2
```

【例 2.30】 求曲面 $z(x,y)=\frac{2}{x^2+y^2+2}$在点$\left(1,1,\frac{1}{2}\right)$处的切平面方程,并把曲面和它的切平面作在同一坐标系里.

解

```
>>syms x y z
>>F=2/(x^2+y^2+2)-z;
>>f=diff(F,x);
>>g=diff(F,y);
>>h=diff(F,z);
```

```
>>x=1;
>>y=1;
>>z=1/2;
>>a=eval(f);
>>b=eval(g);
>>c=eval(h);
>>x=-1:0.1:1;
>>y=-1:0.1:1;
>>[x,y]=meshgrid(x,y);
>>z1=a*(x-1)+b*(y-1)+1/2;
>>z2=2*(x.^2+y.^2+2).^(-1);
>>mesh(x,y,z1);
>>hold on
>>mesh(x,y,z2)
```

曲面和切平面如图 2.7 所示。

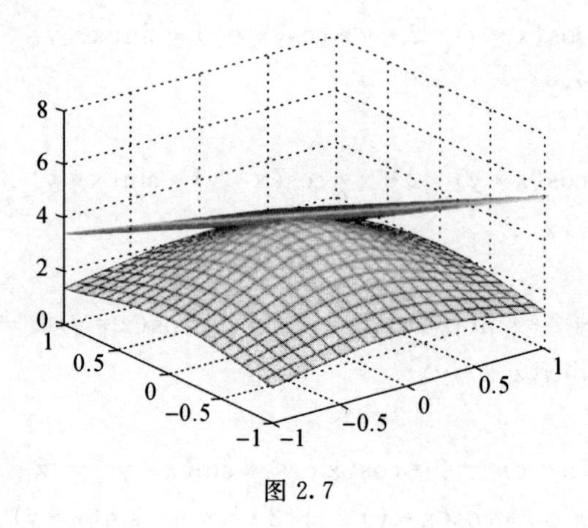

图 2.7

第3章 重积分

微课 47

3.1 二重积分的概念与性质

重积分是积分学的内容. 在一元函数积分学中,已知定积分是某种确定形式的和的极限,这种和的极限概念推广到多元函数,便得到了重积分. 本章中主要介绍二重积分的概念、性质、计算及其应用.

3.1.1 二重积分的概念

3.1.1.1 曲顶柱体的体积

设有一立体,底是在 xOy 平面上的有界闭区域 D,侧面是以 D 的边界曲线为准线、母线平行于 z 轴的柱面,顶是曲面 $z=f(x,y)$(这里 $f(x,y)\geqslant 0$,且在区域 D 上连续),如图 3.1 所示. 这样的立体称为曲顶柱体. 下面我们来讨论如何定义并计算曲顶柱体的体积.

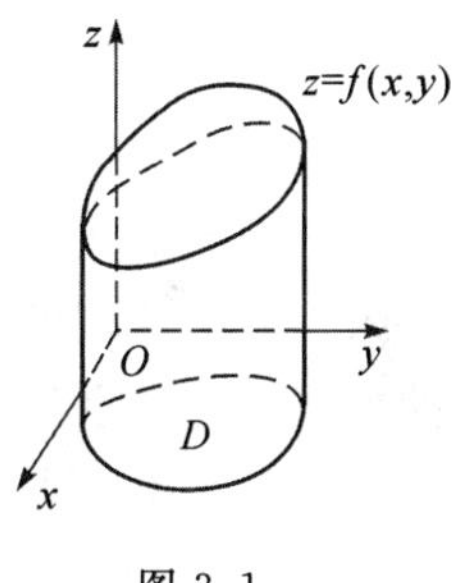

图 3.1

对于平顶柱体,我们知道它的高是不变的,其体积可以表示为

$$\text{体积}=\text{高}\times\text{底面积}.$$

但是以曲顶柱体来说,当点 (x,y) 在区域 D 内变动时,高度则是个变量,所以它的体积不能简单地用上述公式来进行计算. 考虑到前面内容中关于曲边梯形面积的计算方法,我们可以用下面的步骤来计算曲顶柱体的体积.

首先,用一组曲线网把区域 D 分割为 n 个小区域,$\Delta\sigma_1$,$\Delta\sigma_2$,$\cdots$,$\Delta\sigma_n$;接着分别以这些小的封闭区域的边界曲线作为准线,母线平行于 z 轴作出相应的柱面,这些柱面把原来的曲顶柱体分成了 n 个小曲顶柱体,即曲顶柱体的体积相应地被分为 $\Delta V_1,\Delta V_2,\cdots,\Delta V_n$;如果 $f(x,y)$ 在区域 D 上连续,对于每个小区域来说,高度 $f(x,y)$ 变化很小,此时每个小曲顶柱体可以近似看作平顶柱体(图 3.2). 在每个小

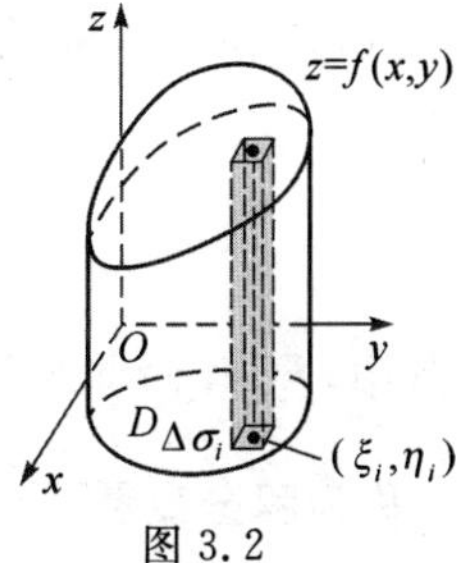

图 3.2

区域 $\Delta\sigma_i$ 内任取一点 (ξ_i,η_i)，以 $f(\xi_i,\eta_i)$ 为高，$\Delta\sigma_i$ 为底的平顶柱体的体积可以近似为相应的小曲顶柱体的体积，即

$$\Delta V_i = f(\xi_i,\eta_i)\Delta\sigma_i \quad (i=1,2,\cdots,n)$$

将所有小曲顶柱体体积的近似值加起来，得到曲顶柱体体积的近似值：

$$V \approx \sum_{i=1}^{n} f(\xi_i,\eta_i)\Delta\sigma_i.$$

当 n 个小闭区域的直径中的最大值(λ)趋近于零时，取上述和的极限，所得的极限即为所求曲顶柱体的体积，即

$$V = \lim_{\lambda\to 0}\sum_{i=1}^{n} f(\xi_i,\eta_i)\Delta\sigma_i.$$

3.1.1.2 平面薄片的质量

设有一平面薄片占有 xOy 面上的闭区间 D，它在点 (x, y) 处的面密度为 $\rho(x,y)$($\rho(x,y)>0$，且在区域 D 上连续)，则此薄片的质量 m 为多少？

求解方法与曲顶体积的求解方法类似，仍可以采用分割、取近似、求和、取极限的步骤，最终得到该薄片的质量为

$$m = \lim_{\lambda\to 0}\sum_{i=1}^{n} \rho(\xi_i,\eta_i)\Delta\sigma_i.$$

上面两个问题虽然具体的意义并不相同，但所求量都归结为同一形式的和的极限. 在几何、力学等问题中，还有很多问题都可以归结为这一类型的和的极限，抽象出下述二重积分的定义.

定义 3.1 设 $f(x,y)$ 是有界闭区域 D 上的有界函数. 将区域 D 任意分成 n 个小闭区域，$\Delta\sigma_1,\Delta\sigma_2,\cdots,\Delta\sigma_n$，其中 $\Delta\sigma_i$ 表示第 i 个小闭区域，也表示其面积. 在每个 $\Delta\sigma_i$ 上任取一点 (ξ_i,η_i)，作乘积 $f(\xi_i,\eta_i)\Delta\sigma_i$ $(i=1,2,\cdots,n)$，并作和 $\sum\limits_{i=1}^{n} f(\xi_i,\eta_i)\Delta\sigma_i$. 如果当各个小区域的直径的最大值($\lambda$)趋近于零时，上述和的极限存在，且与闭区域 D 的分法及点 (ξ_i,η_i) 的取法无关，那么称此极限为函数 $f(x,y)$ 在闭区域 D 上的**二重积分**，记作 $\iint\limits_D f(x,y)\mathrm{d}\sigma$，即

$$\iint\limits_D f(x,y)\mathrm{d}\sigma = \lim_{\lambda\to 0}\sum_{i=1}^{n} f(\xi_i,\eta_i)\Delta\sigma_i,$$

其中，$f(x,y)$ 称为**被积函数**，$f(x,y)\mathrm{d}\sigma$ 称为**被积表达式**，$\mathrm{d}\sigma$ 称为**面积元素**，x 和 y 称为**积分变量**，D 称为**积分区域**，$\sum\limits_{i=1}^{n} f(\xi_i,\eta_i)\Delta\sigma_i$ 称为**积分和**.

在二重积分的定义中对闭区域 D 的划分是任意的，如果在直角坐标系中用平行于坐标轴的直线网来划分 D，那么除了包含边界点的一些小闭区域外，其余的小闭区域都是矩形闭区域. 设矩形闭区域 $\Delta\sigma_i$ 的边长为 Δx_j 和 Δy_k，则 $\Delta\sigma_i = \Delta x_j \cdot \Delta y_k$. 所以在直角坐标系中，有时也把面积元素 $\mathrm{d}\sigma$ 写成 $\mathrm{d}x\mathrm{d}y$，二重积分记作

$$\iint_D f(x,y)\,\mathrm{d}x\mathrm{d}y,$$

其中，$\mathrm{d}x\mathrm{d}y$ 称为直角坐标系中的面积元素.

与定积分类似，可以证明：当函数 $f(x,y)$ 在有界闭区域 D 上连续时，$f(x,y)$ 在 D 上的二重积分必存在. 以后我们总假定被积函数 $f(x,y)$ 在积分区域 D 上是连续的，所以 $f(x,y)$ 在 D 上的二重积分都是存在的.

由二重积分的定义可知，前面曲顶柱体的体积 V 和平面薄片的质量 m 可以分别利用二重积分来表示：

$$V = \iint_D f(x,y)\,\mathrm{d}\sigma,$$

$$m = \iint_D \rho(x,y)\,\mathrm{d}\sigma.$$

特别地，当 $f(x,y)=1$ 时，二重积分就是闭区域 D 的面积 σ，即

$$\sigma = \iint_D 1 \cdot \mathrm{d}\sigma = \iint_D \mathrm{d}\sigma.$$

一般地，若 $f(x,y)\geqslant 0$，则 $\iint_D f(x,y)\,\mathrm{d}\sigma$ 表示以曲面 $f(x,y)$ 为曲顶而闭区域 D 为底的曲顶柱体体积；若 $f(x,y)\leqslant 0$，则 $\iint_D f(x,y)\,\mathrm{d}\sigma$ 表示以曲面 $f(x,y)$ 为曲顶而闭区域 D 为底的曲顶柱体体积的负值，该曲顶柱体在 xOy 面下方；若闭区域 D 有些区域上是正的，有些区域上是负的，那么 $\iint_D f(x,y)\,\mathrm{d}\sigma$ 等于曲顶柱体在 xOy 面上方的体积减去曲顶柱体在 xOy 面下方的体积.

3.1.2　二重积分的性质

比较定积分与二重积分的定义，可以得到二重积分具有下列性质：

性质 3.1　设 α 与 β 为常数，则

$$\iint_D [\alpha f(x,y)+\beta g(x,y)]\,\mathrm{d}\sigma = \alpha\iint_D f(x,y)\,\mathrm{d}\sigma + \beta\iint_D g(x,y)\,\mathrm{d}\sigma.$$

性质 3.2 若闭区域 D 被有限条曲线分为有限个部分闭区域，则在 D 上的二重积分等于在有限个部分闭区域上的二重积分的和. 例如，D 分为两个闭区域 D_1 和 $D_2(D=D_1+D_2)$，则

$$\iint_D f(x,y)\mathrm{d}\sigma=\iint_{D_1} f(x,y)\mathrm{d}\sigma+\iint_{D_2} f(x,y)\mathrm{d}\sigma.$$

这个性质表示二重积分对于积分区域具有可加性.

性质 3.3 若在闭区域 D 上有 $f(x,y)\leqslant g(x,y)$，则有

$$\iint_D f(x,y)\mathrm{d}\sigma\leqslant\iint_D g(x,y)\mathrm{d}\sigma,$$

由于
$$-|f(x,y)|\leqslant f(x,y)\leqslant|f(x,y)|,$$

于是有

$$\left|\iint_D f(x,y)\mathrm{d}\sigma\right|\leqslant\iint_D |f(x,y)|\mathrm{d}\sigma.$$

性质 3.4 设 M 和 m 分别是 $f(x,y)$ 在闭区域 D 上的最大值和最小值，σ 是 D 的面积，有

$$m\sigma\leqslant\iint_D f(x,y)\mathrm{d}\sigma\leqslant M\sigma$$

性质 3.5(二重积分的中值定理) 设函数 $f(x,y)$ 在闭区域 D 上连续，σ 是 D 的面积，则在 D 上至少存在一点 (ξ,η)，使得

$$\iint_D f(x,y)\mathrm{d}\sigma=f(\xi,\eta)\sigma.$$

中值定理的几何意义：在闭区域 D 上以曲面 $z=f(x,y)$ 为顶的曲顶柱体的体积，等于闭区域 D 上某一点 (ξ,η) 处以函数值 $f(\xi,\eta)$ 为高的平顶柱体的体积.

习　题　3.1

1. 根据二重积分的性质，比较下列积分的大小：

(1) $\iint_D (x+y)^2\mathrm{d}\sigma$ 与 $\iint_D (x+y)^3\mathrm{d}\sigma$，其中积分区域 D 由 x 轴、y 轴与直线 $x+y=1$ 围成；

(2) $\iint_D (x+y)^2\mathrm{d}\sigma$ 与 $\iint_D (x+y)^3\mathrm{d}\sigma$，其中积分区域 D 由圆周 $(x-2)^2+(y-1)^2=1$ 围成.

2. 利用二重积分的性质估计下列积分的值：

(1) $I=\iint\limits_D xy(x+y)\mathrm{d}\sigma$，其中 $D=\{(x,y)\mid 0\leqslant x\leqslant 1,0\leqslant y\leqslant 1\}$；

(2) $I=\iint\limits_D (x^2+4y^2+9)\mathrm{d}\sigma$，其中 $D=\{(x,y)\mid 0\leqslant x^2+y^2\leqslant 4\}$；

(3) $I=\iint\limits_D (\sin^2 x+\sin^2 y)\mathrm{d}\sigma$，其中 $D=\{(x,y)\mid 0\leqslant x\leqslant \pi,0\leqslant y\leqslant \pi\}$.

3. 利用二重积分表示下列以曲面为顶的曲顶柱面的体积：

(1) $z=x^2y$，其中区域 $D=\{(x,y)\mid 0\leqslant x\leqslant 1,0\leqslant y\leqslant 1\}$；

(2) $z=\sin xy$，其中区域 D 由在第二象限的圆 $(x^2+y^2=1)$ 的部分及 x 轴、y 轴围成.

4. 设有一带电平面薄板，在 xOy 平面上的区域为 D. 该薄板的电荷面密度 $\rho(x,y)$ 在区域 D 上，利用二重积分表示该薄板上的全部电荷.

3.2　二重积分的计算

微课 48

本节介绍一种计算二重积分的方法，是将二重积分转化为两次单积分(即两次定积分).

3.2.1　利用直角坐标系计算二重积分

借助几何的观点直观地讨论二重积分 $\iint\limits_D f(x,y)\mathrm{d}\sigma$，在讨论中我们假定 $f(x,y)\geqslant 0$.

设积分区域 D 可以用不等式

$$\varphi_1(x)\leqslant y\leqslant \varphi_2(x),\quad a\leqslant x\leqslant b$$

来表示(图 3.3)，其中曲线 $y=\varphi_1(x)$ 和 $y=\varphi_2(x)$ 在区间 $[a,b]$ 上连续.

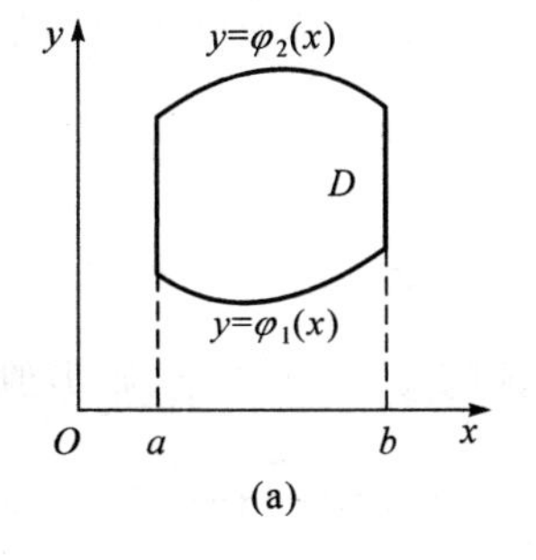

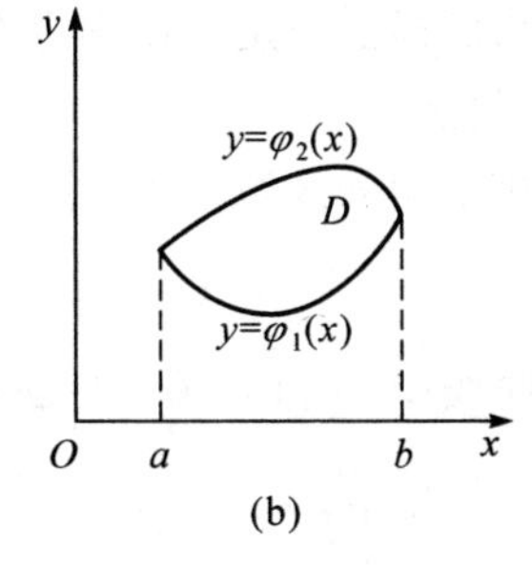

图 3.3

(1)确定 x 满足不等式 $a\leqslant x\leqslant b$,即找出区域 D 在 x 轴上投影区间的左右端点 a,b.

(2)在区间 $[a,b]$ 上任取一点 x_0,作平行于 yOz 平面的平面 $x=x_0$. 此时该平面截曲顶柱体所得的截面为一个区间 $[\varphi_1(x_0),\varphi_2(x_0)]$ 为底、曲线 $z=f(x_0,y)$ 为曲边的曲边梯形(图 3.4 中阴影部分),所以这个截面的面积为

$$A(x_0)=\int_{\varphi_1(x_0)}^{\varphi_2(x_0)} f(x_0,y)\mathrm{d}y.$$

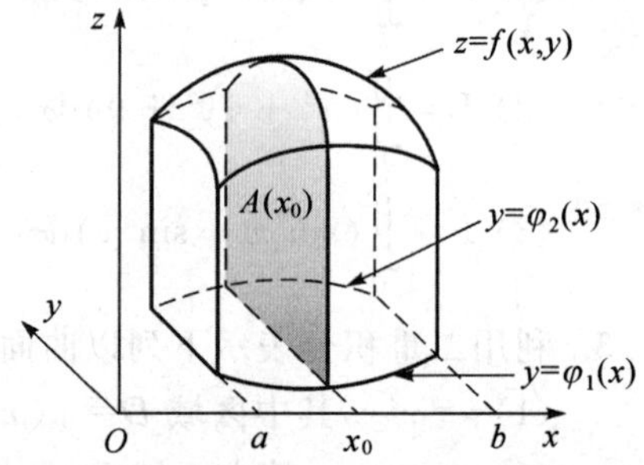

图 3.4

一般地,过区间 $[a,b]$ 上任意一点且平行于 yOz 平面截曲顶柱体所得的截面积为

$$A(x)=\int_{\varphi_1(x)}^{\varphi_2(x)} f(x,y)\mathrm{d}y,$$

所以,该曲顶柱体的体积为

$$V=\int_a^b A(x)\mathrm{d}x=\int_a^b\left[\int_{\varphi_1(x)}^{\varphi_2(x)} f(x,y)\mathrm{d}y\right]\mathrm{d}x,$$

即有等式

$$\iint_D f(x,y)\mathrm{d}\sigma=\int_a^b\left[\int_{\varphi_1(x)}^{\varphi_2(x)} f(x,y)\mathrm{d}y\right]\mathrm{d}x, \tag{3.1}$$

也常记作:

$$\iint_D f(x,y)\mathrm{d}\sigma=\int_a^b\mathrm{d}x\int_{\varphi_1(x)}^{\varphi_2(x)} f(x,y)\mathrm{d}y. \tag{3.1$'$}$$

式(3.1)右端积分可看作先对 y、后对 x 的二次积分,也就是说,先把 x 看成常数,把 $f(x,y)$ 只看成是 y 的函数,并对 y 从 $\varphi_1(x)$ 到 $\varphi_2(x)$ 做定积分计算;接着把前面定积分的计算结果(是 x 的函数)再对 x 从 a 到 b 做定积分计算.

讨论中,我们提前假定了限制条件 $f(x,y)\geqslant 0$,但实际上公式(3.1)的成立并不受此条件限制.

类似地,如果积分区域 D 可用不等式

$$\psi_1(y)\leqslant x\leqslant\psi_2(y),\quad c\leqslant y\leqslant d$$

来表示,其中曲线 $x=\psi_1(y)$ 和 $x=\psi_2(y)$ 在区间 $[c,d]$ 上连续,则类似地可以得到

$$\iint_D f(x,y)\mathrm{d}\sigma=\int_c^d\left[\int_{\psi_1(y)}^{\psi_2(y)} f(x,y)\mathrm{d}x\right]\mathrm{d}y, \tag{3.2}$$

也常记作：

$$\iint_D f(x,y)\mathrm{d}\sigma = \int_c^d \mathrm{d}y \int_{\psi_1(y)}^{\psi_2(y)} f(x,y)\mathrm{d}x. \tag{3.2'}$$

式(3.2)右端积分可看作先对 x、后对 y 的二次积分.

我们称如图 3.3 所示的积分区域为 X 型区域，如图 3.5 所示的积分区域为 Y 型区域. 应用公式(3.1)时，积分区域必须是 X 型区域，X 型区域 D 的特点是：穿过 D 内部且平行于 y 轴的直线与 D 的边界相交不多于两点；应用公式(3.2)时，积分区域必须是 Y 型区域，Y 型区域 D 的特点是：穿过 D 内部且平行于 x 轴的直线与 D 的边界相交不多于两点；而如果积分区域既可以看成 X 型区域，又可以看成 Y 型区域，那么计算二重积分时，可以采用式(3.1)或者式(3.2)两种不同次序的二次积分进行计算.

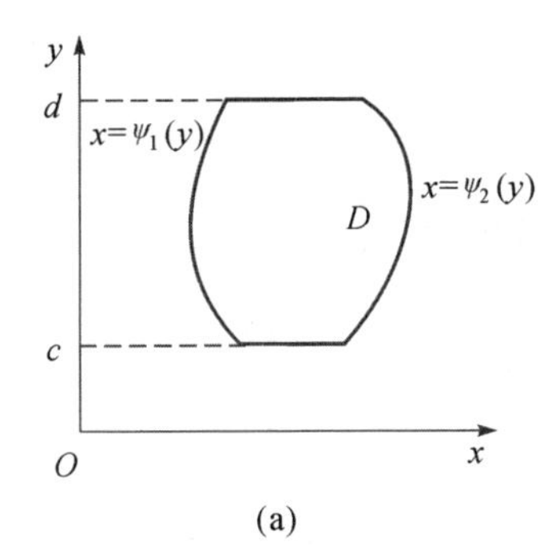

(a)

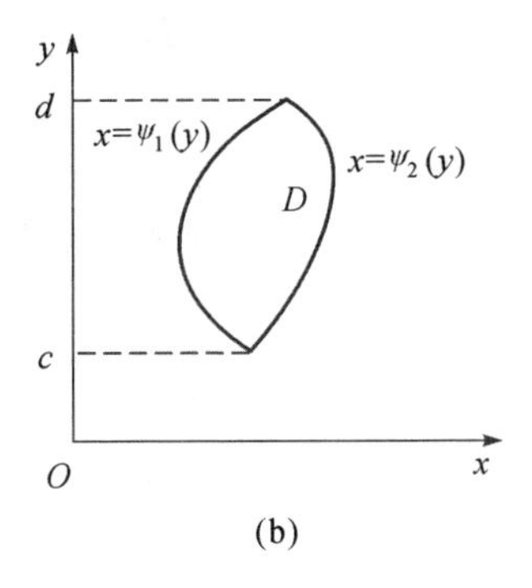

(b)

图 3.5

若积分区域如图 3.6 所示，则区域 D 既不属于 X 型区域，也不属于 Y 型区域，既有一部分使穿过 D 内部且平行于 x 轴的直线与 D 的边界相交多于两点，又有一部分使穿过 D 内部且平行于 y 轴的直线与 D 的边界相交多于两点. 此时可以把 D 分成若干部分，使得每个部分区域满足条件使用式(3.1)或式(3.2)进行计算，它们的和就是区域 D 上的二重积分.

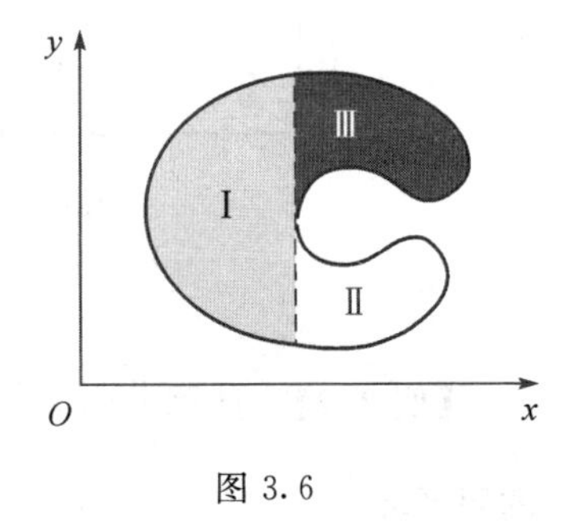

图 3.6

将二重积分化为二次积分时的一个关键是确定积分限，所以实际计算二重积分时首先要画出积分区域 D 的图形，然后根据区域 D 和被积函数 $f(x,y)$ 的特点进行计算.

【例 3.1】 计算$\iint\limits_D xy\,\mathrm{d}\sigma$，其中 D 为直线 $y=1$，$x=2$ 及 $y=x$ 所围成的闭区域.

解法一 首先画出区域 D，如图 3.7(a)所示，D 为 X 型的，可表示为

$$D: 1\leqslant x\leqslant 2;\quad 1\leqslant y\leqslant x,$$

因此

$$\iint\limits_D xy\,\mathrm{d}\sigma=\int_1^2\mathrm{d}x\int_1^x xy\,\mathrm{d}y=\int_1^2\frac{1}{2}(x^3-x)\,\mathrm{d}x$$

$$=\frac{1}{2}\left[\frac{1}{4}x^4-\frac{1}{2}x^2\right]_1^2=\frac{9}{8}.$$

解法二 如图 3.7(b)所示，D 为 Y 型，可表示为

$$D: 1\leqslant y\leqslant 2;\quad y\leqslant x\leqslant 2,$$

因此

$$\iint\limits_D xy\,\mathrm{d}\sigma=\int_1^2\mathrm{d}y\int_y^2 xy\,\mathrm{d}x=\frac{9}{8}.$$

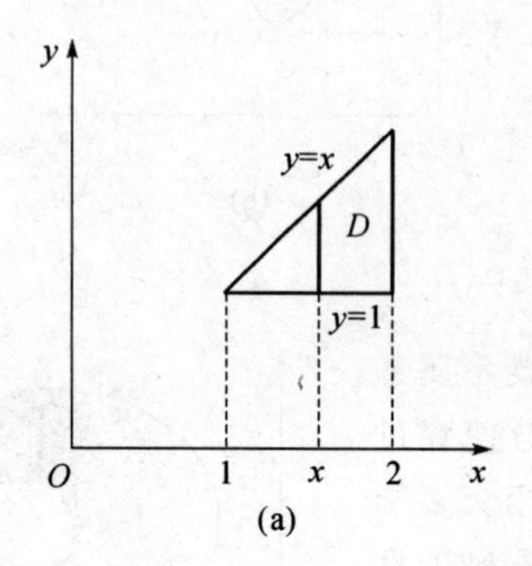

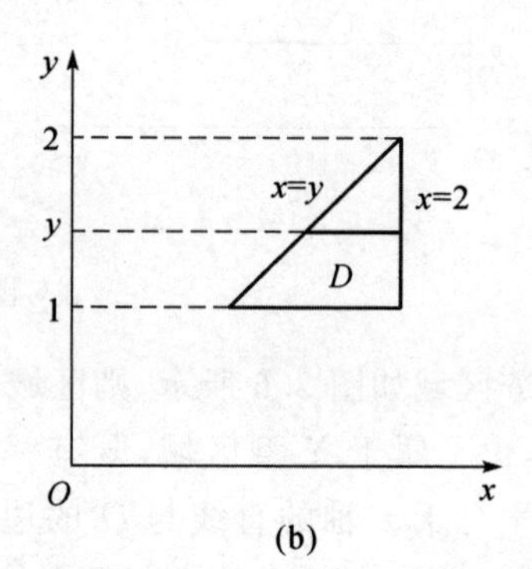

图 3.7

【例 3.2】 计算$\iint\limits_D (x+y)\,\mathrm{d}\sigma$，其中 D 由抛物线 $y^2=x$ 及直线 $y=x-2$ 围成的闭区域.

解 如图 3.8(a)所示，积分区域可以表示为

$$D: -1\leqslant y\leqslant 2;\quad y^2\leqslant x\leqslant y+2,$$

则

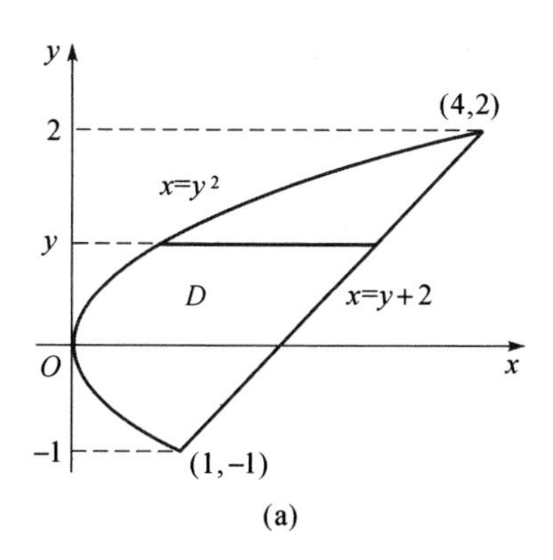

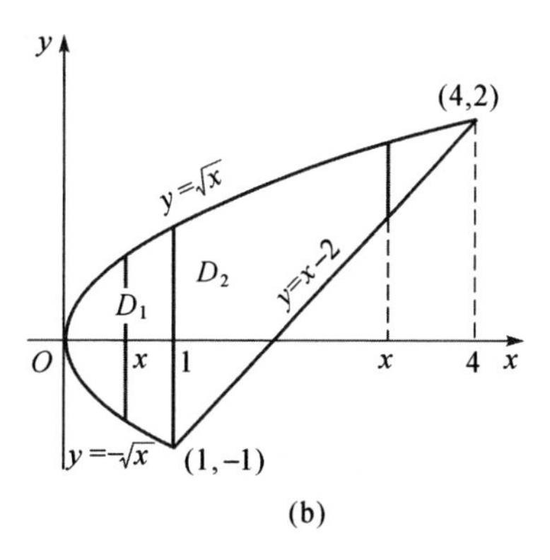

图 3.8

$$\iint_D (x+y)\,\mathrm{d}\sigma = \int_{-1}^{2}\mathrm{d}y\int_{y^2}^{y+2}(x+y)\,\mathrm{d}x$$
$$= \int_{-1}^{2}\left[\frac{x^2}{2}+xy\right]_{y^2}^{y+2}\mathrm{d}y.$$

需要注意的是，若化为先对 y、后对 x 积分，那么由于在区间$[0,\ 1]$及$[1,\ 4]$上时函数 $y=\varphi_1(x)$的表达式并不一样，所以要把区域 D 分为区域 D_1 和 D_2 两个部分，如图 3.8(b)所示，则

$$D_1:0\leqslant x\leqslant 1;\quad -\sqrt{x}\leqslant y\leqslant \sqrt{x};$$
$$D_2:1\leqslant x\leqslant 4;\quad x-2\leqslant y\leqslant \sqrt{x}.$$

所以

$$\iint_D (x+y)\,\mathrm{d}\sigma = \iint_{D_1}(x+y)\,\mathrm{d}\sigma + \iint_{D_2}(x+y)\,\mathrm{d}\sigma$$
$$= \int_0^1\mathrm{d}x\int_{-\sqrt{x}}^{\sqrt{x}}(x+y)\,\mathrm{d}y + \int_1^4\mathrm{d}x\int_{x-2}^{\sqrt{x}}(x+y)\,\mathrm{d}y.$$

【例 3.3】 求两个圆柱面 $x^2+y^2=R^2$ 与 $x^2+z^2=R^2$ 相交所围成的立体的体积.

解　利用立体关于坐标平面的对称性，只要计算它在第一卦限内的部分体积 V_1，接着乘以 8 即可(图 3.9).

易知在第一卦限中，所求的立体部分可以看作一个曲顶柱体，其底为

$$D=\left\{(x,y)\,\middle|\,0\leqslant y\leqslant \sqrt{R^2-x^2},0\leqslant x\leqslant R\right\},$$

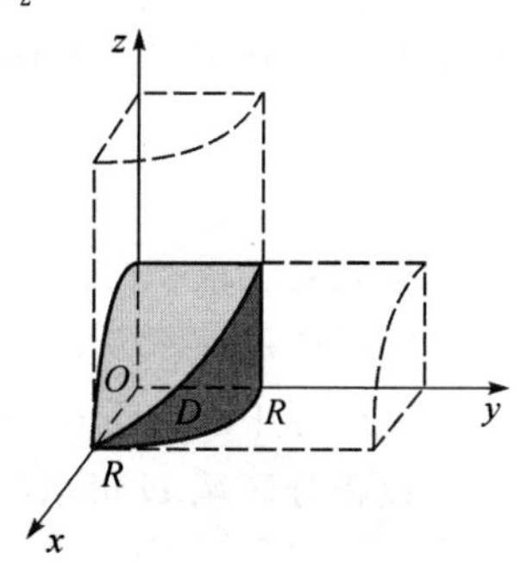

图 3.9

其顶为

$$z=\sqrt{R^2-x^2},$$

因此

$$V_1=\iint_D \sqrt{R^2-x^2}\,\mathrm{d}\sigma=\int_0^R \mathrm{d}x\int_0^{\sqrt{R^2-x^2}}\sqrt{R^2-x^2}\,\mathrm{d}y$$

$$=\int_0^R (R^2-x^2)\,\mathrm{d}x=\frac{2}{3}R^3.$$

所以所求立体的体积为

$$V=8V_1=\frac{16}{3}R^3.$$

3.2.2　利用极坐标计算二重积分

有些二重积分,它的积分区域 D 的边界用极坐标方程表示比较简便,或者被积函数用极坐标变量 ρ、θ 来表示比较简便,此时就可以考虑用极坐标来计算.

参考二重积分的定义以及直角坐标系中二重积分的计算,我们知道二重积分与分割方法无关.考虑到极坐标的特点,我们可以用两组曲线,$\rho=$常数(以极点为中心的一族同心圆)和 $\theta=$常数(从极点出发的一族射线)将区域 D 分成 n 个小区域(图 3.10).将半径 ρ 与 $\rho+\Delta\rho$ 的两条弧线与极角 θ 与 $\theta+\Delta\theta$ 的两条射线所围成的小区域面积为 $\Delta\sigma$,当 $\Delta\rho$ 和 $\Delta\theta$ 很小的时候,可以把小区域近似地看成一个矩形,所以

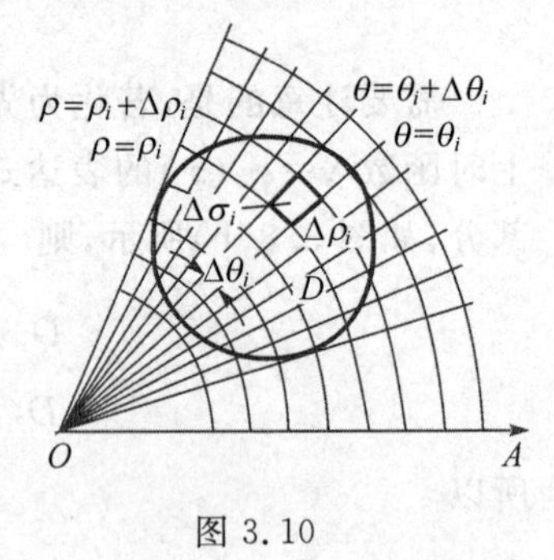

图 3.10

$$\Delta\sigma\approx\rho\Delta\theta\Delta\rho,$$

因此,在极坐标中,面积元素 $\mathrm{d}\sigma\approx\rho\mathrm{d}\theta\mathrm{d}\rho$.

由于平面上任意一点的极坐标(ρ,θ)对应直角坐标可以写为$(\rho\cos\theta,\rho\sin\theta)$.利用前面所学利用直角坐标计算二重积分可得二重积分在极坐标系中的表达式:

$$\iint_D f(x,y)\,\mathrm{d}\sigma=\iint_D f(\rho\cos\theta,\rho\sin\theta)\rho\,\mathrm{d}\theta\mathrm{d}\rho.$$

这就是二重积分的变量从直角坐标变为极坐标的计算公式,其中 $\rho\mathrm{d}\theta\mathrm{d}\rho$ 就是极坐标系中的面积元素.

极坐标中的二重积分同样可以化为二次积分来进行计算.

设积分区域 D 可以用不等式

$$\varphi_1(\theta)\leqslant\rho\leqslant\varphi_2(\theta),\quad \alpha\leqslant\theta\leqslant\beta,$$

来表示(图 3.11),其中函数 $\varphi_1(\theta)$ 和 $\varphi_2(\theta)$ 在区间$[\alpha,\beta]$上连续.

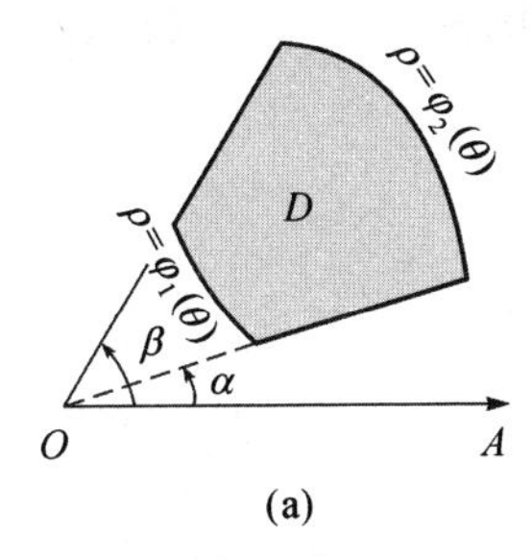

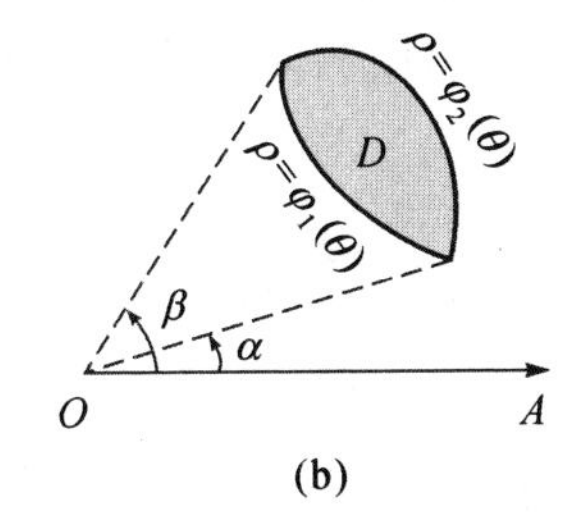

图 3.11

(1)在区间$[\alpha,\beta]$上任意取一个 θ 值,因为 θ 值是任取的,所以 θ 的变化范围是区间$[\alpha,\beta]$.

(2)对应于 θ 值,D 上的点(图 3.12 中这些点在线段 EF 上)的极径 ρ 从 $\varphi_1(\theta)$ 变化到 $\varphi_2(\theta)$.

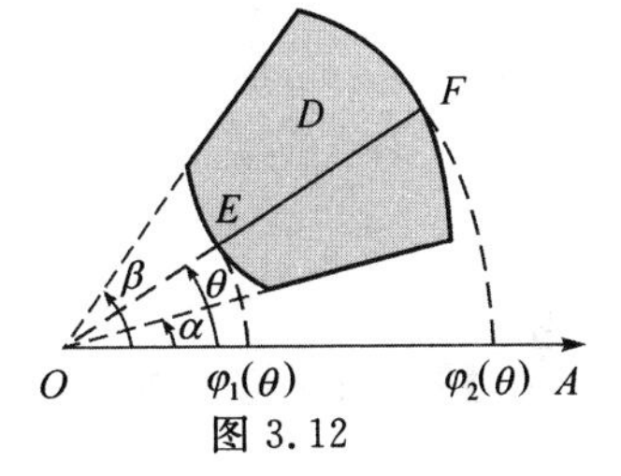

图 3.12

因此极坐标中二重积分化为二次积分的公式为

$$\iint_D f(\rho\cos\theta,\rho\sin\theta)\rho\mathrm{d}\rho\mathrm{d}\theta=\int_\alpha^\beta\left[\int_{\varphi_1(\theta)}^{\varphi_2(\theta)}f(\rho\cos\theta,\rho\sin\theta)\rho\mathrm{d}\rho\right]\mathrm{d}\theta.$$

也常记作:

$$\iint_D f(\rho\cos\theta,\rho\sin\theta)\rho\mathrm{d}\rho\mathrm{d}\theta=\int_\alpha^\beta\mathrm{d}\theta\int_{\varphi_1(\theta)}^{\varphi_2(\theta)}f(\rho\cos\theta,\rho\sin\theta)\rho\mathrm{d}\rho.$$

这里只研究先对 ρ、后对 θ 的二重积分计算情形.同样地,同学们可以思考先对 θ、后对 ρ 的二重积分计算情形.

【例 3.4】 计算 $\iint_D \mathrm{e}^{-x^2-y^2}\mathrm{d}x\mathrm{d}y$,其中区域 D 为 $x^2+y^2\leqslant R^2$.

解 在极坐标系中,闭区域 D 可以表示为

$$0\leqslant\rho\leqslant R,\quad 0\leqslant\theta\leqslant 2\pi,$$

则有

$$\begin{aligned}\iint_D \mathrm{e}^{-x^2-y^2}\mathrm{d}x\mathrm{d}y&=\iint_D \mathrm{e}^{-\rho^2}\rho\mathrm{d}\rho\mathrm{d}\theta=\int_0^{2\pi}\left[\int_0^R \mathrm{e}^{-\rho^2}\rho\mathrm{d}\rho\right]\mathrm{d}\theta\\&=\int_0^{2\pi}\left[-\frac{1}{2}\mathrm{e}^{-\rho^2}\right]_0^R\mathrm{d}\theta=\frac{1}{2}(1-\mathrm{e}^{-R^2})\int_0^{2\pi}\mathrm{d}\theta\\&=\pi(1-\mathrm{e}^{-R^2}).\end{aligned}$$

如果本题用直角坐标计算,由于积分 $\int\mathrm{e}^{-x^2}\mathrm{d}x$ 不能用初等函数表示,所以计

算不出来.

【例 3.5】 求球体 $x^2+y^2+z^2\leqslant 4a^2$ 被圆柱 $x^2+y^2=2ax(a>0)$ 所截得的(含圆柱内部分)立体的体积(图 3.13(a)).

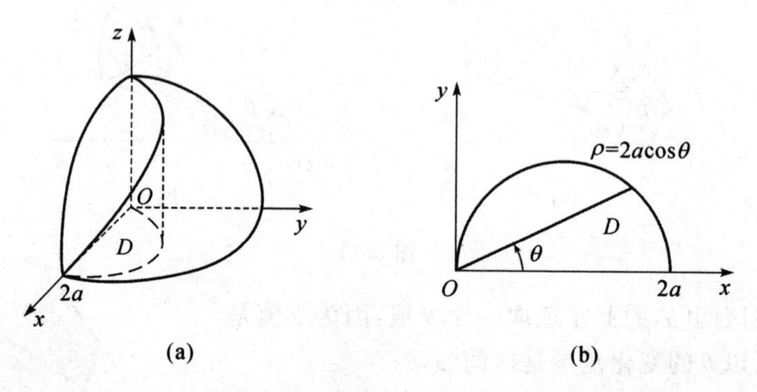

图 3.13

解 由对称性可知,

$$V=4\iint_D\sqrt{4a^2-x^2-y^2}\,\mathrm{d}x\mathrm{d}y,$$

其中 D 如图 3.13(b)所示,可表示为

$$D:0\leqslant\theta\leqslant\frac{\pi}{2};\quad 0\leqslant\rho\leqslant 2a\cos\theta.$$

因此

$$\begin{aligned}V&=4\iint_D\sqrt{4a^2-x^2-y^2}\,\mathrm{d}x\mathrm{d}y=4\iint_D\sqrt{4a^2-\rho^2}\,\rho\mathrm{d}\rho\mathrm{d}\theta\\&=4\int_0^{\frac{\pi}{2}}\mathrm{d}\theta\int_0^{2a\cos\theta}\sqrt{4a^2-\rho^2}\,\rho\mathrm{d}\rho\\&=\frac{32}{3}a^3\int_0^{\frac{\pi}{2}}(1-\sin^3\theta)\,\mathrm{d}\theta=\frac{32}{3}a^3\left(\frac{\pi}{2}-\frac{2}{3}\right).\end{aligned}$$

习 题 3.2

1. 计算下列二重积分:

(1) $\iint_D(x^2+y^2)\,\mathrm{d}\sigma$, 其中 $D=\{(x,y)\mid |x|\leqslant 1,|y|\leqslant 1\}$;

(2) $\iint_D(3x+2y)\,\mathrm{d}\sigma$, 其中 D 是由两坐标轴及直线 $x+y=2$ 所围成的闭区域.

2. 改换下列二重积分的积分次序：

(1) $\int_0^1 \mathrm{d}y \int_0^y f(x,y)\mathrm{d}x$；　　(2) $\int_1^2 \mathrm{d}x \int_{2-x}^{\sqrt{2x-x^2}} f(x,y)\mathrm{d}y$；

(3) $\int_1^{\mathrm{e}} \mathrm{d}x \int_0^{\ln x} f(x,y)\mathrm{d}y$；　　(4) $\int_{-1}^1 \mathrm{d}y \int_{-\sqrt{1-y^2}}^{1-y^2} f(x,y)\mathrm{d}x$.

3. 选择适当的坐标系和积分次序计算下列二重积分.

(1) $\iint\limits_D x^2\cos y\mathrm{d}x\mathrm{d}y$，其中 D 由 $1\leqslant x\leqslant 2, 0\leqslant y\leqslant \frac{\pi}{2}$ 确定；

(2) $\iint\limits_D \frac{x^2}{y^2}\mathrm{d}\sigma$，其中 D 由 $x=2, y=x, xy=1$ 所围成的闭区域；

(3) $\iint\limits_D (x^2-y^2)\mathrm{d}\sigma$，其中 D 由 $0\leqslant x\leqslant \pi, 0\leqslant y\leqslant \sin x$ 确定.

4. 计算下列二重积分.

(1) $\int_1^5 \mathrm{d}y \int_y^5 \frac{1}{y\ln x}\mathrm{d}x$；　　(2) $\int_0^1 \mathrm{d}x \int_x^1 \frac{x^2}{\sqrt{1+y^4}}\mathrm{d}y$；

(3) $\int_1^3 \mathrm{d}x \int_{x-1}^2 \mathrm{e}^{-y^2}\mathrm{d}y$；　　(4) $\int_0^1 \mathrm{d}x \int_{x^2}^x (x^2+y^2)^{\frac{1}{2}}\mathrm{d}y$.

5. 证明 $\int_a^b \mathrm{d}x \int_a^x f(y)\mathrm{d}y = \int_a^b f(x)(b-x)\mathrm{d}x$，其中 $f(x)$ 为连续函数.

6. 由直线 $y=2-x, y=x$ 和 x 轴围成的平面薄板，其面密度 $\rho(x,y)=x^2+y^2$，求此薄板的质量.

7. 求由曲面 $z=x^2+2y^2$ 及 $z=6-2x^2-y^2$ 围成的立体的体积.

***8.** 利用极坐标计算下列各题：

(1) $\iint\limits_D \mathrm{e}^{x^2+y^2}\mathrm{d}\sigma$，其中 D 是由圆周 $x^2+y^2=4$ 围成的闭区域.

(2) $\iint\limits_D \ln(1+x^2+y^2)\mathrm{d}\sigma$，其中 D 是由圆周 $x^2+y^2=1$ 及坐标轴围成的在第一象限内的闭区域.

***9.** 利用直角坐标系和极坐标系两种方法计算 $\iint\limits_D \sqrt{x}\,\mathrm{d}\sigma$，其中 D 由 $x^2+y^2-x=0$ 围成.

3.3　重积分的应用

微课 49

前面我们已经提到，平面薄片的质量、曲顶柱体的体积等可以用二重积分计算. 在计算这些几何量或者物理量时,实际上利用了定积分中的元素法. 本节将详细介绍二重积分元素法的应用.

3.3.1　曲面的面积

设曲面 S 由方程

$$z=f(x,y)$$

确定,它在 xOy 平面上的投影区域为 D,函数 $f(x,y)$ 在区域 D 上具有连续偏导数,则曲面 S 的面积 A 怎么计算呢?

在闭区域 D 上任取一直径很小的闭区域 $\mathrm{d}\sigma$(其面积也记作 $\mathrm{d}\sigma$). 以 $\mathrm{d}\sigma$ 的边界为准线,作母线平行于 z 轴的柱面,该柱面从曲面 S 上截得一小片曲面;在小闭区域 $\mathrm{d}\sigma$ 上任取一点 $P(x,y)$,对应于曲面 S 上的点 $M(x, y, f(x, y))$. 点 M 处曲面 S 的切平面为 T(图 3.14),被相应的柱面截得一小片平面. 因为 $\mathrm{d}\sigma$ 很小,所以其对应的小曲面的面积可以用一小片平面面积($\mathrm{d}A$)来代替.

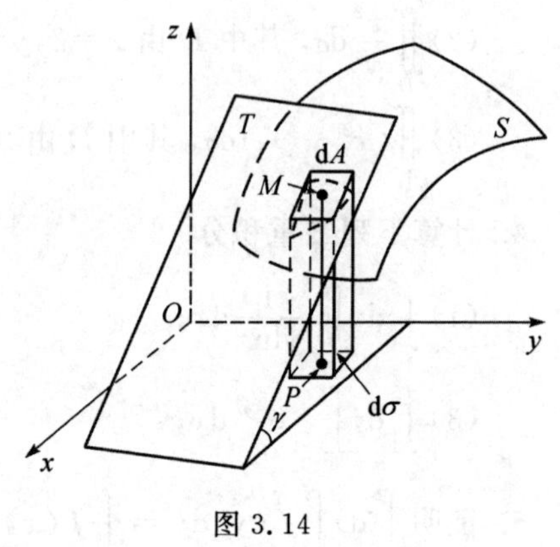

图 3.14

设点 M 处曲面 S 上的法线(指向朝上)与 z 轴的夹角为 γ,则

$$\mathrm{d}\sigma=\cos\gamma\mathrm{d}A$$

其中

$$\cos\gamma=\frac{1}{\sqrt{1+f_x^2(x,y)+f_y^2(x,y)}},$$

可得面积元素

$$\mathrm{d}A=\sqrt{1+f_x^2(x,y)+f_y^2(x,y)}\,\mathrm{d}\sigma,$$

那么所求面积为

$$A=\iint\limits_D\sqrt{1+f_x^2(x,y)+f_y^2(x,y)}\,\mathrm{d}\sigma,$$

上式也可以写成

$$A=\iint\limits_D\sqrt{1+\left(\frac{\partial z}{\partial x}\right)^2+\left(\frac{\partial z}{\partial y}\right)^2}\,\mathrm{d}x\mathrm{d}y.$$

这就是计算曲面面积的公式.

相似地，若曲面 S 由方程 $x=g(y,z)$ 或者 $y=\omega(z,x)$ 确定，此时可以将曲面 S 分别投影到 yOz 面（投影区域为 D_{yz}）或者 zOx 面（投影区域为 D_{zx}）上，分别可得曲面面积为

$$A=\iint\limits_{D_{yz}}\sqrt{1+\left(\frac{\partial x}{\partial y}\right)^2+\left(\frac{\partial x}{\partial z}\right)^2}\,\mathrm{d}y\mathrm{d}z,$$

或

$$A=\iint\limits_{D_{zx}}\sqrt{1+\left(\frac{\partial y}{\partial z}\right)^2+\left(\frac{\partial y}{\partial x}\right)^2}\,\mathrm{d}z\mathrm{d}x.$$

【例 3.6】 求半径为 a 的球的表面积.

解 在直角坐标系中，取上半球面的方程为 $z=\sqrt{a^2-x^2-y^2}$，则该上半球面在 xOy 平面上的投影区域 D 为 $x^2+y^2\leqslant a^2$.

由

$$\frac{\partial z}{\partial x}=\frac{-x}{\sqrt{a^2-x^2-y^2}},\frac{\partial z}{\partial y}=\frac{-y}{\sqrt{a^2-x^2-y^2}},$$

可得

$$\sqrt{1+\left(\frac{\partial z}{\partial x}\right)^2+\left(\frac{\partial z}{\partial y}\right)^2}=\frac{a}{\sqrt{a^2-x^2-y^2}}.$$

因此上半球面的面积

$$A_1=\iint\limits_{D}\sqrt{1+\left(\frac{\partial z}{\partial x}\right)^2+\left(\frac{\partial z}{\partial y}\right)^2}\,\mathrm{d}x\mathrm{d}y=\iint\limits_{D}\frac{a}{\sqrt{a^2-x^2-y^2}}\mathrm{d}x\mathrm{d}y.$$

利用极坐标计算可得

$$\begin{aligned}A_1&=\iint\limits_{D}\frac{a}{\sqrt{a^2-\rho^2}}\rho\mathrm{d}\rho\mathrm{d}\theta=\int_0^{2\pi}\mathrm{d}\theta\int_0^a\frac{a\rho}{\sqrt{a^2-\rho^2}}\mathrm{d}\rho\\&=2\pi a\left[-\sqrt{a^2-\rho^2}\,\right]_0^a=2\pi a^2.\end{aligned}$$

所以整个球面的面积为

$$A=2A_1=4\pi a^2.$$

* 3.3.2 质心

先从简单的平面薄片的质心入手.

设在 xOy 平面上有 n 个质心，分别位于点 (x_1,y_1)，(x_2,y_2)，…，(x_n,y_n) 处，

质量分别为 $m_1,m_2,\cdots,m_n$. 从力学可知,该质点系的质心的坐标为

$$\bar{x}=\frac{M_y}{M}=\frac{\sum_{i=1}^{n}m_ix_i}{\sum_{i=1}^{n}m_i},\quad \bar{y}=\frac{M_x}{M}=\frac{\sum_{i=1}^{n}m_iy_i}{\sum_{i=1}^{n}m_i},$$

其中, $M=\sum_{i=1}^{n}m_i$, 为该质点系的总质量; $M_y=\sum_{i=1}^{n}m_ix_i$ 和 $M_x=\sum_{i=1}^{n}m_iy_i$ 分别为该质点系对 y 轴和 x 轴的静矩.

设有一平面薄片,占有 xOy 平面上的闭区域 D,在点 (x,y) 处的面密度为 $\mu(x,y)$. 若面密度 $\mu(x,y)$ 在闭区域 D 上连续,则该薄片的质心的坐标在哪里?

在闭区域 D 上任取一直径很小的闭区域 $\mathrm{d}\sigma$(其面积也记作 $\mathrm{d}\sigma$),任取该很小闭区域内的一点 (x,y). 由于 $\mathrm{d}\sigma$ 的直径很小且面密度 $\mu(x,y)$ 在闭区域 D 上连续,所以薄片中相应的小区域 $\mathrm{d}\sigma$ 的质量将近似等于 $\mu(x,y)\mathrm{d}\sigma$,且这部分质量近似看作集中在点 (x,y) 处. 于是静矩元素 $\mathrm{d}M_y$ 及 $\mathrm{d}M_x$ 为

$$\mathrm{d}M_y=x\mu(x,y)\mathrm{d}\sigma,$$
$$\mathrm{d}M_x=y\mu(x,y)\mathrm{d}\sigma,$$

所以

$$M_y=\iint_D x\mu(x,y)\mathrm{d}\sigma,\quad M_x=\iint_D y\mu(x,y)\mathrm{d}\sigma.$$

结合薄片的质量

$$M=\iint_D \mu(x,y)\mathrm{d}\sigma,$$

可得薄片的质心的坐标为

$$\bar{x}=\frac{\iint_D x\mu(x,y)\mathrm{d}\sigma}{\iint_D \mu(x,y)\mathrm{d}\sigma},\quad \bar{y}=\frac{\iint_D y\mu(x,y)\mathrm{d}\sigma}{\iint_D \mu(x,y)\mathrm{d}\sigma}.$$

若薄片是均匀的,即面密度是常数,则质心的坐标可以表示为

$$\bar{x}=\frac{1}{A}\iint_D x\mathrm{d}\sigma,\quad \bar{y}=\frac{1}{A}\iint_D y\mathrm{d}\sigma,$$

其中,A 为闭区域 D 的面积. 这时薄片的质心完全由区域 D 的形状决定. 我们把均匀薄片的质心称为该平面薄片所占平面图形的形心.

【例 3.7】 求位于两圆 $\rho=2\sin\theta$ 和 $\rho=4\sin\theta$ 之间的均匀薄片的质心.

解 由于闭区域 D 关于 y 轴对称,所以质心 $(\bar{x},\bar{y})$ 必定位于 y 轴上,即 $\bar{x}=0$.

由公式

$$\bar{y}=\frac{1}{A}\iint_D y\,\mathrm{d}\sigma$$

来计算 $\bar{y}$. 又因为 D 位于半径分别为 1 和 2 的两个圆之间,所以 D 的面积 $A=3\pi$. 同时利用极坐标计算积分:

$$\begin{aligned}\iint_D y\,\mathrm{d}\sigma &= \iint_D \rho^2\sin\theta\,\mathrm{d}\rho\,\mathrm{d}\theta=\int_0^{\pi}\sin\theta\,\mathrm{d}\theta\int_{2\sin\theta}^{4\sin\theta}\rho^2\,\mathrm{d}\rho\\ &=\frac{56}{3}\int_0^{\pi}\sin^4\theta\,\mathrm{d}\theta\\ &=\frac{56}{3}\int_0^{\pi}\left(\frac{3}{8}-\frac{1}{2}\cos2\theta+\frac{1}{8}\cos4\theta\right)\mathrm{d}\theta\\ &=7\pi.\end{aligned}$$

所以

$$\bar{y}=\frac{7\pi}{3\pi}=\frac{7}{3},$$

即所求质心是 $\left(0,\frac{7}{3}\right)$.

*3.3.3 转动惯量

从平面薄片的转动惯量入手,设 n 个质点的质量分别为 $m_1,m_2,\cdots,m_n$,且分别位于 xOy 平面上,$(x_1,y_1),(x_2,y_2),\cdots,(x_n,y_n)$,所以该质点系对于固定轴($x$ 轴或 y 轴)的转动惯量为

$$I_x=\sum_{i=1}^{n}y_i^2m_i,\quad I_y=\sum_{i=1}^{n}x_i^2m_i.$$

设有一薄片在 xOy 平面上占有闭区域 D,其面密度为 $\mu=\mu(x,y)$,且假定 $\mu=\mu(x,y)$ 在闭区域 D 上是连续的,则薄片对于固定轴(x 轴或 y 轴)的转动惯量可以表示为

$$I_x=\iint_D y^2\mu(x,y)\,\mathrm{d}\sigma,\quad I_y=\iint_D x^2\mu(x,y)\,\mathrm{d}\sigma.$$

【例 3.8】 求半径为 a 的均匀薄片(面密度为常量 μ)对其直径边的转动惯量.

解 如图 3.15 所示,薄片所占闭区域为

$$D=\{(x,y)\mid x^2+y^2\leqslant a^2,y\geqslant 0\},$$

而所求转动惯量即为半圆薄片对 x 轴的转动惯量 I_x,

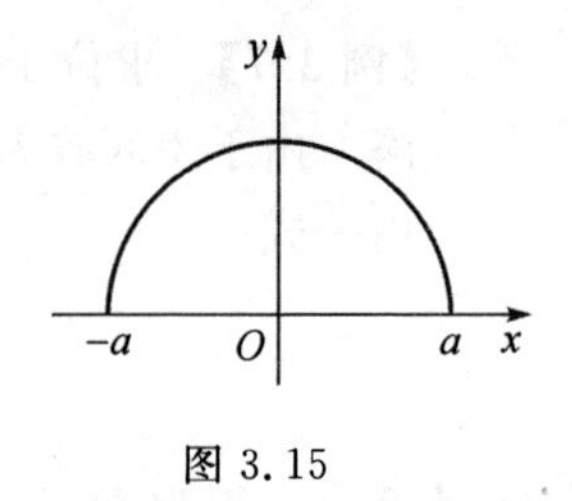

图 3.15

$$\begin{aligned}I_x&=\iint\limits_D \mu y^2\mathrm{d}\sigma=\mu\int_0^{\pi}\mathrm{d}\theta\int_0^a\rho^3\sin^2\theta\mathrm{d}\rho\\&=\mu\cdot\frac{a^4}{4}\int_0^{\pi}\sin^2\theta\mathrm{d}\theta\\&=\frac{1}{4}\mu a^4\cdot\frac{\pi}{2}=\frac{1}{4}Ma^2,\end{aligned}$$

其中 $M=\frac{\pi}{2}\mu a^2$,为半圆薄片的质量.

同样地,空间有界闭区域 Ω 在点 (x,y,z) 处密度为 $\rho(x,y,z)$[假定 $\rho(x,y,z)$ 在 Ω 上连续]的物体,它们对于 x 轴、y 轴及 z 轴的转动惯量分别为

$$I_x=\iiint\limits_{\Omega}(y^2+z^2)\rho(x,y,z)\mathrm{d}v,$$

$$I_y=\iiint\limits_{\Omega}(z^2+x^2)\rho(x,y,z)\mathrm{d}v,$$

$$I_z=\iiint\limits_{\Omega}(x^2+y^2)\rho(x,y,z)\mathrm{d}v.$$

3.3.4 经济管理中的应用

在经济管理学中,如果经济变量是关于 x,y 的二元函数 $f(x,y)$,而要解决的问题又关于积分元素 $f(x,y)\Delta\sigma$,则我们可以通过计算二重积分来解决该问题.

例如在人口统计模型中,当人口密度函数为 $\rho(x,y)$,而 (x,y) 是以某中心城市为原点所构建的直角坐标系下的区域内的一点,所以该区域 D 内的人口总数可以用二重积分 $\iint\limits_D\rho(x,y)\mathrm{d}\sigma$ 计算得到.

【例 3.9】 某城市 2021 年的人口密度近似为

$$\rho(x,y)=\frac{10}{\sqrt{x^2+y^2+49}},$$

其中,坐标原点为该城市中心. 如图 3.16 所示,(x,y) 表示其中的某一点,单位为千米;人口密度单位为万人/千米^2. 试求距离城市中心 1 千米区域内的总人口数.

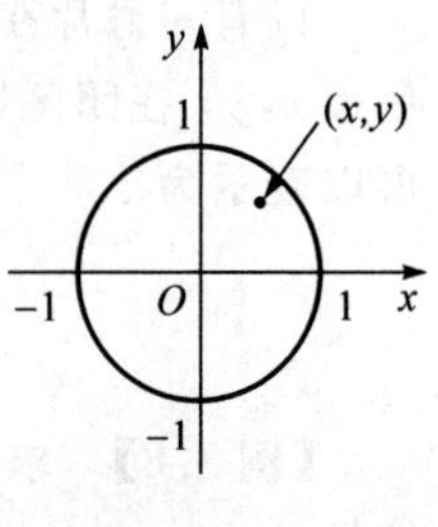

图 3.16

解

$$\begin{aligned}\iint_D \rho(x,y)\mathrm{d}\sigma &= \iint_{x^2+y^2\leqslant 1}\frac{10}{\sqrt{x^2+y^2+49}}\mathrm{d}x\mathrm{d}y\\ &= 10\int_0^{2\pi}\mathrm{d}\theta\int_0^1\frac{1}{\sqrt{\rho^2+49}}\rho\mathrm{d}\rho\\ &= 20\pi\int_0^1\frac{1}{2\sqrt{\rho^2+49}}\mathrm{d}(\rho^2+49)\\ &= 20\pi\times(\sqrt{50}-7)\approx 4.5(\text{万人}),\end{aligned}$$

即距离城市中心1千米区域内的总人口数约为4.5万人.

习 题 3.3

1. 求球面 $x^2+y^2+z^2=a^2$ 含在圆柱面 $x^2+y^2=ax$ 内部的面积.

2. 求锥面 $z=\sqrt{x^2+y^2}$ 被柱面 $z^2=2x$ 所割下部分的曲面面积.

3. 一均匀物体(密度 ρ 为常数)占有的区域 Ω 是由曲面 $z=x^2+y^2$ 和平面 $z=0$, $|x|=a$, $|y|=a$ 所围成的,

(1)求物体的体积;(2)求物体的质心;(3)求物体关于 z 轴的转动惯量.

4. 某一公司销售 x 个产品 A, y 个产品 B 时的利润由下式所确定

$$P(x,y)=-(x-200)^2-(y-100)^2+5000.$$

利润单位:元.现知一周内产品 A 的销售量在150至200个之间变化,而产品 B 的销售量在80至100个之间变化.试求一周内销售这两种产品的平均利润.

3.4 MATLAB在重积分计算中的应用

dblquad函数是MATLAB软件中直接计算二重积分的函数,可以根据三种定义函数的方法来对二重积分进行求解.

【例3.10】 $I=\iint_D xy(3x+2y)\mathrm{d}\sigma$, 其中积分区域 $D=\{(x,y)\mid 0\leqslant x\leqslant 1, 1\leqslant y\leqslant 3\}$.

解 (1)利用M函数的文件:

```
function f=f(x,y)
f=x.*y.*(3*x+2*y);
I=dblquad('f',0,1,1,3)
```

(2)利用内联函数：

```
f=inlin('x. * y. * (3 * x+2 * y)');
I=dblquad('f',0,1,1,3)
```

(3)利用匿名函数：

```
f=@(x,y)x. * y. * (3 * x+2 * y);
I=dblquad('f',0,1,1,3)
```

(4)若将积分区域看成 X 型区域,则二重积分的求解程序为

```
syms x,y;
f=x * y * (3 * x+2 * y);
I=int(int(f,x,0,1),1,3)
```

(5)若将积分区域看成 Y 型区域,则二重积分的求解程序为

```
syms x,y;
f=x * y * (3 * x+2 * y);
I=int(int(f,y,1,3),0,1)
```

【例 3.11】 $I=\iint\limits_{D} xy\,\mathrm{d}\sigma$，其中积分区域 D 为直线 $x=2$，$y=1$ 和 $x=y$ 围成的闭区域.

解

```
>>x=0:0.01:3;
>>y1=x;
>>y2=ones(size(x));
>>x1=ones(size(x)) * 2;
>>plot(x,y1,x,y2,x1,x);
>>hold on
>>x=1:0.01:2;
>>fill([x,fliplr(x)],[ones(size(x)),fliplr(x)],'r')
>>xlabel('x');
>>ylabel('y');
>>syms x y
>>f=x * y;
>>I=int(int(f,y,1,x),x,1,2);
>>I=vpa(I)
I=
  1.125
```

第三部分　概率论与数理统计

第1章　概　　率

随机走到一个有交通灯的十字路口，可能会遇到红灯，也可能会遇到绿灯或黄灯. 这类既可能发生、也可能不发生的现象在自然界和日常生活中十分普遍，人们经过长期观测发现这类现象在大量重复实验和观察下却呈现出某种规律性，即统计规律性，概率论和数理统计就是研究和揭示随机现象统计规律性的一门学科，是数学的一个重要分支.

概率论的产生：概率论这门重要的数学分支学科最初只是对于带机遇性游戏的分析，如“分赌注”问题. 梅累与其赌友掷骰子，每人押了 32 个金币，并事先约定，如果梅累先掷出三个 6 点，或其友先掷出三个 4 点，便算赢家. 当梅累掷出两次 6 点，其友掷出一次 4 点时，梅累接到通知，要去接见外宾，君命难违，此时收回赌注又不甘心，只好双方分赌注. 但这难住了他们，赌友说，虽然梅累只需再碰上一次 6 点就赢了，但他若再碰上两次 4 点，他也赢了，所以他应分得 64 的 1/3；梅累说，即使下次赌友掷出一个 4 点，他还可分一半，即 32 个，加上他有一半希望得 6 点，这又可得 16，故应得 64 的 3/4. 他们争论不休，最后求教了法国数学家帕斯卡. 1654 年，帕斯卡与费马展开讨论，并运用组合知识解决了这一问题，后来他们还研究了多个赌徒分赌注的问题. 1655 年，荷兰数学家惠更斯也参与了帕斯卡与费马的讨论，结论成书为《关于赌博中的推断》，这是概率论的奠基之作. “概率”一词是与探求真实性联系在一起的. 在我们所生活的世界里，充满了不确定性，试图通过猜测事件的真相来掌握这种不确定性，概率论这门学科就应运而生了.

概率论的发展：保险业推动了概率论的发展. 18 世纪欧洲的保险公司为了获得丰厚的利润，必须预先确定火灾、水灾、死亡等意外事件发生的概率，据此来确定保险的价格. 例如，人寿保险价格的简单确定方法是，先对各种年龄死亡的人数进行统计，得到表 1.1.

表 1.1 保险公司的统计数据

年　龄	活到该年龄的人数	在该年龄死亡的人数
30	85441	720
40	78106	765
50	69804	962
60	57917	15426

由此可知,如果一个人 40 岁,那么他当年死亡的概率是 $765\div78106\approx0.0098$,若有 1 万个 40 岁的人参加保险,每人付 a 元保险金,死亡可得 b 元人寿保险金.预期这 1 万个人的死亡数是 $10000\times0.0098=9.8$ 人,因此,保险公司需付出 $9.8b$ 元人寿保险金,其收支差额为 $10000a-9.8b$,这就是公司的利润.由此可见,保险公司获得利润的关键在于事先能较准确地确定出所保险项目中危险发生的概率.

实际上,保险问题中蕴涵着错综复杂的干扰因素,例如死亡概率常常受到自杀、谋杀、车祸等非正常死亡因素的干扰.

概率趣话(概率与 π):布丰(George Louis de Buffon,1707—1788,法国数学家)曾经做过一个投针试验.他在一张纸上画了很多条距离相等的平行直线,他将小针随意地投在纸上,一共投了 2212 次,结果与平行直线相交的共有 704 根,总数 2212 与相交数 704 的比值为 3.142.布丰得到的更一般的结果是:如果纸上两平行线间的距离为 d,小针的长为 l,投针次数为 n,所投的针中与平行线相交的次数为 m,那么当 n 相当大时有:

$$\pi\approx\frac{2nl}{dm}.$$

后来有许多人效仿布丰,用同样的方法计算 π 值,其中最为神奇的是意大利数学家拉兹瑞尼(Lazzerini),他在 1901 年宣称进行了多次投针试验得到了 π 的值为 3.1415929.用如此巧妙的方法,求到如此精确的 π 值,这体现了概率统计的魅力.

我们在日常生活中经常有意识地运用概率论与数理统计.今天天气预报说:明天的降雨概率为 80%,那你明天会带伞出门吗?如果说中奖的概率是 0.1%,你买一千张彩票就一定能中奖吗?抽签的先后顺序与抽到有记号的签有无关联?可见概率论与数理统计在各专业领域如农业、医学、军事、经济管理、社会科学调查、信息和控制等方面都有广泛的应用.

微课 50

1.1　随机事件

1.1.1　随机现象

引例 1.1(电荷)　带同种电荷的两个小球必互相排斥,带异种电荷的两个小球必互相吸引.

引例 1.2(水沸腾)　在一个标准大气压下,水温在 100℃ 沸腾,在 50℃ 却不可能沸腾.

引例 1.3(掷骰子)　多次重复掷一颗均匀的骰子,每次可能会出现 1,2,3,4,5,6 点多种结果之一.

引例 1.4(射击)　某门炮向某一目标射击,每次弹着点的位置.

在上述引例中,涉及了以下内容:

定义 1.1(确定性现象)　在一定的条件下必然产生某种结果或必然不产生某种结果的现象是**确定性现象**. 如引例 1.1、引例 1.2 都是确定性现象.

定义 1.2(随机现象)　在同样的条件下试验,产生的结果不一定完全一样且试验之前无法预料其结果的现象是**随机现象**. 引例 1.3、引例 1.4 就是随机现象. 为了研究随机现象的规律性,需要对客观事物反复地进行试验与观察.

1.1.2　随机试验

定义 1.3(试验)　在一定条件下,对自然现象和社会现象进行的实验或观察,称为**试验**. 试验通常用 E 表示,如

E_1:掷一枚骰子,观察出现的点数;

E_2:记录 110 报警台一天接到的报警次数;

E_3:在一批灯泡中任意抽取一个,测试它的寿命;

E_4:记录长度的测量误差.

上面列举了 4 个试验的例子,它们有着以下三个共同的特点:

(1) 试验在相同条件下可重复进行;

(2) 试验的所有可能基本结果事先明确且不止一个;

(3) 每次试验究竟出现哪个结果不能事先肯定.

在概率论中,将具有上述三个特点的试验称为**随机试验**. 我们是通过研究随机试验来研究随机现象的.

1.1.3　样本空间

对随机试验,我们首先关心的是它可能出现的结果有哪些. 随机试验的每一

个可能出现的结果称为一个**样本点**,用字母 ω 表示,而把试验 E 的所有可能结果的集合称作 E 的**样本空间**,并用字母 Ω 表示. 下面分别写出上述各试验 $E_k(k=1,2,3,4)$ 所对应的样本空间 Ω_k:

$$\Omega_1 = \{1,2,3,4,5,6\};$$
$$\Omega_2 = \{0,1,2,3,\cdots\};$$
$$\Omega_3 = \{t \mid t \geqslant 0\};$$
$$\Omega_4 = \{t \mid t \in (-\infty,+\infty)\}.$$

样本空间所含有的样本点可以是有限多个,也可以是无限多个. 另外,样本点应是随机试验最基本并且不可再分的结果. 当随机试验的内容确定之后,样本空间就随之确定了.

1.1.4 随机事件

在一次试验中可能发生也可能不发生的事情,称为**随机事件**,常用 $A,B,C\cdots$ 表示. 如:抛掷一颗骰子,"出现向上的点数为 2""出现向上的点数为 2 的倍数"等均是随机事件;而"出现向上的点数为 2"这一事件是不可再分的,称为**基本事件**,但出现"向上的点数为 2 的倍数"这一事件则由出现"向上的点数为 2""向上的点数为 4"、"向上的点数为 6"这些基本事件复合形成,这种事件常称为**复合事件**.

定义 1.4(必然事件) 每次试验必然发生的事件称为**必然事件**,记作 Ω,如:"在大气压强为 101325Pa 下,纯水加热到 100℃ 沸腾"即为必然事件.

定义 1.5(不可能事件) 不可能发生的事件称为**不可能事件**,记作 $\varnothing$,如:"抛一枚硬币,落下后,正面向上和反面向上同时发生",为不可能事件.

必然事件和不可能事件常看成随机事件的两个极端情形,必然事件包含试验中所有的样本点,不可能事件不包含任何样本点.

案例 1.1(产品抽样) 袋中有 3 个一等品 a_1,a_2,a_3 和 2 个二等品 b_1,b_2,从袋中任取 3 个,试求:

(1) 该随机试验中基本事件的个数,并写出样本空间;

(2)"恰好有一个二等品"这一事件由哪些基本事件组成?

(3)"恰好有两个二等品"这一事件由哪些基本事件组成?

(4)"至少有一个二等品"这一事件由哪些基本事件组成?

解 (1) 袋中共有 5 个产品,从袋中任取 3 个,该试验共有 $C_5^3=10$ 个基本事件:
$e_1=\{a_1,a_2,a_3\}$, $e_2=\{a_1,a_2,b_1\}$, $e_3=\{a_1,a_2,b_2\}$, $e_4=\{a_1,a_3,b_1\}$, $e_5=\{a_1,a_3,b_2\}$, $e_6=\{a_2,a_3,b_1\}$, $e_7=\{a_2,a_3,b_2\}$, $e_8=\{a_1,b_1,b_2\}$, $e_9=\{a_2,b_1,b_2\}$, $e_{10}=\{a_3,b_1,b_2\}$.

(2) 设 B 表示"恰有一个二等品"的事件,则 $B=\{e_2,e_3,e_4,e_5,e_6,e_7\}$.

(3) 设 C 表示"恰有两个二等品"的事件,则 $C=\{e_8,e_9,e_{10}\}$.

(4) 设D表示“至少有一个二等品”的事件，则$B=\{e_2,e_3,e_4,e_5,e_6,e_7,e_8,e_9,e_{10}\}$.

1.1.5 事件的关系与运算

微课 51

在随机试验中，有许多事件发生，而这些事件之间又有联系. 详细分析事件之间的关系，可以帮助我们更深刻地认识随机事件.

1.1.5.1 事件的包含与相等

引例 1.5(掷骰子) 骰子是一个正六面体，每面分别标有数字 1 ～ 6，进行抛掷骰子的随机试验中，“出现 4 点”“出现偶数”“出现数字小于 3”等都是随机事件.

如果事件A发生必然导致事件B发生，则称事件B**包含**事件A，记为$A\subset B$(图 1.1). 引例 1.5 中，令$A=$“出现 4 点”，$B=$“出现偶数点”，则$A\subset B$.

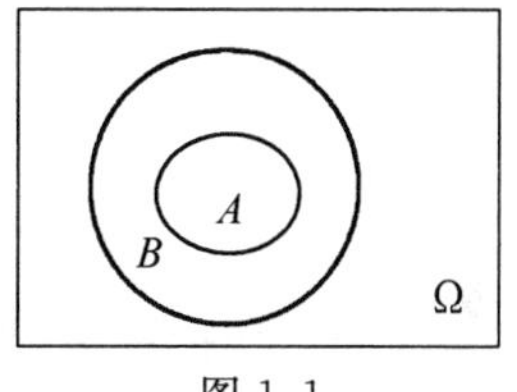

图 1.1

案例 1.2(检验灯泡) 从一批灯泡中任取一只，测试它的寿命，考虑事件：$A=$“寿命大于1500小时”，$B=$“寿命大于 1000 小时”，因寿命大于 1500 小时的灯泡必然寿命会大于 1000 小时，故$A\subset B$.

如果$A\subset B$，同时$B\subset A$，则称事件A和事件B**相等**，记为$A=B$.

引例 1.5 中，令$A=$“出现 2、4、6 点”，$B=$“出现偶数点”，则$A=B$.

1.1.5.2 事件的并(和)

事件A与事件B至少有一个发生的事件，称为事件A与事件B的**并(和)**，记为$A\cup B$或$A+B$ (图 1.2).

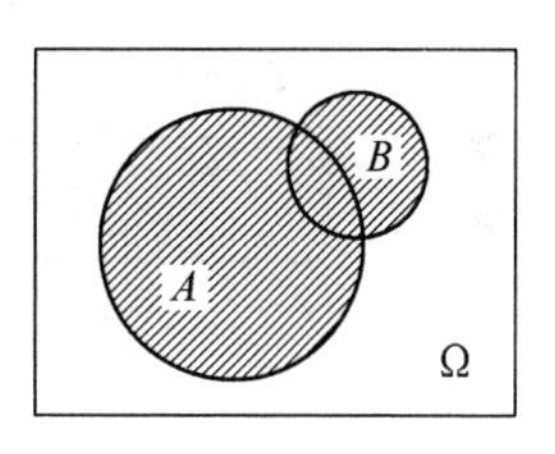

图 1.2

引例 1.5 中，令$A=$“出现偶数点”，$B=$“出现小于 5 的点”，则$A\cup B=\{1,2,3,4,6\}$.

作为样本空间的子集，和事件是由事件A和B中的所有样本点组成的新事件，是样本空间子集A与B的并集.

推广：$\bigcup\limits_{i=1}^{n}A_i$ 表示$A_1,A_2,\cdots,A_n$中至少有一个发生.

1.1.5.3 事件的交(积)

事件A与事件B同时发生，称为事件A与事件B的**交(积)**，记作$A\cap B$或AB(图 1.3).

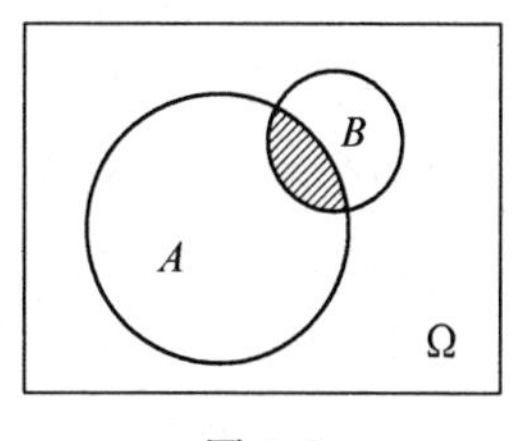

图 1.3

引例 1.5 中，令$A=$“出现偶数点”，$B=$“出现小于 5 的点”，则$A\cap B=\{2,4\}$.

推广：$\bigcap_{i=1}^{n} A_i$ 表示 $A_1, A_2, \cdots, A_n$ 同时发生.

换句话说，积事件 AB 是由事件 A 与 B 的所有公共基本事件组成的新事件，是 A 与 B 的交集.

1.1.5.4 事件的差

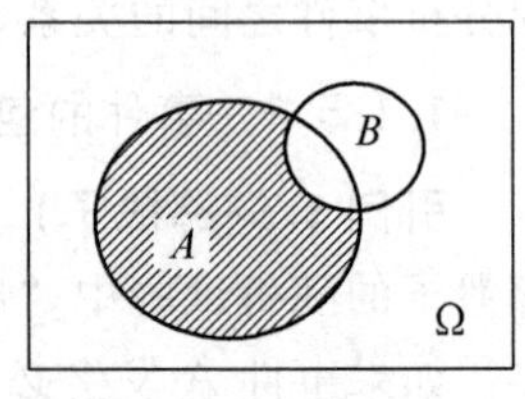

图 1.4

A 发生且 B 不发生的事件称为事件 A 与事件 B 的**差**，记作 $A-B$(图 1.4).

差事件 $A-B$ 是由在 A 中但不在 B 中的所有基本事件组成的新事件，是子集 A 与 B 的差集.

引例 1.5 中，令 $A=$"出现偶数点"，$B=$"出现小于 5 的点"，则 $A-B=\{6\}$，即"出现 6 点".

1.1.5.5 互斥(互不相容)事件

在同一次试验中，若事件 A 与事件 B 不能同时发生，即 $A\cap B=\varnothing$，则称 A 与 B 为**互斥(互不相容)事件**(图 1.5).

引例 1.5 中，令 $A=$"出现偶数点"，$B=$"出现 3 点"，则 $A\cap B=\varnothing$，即 A 与 B 为互斥事件，不能同时发生.

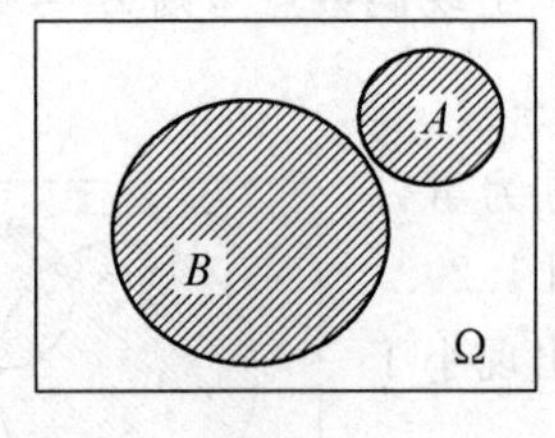

图 1.5

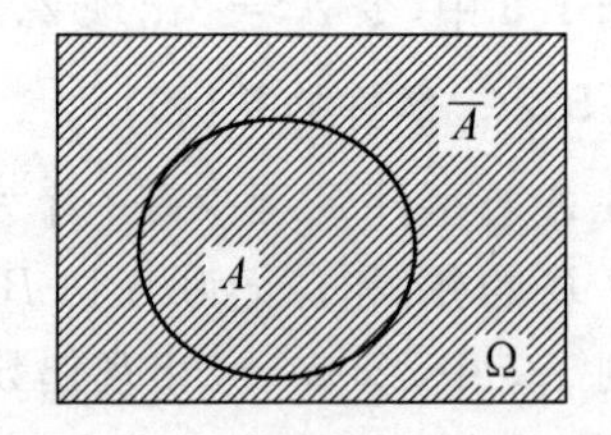

图 1.6

1.1.5.6 对立(逆)事件

如果事件 A 与事件 B 中必有一个发生，且仅有一个发生，即 $A\cup B=\Omega$，$A\cap B=\varnothing$，则称事件 A 与事件 B 互为**对立(逆)事件**，记为 $B=\overline{A}$，$A=\overline{B}$(图 1.6).

由此，"非 A"事件为 A 的对立(逆)事件，即 $\overline{A}=\Omega-A$.

引例 1.5 中，令 $A=$"出现偶数点"，则 $\overline{A}=$"出现奇数点".

显然有：(1) $A=\overline{\overline{A}}$；

(2) $\overline{\Omega}=\varnothing$，$\overline{\varnothing}=\Omega$；

(3) $A-B=A\overline{B}$.

案例 1.3(中靶事件) 甲、乙、丙三人同时进行射击，设 A,B,C 分别表示甲、乙、丙中靶事件，试用事件的运算关系表示下列事件：① 三人都中靶；② 三人都不中靶；③ 至少有一人中靶；④ 恰有两人中靶；⑤ 至多有一人中靶；⑥ 不多于两人中靶;⑦ 三人中至少有两人中靶.

解　① ABC;

② $\overline{A}\,\overline{B}\,\overline{C}$;

③ $A \cup B \cup C$;

④ $AB\overline{C} \cup A\overline{B}C \cup \overline{A}BC$;

⑤ $\overline{ABC} \cup A\overline{BC} \cup \overline{A}B\overline{C} \cup \overline{AB}C$;

⑥ $\overline{ABC}$;

⑦ $AB \cup BC \cup AC$.

案例 1.4(互斥性与对立性概念辨析)　判别下列问题下的各对事件的互斥性与对立性:

从 1000 只灯泡中任取 3 只检验(其中有 10 只次品,其余为正品),取得:

(1)“恰有 1 只次品”和“恰有 2 只次品”;

(2)“至少有 1 只次品”和“全是次品”;

(3)“至少有 1 只正品”和“至少有 1 只次品”;

(4)“至少有 1 只次品”和“全是正品”.

解　(1) 由于题设下的基本事件相当于从 1000 只灯泡中任取 3 只的一个组合,它可能全是正品,也可能是其他情形,现在“恰有 1 只次品”和“恰有 2 只次品”仅是其中的两种情形且在一次试验下是不可能同时出现的,因此它们是互斥事件,但非对立事件.

(2) 由(1)知,“至少有 1 只次品”包含了“全是次品”的情况,在一次试验中是可以同时发生的,因此它们不是互斥事件,更不是对立事件.

(3) 由(1)知,“至少有 1 只正品”是“恰有 1 只正品”“恰有 2 只正品”“恰有 3 只正品”的和事件;类似地,“至少有 1 只次品”是“恰有 1 只次品”“恰有 2 只次品”“恰有 3 只次品”的和事件. 于是,它们在同一次试验中是可以同时发生的,因此它们既不是互斥事件,也不是对立事件.

(4) 由(2)知,两事件不可能同时发生且其和事件构成必然事件,因此它们不仅是互斥事件,更是对立事件.

1.1.6　事件的运算律

在进行事件运算时,经常要用到下述运算律,设 A,B,C 为事件,则有:

(1) 交换律:$A \cup B = B \cup A, A \cap B = B \cap A$;

(2) 结合律:$(A \cup B) \cup C = A \cup (B \cup C)$,

$$(A \cap B) \cap C = A \cap (B \cap C);$$

(3) 分配律:$(A \cup B) \cap C = (A \cap C) \cup (B \cap C)$,

$$(A \cap B) \cup C = (A \cup C) \cap (B \cup C);$$

(4) 对偶律：$\overline{A \cup B} = \overline{A} \cap \overline{B}, \overline{A \cap B} = \overline{A} \cup \overline{B}$.

案例1.5(电路工作)　在如图1.7所示的电路中，设事件A,B,C分别表示a，b，c闭合，事件D表示指示灯亮，试用A,B,C表示下列事件：

(1) 指示灯亮；

(2) 指示灯不亮.

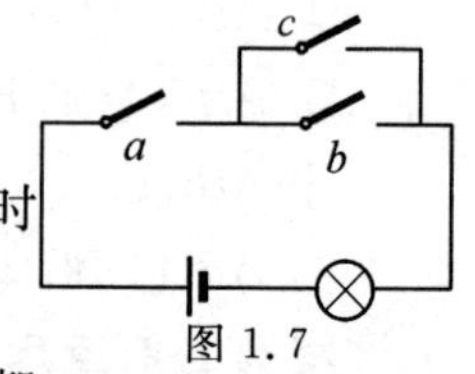

图 1.7

解　(1) 当且仅当"a闭合"且"b，c中至少有一个闭合"时指示灯亮，于是$D = A \cap (B \cup C)$.

(2) 事件$\overline{D}$表示指示灯不亮，当且仅当"a未闭合"或"b，c都未闭合"时指示灯不亮，于是$\overline{D} = \overline{A} \cup (\overline{B} \cap \overline{C})$.

习　题　1.1

1. 同时掷两颗骰子，x、y分别表示第一、二两颗骰子出现的点数，设事件A表示"两颗骰子出现点数之和为奇数"，B表示"点数之差为零"，C表示"点数之积不超过20"，用样本点的集合表示事件$B-A$，BC，$B \cup \overline{C}$.

2. 袋中有10个球，分别编有1至10的号码. 从中任取一个，设

A：取得的球的号码是偶数，

B：取得的球的号码是奇数，

C：取得的球的号码小于5.

问下述运算分别表示什么事件？

(1) $A \cup B$；(2) AB；(3) AC；(4) $\overline{A}\,\overline{C}$；(5) $\overline{C \cup B}$.

3. 对飞机进行两次射击，每次射击一弹，设

A_1：第一次射击击中飞机，

A_2：第二次射击击中飞机.

试用它们表示下列事件：

(1) 两弹都击中；

(2) 两弹都没有击中；

(3) 恰有一弹击中飞机；

(4) 至少有一弹击中飞机.

4. A,B,C表示三个事件，分别用它们的运算关系表示下列各个事件：

(1) A,B,C都发生；

(2) A,B,C都不发生；

(3) A发生，B,C都不发生；

(4) A,B,C至少有一个发生；

(5) A,B,C 恰好有一个发生；

(6) A,B,C 恰好有两个发生.

5. 设 A,B 表示两个事件，设 C 表示“事件 A,B 都发生”，D 表示“事件 A,B 不都发生”，E 表示“事件 A,B 都不发生”，则其中哪两个是互斥事件?哪两个是对立事件?

6. 袋中有10个零件，其中6个一等品，4个二等品. 无放回地抽取3次，每次取1个. 若用 A_i 表示第 i 次抽取到的是一等品($i=1,2,3$). 问如何表示下列事件?

(1) 3个都是一等品；

(2) 3个都是二等品；

(3) 前两个是一等品，最后一个是二等品；

(4) 不计顺序，3个中有2个是一等品，1个是二等品.

1.2　随机事件的概率

1.2.1　概率的统计定义

对于随机现象，主要从下列两个方面加以研究，一是研究它的所有可能出现的结果(即事件)，以及这些结果的相互关系(即事件间的相互关系)；二是研究各事件发生的可能性大小(即统计规律性).

引例1.6(重复投掷硬币)　人们知道掷一枚硬币，事先无法知道哪一面向上，但是出现正面和反面的机会是相等的，在大量的投掷时，正面和反面出现的次数“差不多”，表1.2所示为前人重复抛硬币的试验结果.

表1.2　重复抛硬币试验结果

试验人	投掷次数 n	出现正面次数 m	正面出现频率 m/n
荻摩更	2048	1061	0.5181
布丰	4040	2048	0.5069
皮尔逊	24000	12012	0.5005
维尼	30000	14994	0.4998

由引例1.6看出，当试验的次数 n 增加时，出现正面的频率 $\frac{m}{n}$ 围绕着一个确定的常数0.5作幅度越来越小的摆动. 出现正面的频率稳定于0.5附近，是一个客观存在的事实，不随人们主观意志为转移. 这一规律，就是频率的稳定性.

定义 1.6 在 n 次重复试验中，若事件 A 发生 m 次，则 $\frac{m}{n}$ 叫作事件 A 发生的**频率**(m 为事件 A 发生的**频数**)，记作

$$f_n(A)=\frac{m}{n}.$$

显然，事件的频率满足：

(1) $0\leqslant f_n(A)\leqslant 1$；

(2) $f_n(\Omega)=1, f_n(\varnothing)=0$；

(3) 若 A 与 B 互斥，则 $f_n(A+B)=f_n(A)+f_n(B)$.

频率是概率的一个很好反映，但是，频率却不能因此作为概率，因为概率应当是一个确定的量，不应像频率那样随重复试验和重复次数的变化而变化. 不过，频率可以作为概率的一个有客观依据的估计，这个依据就是频率的稳定性.

引例 1.7(7 回合的射击) 某射手在同一条件下进行 7 回合的射击，结果如表 1.3 所示.

表 1.3 7 回合的射击结果

射击次数 n	10	20	50	100	200	500	1000
击中靶心次数 m	8	19	45	92	178	455	899
击中靶心频率 m/n	0.8	0.95	0.9	0.92	0.89	0.91	0.899

求：(1) 这个射手射击一次，击中靶心的概率大约是多少？

(2) 这个射手射击 60 次，大约有多少次能击中靶心？

解 (1) 由表中数据可以看出，当射击次数很多时，击中靶心的频率接近 0.9，且在其附近摆动，因此可以认为击中靶心的概率大约为 0.9.

(2) 由(1)可知，射击 60 次的频率约为 0.9，因此这 60 次中击中靶心的次数约为 54.

据此，我们可以对概率给出一个客观描述，这就是概率的统计定义.

定义 1.7 在一个随机试验中，如果随着试验次数的增大，事件 A 出现的频率 $\frac{m}{n}$ 在某一常数 P 附近摆动，则称 P 为事件 A 发生的**概率**，记作

$$P(A)=P.$$

这个定义称为概率的**统计定义**.

由此定义可知：$P(A)\approx f_n(A)=\frac{m}{n}$.

案例 1.6(水库中鱼的数量) 从水库中捕出 2000 尾鱼，给每尾鱼系上小红绳做记号，然后放回水库. 经过适当的时间，让做有记号的鱼与其他鱼充分混合，再

从水库中捕出一定数量的鱼，第二次捕到的鱼有500尾，其中有记号的鱼有40尾．试根据上述数据，估计水库内鱼的尾数．

解 设水库中鱼的尾数为n，并设$A=$“捕到有记号的鱼”，当2000尾被做上记号的鱼放回水库与其他鱼充分混合后，任捕水库中的一尾鱼，有

$$P(A)=\frac{m}{n}=\frac{2000}{n},$$

对于第二次捕的500尾鱼，有$f_{500}(A)=\dfrac{40}{500}$，

由于第二次捕的鱼数量较大，可视为$P(A)\approx f_{500}(A)$，即$\dfrac{2000}{n}\approx\dfrac{40}{500}$，故$n\approx 25000$．

这就是说，频率的稳定性是概率的经验基础，而频率的稳定值是随机事件的概率．频率是个试验值，具有偶然性，可能取多个不同值，它近似地反映了事件发生可能性的大小；概率是个理论值，只能取唯一值．只有概率，才精确地反映出事件发生可能性的大小．

概率的性质如下：

(1) $0\leqslant P(A)\leqslant 1$；

(2) $P(\Omega)=1, P(\varnothing)=0$；

(3) 若A、B互斥，则$P(A+B)=P(A)+P(B)$；

(4) $P(\overline{A})=1-P(A)$．

1.2.2 古典概型

微课52

根据概率的统计定义来求概率，要做大量的试验，并且所得的结果只能是近似值．但对于某些类型的概率问题，可以通过研究它的内在规律来确定它的概率．

引例1.8(抛掷骰子) 进行抛掷一颗骰子的随机试验，令A_i表示“出现i点”$(i=1,2,3,4,5,6)$，以上6个事件是试验的基本事件．考虑到骰子的对称性，故出现各个基本事件的可能性应该相同，即有

$$P(A_i)=\frac{1}{6}\quad(i=1,2,3,4,5,6)$$

而其他随机事件应该是由以上基本事件组成的，如：令B表示“出现小于3的数”，则B包含A_1，A_2两个基本事件，因而有

$$P(B)=\frac{2}{6}=\frac{1}{3}.$$

若随机试验具有以下两个特征：

(1) **有限性**:在试验或观察中,样本空间只有有限个基本事件.

(2) **等可能性**:每个基本事件发生的可能性都相同,

则称这种随机试验的概率模型为**古典概型**.这种模型是概率论发展初期的主要研究对象,一方面,它相对简单、直观,易于理解,另一方面,它又能解决一些实际问题,因此至今在概率论中都占有比较重要的地位.

定义1.8 在古典概型中,若基本事件总数为n,事件A包含的基本事件个数为m,则事件A的概率为

$$P(A)=\frac{\text{事件}A\text{包含的基本事件个数}}{\text{基本事件总数}}=\frac{m}{n}.$$

案例1.7(抽取产品) 有10件产品,其中2件次品,无放回地取出3件,求:

(1) 这3件产品全是正品的概率;

(2) 这3件产品恰有1件次品的概率;

(3) 这3件产品至少有1件次品的概率.

解 设A表示"全是正品",B表示"恰有1件次品",C表示"至少有1件次品".

从10件中取出3件,共有C_{10}^3种取法,即有C_{10}^3个等可能的基本事件.

(1) $P(A)=\dfrac{C_8^3}{C_{10}^3}=\dfrac{56}{120}=\dfrac{7}{15}$;

(2) $P(B)=\dfrac{C_8^2C_2^1}{C_{10}^3}=\dfrac{56}{120}=\dfrac{7}{15}$;

(3) 两种情况:恰有一件次品,取法有$C_8^2C_2^1$种;恰有两件次品,取法有$C_8^1C_2^2$种.

$$P(C)=\frac{C_8^2C_2^1+C_8^1C_2^2}{C_{10}^3}=\frac{64}{120}=\frac{8}{15},$$

或"至少有一件次品"的对立事件是"三件产品全是正品",故

$$P(C)=1-P(A)=1-\frac{7}{15}=\frac{8}{15}.$$

案例1.8(放球模型) 2个球放到4个不同的盒子中,求:

(1) 第二个盒子中无球的概率;

(2) 第三个盒子恰有一球的概率;

(3) 第一个和第三个盒子中各有一球的概率.

解 每个球放入4个不同盒子都有4种不同放法,于是2个球放入4个不同盒子共有$4^2=16$种不同放法,即基本事件的总数为$n=16$.

(1) 设事件A表示"第二个盒子中无球",即2个球放入了其他三个盒子,每个球有3种不同放法,于是A包含基本事件的总数$m=3^2=9$,故

$$P(A)=\frac{9}{16}=0.5625.$$

(2) 设事件 B 表示“第三个盒子恰有一球”,则

$$P(B)=\frac{3\times A_2^2}{16}=\frac{3}{8}=0.375.$$

(3) 设事件 C 表示“第一个和第三个盒子中各有一球”,则

$$P(C)=\frac{A_2^2}{16}=\frac{1}{8}=0.125.$$

案例 1.9(抽取数字) 从 1,2,…,9 九个数字中任取一个,取后放回,先后取出 5 个数字组成五位数,求下列事件的概率:

(1) $A_1=$“五个数字全不相同”; (2) $A_2=$“五位数是奇数”;

(3) $A_3=$“2 恰好出现 2 次”; (4) $A_4=$“2 至少出现 2 次”.

解 (1) $P(A_1)=\dfrac{A_9^5}{9^5}=0.256$;

(2) $P(A_2)=\dfrac{9^4\cdot C_5^1}{9^5}=0.556$;

(3) $P(A_3)=\dfrac{C_5^2 8^3}{9^5}=0.867$;

(4) 设 $B_i=$“2 恰好出现 i 次”$(i=0,1,2,3,4,5)$,则

$$\begin{aligned}P(A_4)&=1-P(B_0+B_1)=1-P(B_0)-P(B_1)\\&=1-\frac{8^5}{9^5}-\frac{5\cdot 8^4}{9^5}=0.0983.\end{aligned}$$

习 题 1.2

1. 一个袋中有五个红球、三个白球、两个黑球,从中任取三个球,求这三个球恰为一红、一白、一黑的概率.

2. 设有一批产品共 100 件,其中有 5 件次品,其余均是正品. 今从中任取 50 件,求取出的 50 件中恰有 2 件次品的概率.

3. 将 10 本书任意放在书架上,求其中指定的 3 本书靠在一起的概率.

4. 2 封信随机地投入 4 个邮箱,求前 2 个邮筒内没有信的概率以及第 1 个邮筒内只有 1 封信的概率.

5. 从一副扑克中(52 张)任取两张,求:

(1) 都是红桃的概率;

(2) 恰有一张黑桃、一张红桃的概率.

6. 袋中有两个红球、一个白球,从中随机地摸取两个,试求:

(1) 取球无先后之分,一个红球,一个白球的概率;

(2) 取球有先后之分,每次取一个,取后不放回,一个红球,一个白球的概率;

(3) 取球有先后之分,每次取一个,取后放回,两个都是红球的概率.

1.3　概率的加法公式

微课 53

1.3.1　互不相容事件的加法公式

若已知事件 A 和事件 B 发生的概率,如何计算事件 A 和 B 至少有一个发生的概率?

引例 1.9(检查产品)　产品分一等品、二等品与废品三种,若一等品的概率为 0.73,二等品的概率为 0.21,求产品的合格品率和废品率.

解　分别用 A_1,A_2,A 表示"一等品""二等品""合格品",则$\overline{A}$ 表示"废品",显然合格品包含一等品和二等品,故

$$P(A)=P(A_1\cup A_2)=P(A_1)+P(A_2)=0.73+0.21=0.94,$$

$$P(\overline{A})=1-P(A)=1-0.94=0.06.$$

互不相容事件的加法公式　两个互不相容事件的和的概率,等于它们概率的和,即若 A,B 互不相容,则

$$P(A\cup B)=P(A)+P(B).$$

现就古典概型情况加以证明.

设基本事件的总数为 n,事件 A 包含了 m_A 个基本事件,事件 B 包含了 m_B 个基本事件,由于 A,B 互不相容,A 所包含的 m_A 个基本事件与 B 所包含的 m_B 个基本事件是完全不同的,所以包含了 m_A+m_B 个基本事件,故

$$P(A\cup B)=\frac{m_A+m_B}{n}=\frac{m_A}{n}+\frac{m_B}{n}=P(A)+P(B).$$

推论 1.1　若事件 $A_1,A_2,\cdots,A_n$ 两两互不相容,则

$$P(A_1\cup A_2\cup\cdots\cup A_n)=P(A_1)+P(A_2)+\cdots+P(A_n),$$

其中 n 为正整数.

推论 1.2　对任意事件 A,B 有

$$P(B-A)=P(B)-P(AB).$$

特别地,当 $A\subset B$ 时,$P(B-A)=P(B)-P(A)$,且 $P(A)\leqslant P(B)$.

案例 1.10(取球问题)　袋中有 20 个球,其中有 3 个白球、17 个黑球.从中任

取3个,求至少有1个白球的概率.

我们用 A_i 表示"取得 i 个白球($i=0,1,2,3$)",用 A 表示"至少有1个白球".

解法一 (利用古典概型中计算概率的方法)

$$P(A)=\frac{C_3^1C_{17}^2+C_3^2C_{17}^1+C_3^3C_{17}^0}{C_{20}^3}=\frac{23}{57}.$$

解法二 (利用概率的加法公式)

由于 A_1,A_2,A_3 两两互不相容,故

$$P(A)=P(A_1)+P(A_2)+P(A_3)=\frac{C_3^1C_{17}^2}{C_{20}^3}+\frac{C_3^2C_{17}^1}{C_{20}^3}+\frac{C_3^3C_{17}^0}{C_{20}^3}=\frac{23}{57}.$$

解法三 (利用对立事件的概率公式)

$\overline{A}$ 表示"一个白球也没取到",则

$$P(\overline{A})=1-P(A)=1-\frac{C_3^0C_{17}^3}{C_{20}^3}=\frac{23}{57}.$$

本例说明,当直接计算某事件的概率比较复杂时,可转化为求它的对立事件的概率,往往会简化计算.

注:在应用公式 $P(A\cup B)=P(A)+P(B)$ 时,一定要验证 A,B 互不相容.

例如:甲、乙两门炮同时向同一架敌机射击,击中的概率分别为0.5和0.6,求敌机被击中的概率.若用 A,B 分别表示"甲击中""乙击中"这两个事件,则 $A\cup B$ 表示"敌机被击中",用公式 $P(A\cup B)=P(A)+P(B)=0.5+0.6=1.1$,错误!错误的原因是忽略了"甲、乙两炮同时击中敌机的可能".

案例1.11(苗圃卖桃树) 苗圃出售10株被摘去标签的桃树,已知其中4株为一个品种,其余6株为另一个品种,一个顾客买了3株,求3株是同一品种的概率.

解 设 A_1 表示"3株桃树都是甲品种",A_2 表示"3株桃树都是乙品种",B 表示"3株桃树是同一品种".由于 A_1,A_2 两两互不相容,则

$$P(B)=P(A_1\cup A_2)=P(A_1)+P(A_2)=\frac{C_4^3}{C_{10}^3}+\frac{C_6^3}{C_{10}^3}=\frac{1}{5}=0.2.$$

1.3.2 任意事件的加法公式

那么,对于任意两个事件的和的概率如何计算呢?

引例1.10(电路断路问题) 如图1.8所示线路中,元件 a 发生故障的概率为0.05,元件 b 发生故障的概率为0.06,a,b 同时发生故障的概率为0.003,求断路的概率.

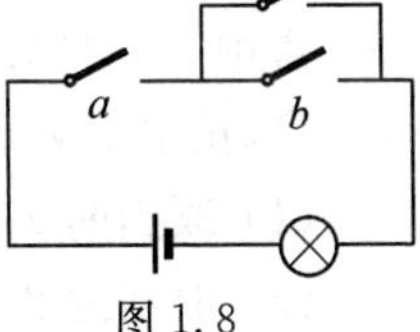

图1.8

解 用 A 表示"元件 a 发生故障",B 表示"元件 b 发生故障",则 $A\cup B$ 表示"元件 a,b 至少有一个发生故障",即"断

路”,则

$$P(A \cup B) = P(A) + P(B) - P(AB) = 0.05 + 0.06 - 0.003 = 0.107.$$

定理 1.1 对任意两个事件 A,B(图 1.9),有

$$P(A \cup B) = P(A) + P(B) - P(AB).$$

推论 1.3 对任意三个事件 A,B,C(图 1.10),有

$$P(A \cup B \cup C) = P(A) + P(B) + P(C) - P(AB) - P(AC) - P(BC) + P(ABC).$$

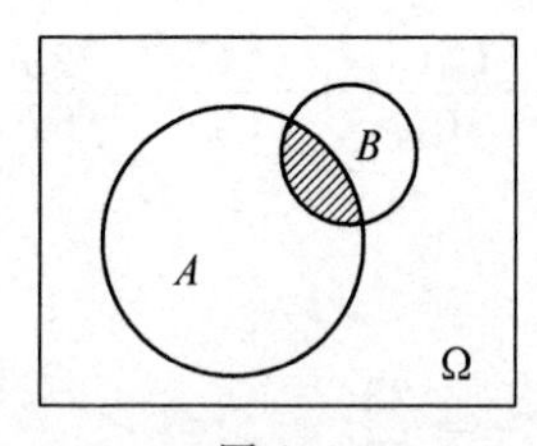

图 1.9

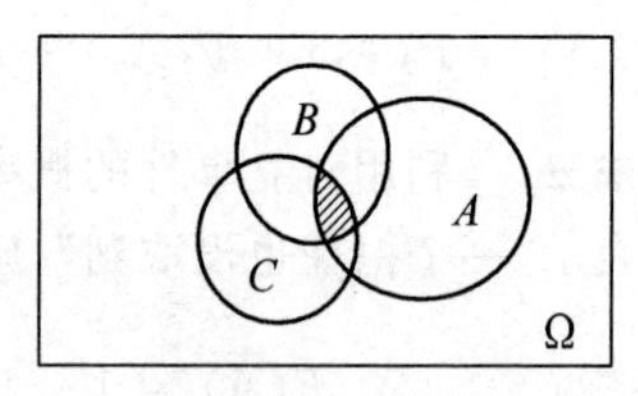

图 1.10

案例 1.12(订报的家庭) 某地区订日报的家庭占 60%,订晚报的家庭占 30%,两种报都不订的家庭占 25%,试求:(1) 两种报都订的家庭的概率;(2) 只订日报的家庭的概率.

解 设 A = “订日报的家庭”,B = “订晚报的家庭”.

(1) $P(A \cup B) = 1 - P(\overline{A}\,\overline{B}) = 1 - 0.25 = 0.75$;

$$P(AB) = P(A) + P(B) - P(A \cup B) = 0.6 + 0.3 - 0.75 = 0.15.$$

(2) $P(A\overline{B}) = P(A - AB) = P(A) - P(AB) = 0.6 - 0.15 = 0.45.$

习 题 1.3

1. 已知某射手射击时击中 6,7,8,9,10 环的概率分别为 0.19,0.18,0.17,0.16,0.15,该射手射击一次,求:

(1) 至少中 8 环的概率;

(2) 至多中 8 环的概率.

2. 设事件 A,B 互斥,且 $P(A) = 0.6, P(A \cup B) = 0.8$,求 $P(\overline{B})$.

3. 甲、乙两人进行射击,甲击中目标的概率为 0.8,乙击中目标的概率为 0.85,甲、乙同时击中目标的概率为 0.68,求目标被击中的概率.

4. 由 10,11,…,99 中任取一个两位数,求这个数能被 2 或 3 整除的概率.

5. 盒中有 6 只灯泡,其中 2 只次品,4 只正品,有放回地从中任取两次,每次取一只,试求下列事件的概率:

(1) 取到的 2 只都是次品;

(2) 取到的 2 只中正品、次品各一只;

(3) 取到的 2 只中至少有一只正品.

6. 现有某电子元件 50 个,其中一级品 45 个、二级品 5 个,若从中任取 3 个,求至少有一个二级品的概率?

7. 某单位订阅甲、乙、丙三种报纸,职工中 40% 读甲报,26% 读乙报,24% 读丙报,8% 兼读甲、乙报,5% 兼读甲、丙报,4% 兼读乙、丙报,2% 兼读甲、乙、丙报,现从职工中随机抽取一人,问该人至少读一种报纸的概率是多少?不读报的概率是多少?

1.4　概率的乘法公式

微课 54

1.4.1　条件概率

在实际问题中,除了要知道事件 A 的概率 $P(A)$ 外,有时还需要知道"在事件 B 发生的条件下,事件 A 发生的概率",这个概率记作 $P(A \mid B)$,由于增加了新的条件"事件 B 已经发生",所以一般来说,$P(A \mid B)$ 与 $P(A)$ 不同,称 $P(A \mid B)$ 为条件概率. 相应地,把 $P(A)$ 称为无条件概率或原概率.

定义 1.9　"在 B 发生的条件下 A 发生的概率"称为**条件概率**,记作 $P(A \mid B)$.

引例 1.11(产品抽检)　甲、乙两个工厂生产同类产品,结果如表 1.4 所示.

表 1.4　甲、乙两个工厂产品情况

	合格品数	废品数	合　计
甲厂产品数	67	3	70
乙厂产品数	28	2	30
合　计	95	5	100

从这 100 件产品中随机抽取一件,用 A 表示"取到的是甲厂产品",B 表示"取到的是合格品",则 $\overline{A}$ 表示"取到的是乙厂产品",$\overline{B}$ 表示"取到的是废品". 由概率的古典定义可知:

$$P(A) = \frac{70}{100}, \quad P(B) = \frac{95}{100}, \quad P(AB) = \frac{67}{100}.$$

现在要问: 如果已知取到的产品是合格品,那么这件产品是甲厂产品的概率是多少呢?这实质上是求在事件 B 已经发生的前提下,事件 A 的条件概率. 由于一共有 95 件合格品,而其中甲厂产品有 67 件,故 $P(A \mid B) = \frac{67}{95}$.

类似可求出 $P(\overline{A} \mid B) = \frac{28}{95}, P(B|A) = \frac{67}{70}, P(\overline{B}|A) = \frac{3}{70}$ 等.

案例 1.13(英语六级通过情况) 全年级 100 名同学中,有 80 名男生,20 名女生.通过英语六级者有 30 人,其中有女生 12 人,现在从班级名册中任意指定一个名字,试求:

(1) 被指定的同学通过英语六级的概率 $P(A)$;

(2) 被指定的同学是女生的概率 $P(B)$;

(3) 被指定的同学既是女生,又通过英语六级的概率;

(4) 如果发现被指定的是女生,其通过英语六级的概率.

解 (1) $P(A)=\dfrac{30}{100}=0.3$; (2) $P(B)=\dfrac{20}{100}=0.2$;

(3) $P(AB)=\dfrac{12}{100}=0.12$; (4) $P(A\mid B)=\dfrac{12}{20}=0.6$.

定理 1.2 条件概率也可按如下公式计算:

$$P(A\mid B)=\frac{P(AB)}{P(B)}\quad (P(B)\neq 0)$$

$$P(B\mid A)=\frac{P(AB)}{P(A)}\quad (P(A)\neq 0)$$

引例 6.11 的条件概率 $P(A\mid B)=\dfrac{P(AB)}{P(B)}=\dfrac{\frac{67}{100}}{\frac{95}{100}}=\dfrac{67}{95}$.

案例 1.14(电子元件寿命) 某种电子元件用满 6000 小时未坏的概率是$\dfrac{3}{4}$,用满 10000 小时未坏的概率是$\dfrac{1}{2}$,现有一个此种电子元件,已经用过 6000 小时未坏,问它能用到 10000 小时的概率.

解 设 $A=\{$用满 10000 小时未坏$\}$,$B=\{$用满 6000 小时未坏$\}$,则

$$P(A)=\frac{1}{2},P(B)=\frac{3}{4}.$$

因为 $A\subset B$,所以 $AB=A$.

因此,$P(A\mid B)=\dfrac{P(AB)}{P(B)}=\dfrac{P(A)}{P(B)}=\dfrac{1/2}{3/4}=\dfrac{2}{3}$.

1.4.2 任意事件的乘法公式

由条件概率计算公式可得乘法公式.

定理 1.3 对于两个事件 A,B,有

$$P(AB)=P(A)\cdot P(B\mid A)=P(B)P(A\mid B).$$

案例1.15(灯泡检验)　市场上供应的灯泡中，甲厂占70%，乙厂占30%，甲厂产品的合格率为95%，乙厂产品的合格率为80%，求从市场上买到一个灯泡是甲厂生产的合格灯泡的概率和乙厂生产的不合格灯泡的概率.

解　设 $A=\{甲厂产品\}, B=\{合格灯泡\}$，则

$$P(AB)=P(A)\cdot P(B\mid A)=0.7\times 0.95=0.665,$$

$$P(\overline{A}\,\overline{B})=P(\overline{A})\cdot P(\overline{B}\mid \overline{A})=0.3\times 0.2=0.06.$$

案例1.16(河流泛滥)　假设某地区位于甲、乙两河流的汇合处，当任一河流泛滥时，该地区即遭受水灾. 设某时期内甲河流泛滥的概率为0.1，乙河流泛滥的概率为0.2. 当甲河流泛滥时乙河流泛滥的概率为0.3. 求：(1) 该时期内这个地区遭受水灾的概率；(2) 当乙河流泛滥时甲河流泛滥的概率.

解　设 A_1 表示"某时期内甲河流泛滥"，A_2 表示"某时期内乙河流泛滥"，A 表示"该时期内这个地区遭受水灾".

由条件可知 $P(A_1)=0.1, P(A_2)=0.2, P(A_2\mid A_1)=0.3$.

由乘法公式得 $P(A_1A_2)=P(A_1)P(A_2\mid A_1)=0.1\times 0.3=0.03$.

$$(1)\ P(A)=P(A_1\cup A_2)=P(A_1)+P(A_2)-P(A_1A_2)$$
$$=0.1+0.2-0.03=0.27;$$

$$(2)\ P(A_1\mid A_2)=\frac{P(A_1A_2)}{P(A_2)}=\frac{0.03}{0.2}=0.15.$$

推广(有限个事件的乘法公式)　对于 n 个事件 $A_1, A_2, \cdots A_n$，有

$$P(A_1A_2\cdots A_n)=P(A_1)P(A_2\mid A_1)P(A_3\mid A_1A_2)\cdots P(A_n\mid A_1A_2\cdots A_{n-1}).$$

案例1.17(产品抽取)　100件产品中有10件次品，无放回地抽3次，每次取1件，求全是次品的概率.

解　用 A_i 表示"第 i 次抽到次品"$(i=1,2,3)$，B 表示"全是次品"，则

$$P(A_1)=\frac{10}{100},\ P(A_2\mid A_1)=\frac{9}{99},\ P(A_3\mid A_1A_2)=\frac{8}{98},$$

$$P(B)=P(A_1A_2A_3)=P(A_1)P(A_2\mid A_1)P(A_3\mid A_1A_2)$$
$$=\frac{10}{100}\cdot\frac{9}{99}\cdot\frac{8}{98}=\frac{2}{2695}.$$

1.4.3　事件的独立性

微课55

在现实生活中，有些事件的发生不互相影响，如：

引例1.12　抛两枚硬币，观察出现正反面的情况，令 A 表示

"第一枚硬币出现正面", B 表示"第二枚硬币出现反面".

引例 1.13 甲、乙两人同时向一目标射击各一次,彼此互不影响. A 表示"甲击中", B 表示"乙击中".

很明显,上两个引例中事件 A 与事件 B 之间没有必然的联系,其中任一个事件发生与否,都不影响另一个事件发生的可能性,这就称事件 A 与事件 B 是相互独立的,即 $P(A \mid B) = P(A)$ 或 $P(B|A) = P(B)$.

案例 1.18(抽取数字) 从 1 至 9 九个数中依次随机地取出 2 个数,设事件 A 为"第一次取得奇数",事件 B 为"第二次取得奇数",试问在下列情形下取数时,事件 A 与 B 是否相互独立:(1) 有放回;(2) 无放回.

解 (1) 有放回情形下:由已知可知, $P(B) = \dfrac{5}{9}$,第一次取得奇数时,第二次取得奇数的概率为 $P(B \mid A) = \dfrac{5}{9}$,即 $P(B|A) = P(B)$,由此可见,事件 A 与 B 是相互独立事件.

(2) 无放回情形下:第二次取得奇数的概率为 $P(B) = \dfrac{5}{8}$;第一次取得奇数时,第二次取得奇数的概率为 $P(B \mid A) = \dfrac{4}{8}$, $P(B|A) \neq P(B)$,因此,事件 A 与 B 不是相互独立事件.

注:事件的独立性是个重要的概念.在实际问题中,两事件是否独立,是根据具体问题中独立性的实际意义来判断的.比如:两部机床互不联系地各自运转,则"这部机床发生故障"与"那部机床发生故障"是相互独立的;而地球上"甲地地震"与"乙地地震"就不能轻易判定是相互独立的,因为它们可能存在着某种内在的联系.

由案例 1.17 可知,事件 B 发生的概率与已知事件 A 发生的条件无关,即 $P(B|A) = P(B)$.这样,乘法公式 $P(AB) = P(A)P(B \mid A)$ 就变成了 $P(AB) = P(A)P(B)$.

定义 1.10(两事件独立的严格定义) 对于事件 A 与事件 B,若

$$P(AB) = P(A)P(B), \tag{1.1}$$

则称事件 A 与 B **相互独立**.

注:(1) 相互独立事件与互斥事件是两个不同背景下的概念,所谓 A,B 两事件相互独立,其实质是事件 A 发生的概率与事件 B 是否发生毫无关系;所谓 A,B 两事件互不相容,其实质是事件 B 的发生,必然导致事件 A 的不发生,从而事件 A 发生的概率与事件 B 是否发生密切相关.

(2) 由此定义可知,必然事件 Ω、不可能事件 $\varnothing$ 与任何事件是相互独立的;另

外可以证明：当 A 与 B 相互独立时，A 与$\overline{B}$，$\overline{A}$ 与 B，$\overline{A}$ 与$\overline{B}$ 也都是相互独立的事件.

(3) 在实际应用中，一般不是根据定义，而是根据实际经验知道 A 与 B 相互独立，然后再利用式(1.1) 求出 $P(AB)$.

1.4.4 独立事件的加法公式

若事件 A，B 独立，则

$$P(A \cup B) = P(A) + P(B) - P(A)P(B),$$

也可表示为
$$P(A \cup B) = 1 - P(\overline{A})P(\overline{B}).$$

案例 1.19(破译密码) 甲、乙两人自行破译一个密码，他们能译出密码的概率分别为$\frac{1}{3}$ 和$\frac{1}{4}$，求：

(1) 两个人都译出密码的概率；(2) 两个人都译不出密码的概率；

(3) 恰有一个人译出密码的概率；(4) 至多有一个人译出密码的概率；

(5) 密码被破译的概率.

解 设事件 A_1 为“甲译出密码”，事件 A_2 为“乙译出密码”. 由于甲、乙两人是自行破译密码，所以 A_1 与 A_2 为相互独立事件. 又设事件 A 为“两个人都译出密码”，事件 B 为“两个人都译不出密码”，事件 C 为“恰有一个人译出密码”，事件 D 为“至多有一个人译出密码”，事件 E 为“密码被破译”.

于是 $A = A_1A_2$，$B = \overline{A}_1\overline{A}_2$，$C = A_1\overline{A}_2 \cup \overline{A}_1A_2$，$D = B \cup C = \overline{A}$，$E = A_1 \cup A_2$，且 $P(A_1) = \frac{1}{3}$，$P(A_2) = \frac{1}{4}$，从而

(1) $P(A) = P(A_1A_2) = P(A_1)P(A_2) = \frac{1}{3} \times \frac{1}{4} = \frac{1}{12}$；

(2) $P(B) = P(\overline{A}_1\overline{A}_2) = P(\overline{A}_1)P(\overline{A}_2) = \left(1 - \frac{1}{3}\right)\left(1 - \frac{1}{4}\right) = \frac{1}{2}$；

(3)
$$\begin{aligned} P(C) &= P(A_1\overline{A}_2 \cup \overline{A}_1A_2) = P(A_1\overline{A}_2) + P(\overline{A}_1A_2) \\ &= P(A_1)P(\overline{A}_2) + P(\overline{A}_1)P(A_2) \\ &= \frac{1}{3} \times \left(1 - \frac{1}{4}\right) + \left(1 - \frac{1}{3}\right) \times \frac{1}{4} = \frac{5}{12}; \end{aligned}$$

(4) $P(D) = P(B \cup C) = P(B) + P(C) = \frac{1}{2} + \frac{5}{12} = \frac{11}{12}$，

或
$$P(D) = P(\overline{A}) = 1 - P(A) = 1 - \frac{1}{12} = \frac{11}{12};$$

(5) $P(E)=P(A_1\cup A_2)=P(A_1)+P(A_2)-P(A_1)P(A_2)=\frac{1}{3}+\frac{1}{4}-\frac{1}{3}\times\frac{1}{4}$

$$=\frac{1}{2},$$

或 $$P(A_1\cup A_2)=1-P(\overline{A}_1)P(\overline{A}_2)=1-P(B)=\frac{1}{2}.$$

1.4.5 多个事件的独立性

定义 1.11 对于三个事件 A,B,C,如果

$$P(AB)=P(A)P(B),$$
$$P(BC)=P(B)P(C),$$
$$P(AC)=P(A)P(C),$$
$$P(ABC)=P(A)P(B)P(C),$$

四个等式同时成立,则称 A,B,C 是**相互独立**的.

A,B,C 独立必有 A,B,C 两两独立,但反之不然.

上面定义可以推广:如果从 n 个事件 $A_1,A_2,\cdots,A_n$ 中任意取出 k 个事件($k=2,3,\cdots,n$),都有所取出事件积的概率等于事件概率的积,则称 $A_1,A_2,\cdots,A_n$ 是相互独立的.

注: 若由实际经验知 n 个事件 $A_1,A_2,\cdots,A_n$ 相互独立,则

$$P(A_1A_2\cdots A_n)=P(A_1)P(A_2)\cdots P(A_n),$$

$$P(A_1\cup A_2\cup\cdots A_n)=1-P(\overline{A_1})P(\overline{A_2})\cdots P(\overline{A_n}).$$

上述公式揭示了复合试验下事件的概率可转化为累次试验下事件概率的计算,必须注意:累次试验间应相互独立.

案例 1.20(看管机床) 一工人看管三台机床,在一小时内甲、乙、丙三台机床需工人照看的概率分别为 0.9,0.8 和 0.85. 求在一小时内:

(1) 没有一台机床需要照看的概率;

(2) 至少有一台机床不需要照看的概率.

解 显然,甲、乙、丙三台机床是否需要照看,彼此间是互不影响的;若设 A_1,A_2,A_3 分别表示"甲、乙、丙三台机床不需要照看",则 A_1,A_2,A_3 是相互独立的,从而

(1) 事件"没有一台机床需要照看"可表示为 $A_1A_2A_3$,所以

$$\begin{aligned}P(A_1A_2A_3)&=P(A_1)P(A_2)P(A_3)\\&=[1-P(\overline{A}_1)][1-P(\overline{A}_2)][1-P(\overline{A}_3)]\\&=(1-0.9)(1-0.8)(1-0.85)\end{aligned}$$

$$= 0.003.$$

(2) 事件"至少有一台机床不需要照看"可表示为 $A_1 \cup A_2 \cup A_3$，所以

$$P(A_1 \cup A_2 \cup A_3) = 1 - P(\overline{A_1})P(\overline{A_2})P(\overline{A_3})$$
$$= 1 - 0.9 \times 0.8 \times 0.85$$
$$= 0.388.$$

案例 1.21(步枪射击飞机) 用步枪射击飞机，每支步枪的命中率为 0.004，问至少需多少支步枪同时各发射一弹，才能保证以 99% 的概率击中飞机？

解 设至少需 n 支步枪.

用 A_i 表示"第 i 支步枪击中飞机"$(i = 1,2,\cdots,n)$，B 表示"飞机被击中"，

$$P(B) = P(A_1 \cup A_2 \cup \cdots \cup A_n)$$
$$= 1 - P(\overline{A_1})P(\overline{A_2})\cdots P(\overline{A_n})$$
$$= 1 - (1 - 0.004)^n \geqslant 99\%,$$

即 $0.996^n \leqslant 0.01$，故 $n \geqslant \dfrac{\lg 0.01}{\lg 0.996} \approx 1148.99$，取 $n = 1149$，即至少需 1149 支步枪，才能以 99% 的概率击中飞机.

习 题 1.4

1. $P(A) = 0.20, P(B) = 0.45, P(AB) = 0.15$，求：

(1) $P(A\overline{B}), P(\overline{A}B), P(\overline{A}\,\overline{B})$；

(2) $P(A \cup B), P(\overline{A} \cup B), P(\overline{A} \cup \overline{B})$；

(3) $P(A \mid B), P(B \mid A), P(A \mid \overline{B})$.

2. 某气象台根据历年的资料，得到某地某月刮大风的概率为 $\dfrac{11}{30}$，在刮大风的条件下，下雨的概率为 $\dfrac{7}{8}$，求既刮大风又下大雨的概率.

3. 为了防止意外，在矿内同时设有两种报警系统 A 与 B，每种系统单独使用时，其有效的概率系统 A 为 0.92，系统 B 为 0.93，在 A 失灵的条件下，B 有效的概率为 0.85，求：

(1) 发生意外时，这两个报警系统至少有一个有效的概率；

(2) B 失灵的条件下，A 有效的概率.

4. 有 4 台机器，如果在 1 小时内这些机器发生故障的概率分别是 0.21，0.21，0.20，0.19. 假设各台机器是否发生故障相互没有影响.

(1) 设一个工人同时照看此四台机器，计算在 1 个小时内，这 4 台机器都不发生故障的概率.

(2) 设一人照看此 4 台机器，且一台机器发生故障需要且只需要一人修理，问机器发生故障需要等待修理的概率.

5. 10 个零件中有 7 个正品、3 个次品，每次无放回地随机抽取一个来检验，求：

(1) 第三次才抽到正品的概率；

(2) 抽三次，至少有一个正品的概率.

6. 一元件能正常工作的概率称为该元件的可靠度，由元件组成的系统能正常工作的概率称为该系统的可靠度. 设构成系统的每个元件的可靠度均为 r $(0 < r < 1)$，而各个元件能否正常工作是相互独立的，试求：

(1) 由 3 个元件组成的串联系统的可靠度；

(2) 由 3 个元件组成的并联系统的可靠度.

1.5 全概率公式、贝叶斯公式

1.5.1 完备事件组

在介绍全概率公式与贝叶斯公式前，先引进完备事件组的概念.

满足完全性和互不相容性的事件组 $A_1, A_2, \cdots, A_n$ 称为**完备事件组**. 所谓**完全性**，是指在任何一次试验中，n 个事件 $A_1, A_2, \cdots, A_n$ 至少有一个发生，即 $A_1 \cup A_2 \cup \cdots \cup A_n = \Omega$.

所谓**互不相容性**，是指在任何一次试验中，n 个事件 $A_1, A_2, \cdots, A_n$ 至多有一个发生，即$A_iA_j = \varnothing (i \neq j; i, j = 1, 2, \cdots, n)$.

比如：抛掷一枚匀称的骰子，“出现 1 点”“出现 2 点”“出现 3 点”“出现 4 点”“出现 5 点”“出现 6 点”这六个事件，构成完备事件组；“出现奇数点”“出现偶数点”这两个事件，也构成完备事件组；但“出现 2 点”“出现奇数点”“出现 6 点”这三个事件，不满足完全性，不构成完备事件组；“出现奇数点”“出现偶数点”“出现 3 点”这三个事件，不满足互不相容性，也不构成完备事件组.

1.5.2 全概率公式

微课 56

引例 1.14(热水瓶供应) 市场上供应的热水瓶中，甲厂产品占 50%，乙厂产品占 30%，丙厂产品占 20%，甲厂产品的合格率为 90%，乙厂产品的合格率为 85%，丙厂产品的合格率为 80%. 求买到的热水瓶是合格品的概率.

解 用 A_1 表示“买到的是甲厂产品”，A_2 表示“买到的是乙厂产品”，A_3 表示“买到的是丙厂产品”，B 表示“买到的是合格品”，则

$$P(A_1) = 50\%, \quad P(A_2) = 30\%, \quad P(A_3) = 20\%,$$

$$P(B|A_1)=90\%,\quad P(B|A_2)=85\%,\quad P(B|A_3)=80\%,$$

$$\begin{aligned}P(B)&=P(A_1B+A_2B+A_3B)=P(A_1B)+P(A_2B)+P(A_3B)\\&=P(A_1)P(B|A_1)+P(A_2)P(B|A_2)+P(A_3)P(B|A_3)\\&=\frac{50}{100}\cdot\frac{90}{100}+\frac{30}{100}\cdot\frac{85}{100}+\frac{20}{100}\cdot\frac{80}{100}=86.5\%.\end{aligned}$$

将这道题的解法一般化，就得到以下**全概率公式**：

如果 $A_1,A_2,\cdots,A_n$ 构成完备事件组，且 $P(A_i)>0(i=1,2,\cdots,n)$，则对任意事件 B，有

$$P(B)=\sum_{i=1}^{n}P(A_i)\cdot P(B\mid A_i).$$

案例 1.22(彩票中奖)　假设最后的 10 张彩票中，有 3 张是中奖彩票，7 张是不中奖彩票，甲先乙后各买一张，分别计算他们可中奖的概率.

解　设 $A=$“甲中奖”，$B=$“乙中奖”，显然 $P(A)=\frac{3}{10}$，

$$\begin{aligned}P(B)&=P(AB)+P(\overline{A}B)=P(A)P(B|A)+P(\overline{A})P(B|\overline{A})\\&=\frac{3}{10}\times\frac{2}{9}+\frac{7}{10}\times\frac{3}{9}=\frac{3}{10}.\end{aligned}$$

上述结果表明，在不拆看中奖与否的情况下，甲、乙不论谁先买或是后买，两人中奖的概率是一样的.

1.5.3　贝叶斯(Bayes)公式

微课 57

引例 1.15(热水瓶供应)　市场上供应的热水瓶中，甲厂产品占 50%，乙厂产品占 30%，丙厂产品占 20%，甲厂产品的合格率为 90%，乙厂产品的合格率为 85%，丙厂产品的合格率为 80%，若已知买到的一个热水瓶是合格品，求这个合格品是甲厂生产的概率.

解　仍沿用前引例的符号，所求概率为 $P(A_1|B)$.

根据条件概率的计算公式，$P(A_1|B)=\frac{P(A_1B)}{P(B)}$，

根据乘法公式，$P(A_1B)=P(A_1)P(B|A_1)$，

根据全概率公式，$P(B)=\sum\limits_{i=1}^{3}P(A_i)P(B|A_i)$，

故 $P(A_1|B)=\dfrac{P(A_1)P(B|A_1)}{\sum\limits_{i=1}^{3}P(A_i)P(B|A_i)}$

$$= \frac{\frac{50}{100} \cdot \frac{90}{100}}{\frac{50}{100} \cdot \frac{90}{100} + \frac{30}{100} \cdot \frac{85}{100} + \frac{20}{100} \cdot \frac{80}{100}} \approx 52.0\%.$$

把这道题的解法一般化，就可以得到以下**贝叶斯公式**：

如果 $A_1, A_2, \cdots, A_n$ 构成完备组，且 $P(A_i) > 0 (i = 1, 2, \cdots, n)$，则对任意概率大于零的事件 B，有

$$P(A_i \mid B) = \frac{P(A_i) \cdot P(B \mid A_i)}{\sum_{i=1}^{n} P(A_i) \cdot P(B \mid A_i)}, \quad i = 1, 2, \cdots, n.$$

案例 1.23(取球问题) 箱中有一号袋 1 个、二号袋 2 个，一号袋中装 1 个红球、2 个黄球，每个二号袋中装 2 个红球、1 个黄球. 今从箱中随机抽取一袋，再从袋中随机抽取一球，结果为红球，求这个红球来自一号袋的概率.

解 用 A 表示“取到一号袋”，B 表示“取到红球”，则 $\overline{A}$ 表示“取到二号袋”，

$$P(A) = \frac{1}{3}, P(\overline{A}) = \frac{2}{3}, P(B \mid A) = \frac{1}{3}, P(B \mid \overline{A}) = \frac{2}{3},$$

$$P(A \mid B) = \frac{P(A)P(B \mid A)}{P(A)P(B \mid A) + P(\overline{A})P(B \mid \overline{A})}$$

$$= \frac{\frac{1}{3} \cdot \frac{1}{3}}{\frac{1}{3} \cdot \frac{1}{3} + \frac{2}{3} \cdot \frac{2}{3}} = \frac{1}{5}.$$

案例 1.24(答题正确率) 试卷中有一道单项选择题，共有 4 个选项. 任一考生若会解答题目，则必能选出正确答案；若不会解答题目，则不妨从 4 个选项中任选一个答案. 已知考生会解答这道题目的概率为 0.8，试求：

(1) 考生选出正确答案的概率；

(2) 已知考生选出正确答案，则他确实会做这道题目的概率.

解 设事件 B 表示“选出正确答案”，A 表示“考生会做这道题目”，$\overline{A}$ 表示“考生不会做这道题目”，根据题意，得

$$P(A) = 0.8, \quad P(\overline{A}) = 0.2,$$
$$P(B \mid A) = 1, \quad P(B \mid \overline{A}) = 0.25.$$

(1) 根据全概率公式，得

$$P(B) = P(A)P(B \mid A) + P(\overline{A})P(B \mid \overline{A})$$
$$= 0.8 \times 1 + 0.2 \times 0.25 = 0.85.$$

(2) 根据贝叶斯公式，得

$$P(A \mid B)=\frac{P(A)P(B \mid A)}{P(B)}=\frac{0.8\times 1}{0.85}\approx 0.941.$$

习　题　1.5

1. 大豆种子 40% 保存于甲仓库，其余保存于乙仓库，已知它们的发芽率分别为 0.92 和 0.89，现将两个仓库的种子全部混匀，任取一粒，求其发芽率.

2. 在秋菜运输中，某汽车可能到甲、乙、丙三地去拉菜，设到此三处拉菜的概率分别为 0.2，0.5，0.3，而在各处拉到一级菜的概率分别为 0.1，0.3，0.7.

(1) 求汽车拉到一级菜的概率；

(2) 已知汽车拉到一级菜，求该车菜是乙地拉来的概率.

3. 第一个袋中装着 6 个橘子和 5 个橙子，第二个袋中装有 6 个橘子和 8 个橙子. 现随机挑选一袋，并随机地取出其中一个果子，求选出的是橘子的概率.

4. 某厂的自动生产设备，于每批产品生产之前需要进行调试，以确保质量. 依以往的经验，若设备调试良好，其产品合格率为 90%，若调试不成功，则产品合格率为 30%；又知调试成功的概率为 75%. 某日，该厂在设备调试后生产，发现第一个产品是合格品. 问设备已经调试好的概率是多少？

5. 假设每个人的血清中含有肝炎病毒的概率为 0.4%，混合 100 个人的血清，求此血清中含有肝炎病毒的概率.

6. 平均有 40% 成功可能的棒球手在游戏中打 5 次，求他获得如下结果的概率：

(1) 恰好有两次击中；

(2) 击中少于两次.

1.6　离散型随机变量及其分布

前面介绍了随机事件与概率的概念，以及几个重要的概率计算公式，使我们对随机现象的统计规律性有了初步的认识. 本节我们将对随机现象进行深入研究，对随机现象的结果以变量的形式进行量化，进而引入微积分等数学工具研究其变化规律. 为此，我们引入一个特殊的变量——随机变量.

1.6.1　随机变量的概念

在现实中，很多随机试验的结果本身就是用数量表示的，结果的数量化显而易见.

引例 1.16(抽取次品)　设有 10 件产品，其中 7 件正品，3 件次品，从中任取 2 件，如果用 X 表示从中所取得的次品数，则 X 是一个变量，取值为 0，1，2. X 取不同的数值表示试验中可能发生的不同结果，并且以一定的概率取值. 如

$\{X=1\}$表示事件“出现1件次品”，且

$$P(X=1)=\frac{C_3^1C_7^1}{C_{10}^2}=\frac{7}{15}.$$

引例 1.17(尝试试验) 进行某种试验，设每一次试验成功的概率为 p，失败的概率为 $q=1-p$，重复地做这种试验，直到第一次成功为止. 如果用变量 X 表示试验的次数，则 X 的取值为 $1,2,3,4,\cdots$. X 取不同的数值表示试验中可能出现的不同结果，且以一定概率取值. 如$\{X=k\}$表示“直到第一次成功为止，共做了 k 次试验”，且 $P(X=k)=q^{k-1}p$.

有些随机试验的结果看起来与数量没有联系，即试验结果不直接表现为数量形式，但可以转化为数量形式.

引例 1.18(抛掷硬币一次) 抛一枚均匀硬币，观察其结果有“正面”“反面”两种. 引进一个变量 X，把出现正面、反面两种随机结果用数量表示出来，当出现正面时，令 $X=1$；当出现反面时，令 $X=0$，即 $X=\begin{cases}1, & \text{出现正面}\\0, & \text{出现反面}\end{cases}$，则 X 也按一定的概率取值. 如$\{X=1\}$表示事件“出现正面”，且 $P(X=1)=\frac{1}{2}$.

引例 1.19(电子元件寿命) 测试某种电子元件的寿命(单位：小时)，如果用 X 表示电子元件的寿命，则 X 是一个变量，X 的取值由试验结果所确定，为区间 $[0,+\infty)$ 上的任一实数. 实际上，常考虑的是被测元件寿命 X 在某一区间内的概率，如 $P(1000\leqslant X\leqslant 1200)$ 表示“被测试的元件寿命在1000小时至1200小时之间”的概率.

引例 1.20(测量误差) 某电子表计时精确至0.1秒，即小数点后数字按“四舍五入”的原则得到，用变量 X 表示读数的误差，电子表计时产生的随机误差的范围是$[-0.05,0.05]$，即 X 可能取区间内的任何一个值. 常考虑 X 在某一区间的概率，如 $P(-0.01\leqslant X\leqslant 0.01)$.

从以上引例可知，X 的取值都与随机试验的结果相对应，随着结果的不同而取不同的值，由于试验结果的出现是具有一定概率的，因此，X 的取值也具有一定的概率. 我们称这样的变量 X 为随机变量.

定义 1.12 **随机变量**就是由试验结果而定的量，随试验结果而变的量. 随机变量通常用希腊字母 ξ、η 或大写拉丁字母 X、Y 等表示.

如上引例1.16、1.17、1.18中的随机变量所有取值都可以逐个一一列举，而引例1.19、1.20中的随机变量全部可能取值不仅有无穷多，而且还不能一一列举，而是充满一个区间. 根据这些特点，我们可以定义随机变量的类型.

定义 1.13 如果随机变量 X 只能取有限个或无限可列个数值，则称 X 为**离散型随机变量**.

定义 1.14　如果随机变量 X 可以取得某一区间内任何数值，则称 X 为**连续型随机变量**.

引入了随机变量，随机试验中各种事件就可以通过随机变量的取值表达出来. 如例 1.16 中，事件“至少抽到 1 件次品”可用 $\{X \geqslant 1\}$ 表示；例 1.20 中，事件“误差绝对值不超过 0.002 秒的概率”可用 $\{|X| \leqslant 0.002\}$ 来表示.

案例 1.25(报童卖报)　一报童卖报，每份 0.15 元，其成本为 0.10 元. 报馆每天给报童 1000 份报，并规定他不得把卖不出去的报纸退回. 设 X 为报童每天卖出的报纸份数，试将报童赔钱这一事件用随机变量的表达式表示.

解　若报童卖出去的报纸钱不够成本，则他就会赔钱，故当 $0.15X < 1000 \times 0.1$ 时报童赔钱，因此，这一事件可表示为 $\{X < 666\}$.

案例 1.26(随机变量的取值)　写出下列随机变量的可能取值，并说明随机变量所取的值表示的随机试验的结果：

(1) 一袋中装有 5 只同样大小的白球，编号为 1,2,3,4,5，现从该袋内随机取出 3 只球，被取出的球的最大号码数 X；

(2) 某单位的某部电话在单位时间内收到的呼叫次数 Y.

解　(1) X 可取 3,4,5.

$X = 3$，表示取出的 3 个球的编号为 1,2,3；

$X = 4$，表示取出的 3 个球的编号为 1,2,4 或 1,3,4 或 2,3,4；

$X = 5$，表示取出的 3 个球的编号为 1,2,5 或 1,3,5 或 1,4,5 或 2,3,5 或 2,4,5 或 3,4,5.

(2) Y 可取 $0,1,\cdots,n,\cdots$

$Y = i$，表示被呼叫 i 次，其中 $i = 0,1,2,\cdots$

1.6.2　离散型随机变量的分布律

微课 58

要全面地掌握离散型随机变量 X 的规律性，不仅要知道随机变量 X 可能取什么值，还需要知道随机变量 X 取每一个可能值的概率.

定义 1.15　设 X 为离散型随机变量，可能取得值为 $x_1, x_2, \cdots, x_k, \cdots$，且

$$P(X = x_k) = p_k, \quad k = 1,2,\cdots \tag{1.3}$$

或写成以下表格形式：

X	x_1	x_2	$\cdots$	x_k	$\cdots$
P	p_1	p_2	$\cdots$	p_k	$\cdots$

则称式(1.3)为离散型随机变量 X 的**概率分布律**，简称**分布律**.

引例 1.21(取最大编号球)　一袋中装有 5 只同样大小的白球，编号为 1,2,

3,4,5,现从该袋内随机取出 3 只球,X 为取出的球的最大编号,求 X 的分布律.

解　X 可能取的值和相应的随机试验的结果由案例 1.26 的(1) 已知,现我们由古典概型的计算方法可知 X 的概率分布律.

$$P\{X=3\}=\frac{1}{C_5^3}=\frac{1}{10},$$

$$P\{X=4\}=\frac{C_3^2}{C_5^3}=\frac{3}{10},$$

$$P\{X=5\}=\frac{C_4^2}{C_5^3}=\frac{6}{10},$$

则 X 的分布律为

X	3	4	5
P	$\frac{1}{10}$	$\frac{3}{10}$	$\frac{6}{10}$

由引例 1.21 可知每个取值点对应的概率都是大于等于零的,且所有取值点对应的概率之和为 1,故得出分布律的两个性质:

(1) **非负性**:$p_k \geqslant 0$, $k=1,2,3,\cdots$

(2) **归一性**:$\sum_{k=1}^{\infty} p_k = 1$.

【例 1.1】　设随机变量 X 的分布律为 $P(X=k)=c\left(\frac{2}{3}\right)^k$,$k=1,2,3$,试确定系数 c.

解　$\sum_{k=1}^{3} p_k = c\cdot\frac{2}{3}+c\cdot\left(\frac{2}{3}\right)^2+c\cdot\left(\frac{2}{3}\right)^3=\frac{38}{27}c=1$,

解得 $c=\frac{27}{38}$.

案例 1.27(投篮次数)　某篮球运动员投中篮圈概率是 0.9,求他两次独立投篮投中次数 X 的概率分布.

解　设 A_i 表示"运动员第 i 次投篮投中"$(i=1,2)$,$P(A_i)=0.9$.

X 可取值为 0,1,2.

$P\{X=0\}=P(\overline{A}_1\,\overline{A}_2)=P(\overline{A}_1)P(\overline{A}_2)=0.1\times 0.1=0.01$,

$P\{X=1\}=P(A_1\,\overline{A}_2)+P(\overline{A}_1)P(A_2)=2\times 0.9\times 0.1=0.18$,

$P\{X=2\}=P(A_1A_2)=P(A_1)P(A_2)=0.9\times 0.9=0.81$,

故分布律为

X	0	1	2
P	0.01	0.18	0.81

对于离散型随机变量在某一范围内取值的概率等于它取这个范围内各个值的概率的和，即 $P(X \geqslant x_k) = P(X = x_k) + P(X = x_{k+1}) + \cdots$

案例 1.28(细胞分裂)　一个类似于细胞分裂的物体，一次分裂为二，两次分裂为四，如此继续分裂有限多次后随机终止. 设分裂 n 次终止的概率是 $\frac{1}{2^n}(n = 1, 2, 3, \cdots)$. 记 X 为原物体在分裂终止后所生成的子块数目，求 $P(X \leqslant 10)$.

解　依题意，原物体在分裂终止后所生成的数目 X 的分布律为

X	2	4	8	$\cdots$	2^n	$\cdots$
P	$\frac{1}{2}$	$\frac{1}{4}$	$\frac{1}{8}$	$\cdots$	$\frac{1}{2^n}$	$\cdots$

$$P(X \leqslant 10) = P(X = 2) + P(X = 4) + P(X = 8) = \frac{1}{2} + \frac{1}{4} + \frac{1}{8} = \frac{7}{8}.$$

1.6.3　几种常见的离散型随机变量的分布律

微课 59

1.6.3.1　二点分布(0—1 分布)

在现实生活中，我们做一次随机试验有时会出现仅两种可能结果的情况.

引例 1.22(检验产品)　一批产品的次品率是 10%，从中随机地抽取一个产品进行检验，求其概率分布.

解　设取出的产品若是正品，记作 $X = 1$，若是次品，记作 $X = 0$，则有

$$P\{X = 1\} = 0.9,\ P\{X = 0\} = 0.1,$$

列表表示如下：

X	0	1
P	0.1	0.9

由引例 1.22 我们得到此类概率分布的定义和特点.

定义 1.16　设随机变量 X 只可能取值 0 和 1，它的概率函数为

$$P\{X = 1\} = p, P\{X = 0\} = 1 - p = q.$$

即其分布律为

X	0	1
P	q	p

则称 X 服从 **0—1 分布或二点分布**,记作 $X \sim (0-1)$

二点分布用于描述一次试验中只有两种可能结果的随机试验的概率分布情况.它的应用极其广泛,很多试验都可归结为二点分布,如:

(1) 产品的"合格"与"不合格"; (2) 射击的"命中"与"不命中";

(3) 抛掷硬币试验的"正面出现"与"反面出现"; (4) 出生"男婴"与"女婴";

(5) 企业的"赢利"与"亏损"; (6) 电路的"通"与"断"等.

1.6.3.2 二项分布

(1) n 重贝努利试验

对许多随机试验事件,我们关心的是某事件 A 是否发生.例如,抛掷硬币时注意的是正面是否朝上;产品抽样检查时,注意的是抽出的产品是否是次品;射手向目标射击时,注意的是目标是否被命中;等等.这类试验有如下共同特点:试验只有两个结果 A 和 $\overline{A}$,且 $P(A)=p, 0<p<1$.将试验独立重复进行 n 次,则称为 **n 重贝努利试验**.此类试验的概率模型称为**贝努利概型**.

对于贝努利概型,我们主要研究 n 次试验中事件 A 出现 k 次 $(0 \leqslant k \leqslant n)$ 的概率 $P_n(k)$.

引例 1.23(有放回抽取次品) 从一批由 12 件正品、3 件次品组成的产品中,有放回地抽取 4 次,每次抽 1 件,求其中恰有两件次品的概率.

解 将每一次抽取当作一次试验,设 A 表示"取到次品",$\overline{A}$ 表示"取到正品",有放回地抽取 4 次,则说明各次试验间相互独立,便构成一个 4 重贝努利试验,"其中恰有两件次品的概率"即为 4 次试验中 A 出现两次的概率 $P_4(2)$,由古典概率方法知

$$P_4(2)=\frac{C_4^2 \cdot 3^2 \cdot 12^2}{15^4}=C_4^2\left(\frac{3}{15}\right)^2\left(\frac{12}{15}\right)^2,$$

因此
$$P_4(2)=C_4^2 p^2(1-p)^{4-2}.$$

注:若将引例 1.23 的题设中有放回地抽取改成无放回地抽取,各次试验间相互独立吗?求其中恰有两件次品的概率能否利用上述结论呢?请读者思考.

由此一般化可知:

定理 1.4 若单次试验中事件 A 发生的概率为 $p(0<p<1)$,则在 n 次重复独立试验中,事件 A 发生 k 次的概率为

$$P_n(k)=C_n^k p^k(1-p)^{n-k}, \quad k=0,1,2,\cdots,n.$$

此公式也称为**二项概率计算公式**,并且有

$$\sum_{k=0}^{n} P_n(k) = \sum_{k=0}^{n} C_n^k p^k q^{n-k} = (q+p)^n = 1.$$

在贝努利试验中,若设 X 为事件 A 在 n 次试验中发生的次数,则 X 是一个离散型随机变量,它的概率分布就是我们要讨论的二项分布.

(2) 二项分布

在一次随机试验中,某事件可能发生,也可能不发生,在 n 次独立重复试验中这个事件发生的次数 X 是一个随机变量.如果在一次试验中某事件发生的概率是 p,那么在 n 次独立重复试验中这个事件恰好发生 k 次的概率是

$$P_n(X=k) = C_n^k p^k q^{n-k}, \quad k = 0,1,2,\cdots,n.$$

$$q = 1 - p.$$

于是得到如下 X 随机变量的概率分布:

X	0	1	$\cdots$	k	$\cdots$	n
P	$C_n^0 p^0 q^n$	$C_n^1 p^1 q^{n-1}$	$\cdots$	$C_n^k p^k q^{n-k}$	$\cdots$	$C_n^n p^n q^0$

由于 $C_n^k p^k q^{n-k}$ 恰好是二项展开式

$$(q+p)^n = C_n^0 p^0 q^n + C_n^1 p^1 q^{n-1} + \cdots + C_n^k p^k q^{n-k} + \cdots + C_n^n p^n q^0$$

中各项的值,所以称这样的随机变量 X 服从二项分布,记作 $X \sim B(n,p)$,其中 n,p 为参数.

案例 1.29(大批产品中抽取次品) 某厂生产电子元件,其产品的次品率为5%.现从一批产品中任意地连续取出 2 件,写出其中次品数 X 的概率分布.

解 在产品中每抽一个进行检验,可看作一次试验.显然该试验只有两个结果:正品或次品,抽样检查虽然是无放回抽样,但因产品数量很大,抽取的样品数相对产品总数而言非常少,因而可以当作有放回地抽样处理,这样每次抽样检验就相互独立了,同时每次抽到次品的概率可以认为是不变的,从而服从二项分布,这里 $n=2$,$p=0.05$,即随机变量 $X \sim B(2,0.05)$,其分布律为

$$P\{X=k\} = C_2^k (0.05)^k (0.95)^{2-k},$$

所以,

$$P\{X=0\} = C_2^0 (0.05)^0 (0.95)^2 = 0.9025,$$
$$P\{X=1\} = C_2^1 (0.05)^1 (0.95)^1 = 0.095,$$
$$P\{X=2\} = C_2^2 (0.05)^2 (0.95)^0 = 0.0025,$$

因此,次品数 X 的概率分布是

X	0	1	2
P	0.9025	0.095	0.0025

案例 1.30(定点投篮) 某人定点投篮的命中率是 0.6,在 10 次投篮中求:

(1) 恰有 4 次命中的概率; (2) 最多命中 8 次的概率.

解 设10 次投篮命中数为随机变量 X,他每次投篮只有两种结果,“中”与“不中”,所以

$$X \sim B(10,0.6),$$

$$P(X=4)=C_{10}^{4}0.6^{4}(1-0.6)^{6}\approx 0.1115,$$

$$P(0\leqslant X\leqslant 8)=1-P(X>8)=1-P(X=9)-P(X=10),$$

$$=1-C_{10}^{9}0.6^{9}\times 0.4-C_{10}^{10}0.6^{10}\approx 0.9536.$$

1.6.3.3 泊松(Poisson) 分布

在实际生产中二项分布应用广泛,但计算却非常复杂,为了便于应用,当试验次数增加,而每次试验中某事件出现的概率很小,即当 n 很大,p 很小时,可以用以下近似公式计算:

$$C_n^k p^k(1-p)^{n-k}\approx \frac{\lambda^k e^{-\lambda}}{k!}, \text{其中 } \lambda=np,$$

由此引出泊松分布:

定义 1.17 如果随机变量 X 的概率分布为

$$P\{X=k\}=\frac{\lambda^k e^{-\lambda}}{k!},\quad k=0,1,2,\cdots$$

其中 $\lambda>0$,则称 X 服从参数为 λ 的**泊松分布**,记作 $X\sim P(\lambda)$.

注: 在泊松分布中,k 值是无界的,显然

$$\sum_{k=0}^{\infty}P\{X=k\}=\sum_{k=0}^{\infty}\frac{\lambda^k}{k!}e^{-\lambda}=e^{-\lambda}\sum_{k=0}^{\infty}\frac{\lambda^k}{k!}=e^{-\lambda}\cdot e^{\lambda}=1.$$

泊松分布有着广泛的应用,以下是较为典型的服从泊松分布的随机变量:

(1) 一定面积的平面玻璃的气泡数;

(2) 一定体积的铸件含有疵点的个数;

(3) 一定长度的细纱的断头数;

(4) 一定时间内电话交换台被呼唤的次数;

(5) 某页书上的印刷错误个数;

(6) 一定时间内商店里顾客的流动数;

(7) 某段时间内放射性物质放射的粒子数;等等.

案例 1.31(棉布疵点数) 某种棉布平均每米有疵点 4 个,任买一米,求没有疵点的概率.

解 设 X 为疵点数,则 $X \sim P(4)$,并有 $P(X=0)=\dfrac{4^0 \times \mathrm{e}^{-4}}{0!} \approx 0.0183$.

查表($\lambda=4, k=0$) 得结果.

案例 1.32(给定页中错字个数) 一本书有 500 页,其中共有 500 个错字,每个错字等可能地出现在每一页上,试求在给定的一页上至少有三个错字的概率.

解 由于每个错字等可能地出现在每一页上,所以可以将 500 个错字看成随机地投入这本书中,每投一个错字看作一次试验,其结果只有两种:出现在指定的页上,概率为$\dfrac{1}{500}$;不出现在指定页上,概率为$\dfrac{499}{500}$,且每次试验之间显然是独立的.

设 X 为给定的一页上出现错字的个数,$X \sim B\left(500, \dfrac{1}{500}\right)$,即

$$P(X=k)=C_{500}^k\left(\frac{1}{500}\right)^k\left(\frac{499}{500}\right)^{500-k},$$

此时 $n=500, p=\dfrac{1}{500}, \lambda=np=500 \times \dfrac{1}{500}=1$.

事件 A 表示"给定的一页上至少有三个错字",

$$\begin{aligned} P(A) &= P\{x \geqslant 3\}=1-P\{x<3\} \\ &= 1-\sum_{k=0}^{2} C_{500}^k\left(\frac{1}{500}\right)^k\left(\frac{499}{500}\right)^{500-k} \\ &\approx 1-\sum_{k=0}^{2} \frac{\mathrm{e}^{-1}}{k!} \approx 0.08. \end{aligned}$$

案例 1.33(商店库存商品) 某商店出售某种贵重商品,根据以往经验,每月销售量 X 服从参数为 $\lambda=3$ 的泊松分布,问在月初进货时要库存多少件此种商品,才能以 99% 的概率充分满足顾客的需要.

解 每月销售量 $X \sim P(3)$,即

$$P\{X=k\}=\frac{3^k \mathrm{e}^{-3}}{k!}, \quad k=0,1,2,\cdots$$

设月初库存 m 件,依题意得

$$P(0 \leqslant X \leqslant m)=\sum_{k=0}^{m} \frac{3^k \mathrm{e}^{-3}}{k!}>0.99,$$

即

$$P(X>m)=\sum_{k=m+1}^{\infty} \frac{3^k \mathrm{e}^{-3}}{k!} \leqslant 0.01,$$

查泊松分布数值表知，$m+1=9$，所以 $m=8$，即月初需进货 8 件此种商品，才能以 99% 的概率充分满足顾客的需要.

1.6.3.4 几何分布

在独立重复试验中，某事件第一次发生时，所作试验的次数 X 是一个取值为正整数的离散型随机变量."$X=k$"表示在第 k 次独立重复试验时事件第一次发生.如果把 k 次试验时事件 A 发生记为 A_k、事件 A 不发生记为 $\overline{A_k}$，$P(A_k)=p$，$P(\overline{A_k})=q$，$(q=1-p)$，那么

$$\begin{aligned}P(X=k)&=P(\overline{A}_1\,\overline{A}_2\,\overline{A}_3\cdots\overline{A_{k-1}}A_k)\\&=P(\overline{A}_1)P(\overline{A}_2)P(\overline{A}_3)\cdots P(\overline{A_{k-1}})P(A_k)\\&=q^{k-1}p,\quad k=0,1,2,\cdots;\ q=1-p.\end{aligned}$$

于是得到如下随机变量 X 的概率分布：

X	1	2	3	$\cdots$	k	$\cdots$
P	p	pq	q^2p	$\cdots$	$q^{k-1}p$	$\cdots$

称这样的随机变量 X 服从**几何分布**，记作 $g(k,p)=q^{k-1}p$，其中 $k=0,1,2,\cdots$，$q=1-p$.

案例 1.34(射击直到命中) 某人射击某一目标的命中率为 0.6，现不停地射击，直到命中为止.求：

(1) 射击的次数 X 的分布； (2) 第三次射击才命中目标的概率.

解 (1) 若 $X=k$，则说明前 $k-1$ 次都未命中，而第 k 次命中，于是

$$P(X=k)=0.6\times(0.4)^{k-1},\quad k=1,2,\cdots$$

(2) $P(X=3)=0.6\times(0.4)^2=0.096$.

实际生活中还有很多服从几何分布的案例，如：N 个产品中有正品 M 个，进行有放回地抽样检查，直到第一次检查出正品时，检查的总次数服从几何分布；一钥匙串共有 n 把钥匙，其中只有一把可以打开某个门，每次随机选取一把来开门，若没有打开则将钥匙放回，再次随机选取一把，直至门被打开，整个开门过程中开门的总次数服从几何分布；等等.

习 题 1.6

1. 指出以下各随机变量，哪些是离散型的?哪些是连续型的?

(1) 某人一次打靶命中的环数；

(2) 某厂生产的 40 瓦日光灯管的寿命；

(3) 某品种棉花的纤维长度；

(4) 某纱厂里纱锭的纱线被扯断的根数;

(5) 某单位一天的用水量;

(6) 下午 16:00—18:00 时间段,某地铁站的人流量.

2. 设随机变量 X 的分布律为 $P(X=k)=\frac{k}{6}, k=1,2,3$,求:

(1) $P(X=1)$; (2) $P(X>2)$;

(3) $P(X \leqslant 3)$; (4) $P(1.5 \leqslant X<5)$.

3. 设随机变量 X 的分布律为

$$P(X=k)=A(2+k)^{-1}, \quad k=0,1,2,3$$

(1) 试确定系数 A;

(2) 用表格形式写出分布律.

4. 已知一批产品共 10 个,其中 2 个次品.

(1) 不放回抽样,抽取 3 个产品,求样品中次品数的概率分布;

(2) 有放回抽样,抽取 3 个产品,求样品中次品数的概率分布.

5. 已知某设备由 2 个相同的电子元件进行串联构成,两个电子元件工作是独立的,只要任意一个电子元件工作异常就会导致设备工作异常,又已知每个电子元件在一段时间内出现工作异常的概率都是 0.1,试求该设备在这段时间内能否正常工作的概率分布.

6. 商店收到了 1000 瓶矿泉水,每个瓶子在运输中破碎的概率为 0.003,求商店收到的 1000 瓶矿泉水中:

(1) 恰有两瓶破碎的概率;

(2) 至少有一瓶破碎的概率.

7. 一电话交换台每分钟收到的呼唤次数服从参数为 4 的泊松分布,求:

(1) 每分钟恰有 8 次呼唤的概率;

(2) 每分钟的呼唤次数大于 10 的概率.

8. 一批零件共12个,其中9个正品、3个废品,从中任取一个,若每次取出废品不放回,再取一个零件,直到取到正品为止. 求取得正品前已取出的废品数的分布.

1.7 连续型随机变量及其概率密度

连续型随机变量 X 可以取某一区间上所有的值,这时考察 X 取某个值的概率,往往意义不大,而是考察 X 在此区间上的某一子区间上取值的概率. 例如,在打靶时,我们并不想知道某个射手击中靶上某一点的概率,而是希望知道他击中某一环的概率. 若把弹着点和靶心的距离看成随机变量 X,则击中某一环即表示

X 在此环所对应的区间内取值，于是，我们所讨论的问题就成了讨论 $P(a<X\leqslant b)$ 的问题.

下面将要研究另一类十分重要而且常见的随机变量——连续型随机变量.

1.7.1 连续型随机变量和概率密度函数的概念

微课 60

定义 1.18 若 X 是随机变量，如果存在非负可积函数 $f(x)$ $(-\infty<x<+\infty)$，使对任意的实数 $a,b(a<b)$，下式成立

$$P(a<x\leqslant b)=\int_a^b f(x)\mathrm{d}x, \tag{1.4}$$

则称 X 为**连续型随机变量**，同时称 $f(x)$ 是 X 的**概率密度函数**或简称为**概率密度**.

可验证任一连续型随机变量的密度函数 $f(x)$ 必具有下述性质：

(1) $f(x)\geqslant 0$；

(2) $\int_{-\infty}^{+\infty} f(x)\mathrm{d}x=1$.

反过来，任意一个函数 $f(x)$，如果具有以上两个性质，即可由定义知它必为一个连续型随机变量的概率密度函数.

式(1.4)的几何意义可以由图 1.11 看出，概率密度曲线位于 x 轴上方，X 取值任一区间 (a,b) 的概率等于直线 $x=a$、$x=b$、x 轴及曲线 $y=f(x)$ 围成的曲边梯形的面积. 而性质(2)表明，整个曲线与 x 轴之间的面积为 1.

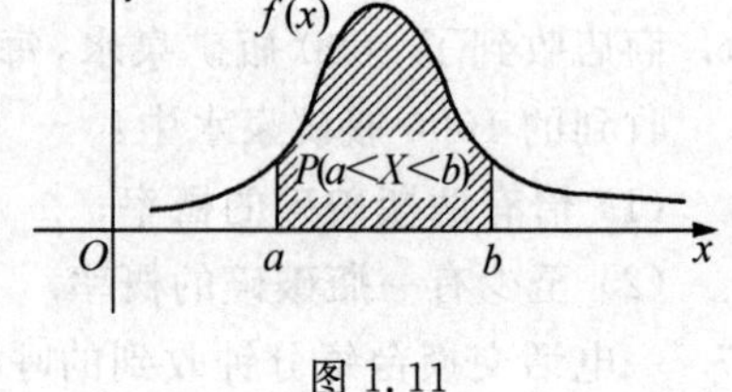

图 1.11

说明 设 X 为连续型随机变量，则对于任意实数 c，都有 $P(X=c)=0$.

由此对于任意实数 $a,b(a<b)$ 有：

$$\begin{aligned}P(a<X<b)&=P(a<X\leqslant b)=P(a\leqslant X<b)\\&=P(a\leqslant X\leqslant b)=\int_a^b f(x)\mathrm{d}x.\end{aligned}$$

而对于离散型随机变量，在考虑它在一个区间上取值时，不能忽略端点的有无.

【例 1.2】 已知随机变量 X 的概率密度为

$$f(x)=\begin{cases}ax^2, & 若\ 0<x<1\\0, & 其他\end{cases}$$

试求：

(1) 未知系数 a；

(2) 随机变量 X 在区间(0,1/2)取值的概率.

解　(1) 求未知系数 a:

$$1=\int_{-\infty}^{\infty}f(x)\mathrm{d}x=a\int_{0}^{1}x^2\,\mathrm{d}x=\frac{a}{3}x^3\Big|_0^1=\frac{a}{3},$$

所以 $a=3$.

(2) 随机变量 X 在区间(0,1/2)取值的概率为

$$P\left\{0<X<\frac{1}{2}\right\}=\int_{0}^{\frac{1}{2}}3x^2\mathrm{d}x=x^3\Big|_0^{\frac{1}{2}}=\frac{1}{8}.$$

案例 1.35(食盐销售)　一食盐供应站的月销售量 X(百吨)是随机变量,其概率密度为

$$f(x)=\begin{cases}2(1-x), & 0<x<1\\ 0, & \text{其他}\end{cases}$$

问每月至少储备多少食盐,才能以 96% 的概率不至于脱销?

解　假设每月至少储备 a 百吨食盐,那么满足条件 $P\{X\leqslant a\}\geqslant 0.96$. 由于

$$P\{X\leqslant a\}=\int_{-\infty}^{a}f(x)\mathrm{d}x=2\int_{0}^{a}(1-x)\mathrm{d}x=1-(1-a)^2\geqslant 0.96,$$

可见

$$a\geqslant 1-\sqrt{0.04}=0.8(\text{百吨}),$$

即每月至少储备 80 吨食盐.

案例 1.36(电子管的寿命)　某型号电子管的寿命(单位:小时)为随机变量 X,其密度函数为

$$f(x)=\begin{cases}\dfrac{100}{x^2}, & x>100\\ 0, & x\leqslant 100\end{cases}$$

现有一电子仪器上装有三个这种电子管,问该仪器在使用中的前 200 小时内不需要更换这种电子管的概率是多少?(假定各电子管在这段时间内更换的事件是相互独立的)

解　设 A_i 表示"第 i 个电子管在使用中的前 200 小时内不需更换"($i=1,2,3$),设 A 表示"三个电子管在这段时间内都不需更换",则

$$P(A_i)=P(X\geqslant 200)=\int_{200}^{+\infty}p(x)\mathrm{d}x=\int_{200}^{+\infty}\frac{100}{x^2}\mathrm{d}x=0.5,i=1,2,3,$$

$$P(A)=P(A_1A_2A_3)=P(A_1)P(A_2)P(A_3)=(0.5)^3=0.125.$$

1.7.2 常见的连续型随机变量的分布密度

微课 61

1.7.2.1 均匀分布

如果随机变量 X 的概率密度为

$$f(x)=\begin{cases}\dfrac{1}{b-a}, & a\leqslant x\leqslant b\\ 0, & \text{其他}\end{cases}$$

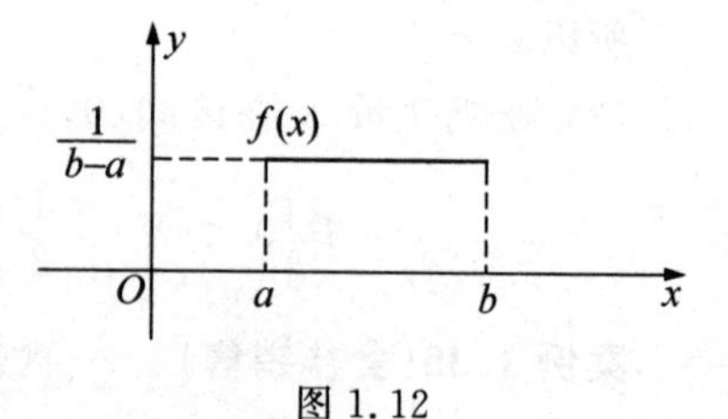

图 1.12

则称 X 服从 $[a,b]$ 上的**均匀分布**，记作 $X\sim U[a,b]$.

其概率密度函数的图形如图 1.12 所示.

显然，$f(x)\geqslant 0, x\in\mathbf{R}$，且

$$\int_{-\infty}^{+\infty}f(x)\mathrm{d}x=\int_a^b\frac{1}{b-a}\mathrm{d}x=1.$$

比如：刻度计读数时“四舍五入”所产生的误差服从均匀分布；公交线路上两辆公共汽车前后通过某汽车停靠站的时间，即乘客的候车时间也服从均匀分布等.

案例 1.37(等车时间) 设乘客等待汽车的时间(单位:分)在 $[0,8]$ 上服从均匀分布，试求：(1) X 的分布密度；(2) 乘客等车时间不超过 3 分钟的概率.

解 (1) 设随机变量 X 表示乘客的等车时间，根据题意，X 服从区间 $[0,8]$ 上的均匀分布，其概率密度为

$$f(x)=\begin{cases}\dfrac{1}{8}, & 0\leqslant x\leqslant 8\\ 0, & \text{其他}\end{cases}$$

(2) $P(0\leqslant X\leqslant 3)=\int_0^3 f(x)\mathrm{d}x=\int_0^3\frac{1}{8}\mathrm{d}x=\frac{3}{8}=0.375.$

注： 均匀分布中的“均匀”表现在区间 $[a,b]$ 内密度函数处处相等，从而随机变量落在 $[a,b]$ 的某子区间内的概率，与该子区间的长度成正比，而与子区间在 $[a,b]$ 中的位置无关.

案例 1.38(乘客候车) 长途汽车起点站于每时的 10 分、25 分、55 分发车，设乘客不知发车时间，于每小时的任意时刻随机地到达车站，求乘客候车时间超过 10 分钟的概率.

解 设 A 表示“乘客候车时间超过 10 分钟”.

随机变量 X 为乘客于某时 X 分钟到达，则 $X\sim U[0,60]$.

$$P(A)=P\{10<X\leqslant 15\}+P\{25<X\leqslant 45\}+P\{55<X\leqslant 60\}$$

$$= \frac{5+20+5}{60} = \frac{1}{2}.$$

1.7.2.2　指数分布

如果随机变量 X 的密度函数是

$$f(x) = \begin{cases} \lambda e^{-\lambda x}, & x > 0 \\ 0, & x \leqslant 0 \end{cases}$$

其中 $\lambda > 0$ 为常数，则称 X 服从参数为 λ 的**指数分布**，记作 $X \sim E(\lambda)$.

指数分布常用来作为各种"寿命"分布的近似，如电子元件的寿命、动物的寿命、电话的通话时间、随机服务中的服务时间等，所以指数分布在排队论和可靠性理论等领域中有着广泛的应用.

【例 1.3】 某电子元件的寿命 X 服从参数 $\lambda = \frac{1}{2000}$ 的指数分布，求 $P(X \leqslant 1200)$.

解 由题意得，电子元件寿命 X 的密度函数是 $f(x) = \begin{cases} \frac{1}{2000} e^{-\frac{x}{2000}}, & x > 0 \\ 0, & x \leqslant 0 \end{cases}$

$$P(X \leqslant 1200) = \int_0^{1200} \frac{1}{2000} e^{-\frac{x}{2000}} dx = -e^{-\frac{x}{2000}} \Big|_0^{1200} = 1 - e^{-0.6} \approx 0.451.$$

习　题　1.7

1. 确定下列函数中的 k，使之成为密度函数：

(1) $f(x) = \begin{cases} \dfrac{k}{\sqrt{1-x^2}}, & |x| < 1 \\ 0, & \text{其他} \end{cases}$

(2) $f(x) = \dfrac{k}{1+x^2}, \quad x \in \mathbf{R}$

(3) $f(x) = k e^{-|x|}, \quad x \in \mathbf{R}$

(4) $f(x) = \begin{cases} kx^2, & 1 \leqslant x \leqslant 2 \\ kx, & 2 < x < 3 \\ 0, & \text{其他} \end{cases}$

2. 设 X 的密度函数为

$$f(x) = \begin{cases} \frac{1}{2}\cos x, & |x| < \frac{\pi}{2} \\ 0, & \text{其他} \end{cases}$$

求 $P\left(0 < X < \frac{\pi}{4}\right), P\left(-\frac{\pi}{4} \leqslant X \leqslant \frac{\pi}{3}\right), P\left(X > -\frac{\pi}{4}\right)$.

3. 某机器出故障前正常运行的时间 X(小时) 是一个连续型随机变量,其密度函数为

$$f(x)=\begin{cases}\dfrac{1}{200}\mathrm{e}^{-\frac{x}{200}}, & 0<x\\ 0, & x\leqslant 0\end{cases}$$

(1) 该机器能连续正常工作 50 至 150 小时的概率;

(2) 能连续正常工作超过 200 小时的概率.

4. 设 ξ 在 $[-a,a]$ 上服从均匀分布,其中 $a>0$,如果 $P(1<\xi)=\dfrac{1}{3}$,则 a 等于多少?

5. 用电子表计时一般精确至 0.01 秒,即小数点后第二位由"四舍五入"得到,设随机变量 X 表示使用电子表计时产生的随机误差,试求:

(1) X 的概率密度;

(2) 误差绝对值不超过 0.002 秒的概率.

微课 62

1.8 分布函数

1.8.1 分布函数的概念

前面我们研究了离散型随机变量与连续型随机变量概率分布,可以分别用分布律和概率密度来描述,实际上还存在一种描述各类随机变量概率分布的统一方式,这就是随机变量的分布函数. 考虑到随机变量 X(离散型的或是连续型的) 的取值落在一个区间 $(x_1,x_2]$ 上的概率为 $P(x_1<X\leqslant x_2)$,且由于 $P(x_1<X\leqslant x_2)=P(X\leqslant x_2)-P(X\leqslant x_1)$,所以只需知道 $P(X\leqslant x_2)$、$P(X\leqslant x_1)$,就可以方便地计算出 $P(x_1<X\leqslant x_2)$.

定义 1.19　设 X 是一个随机变量,称函数

$$F(x)=P(X\leqslant x),\quad -\infty<x<+\infty$$

为随机变量 X 的**分布函数**.

由定义知,分布函数 $F(x)$ 是随机变量 X 落在区间 $(-\infty,x]$ 上的概率(图 1.13).

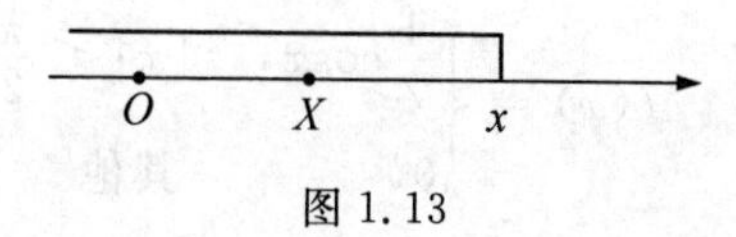

图 1.13

1.8.2　分布函数的性质

从概率的性质容易看出,任意一个随机变量的分布函数都具有下述性质:

(1) **单调性**:若 $x_1 < x_2$,则 $F(x_1) \leqslant F(x_2)$;

(2) **规范性**:$F(-\infty) = \lim\limits_{x \to -\infty} F(x) = 0$, $F(+\infty) = \lim\limits_{x \to +\infty} F(x) = 1$;

(3) **右连续性**:$\lim\limits_{x \to x_0^+} F(x) = F(x_0)$.

如果已知随机变量 X 的分布函数,那么 X 取各种值的概率可以很方便地计算,由此有:

$$P(a < X \leqslant b) = P(X \leqslant b) - P(X \leqslant a) = F(b) - F(a),$$

$$P(X > a) = 1 - P(X \leqslant a) = 1 - F(a).$$

如果一个函数具有上述性质,则一定是某个随机变量 X 的分布函数. 也就是说,性质(1) ~ (3) 是鉴别一个函数是否是某随机变量的分布函数的充分必要条件.

【例 1.4】　设有函数 $F(x)$ 满足下式

$$F(x) = \begin{cases} \sin x, & 0 \leqslant x \leqslant \pi \\ 0, & \text{其他} \end{cases}$$

试说明 $F(x)$ 能否是某个随机变量的分布函数.

解　注意到函数 $F(x)$ 在 $\left[\frac{\pi}{2}, \pi\right]$ 上下降,不满足性质(1),故 $F(x)$ 不能是分布函数.

或者 $F(+\infty) = \lim\limits_{x \to +\infty} F(x) = 0$,不满足性质(2),可见 $F(x)$ 也不能是随机变量的分布函数.

1.8.3　离散型随机变量的分布函数

对于离散型随机变量,若其概率分布为 $P(X = x_k) = p_k, k = 1,2,\cdots$,则

$$F(x) = P(X \leqslant x) = \sum_{x_k \leqslant x} P\{X = x_k\} = \sum_{x_k \leqslant x} p_k,$$

即分布函数在 x 处的函数值等于所有满足 $x_k \leqslant x$ 时 x_k 对应的概率之和.

【例 1.5】　设随机变量 X 的分布律为

X	1	2	3	4
P	0.4	0.3	0.2	0.1

求：(1) X 的分布函数；(2) $P(1 < X \leqslant 3)$.

解 (1) 当 $x < 1$ 时，$F(x) = P(X \leqslant x) = 0$；

当 $1 \leqslant x < 2$ 时，$F(x) = P(X = 1) = 0.4$；

当 $2 \leqslant x < 3$ 时，$F(x) = P(X = 1) + P(X = 2) = 0.7$；

当 $3 \leqslant x < 4$ 时，$F(x) = P(X = 1) + P(X = 2) + P(X = 3) = 0.9$；

当 $x \geqslant 4$ 时，$F(x) = P(X = 1) + P(X = 2) + P(X = 3) + P(X = 4) = 1$.

因此得

$$F(x) = \begin{cases} 0, & x < 1 \\ 0.4, & 1 \leqslant x < 2 \\ 0.7, & 2 \leqslant x < 3 \\ 0.9, & 3 \leqslant x < 4 \\ 1, & x \geqslant 4 \end{cases}$$

$F(x)$ 的图形如图 1.14 所示.

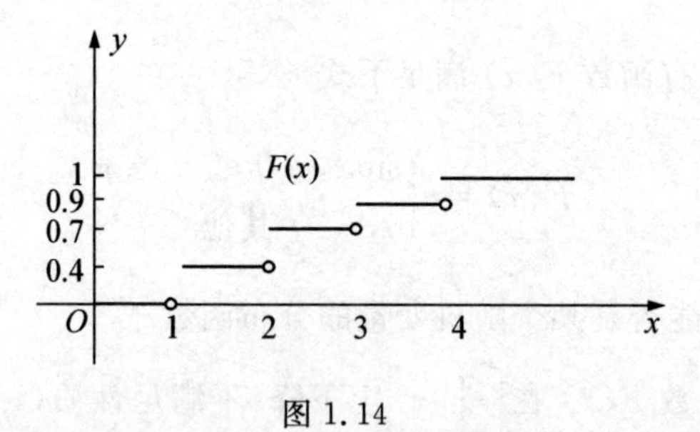

图 1.14

离散型随机变量的图形都是阶梯形曲线，在间断点处都是右连续的.

(2) $P(1 < X \leqslant 3) = F(3) - F(1) = 0.9 - 0.4 = 0.5$，

或 $P(1 < X \leqslant 3) = P(X = 2) + P(X = 3) = 0.5$.

【例 1.6】 设随机变量 X 的分布函数为

$$F(x) = \begin{cases} 0, & x < 0 \\ 1 - p, & 0 \leqslant x < 1 \ (0 < p < 1) \\ 1, & x \geqslant 1 \end{cases}$$

求其分布律.

解 分布函数为分段函数，可以看出其分界点为 $x = 0$ 和 $x = 1$，所以随机变量的取值为 0,1. 因此，

$$P(X = 0) = P(X \leqslant 0) = F(0) = 1 - p,$$

$$P(X = 1) = F(1) - F(0) = p,$$

于是得 X 的分布律为

X	0	1
P	$1-p$	p

【例 1.7】　设 X 是参数为 λ 的泊松分布的随机变量,即

$$P(X=k)=\frac{\lambda^k}{k!}\mathrm{e}^{-\lambda},\ k=0,1,2,\cdots$$

求 X 的分布函数.

解　由公式知道

$$F(x)=P(X<x)=\sum_{k<x}P(X=k)=\sum_{k<x}\frac{\lambda^k}{k!}\mathrm{e}^{-\lambda}.$$

1.8.4　连续型随机变量的分布函数

若连续型随机变量 X 的密度函数为 $f(x)$,则它的分布函数为

$$F(x)=P(X\leqslant x)=\int_{-\infty}^{x}f(t)\mathrm{d}t.$$

连续型随机变量的分布函数必定满足:

(1) $F(x)$ 是 x 的连续函数;

(2) 在 $f(x)$ 的连续点处 $\frac{\mathrm{d}F(x)}{\mathrm{d}x}=F'(x)=f(x)$.

【例 1.8】　设随机变量 X 的密度函数为

$$f(x)=\begin{cases}\frac{1}{2}\mathrm{e}^{x}, & -\infty<x<0\\ \frac{1}{4}, & 0\leqslant x<2\\ 0, & 2\leqslant x<+\infty\end{cases}$$

求:(1) X 的分布函数;　(2) $P(-1<X<3)$.

解　(1) 当 $x<0$ 时,$F(x)=\int_{-\infty}^{x}f(t)\mathrm{d}t=\int_{-\infty}^{x}\frac{1}{2}\mathrm{e}^{t}\mathrm{d}t=\frac{1}{2}\mathrm{e}^{t}\Big|_{-\infty}^{x}=\frac{1}{2}\mathrm{e}^{x}$;

当 $0\leqslant x<2$ 时,$F(x)=\int_{-\infty}^{x}f(t)\mathrm{d}t=\int_{-\infty}^{0}\frac{1}{2}\mathrm{e}^{t}\mathrm{d}t+\int_{0}^{x}\frac{1}{4}\mathrm{d}t=\frac{1}{2}+\frac{x}{4}$;

当 $x\geqslant 2$ 时,$F(x)=\int_{-\infty}^{x}f(t)\mathrm{d}t=\int_{-\infty}^{0}\frac{1}{2}\mathrm{e}^{t}\mathrm{d}t+\int_{0}^{2}\frac{1}{4}\mathrm{d}t=1$.

于是得到 X 的分布函数 $F(x)=\begin{cases}\frac{1}{2}\mathrm{e}^{x}, & -\infty<x<0\\ \frac{1}{2}+\frac{x}{4}, & 0\leqslant x<2\\ 1, & 2\leqslant x<+\infty\end{cases}$

(2) $P(-1<X<3)=F(3)-F(-1)=1-\frac{1}{2}\mathrm{e}^{-1}\approx 0.8161.$

【例 1.9】 设随机变量的分布函数为 $F(x)=A+B\arctan x,-\infty<x<+\infty$,求:(1) A,B;(2) X 落在区间$(-1,1)$内的概率;(3) X 的密度函数.

解 (1) 由 $F(-\infty)=0$ 与 $F(+\infty)=1$,得$\begin{cases}A+B\left(-\frac{\pi}{2}\right)=0,\\ A+B\left(\frac{\pi}{2}\right)=1,\end{cases}$

解得 $A=\frac{1}{2},B=\frac{1}{\pi}$,所以 $F(x)=\frac{1}{2}+\frac{1}{\pi}\arctan x,-\infty<x<+\infty.$

(2) $P(-1\leqslant X<1)=F(1)-F(-1)=\frac{1}{\pi}[\arctan 1-\arctan(-1)]=\frac{1}{2}.$

(3) $f(x)=F'(x)=\frac{1}{\pi(1+x^2)},-\infty<x<+\infty.$

1.8.5 常见连续型分布函数

【例 1.10】 已知随机变量 $X\sim U[a,b]$,求 X 的分布函数 $F(x)$.

解 X 的密度函数为

$$f(x)=\begin{cases}\frac{1}{b-a}, & a\leqslant x\leqslant b\\ 0, & \text{其他}\end{cases}$$

当 $x<a$ 时,$F(x)=\int_{-\infty}^{x}f(t)\mathrm{d}t=\int_{-\infty}^{x}0\mathrm{d}t=0$;

当 $a\leqslant x<b$ 时,$F(x)=\int_{-\infty}^{x}f(t)\mathrm{d}t=\int_{-\infty}^{a}0\mathrm{d}t+\int_{a}^{x}\frac{1}{b-a}\mathrm{d}t$

$$=0+\left.\frac{t}{b-a}\right|_{a}^{x}=\frac{x-a}{b-a};$$

当 $x\geqslant b$ 时,$F(x)=\int_{-\infty}^{x}f(t)\mathrm{d}t=\int_{-\infty}^{a}0\mathrm{d}t+\int_{a}^{b}\frac{1}{b-a}\mathrm{d}t+\int_{b}^{x}0\mathrm{d}t$

$$=0+1+0=1,$$

所以 $F(x)=\begin{cases}0, & x<a\\ \frac{x-a}{b-a}, & a\leqslant x<b\\ 1, & x\geqslant b\end{cases}$

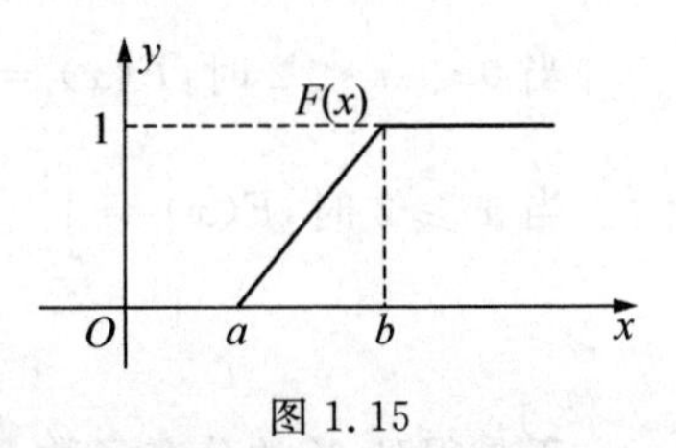

图 1.15

均匀分布函数 $F(x)$ 的图形见图 1.15 所示.

案例 1.39(电子管寿命的分布函数) 已知某种电子管的寿命 X(单位:小

时）服从指数分布：

$$f(x)=\begin{cases}\dfrac{1}{1000}e^{-\frac{x}{1000}}, & x>0\\ 0, & x\leqslant 0\end{cases}$$

求：(1) X 的分布函数；(2) 电子管能使用 1000 小时以上的概率.

解　(1) 当 $x\leqslant 0$ 时，$F(x)=\int_{-\infty}^{x}f(t)\mathrm{d}t=0$；

当 $x>0$ 时，$F(x)=\int_{-\infty}^{x}f(t)\mathrm{d}t=\int_{0}^{x}\dfrac{1}{1000}e^{-\frac{t}{1000}}\mathrm{d}t=1-e^{-\frac{x}{1000}}$，

于是，$F(x)=\begin{cases}1-e^{-\frac{x}{1000}}, & x>0\\ 0, & x\leqslant 0\end{cases}$

(2) $P(X\geqslant 1000)=1-P(X<1000)=1-F(1000)$

$$=1-(1-e^{-1})=e^{-1}\approx 0.3679.$$

故如果随机变量 X 服从参数为 λ 的指数分布，即 $X\sim E(\lambda)$，有分布函数

$$F(x)=\begin{cases}1-e^{-\lambda x}, & x>0\\ 0, & x\leqslant 0\end{cases}$$

其中 $\lambda>0$ 为常数.

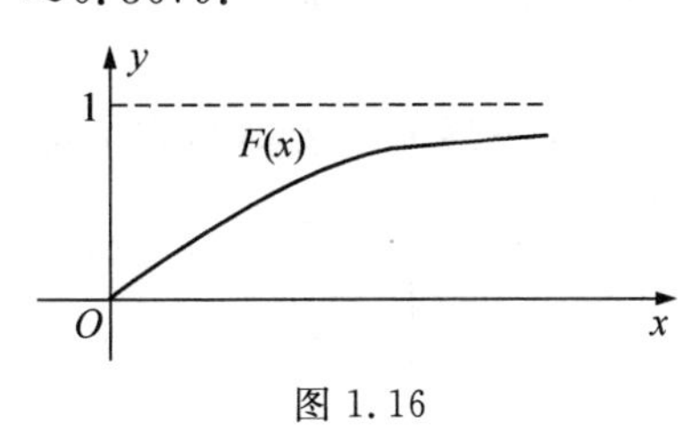

图 1.16

指数分布函数图形见图 1.16 所示.

1.8.6　随机变量函数的分布

微课 63

在生产、生活实际中常常碰到随机变量的函数。如圆的直径是一个随机变量，若考查圆的面积，很显然面积是直径的函数，也是一个随机变量. 又如步行速度是随机变量，走完某段路的时间是速度的函数. 像上述提到的圆的面积、时间都可以看作随机变量的函数，它们也都是随机变量.

引例 1.24(加工利润)　加工一批零件所需天数是一个随机变量，其分布律如下：

X	8	9	10	11	12
p_k	0.1	0.2	0.4	0.2	0.1

已知加工此批零件的利润是加工天数的函数，其函数表达式为 $y=1000-(x-8)^2$. 试求利润随机变量 Y 的分布情况.

解　Y 的所有可能取值为$\{1000\quad 999\quad 996\quad 991\quad 984\}$，

$$P\{Y=1000\}=P\{X=984\}=0.1,$$
$$P\{Y=999\}=P\{Y=991\}=0.2,$$
$$P\{Y=996\}=0.4,$$

即 Y 的分布律为

Y	1000	999	996	991	984
p_k	0.1	0.2	0.4	0.2	0.1

1.8.6.1 离散型随机变量的函数的分布

设 X 是离散型随机变量，X 的分布律表示为

X	x_1	x_2	x_3	……	x_i	……
p_k	p_1	p_2	p_3	……	p_i	……

下面考察 $Y=g(X)$，它也是一个离散型随机变量，此时 Y 的分布律为

X	$g(x_1)$	$g(x_2)$	$g(x_3)$	……	$g(x_i)$	……
p_k	p_1	p_2	p_3	……	p_i	……

当 $g(x_1),g(x_2),\cdots,g(x_i)\cdots$ 中有某些值相等时，则把相等的值分别合并，并把对应的概率相加即可.

【例 1.11】 设随机变量 X 的分布律如下：

X	-1	0	1	2
p_k	0.2	0.3	0.1	0.4

求 $Y=X^2$ 的分布律.

解 Y 的所有可能取值为 $\{0,1,4\}$，

$$P\{Y=0\}=P\{X=0\}=0.3,$$
$$P\{Y=1\}=P\{X=-1\}+P\{X=1\}=0.2+0.1=0.3,$$
$$P\{Y=4\}=P\{X=2\}=0.4,$$

即 Y 的分布律为

Y	0	1	4
p_k	0.3	0.3	0.4

1.8.6.2　连续型随机变量的函数的分布

在介绍连续型随机变量的分布之前，我们先来看下面的例子.

【例 1.12】　设随机变量 X 的概率密度如下：

$$f_X(x)=\begin{cases}\dfrac{x}{8}, & 0<x<4\\ 0. & \text{其他}\end{cases}$$

求 $Y=2X+8$ 的概率密度.

解　$F_Y(y)=P\{Y\leqslant y\}=P\{2X+8\leqslant y\}=P\left\{X\leqslant\dfrac{y-8}{2}\right\}=F_X\left(\dfrac{y-8}{2}\right)$,

$$f_Y(y)=F'_Y(y)=f_X\left(\frac{y-8}{2}\right)\frac{1}{2}=\frac{y-8}{32},8<y<16.$$

故 Y 的概率密度为

$$f_Y(y)=\begin{cases}\dfrac{y-8}{32}, & 8<y<16\\ 0. & \text{其他}\end{cases}$$

在上述例题中，我们计算随机变量函数的概率密度的本质还是从分布函数的定义入手，将其转化为对随机变量 X 的要求，然后通过分布函数和密度函数之间的关系，求解密度函数. 对于连续型随机变量的函数及其分布情况，下述两点需要引起大家的关注：

(1) 设 X 为随机变量，令 $Y=g(X)$，$g(x)$ 为连续函数，那么 Y 也是一个连续型随机变量.

(2) 上述例子的关键是将"$Y\leqslant y$"转化为"$g(X)\leqslant y$"，再运用 X 的概率密度或分布函数求出 Y 的概率密度.

针对连续型随机变量函数的分布，我们有如下定理：

定理 1.5　设随机变量 X 具有概率密度 $f_X(x)$，函数 $g(x)$ 为 $(-\infty,+\infty)$ 内的严格单调的可导函数，则 $Y=g(X)$ 也是连续型随机变量，且 Y 的概率密度函数为

$$f_Y(y)=\begin{cases}f_X(h(y))\,|h'(y)|, & \alpha<y<\beta\\ 0, & \text{其他}\end{cases}$$

其中，$\alpha=\min\{g(-\infty),g(+\infty)\}$，$\beta=\max\{g(-\infty),g(+\infty)\}$，$x=h(y)$ 是 $y=g(x)$ 的反函数.

证　当 $g'(x)>0$ 时，有 $g(x)$ 在 $(-\infty,+\infty)$ 上是严格递增的，其反函数 $h(y)$ 存在，在 (α,β) 上取值，故

当 $y\leqslant\alpha$ 时，有 $F_Y(y)=0$；

当 $y \geqslant \beta$ 时，有 $F_Y(y) = 1$；

当 $\alpha < y < \beta$ 时，有

$F_Y(y) = P\{Y \leqslant y\} = P\{g(X) \leqslant y\} = P\{X \leqslant g^{-1}(y)\} = P\{X \leqslant h(y)\} = F_X(h(y))$，

将 $F_Y(y)$ 对 y 求导得 Y 的概率密度函数为

$$f_Y(y) = \begin{cases} f_X(h(y))\,|h'(y)|, & \alpha < y < \beta \\ 0, & \text{其他} \end{cases}$$

类似可得当 $g'(x) < 0$ 时结论也成立.

【例 1.13】 设随机变量 $X \sim N(\mu, \sigma^2)$，试证明 X 的线性函数 $Y = aX + b$ $(a \neq 0)$ 也服从正态分布.

解 X 的概率密度函数为 $f_X(x) = \dfrac{1}{\sqrt{2\pi}\sigma} e^{-\frac{(x-\mu)^2}{2\sigma^2}}$.

令 $y = g(x) = ax + b$，则 $g'(x) = a, a \neq 0$，故 $g(x)$ 是严格单调的.

$$x = h(y) = \frac{y-b}{a}, h'(y) = \frac{1}{a},$$

由此可知 $Y = aX + b$ 的概率密度函数为

$$f_Y(y) = \frac{1}{|a|} f_X\left(\frac{y-b}{a}\right) = \frac{1}{|a|\sqrt{2\pi}\sigma} e^{-\frac{\left(\frac{y-b}{a}-\mu\right)^2}{2\sigma^2}} = \frac{1}{\sqrt{2\pi}\,|a|\sigma} e^{-\frac{[y-(b+a\mu)]^2}{2(a\sigma)^2}}$$

即 $Y \sim N(b + a\mu, (a\sigma)^2)$.

【例 1.14】 设电压 $V = A\sin\theta$，其中 A 是已知常数，相角 θ 是一个随机变量，且 $\theta \in U\left(-\dfrac{\pi}{2}, \dfrac{\pi}{2}\right)$，试求电压 V 的概率密度.

解 θ 的概率密度函数为 $f_\theta(\theta) = \begin{cases} \dfrac{1}{\pi}, & \theta \in U\left(-\dfrac{\pi}{2}, \dfrac{\pi}{2}\right) \\ 0, & \text{其他} \end{cases}$

令 $v = g(\theta) = A\sin\theta, v \in U(-A, A)$，则

$$g'(\theta) = A\cos\theta,$$

$$\theta = h(v) = \arcsin\frac{v}{A}, h'(v) = \frac{1}{\sqrt{A^2 - v^2}},$$

由此可知 $V = A\sin\theta$ 的概率密度函数为

$$\varphi_V(v) = \begin{cases} \dfrac{1}{\pi\sqrt{A^2 - v^2}}, & v \in U(-A, A) \\ 0. & \text{其他} \end{cases}$$

习　题　1.8

1. 已知随机变量 X 的分布律为

X	-1	0	1
P	$\frac{1}{6}$	$\frac{1}{2}$	$\frac{1}{3}$

求分布函数及 $P(X>-0.5)$.

2. 设随机变量 X 的分布函数为

$$F(x)=\begin{cases}0, & x<0\\ 0.3, & 0\leqslant x<1\\ 0.7, & 1\leqslant x<2\\ 1, & 2\leqslant x\end{cases}$$

求其分布律.

3. 设随机变量 X 的密度函数为

$$f(x)=\begin{cases}\dfrac{1}{\pi\sqrt{1-x^2}}, & |x|<1\\ 0, & |x|\geqslant 1\end{cases}$$

求：(1) 分布函数；(2) $P(-0.5<X<0.5)$.

4. 设随机变量 X 的分布函数为

$$F(x)=\begin{cases}A+Be^{-\frac{x^2}{2}}, & x>0\\ 0, & 0\geqslant x\end{cases}$$

求：(1) A,B 的值；(2) X 的密度函数.

5. 已知随机变量 X 服从指数分布，概率密度如下：

$$f(x)=\begin{cases}\lambda e^{-\lambda x}, & x>0\\ 0, & x\leqslant 0\end{cases}$$

且 $P(X\leqslant 1)=1-e^{-1}$，试求：(1) λ；(2) 分布函数 $F(x)$.

6. 已知离散型随机变量 X 的分布律为

X	-2	-1	0	1	3
p_x	1/5	1/6	1/5	1/15	11/30

求 $Y=X^2$ 与 $Z=|X|$ 的分布律.

7. 设 $X \sim U(0,1)$，试求 $1-X$ 的概率密度.

8. 设随机变量 X 的分布函数为 $F(x)$，则 $Y=3X+1$ 的分布函数 $G(y)$（用 F 表示）=________.

9. 设随机变量 X 的概率密度为

$$f(x)=\begin{cases}\dfrac{2x}{\pi^2}, & 0<x<\pi \\ 0, & \text{其他}\end{cases}$$

求 $Y=\sin X$ 的概率密度.

1.9 正态分布

微课 64

1.9.1 正态分布的定义与性质

在处理实际问题时，常常会遇到这样的数据类型：这类数据虽有波动，但总是以某个常数为中心，偏离中心越近的数据个数越多，偏离中心越远的数据个数越少，呈“中间大，两头小”的格局，且取值具有对称性. 这种随机变量往往服从我们通常所说的正态分布. 在自然现象、社会现象和生产实践中，大量的随机变量都服从或近似服从正态分布，如测量误差、炮弹落点距目标的偏差、海洋波浪的高度、一个地区的男性成年人的身高及体重、考试的成绩等. 正是由于生活中大量的随机变量服从或近似服从正态分布，所以正态分布在理论与实践中都占据着特别重要的地位.

定义 1.20 如果随机变量 X 的概率密度为

$$f(x)=\frac{1}{\sqrt{2\pi}\sigma}\mathrm{e}^{-\frac{(x-\mu)^2}{2\sigma^2}}, \quad -\infty<x<\infty$$

其中 μ,σ 为常数，且 $\sigma>0$，则称 X 服从**正态分布**，记作 $X\sim N(\mu,\sigma^2)$.

正态分布的概率密度函数曲线简称正态曲线，如图 1.17 所示.

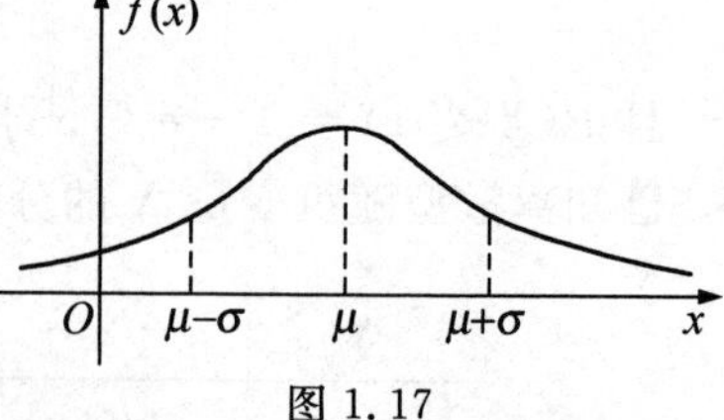

图 1.17

性质 1.1 正态曲线具有下述性质：

(1) 曲线位于 x 轴上方，关于直线 $x=\mu$ 对称；

(2) 函数 $f(x)$ 在 $(-\infty,\mu]$ 上单调增加，在 $[\mu,+\infty)$ 上单调减少，并在 $x=\mu$ 处取得最大值，最大值为 $\dfrac{1}{\sqrt{2\pi}\sigma}$，且 $x=\mu\pm\sigma$ 为 $f(x)$ 的两个拐点的横坐标；

(3) 当 $x \to \pm\infty$ 时，$f(x) \to 0$，即曲线 $f(x)$ 以 x 轴为渐近线，整条曲线呈中间高、两边低的对称"钟"形；

(4) 若固定σ，曲线随μ值的改变而沿x轴平行移动，几何形状不变，如图1.18所示；

(5) 若固定 μ 不变，改变 σ 的值，则会影响曲线的陡峭程度，σ 越小，曲线越陡峭；σ 越大，曲线越平缓. 图 1.19 分别绘出了在同一个 μ 值的条件下，σ 值分别为 0.7、1 和 2 时的正态分布密度函数曲线.

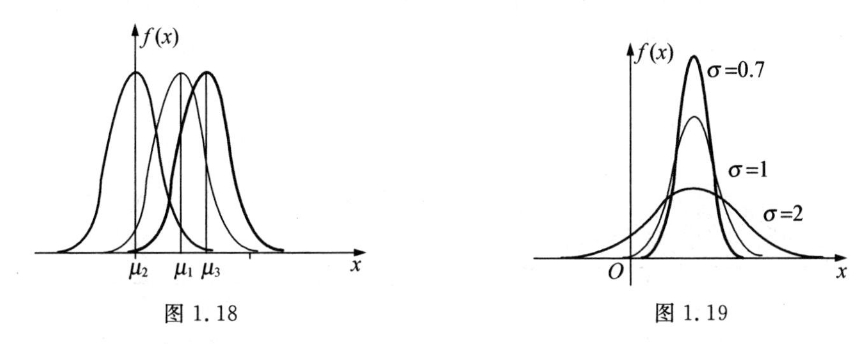

图 1.18　　　　图 1.19

由性质可知，正态分布的参数μ确定曲线的中心位置，表示随机变量在μ附近取值最多；σ 确定曲线的形状，σ 越大，表示随机变量取值越分散，σ 越小，表示随机变量取值越集中于 μ 附近.

根据定义 1.21，若 $X \sim N(\mu,\sigma^2)$，则 X 的正态分布函数为

$$F(x) = \frac{1}{\sqrt{2\pi}\sigma}\int_{-\infty}^{x} e^{-\frac{(t-\mu)^2}{2\sigma^2}} dt,$$

正态分布函数 $F(x)$ 的图形如图 1.20 所示.

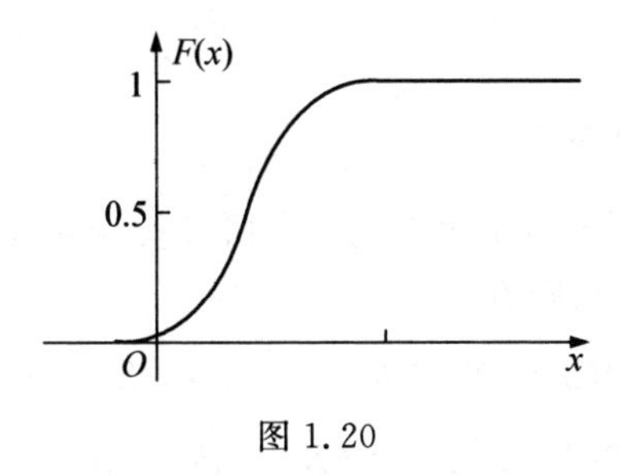

图 1.20

1.9.2　标准正态分布

微课 65

定义 1.21　在正态分布 $X \sim N(\mu,\sigma^2)$ 中，当 $\mu = 0, \sigma = 1$ 时，称随机变量 X 服从**标准正态分布**，记为 $X \sim N(0,1)$，其概率密度函

数为

$$\phi(x)=\frac{1}{\sqrt{2\pi}}\mathrm{e}^{-\frac{x^2}{2}},-\infty<x<\infty$$

相应的分布函数为

$$\Phi(x)=\frac{1}{\sqrt{2\pi}}\int_{-\infty}^{x}\mathrm{e}^{-\frac{t^2}{2}}\mathrm{d}t.$$

图 1.21 为标准正态分布概率密度函数图形. 分布函数在几何上表现为图 1.21 中阴影部分的面积.

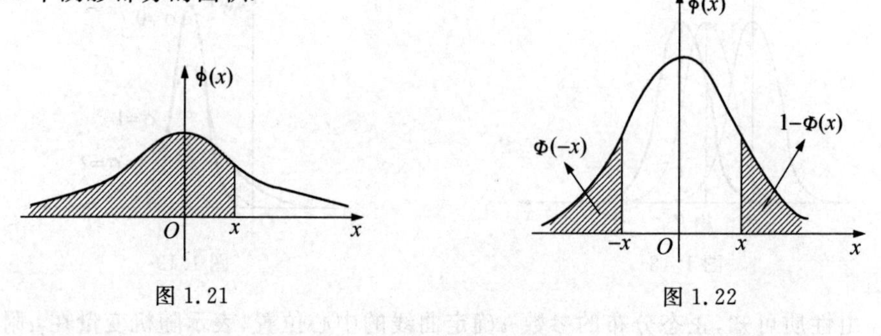

图 1.21　　图 1.22

性质 1.2　标准正态分布的分布函数 $\Phi(x)$ 有如下性质:

(1) $\Phi(0)=0.5$;

(2) $\Phi(+\infty)=1$;

(3) $\Phi(-x)=1-\Phi(x)$.

性质(3) 可由图 1.22 直观地看出来,图中左边阴影部分面积为 $\Phi(-x)$,右边阴影部分面积为 $1-\Phi(x)$,由于 $\Phi(x)$ 关于 y 轴对称,于是有

$$\Phi(-x)=1-\Phi(x).$$

1.9.3　标准正态分布表

为了解决正态分布的概率计算问题,先研究标准正态分布的概率计算,对任意 $a<b$,若 $X\sim N(0,1)$,则有

$$\begin{aligned}P(a<X\leqslant b)&=P(a\leqslant X\leqslant b)=P(a<X<b)=P(a\leqslant X<b)\\&=P(X\leqslant b)-P(X\leqslant a)=\Phi(b)-\Phi(a).\end{aligned}$$

$$P(X\geqslant a)=1-P(X<a)=1-\Phi(a).$$

当 $x\geqslant 0$ 时,$\Phi(x)$ 的值可由标准正态分布函数数值表直接查出.

【例 1.15】　设 $X\sim N(0,1)$,查表求:(1) $P(X=1.96)$;(2) $P(2.15\leqslant X<5.12)$;(3) $P(|X|<1.96)$;(4) $P(|X|>1.96)$.

解　(1) $P(X=1.96)=0$;

(2) $P(2.15\leqslant X<5.12)=\Phi(5.12)-\Phi(2.15)=1-0.9842=0.0158$;

(3) $$\begin{aligned}P(|X|<1.96)&=P(-1.96<X<1.96)=\Phi(1.96)-\Phi(-1.96)\\&=\Phi(1.96)-(1-\Phi(1.96))=2\Phi(1.96)-1\\&=0.9500,\end{aligned}$$

由此可得公式

$$P(|X|<a)=2\Phi(a)-1;$$

(4) $P(|X|>1.96)=1-P(|X|\leqslant 1.96)=1-0.95=0.05.$

1.9.4　一般正态分布与标准正态分布的关系

设随机变量 $X\sim N(\mu,\sigma^2)$,则

$$F(x)=P(X\leqslant x)=\frac{1}{\sqrt{2\pi}\sigma}\int_{-\infty}^{x}\mathrm{e}^{-\frac{(t-\mu)^2}{2\sigma^2}}\mathrm{d}t.$$

这时令

$$Z=\frac{X-\mu}{\sigma},$$

则 Z 也是一个随机变量,并且有

$$P(Z\leqslant x)=P\left(\frac{X-\mu}{\sigma}\leqslant x\right)=P(X\leqslant\sigma x+\mu)=\frac{1}{\sqrt{2\pi}\sigma}\int_{-\infty}^{\sigma x+\mu}\mathrm{e}^{-\frac{(t-\mu)^2}{2\sigma^2}}\mathrm{d}t.$$

对上述积分作变量代换,令 $u=\dfrac{t-\mu}{\sigma}$,即得

$$P(Z\leqslant x)=\frac{1}{\sqrt{2\pi}}\int_{-\infty}^{x}\mathrm{e}^{-\frac{u^2}{2}}\mathrm{d}u=\Phi(x).$$

由此可知 Z 是一个服从 $N(0,1)$ 分布的标准正态随机变量,把一般的 $N(\mu,\sigma^2)$ 分布的随机变量 X 变换成标准正态变量 Z,所以常常称它为"标准化"变换.

定理1.6　X是一个随机变量,且服从$N(\mu,\sigma^2)$分布,则$Z=\dfrac{X-\mu}{\sigma}\sim N(0,1)$.

正态分布的概率计算公式如下:

若 $X\sim N(\mu,\sigma^2)$,则

(1) $P(X<b)=P(X\leqslant b)=\Phi\left(\dfrac{b-\mu}{\sigma}\right)$;

(2) $$\begin{aligned}P(a<X<b)&=P(a\leqslant X\leqslant b)=P(a\leqslant X<b)\\&=P(a<X\leqslant b)=\Phi\left(\frac{b-\mu}{\sigma}\right)-\Phi\left(\frac{a-\mu}{\sigma}\right);\end{aligned}$$

(3) $P(X \geqslant a) = P(X > a) = 1 - \Phi\left(\frac{a-\mu}{\sigma}\right)$;

(4) $P(|X| \leqslant a) = P(|X| < a) = \Phi\left(\frac{a-\mu}{\sigma}\right) - \Phi\left(\frac{-a-\mu}{\sigma}\right)$.

【例 1.16】 设 $X \sim N(10, 2^2)$，求以下概率：

(1) $P(10 < X \leqslant 13)$； (2) $P(X \geqslant 13)$； (3) $P(|X-10| < 2)$.

解 (1) $P(10 < X \leqslant 13) = F(13) - F(10) = \Phi\left(\frac{13-10}{2}\right) - \Phi\left(\frac{10-10}{2}\right)$

$$= \Phi(1.5) - \Phi(0) = 0.9332 - 0.5 = 0.4332;$$

(2) $P(X \geqslant 13) = 1 - P(X < 13) = 1 - F(13)$

$$= 1 - \Phi\left(\frac{13-10}{2}\right) = 1 - \Phi(1.5)$$

$$= 1 - 0.9332 = 0.0668;$$

(3) $P(|X-10| < 2) = P\left(\left|\frac{X-10}{2}\right| < 1\right) = \Phi(1) - \Phi(-1)$

$$= 2\Phi(1) - 1 = 2 \times 0.8413 - 1 = 0.6826.$$

案例 1.40(交通工具的选择) 设从某地前往火车站，可以乘公共汽车，也可以乘地铁. 若乘汽车所需时间(单位为分)$X \sim N(50, 10^2)$，乘地铁所需时间 $Y \sim N(60, 4^2)$，那么若有 70 分钟可以用，问乘公共汽车好还是乘地铁好？

解 显然概率大的好.

若有 70 分钟可用，那么比较概率 $P(X \leqslant 70)$ 和 $P(Y \leqslant 70)$ 的大小.

$$P(X \leqslant 70) = \Phi\left(\frac{70-50}{10}\right) = \Phi(2) = 0.9772,$$

$$P(Y \leqslant 70) = \Phi\left(\frac{70-60}{4}\right) = \Phi(2.5) = 0.9938,$$

由于后者较大，故乘地铁较好.

1.9.5 3σ 准则

【例 1.17】 若 $X \sim N(\mu, \sigma^2)$，求 $P(|X-\mu| \leqslant k\sigma)$，其中 $k = 1,2,3$.

解 $P(|X-\mu| \leqslant \sigma) = P\left(\left|\frac{X-\mu}{\sigma}\right| \leqslant 1\right) = \Phi(1) - \Phi(-1)$

$$= 2\Phi(1) - 1 = 0.6826;$$

$P(|X-\mu| \leqslant 2\sigma) = P\left(\left|\frac{X-\mu}{\sigma}\right| \leqslant 2\right) = \Phi(2) - \Phi(-2)$

$$= 2\Phi(2) - 1 = 0.9544;$$

$$P(|X-\mu|\leqslant 3\sigma)=P\left(\left|\frac{X-\mu}{\sigma}\right|\leqslant 3\right)=\Phi(3)-\Phi(-3)$$
$$=2\Phi(3)-1=0.9973.$$

上述例题说明了统计工作者经常使用的 3σ 准则，即服从正态分布的随机变量 X 的取值有 99.73% 左右落入区间 $(\mu-3\sigma,\mu+3\sigma)$，仅有 0.27% 左右落在区间 $(\mu-3\sigma,\mu+3\sigma)$ 之外. 在企业管理中，经常应用这个准则进行质量检查和工艺过程的控制.

案例 1.41（螺栓的质量）　由某机器生产的螺栓长度（单位：cm）服从 $N(10.05,0.06^2)$，规定长度在 10.05 ± 0.12 内为合格品，求一螺栓不合格的概率.

解　设 X 为螺栓的长度.

$$P(|X-10.05|>0.12)$$
$$=1-P(|X-10.05|\leqslant 0.12)=1-P\left(\left|\frac{X-10.05}{0.06}\right|\leqslant 2\right)$$
$$=1-\Phi(2)+\Phi(-2)=2-2\Phi(2)=1-0.9544=0.0456,$$

故一螺栓不合格的概率为 0.0456.

案例 1.42（灯泡的最低使用寿命）　灯泡厂生产的白炽灯寿命 X（单位：h），已知 $X\sim N(1000,30^2)$，要使灯泡的平均寿命为 1000h 的概率为 99.7%，问灯泡的最低使用寿命应控制在多少小时以上？

解　因为灯泡寿命 $X\sim N(1000,30^2)$，故 X 在 $(1000-3\times30,1000+3\times30)$ 内取值的概率为 99.7%，即在 $(910,1090)$ 内取值的概率为 99.7%，故灯泡的最低使用寿命应控制在 910h 以上.

案例 1.43（公共汽车门的高度）　设成年男子身高 $X(\text{cm})\sim N(170,6^2)$，某种公共汽车门的高度是按成年男子碰头的概率在 1% 以下来设计的，问车门的高度最少应为多少？

解　设车门高度为 $h$cm，按设计要求

$$P(X\geqslant h)<0.01\quad\text{或}\quad P(X<h)\geqslant 0.99.$$

求满足 $P(X<h)\geqslant 0.99$ 的最小的 h.

因 $X\sim N(170,6^2)$，故 $\dfrac{X-170}{6}\sim N(0,1)$，

故 $P(X<h)=\Phi\left(\dfrac{h-170}{6}\right)\geqslant 0.99$，

查表得 $\Phi(2.33)=0.9901>0.99$，

因而 $\dfrac{h-170}{6}=2.33$，

即 $h=170+13.98\approx 184$，

故设计的车门高度为184cm.

习 题 1.9

1. 设 $X \sim N(0,1)$,求:

(1) $P(X < 0.75)$; (2) $P(X < -0.75)$;

(3) $P(X > 1.5)$; (4) $P(-0.2 < X < 1.5)$;

(5) $P(|X| < 0.82)$.

2. 设 $X \sim N(-2,4^2)$,求:

(1) $P(X < 4.6)$; (2) $P(X > -4.6)$;

(3) $P(|X| < 3)$; (4) $P(-2 < X < 1)$;

(5) $P(|X-1| > 1)$.

3. 某工程队完成某项工程所需的时间 X(单位:天)服从参数为 $\mu = 100, \sigma = 5$ 的正态分布.按合同规定,若在100天内完成,则得超产奖10000元,若在100至115天内完成,则得一般奖1000元,若超过115天,则罚款5000元,求该工程队在完成这项工程时,罚款5000元的概率.

4. 据统计,某大学男生体重的分布为 $N(58,1)$,求某男生体重在56至60(kg)之间的概率.

1.10 二维随机变量及其分布

1.10.1 二维随机变量及联合分布

在实际问题中,某些随机试验的结果往往需要同时利用两个或两个以上的随机变量来描述,例如,研究某地区学龄前儿童的发育状况,需要观察他们的身高 H 和体重 W;观察炮弹着陆点的位置,需要由它的横坐标 X 和纵坐标 Y 共同确定.

引例 1.25(射击精度) 射击试验中,靶平面上建立坐标系,以靶心为原点.此时弹着点(子弹打中靶子的点)的位置可以表示为点的横纵坐标 (X,Y),X 表示弹着点的横坐标,Y 表示弹着点的纵坐标.

如果用弹着点离靶心的距离来衡量射击的精度,则

$$\{X^2+Y^2 \leqslant 1\}$$

表示弹着点落在以靶心为圆心、1为半径的圆内.

假设事件 A 表示:弹着点离靶心距离不超过 R,则事件 A 可写成

$$A:\{X^2+Y^2 \leqslant R\}.$$

1.10.1.1　二维随机变量的定义及其分布函数

定义1.22　设E是一个随机试验，其样本空间表示为$\Omega=\{e\}$，其中e表示样本点.设$X(e)$与$Y(e)$是定义在同一样本空间Ω上的两个随机变量，则称$(X(e),Y(e))$为Ω上的**二维随机变量**（或**二维随机向量**），简记为(X,Y).

注：二维随机变量(X,Y)的性质不仅与X和Y有关，而且还依赖于这两个随机变量的相互关系，因此需要将(X,Y)作为一个整体来研究.

定义1.23　设(X,Y)是二维随机变量，对于任意实数x,y，称二元函数

$$F(x,y)=P\{X\leqslant x,Y\leqslant y\}$$

为二维随机变量(X,Y)的**分布函数**或X和Y的**联合分布函数**.

从几何上，二维随机变量的分布函数可直观解释如下：

(1)如果将二维随机变量(X,Y)看成是平面上随机点的坐标，那么分布函数$F(x,y)$在点(x,y)的函数值就是以(x,y)为顶点而位于该点左下方的无穷矩形域内的概率(图1.23).

(2)随机点落在矩形区域$\{x_1<X\leqslant x_2,y_1<Y\leqslant y_2\}$内概率为$P(x_1<X\leqslant x_2,y_1<Y\leqslant y_2)=F(x_2,y_2)-F(x_2,y_1)-F(x_1,y_2)+F(x_1,y_1)$(图1.24).

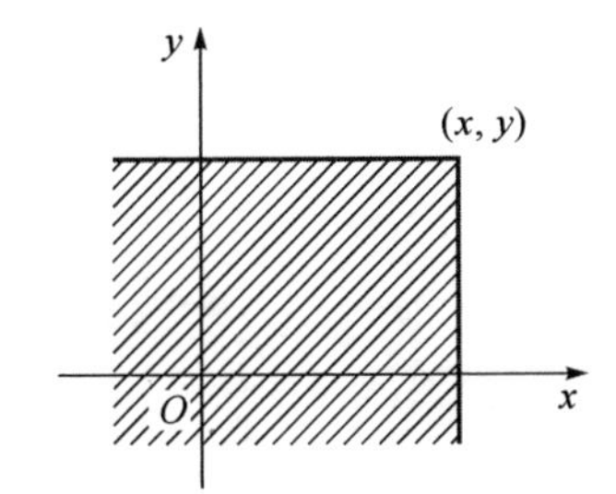

图1.23　分布函数的几何解释

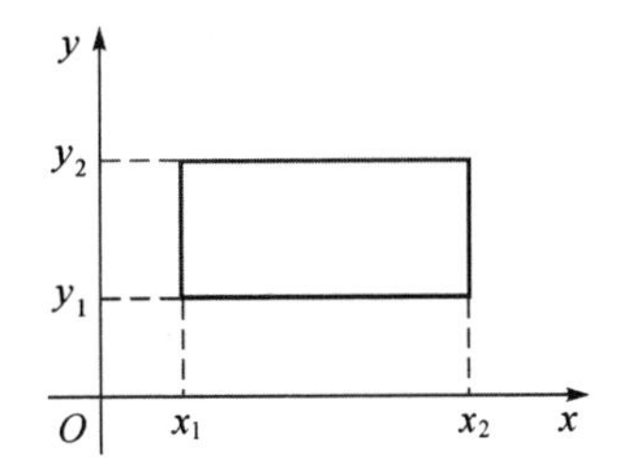

图1.24　矩形区域内的概率

类似于单个随机变量，二维随机变量(X,Y)的分布函数具有如下基本性质：

(1)分布函数$F(x,y)$是变量x,y的不减函数.

该性质可以解释为对任意固定的y，当$x_1<x_2$时，有$F(x_1,y)<F(x_2,y)$；对于任意固定的x，当$y_1<y_2$时，有$F(x,y_1)<F(x,y_2)$.

(2)分布函数的函数值在0,1之间，即$0\leqslant F(x,y)\leqslant 1$.对任意的$y$有$F(-\infty,y)=0$；对任意的$x$有$F(x,-\infty)=0$.特别还满足$F(-\infty,-\infty)=0$，$F(+\infty,+\infty)=1$.

(3)分布函数$F(x,y)$关于x,y是右连续的，即$F(x,y)=F(x^+,y)$，$F(x,y)=F(x,y^+)$.

(4)对于任意两点(x_1,y_1)和(x_2,y_2)，假设$x_1<x_2,y_1<y_2$，则有

$$F(x_2,y_2)-F(x_2,y_1)-F(x_1,y_2)+F(x_1,y_1)\geqslant 0.$$

上述关于二维随机变量分布函数的定义和性质无论对离散型随机变量，还是对连续型随机变量都是适用的. 我们知道除了分布函数外，离散型随机变量的分布律、连续型随机变量的密度函数也是描述随机变量的重要概念. 接下来，将分别讨论二维离散型随机变量的分布律和二维连续型随机变量的密度函数.

1.10.1.2 二维离散型随机变量

微课 66

定义 1.24 若二维随机变量(X,Y)的所有可能取值只有有限对或无穷可数多对，则称(X,Y) 为**二维离散型随机变量**.

定义 1.25 若二维离散型随机变量(X,Y)的一切可能取值表示为(x_i,y_j)，$i,j=1,2,\cdots$，且(X,Y)取各对值的概率为

$$P\{X=x_i,Y=y_j\}=p_{ij},\ i,\ j=1,2,\cdots$$

称上式为(X,Y)的**分布律**，或称其为随机变量 X 和 Y 的**联合分布律**.

二维离散型随机变量(X,Y)的分布律可用如下表格来表示：

Y \ X	x_1	x_2	$\cdots$	x_i	$\cdots$
y_1	p_{11}	p_{21}	$\cdots$	p_{i1}	$\cdots$
y_2	p_{12}	p_{22}	$\cdots$	p_{i2}	$\cdots$
$\vdots$	$\vdots$	$\vdots$		$\vdots$	
y_j	p_{1j}	p_{2j}	$\cdots$	p_{ij}	$\cdots$
$\vdots$	$\vdots$	$\vdots$		$\vdots$	

类似于单个的离散型随机变量，二维离散型随机变量(X,Y)的分布律具有如下性质：

(1) **非负性**：$p_{ij}\geqslant 0,i,j=1,2,\cdots$

(2) **规范性**：$\sum\limits_{i,j}p_{ij}=1$.

根据上述二维离散型随机变量的分布律的定义，可将离散型随机变量(X,Y)的联合分布函数写为

$$F(x,y)=P\{X\leqslant x,Y\leqslant y\}=\sum_{x_i\leqslant x}\sum_{y_j\leqslant y}p_{ij}.$$

如果将$(X,\ Y)$看成是平面上随机点的坐标，那么$F(x,y)$在点(x,y)处的函数值就是随机点(X,Y)落在直线 $X=x$ 的左侧和直线 $Y=y$ 的下方的无穷矩形内(X,Y)可能取值点$(x_i,\ y_j)$的概率之和. 这可以看作是离散型随机变量(X,Y)的分布函数的几何解释.

【例 1.18】(整数选取)　设随机变量 X 在 1,2,3 这三个整数中等可能地取值,另一个随机变量 Y 在 1 至 X 中等可能地取一整数值,试求(X,Y)的分布律.

解　(X,Y)的所有取值情况为$\{X=x_i,Y=y_j\}=\{X=i,Y=j\}$,$j$ 为不大于 i 的正整数,$i=1,2,3$.

$$P\{X=i,Y=j\}=P\{X=i\}P\{Y=j\mid X=i\}=\frac{1}{3}\times\frac{1}{i},i=1,2,3,j\leqslant i.$$

于是(X,Y)的分布律表示如下:

Y \ X	1	2	3
1	$\frac{1}{3}$	$\frac{1}{6}$	$\frac{1}{9}$
2	0	$\frac{1}{6}$	$\frac{1}{9}$
3	0	0	$\frac{1}{9}$

1.10.1.3　二维连续型随机变量

微课 67

为了讨论二维连续型随机变量的联合密度函数,我们先直接给出二维连续型随机变量的定义.

定义 1.26　设(X,Y)为二维随机变量,$F(x,y)$为(X,Y)的分布函数. 若存在非负可积函数 $f(x,y)$,对于任意的实数 x,y,有

$$F(x,y)=\int_{-\infty}^{x}\int_{-\infty}^{y}f(u,v)\mathrm{d}v\mathrm{d}u,$$

则称(X,Y)为**二维连续型随机变量**,称 $f(x,y)$为 X 和 Y 的**联合概率密度**或**联合密度函数**,或(X,Y)的**概率密度**或**密度函数**.

二维随机变量概率密度 $f(x,y)$具有如下性质:

(1)$f(x,\ y)\geqslant 0$;

(2)$\int_{-\infty}^{+\infty}\int_{-\infty}^{+\infty}f(u,v)\mathrm{d}v\mathrm{d}u=1$;

(3)若 $f(x,y)$在(x,y)连续,则$\dfrac{\partial^2 F(x,y)}{\partial x\partial y}=f(x,y)$;

(4)设 G 为 xOy 平面的一个区域,则

$$P\{(X,Y)\in G\}=\iint\limits_{(X,Y)\in G}f(x,y)\mathrm{d}x\mathrm{d}y.$$

注:在几何上 $z=f(x,y)$表示空间的一个曲面,由性质(2)可知介于 $z=f(x,y)$与 xOy 平面的空间区域的体积为1. 由性质(4)可知 $P\{(X,Y)\in G\}$的值等于以

G 为底、以 $z=f(x,y)$ 为顶面的曲顶柱体体积.

【例 1.19】 设二维随机变量(X,Y)具有概率密度

$$f(x,y)=\begin{cases}k\mathrm{e}^{-(2x+y)}, & x>0,y>0\\ 0, & \text{其他}\end{cases}$$

(1)求参数 k;(2)求 $F(x,y)$;(3)求 $P(Y\leqslant X)$.

解 (1)由规范性得 $\int_{-\infty}^{+\infty}\int_{-\infty}^{+\infty}f(x,y)\mathrm{d}x\mathrm{d}y=1$,

即

$$\int_{0}^{+\infty}\int_{0}^{+\infty}k\mathrm{e}^{-(2x+y)}\mathrm{d}x\mathrm{d}y=1,$$

从而有 $k=2$.

(2)当 $x>0,y>0$ 时,

$$\begin{aligned}F(x,y)&=\int_{-\infty}^{x}\int_{-\infty}^{y}f(u,v)\mathrm{d}v\mathrm{d}u\\&=\int_{0}^{x}\int_{0}^{y}2\mathrm{e}^{-(2u+v)}\mathrm{d}v\mathrm{d}u\\&=2\int_{0}^{x}\mathrm{e}^{-2u}\mathrm{d}u\int_{0}^{y}\mathrm{e}^{-v}\mathrm{d}v\\&=(1-\mathrm{e}^{-2x})(1-\mathrm{e}^{-y}),\end{aligned}$$

故

$$F(x,y)=\begin{cases}(1-\mathrm{e}^{-2x})(1-\mathrm{e}^{-y}), & x>0,y>0\\ 0. & \text{其他}\end{cases}$$

$$\begin{aligned}(3)\ P(Y\leqslant X)&=\int_{0}^{+\infty}\int_{0}^{x}2\mathrm{e}^{-(2x+y)}\mathrm{d}y\mathrm{d}x=2\int_{0}^{+\infty}\mathrm{e}^{-2x}\left(\int_{0}^{x}\mathrm{e}^{-y}\mathrm{d}y\right)\mathrm{d}x\\&=2\int_{0}^{+\infty}\mathrm{e}^{-2x}(1-\mathrm{e}^{-x})\mathrm{d}x=2\int_{0}^{+\infty}\mathrm{e}^{-2x}\mathrm{d}x-2\int_{0}^{+\infty}\mathrm{e}^{-3x}\mathrm{d}x\\&=1-\frac{2}{3}=\frac{1}{3}.\end{aligned}$$

下面给出两种常见的二维连续型随机变量及其分布:

(1)二维均匀分布

定义 1.27 设 G 是平面上的有界区域,其面积为 A,若二维随机变量(X,Y)的概率密度为

$$f(x,y)=\begin{cases}\dfrac{1}{A}, & (x,y)\in G\\ 0, & \text{其他}\end{cases}$$

则称(X,Y)在区域G上**服从均匀分布**,记作$(X,Y)\sim U(G)$.

【例1.20】 设(X,Y)在区域$|x\pm y|\leqslant 4$上服从均匀分布,求

(1)(X,Y)的概率密度;(2)$P\{0<X<1,0<Y<1\}$.

解 (1)由$|x\pm y|\leqslant 4$所围区域面积为32,并且(X,Y)在区域$|x\pm y|\leqslant 4$上服从均匀分布,故(X,Y)的概率密度为$f(x,y)=\begin{cases}\dfrac{1}{32}, & |x\pm y|\leqslant 4\\ 0, & \text{其他}\end{cases}$

(2)由$0<X<1,0<Y<1$所围区域的面积为1,
故

$$P\{0<X<1,0<Y<1\}=\frac{1}{32}\times 1=\frac{1}{32}.$$

(2)二维正态分布

定义1.28 若(X,Y)的概率密度为

$$f(x,y)=\frac{1}{2\pi\sigma_1\sigma_2\sqrt{1-\rho^2}}\exp\left\{\frac{1}{2\sqrt{1-\rho^2}}\left[\frac{(x-\mu_1)^2}{\sigma_1^2}-2\rho\frac{(x-\mu_1)(y-\mu_2)}{\sigma_1\sigma_2}+\frac{(y-\mu_2)^2}{\sigma_2^2}\right]\right\},$$

其中,$-\infty<\mu_1<+\infty$, $-\infty<\mu_2<+\infty$,$\sigma_1>0$,$\sigma_2>0$,$-1<\rho<1$,则称(X,Y)**服从二维正态分布**,记为$(X,Y)\sim N(\mu_1,\mu_2,\sigma_1,\sigma_2,\rho)$.

与一维随机变量的正态分布密度函数相比,二维正态分布的联合密度函数要复杂得多,其中的参数共有5个,这些参数都有其实际意义,在以后的章节中将进一步讨论.

1.10.2 边缘分布

本质上讲,二维随机变量的每个分量都是随机变量,既然是随机变量则必有自己的分布规律.这一节我们着重讨论二维随机变量每个分量的分布情况.接下来首先给出边缘分布的概念.

定义1.29 X和Y自身的分布函数分别称为二维随机变量(X,Y)关于X和Y的**边缘分布函数**,分别记为$F_X(x)$,$F_Y(y)$.

由上述关于边缘分布的定义可知,边缘分布函数可以由(X,Y)的分布函数$F(x,y)$来确定,事实上

$$F_X(x)=P\{X\leqslant x,Y\leqslant+\infty\}=F(x,+\infty),$$
$$F_Y(y)=P\{X\leqslant+\infty,Y\leqslant y\}=F(+\infty,y).$$

1.10.2.1 二维离散型随机变量的边缘分布

设(X,Y)为二维离散型随机变量,其分布律为

$$P\{X=x_i,Y=y_j\}=p_{ij},\quad i,j=1,2,\cdots$$

于是有随机变量 X 的边缘分布函数为

$$F_X(x)=F(x,+\infty)=\sum_{x_i\leqslant x}\sum_{j}p_{ij};$$

同理,随机变量 Y 的边缘分布函数为

$$F_Y(y)=F(+\infty,y)=\sum_{y_i\leqslant y}\sum_{i}p_{ij}.$$

类似于一维随机变量,离散型二维随机变量(X,Y)的分量都有其自身的分布律。X 和 Y 自身的分布律分别称为(X,Y)关于 X 和关于 Y 的**边缘分布律**.(X,Y)关于 X 的边缘分布律为

$$P\{X=x_i\}=\sum_{j}p_{ij},\quad i=1,2,\cdots$$

同理,(X,Y)关于 Y 的边缘分布律为

$$P\{Y=y_j\}=\sum_{i}p_{ij},\quad j=1,2,\cdots$$

(X,Y)关于 X 和 Y 的分布律以及边缘分布律的关系可以列表表示如下:

X \ Y	y_1	y_2	$\cdots$	y_j	$\cdots$	$P\{X=x_i\}$
x_1	p_{11}	p_{12}	$\cdots$	p_{1j}	$\cdots$	$p_{1.}$
x_2	p_{21}	p_{22}	$\cdots$	p_{2j}	$\cdots$	$p_{2.}$
$\vdots$	$\vdots$	$\vdots$		$\vdots$	$\vdots$	
x_i	p_{i1}	p_{i2}	$\cdots$	p_{ij}	$\cdots$	$p_{i.}$
$\vdots$	$\vdots$	$\vdots$	$\cdots$	$\vdots$	$\cdots$	$\vdots$
$P\{Y=y_i\}$	$p_{.1}$	$p_{.2}$	$\cdots$	$p_{.j}$	$\cdots$	1

$$p_{i.}=P\{X=x_i\}=\sum_{j=1}^{\infty}p_{ij}\quad(i=1,2,\cdots)\qquad p_{.j}=P\{X=y_j\}=\sum_{i=1}^{\infty}p_{ij}\quad(j=1,2,\cdots)$$

【例 1.21】(取球模型) 设袋中有 3 个白球和 4 个红球,现从中随机地抽取两次,每次取一个,定义随机变量 X,Y 如下:

$$X=\begin{cases}0, & \text{第一次摸出白球}\\1, & \text{第一次摸出红球}\end{cases},\qquad Y=\begin{cases}0, & \text{第二次摸出白球}\\1, & \text{第二次摸出红球}\end{cases}$$

写出下列两种试验的随机变量(X,Y)的分布律与边缘分布律.

(1) 有放回摸球;(2) 无放回摸球.

解 (1)采用有放回摸球,随机变量(X,Y)的分布律与边缘分布律为

$Y \backslash X$	0	1	$P\{X=x_i\}$
0	$\frac{3}{7}\times\frac{3}{7}$	$\frac{3}{7}\times\frac{4}{7}$	$\frac{3}{7}$
1	$\frac{4}{7}\times\frac{3}{7}$	$\frac{4}{7}\times\frac{4}{7}$	$\frac{4}{7}$
$P\{Y=y_j\}$	$\frac{3}{7}$	$\frac{4}{7}$	

(2)采用无放回摸球,随机变量(X,Y)的分布律与边缘分布律为

$Y \backslash X$	0	1	$P\{X=x_i\}$
0	$\frac{3}{7}\times\frac{2}{6}$	$\frac{3}{7}\times\frac{4}{6}$	$\frac{3}{7}$
1	$\frac{4}{7}\times\frac{3}{6}$	$\frac{4}{7}\times\frac{3}{6}$	$\frac{4}{7}$
$P\{Y=y_j\}$	$\frac{3}{7}$	$\frac{4}{7}$	

注:中间部分是(X,Y)的分布律,边缘部分是 X 和 Y 的边缘分布律,这也是边缘分布名字的由来.由该例可见,有放回与无放回情况下边缘分布律相同,但联合分布律不同,说明二维随机变量的联合分布不能由边缘分布唯一确定.

1.10.2.2 二维连续型随机变量的边缘分布

对于二维连续型随机变量其联合概率密度、边缘概率密度,联合分布函数、边缘分布函数之间存在内在关系.

定义 1.30 设(X,Y)为二维连续型随机变量,具有概率密度 $f(x,y)$,则

$$F_X(x)=F(x,+\infty)=\int_{-\infty}^{x}\left(\int_{-\infty}^{+\infty}f(x,y)\mathrm{d}y\right)\mathrm{d}x,$$

从而知,X 为连续型随机变量且概率密度为

$$f_X(x)=\frac{\mathrm{d}F_X(x)}{\mathrm{d}x}=\int_{-\infty}^{+\infty}f(x,y)\mathrm{d}y.$$

同理,Y 也是连续型随机变量,其概率密度为

$$f_Y(y)=\frac{\mathrm{d}F_Y(y)}{\mathrm{d}y}=\int_{-\infty}^{+\infty}f(x,y)\mathrm{d}x,$$

分别称 $f_X(x)$，$f_Y(y)$为(X,Y)关于 X 和 Y 的**边缘概率密度**.

【例 1.22】 设随机变量(X,Y)的概率密度为

$$f(x,y)=\begin{cases}kxy, & 0\leqslant x\leqslant y\leqslant 1\\ 0, & \text{其他}\end{cases}$$

试求:(1)参数 k;(2)X 和 Y 的边缘分布.

解 (1)由规范性得$\int_{-\infty}^{+\infty}\int_{-\infty}^{+\infty}f(x,y)\mathrm{d}x\mathrm{d}y=1$,

即

$$\int_0^1\int_x^1 kxy\,\mathrm{d}y\mathrm{d}x=\int_0^1\int_x^1 kx\,\frac{1-x^2}{2}\mathrm{d}y\mathrm{d}x=\frac{k}{8}=1,$$

从而有 $k=8$.

(2) $f_X(x)=\int_{-\infty}^{+\infty}f(x,y)\mathrm{d}y$, $f_Y(y)=\int_{-\infty}^{+\infty}f(x,y)\mathrm{d}x$,

当 $0\leqslant x\leqslant 1$ 时, $f_X(x)=\int_x^1 8xy\,\mathrm{d}y=4x(1-x^2)$,

故

$$f_X(x)=\begin{cases}4x(1-x^2), & 0\leqslant x\leqslant 1\\ 0. & \text{其他}\end{cases}$$

当 $0\leqslant y\leqslant 1$ 时, $f_Y(y)=\int_0^y 8xy\,\mathrm{d}x=4y^3$,

故

$$f_X(x)=\begin{cases}4y^3, & 0\leqslant y\leqslant 1\\ 0. & \text{其他}\end{cases}$$

【例 1.23】 求二维正态随机变量的边缘概率密度.

解 由$(X,Y)\sim N(\mu_1,\mu_2,\sigma_1^2,\sigma_2^2,\rho)$得

$$f(x,y)=\frac{1}{2\pi\sigma_1\sigma_2\sqrt{1-\rho^2}}\exp\left\{\frac{1}{2\sqrt{1-\rho^2}}\left[\frac{(x-\mu_1)^2}{\sigma_1^2}-2\rho\frac{(x-\mu_1)(y-\mu_2)}{\sigma_1\sigma_2}+\frac{(y-\mu_2)^2}{\sigma_2^2}\right]\right\},$$

故

$$\begin{aligned}f_X(x)&=\int_{-\infty}^{+\infty}f(x,y)\mathrm{d}y\\&=\frac{1}{2\pi\sigma_1\sigma_2\sqrt{1-\rho^2}}\exp\left[-\frac{(x-\mu_1)^2}{2\sigma_1^2}\right]\int_{-\infty}^{+\infty}\exp\left[-\frac{1}{2(1-\rho^2)}\right]\left[\frac{y-\mu_2}{\sigma_2}-\rho\frac{x-\mu_1}{\sigma_1}\right]^2\mathrm{d}y.\end{aligned}$$

令 $t=\frac{1}{\sqrt{1-\rho^2}}\left[\frac{y-\mu_2}{\sigma_2}-\rho\frac{x-\mu_1}{\sigma_1}\right]$,则有

$$f_X(x)=\frac{1}{2\pi\sigma_1}\exp\left[-\frac{(x-\mu_1)^2}{2\sigma_1^2}\right]\int_{-\infty}^{+\infty}\exp\left[-\frac{t^2}{2}\right]dt=\frac{1}{\sqrt{2\pi}\sigma_1}\exp\left[-\frac{(x-\mu_1)^2}{2\sigma_1^2}\right].$$

同理 $f_Y(y)=\frac{1}{\sqrt{2\pi}\sigma_2}\exp\left[-\frac{(y-\mu_2)^2}{2\sigma_2^2}\right]$.

即 $X\sim N(\mu_1,\sigma_1^2)$，$Y\sim N(\mu_2,\sigma_2^2)$.

1.10.3 条件分布

根据条件概率的定义，可以定义多维随机变量的条件分布.接下来，我们分别针对离散型二维随机变量和连续性二维随机变量讨论其条件分布.

1.10.3.1 二维离散型随机变量的条件分布律

定义 1.31 设二维离散型随机变量(X,Y)，对于固定的 j，若 $P(Y=y_j)>0$，则称

$$P\{X=x_i|Y=y_j\}=\frac{P\{X=x_i,Y=y_j\}}{P\{Y=y_j\}},\quad i=1,2,\cdots$$

为在 $Y=y_j$ 条件下随机变量 X 的**条件分布律**.

同样，对于固定的 i，若 $P(X=x_j)>0$，则称

$$P\{Y=y_j|X=x_i\}=\frac{P\{X=x_i,Y=y_j\}}{P\{X=x_j\}},\quad j=1,2,\cdots$$

为在 $X=x_i$ 条件下随机变量 Y 的**条件分布律**.

【例 1.24】(螺栓加固) 在一汽车工厂中，一辆汽车的两道工序是由机器人完成的.其一是紧固 3 只螺栓，其二是焊接 2 处焊点，以 X 表示由机器人紧固的螺栓紧固得不良的数目，以 Y 表示由机器人焊接的不良焊点的数目，据积累的资料知(X,Y)具有以下分布律：

Y \ X	0	1	2	3
0	0.840	0.030	0.020	0.010
1	0.060	0.010	0.008	0.002
2	0.010	0.005	0.004	0.001

试求：(1)在 $X=1$ 的条件下 Y 的条件分布律；(2)在 $y=0$ 的条件下 X 的条件分布律.

解 由联合分布律求出二维随机变量的边缘分布律：

Y \ X	0	1	2	3	$P\{Y=j\}$
0	0.840	0.030	0.020	0.010	0.900
1	0.060	0.010	0.008	0.002	0.080
2	0.010	0.005	0.004	0.001	0.020
$P\{X=i\}$	0.910	0.045	0.032	0.013	1.000

在 $X=1$ 的条件下，Y 的条件分布律为

$$P\{Y=0 \mid X=1\}=\frac{P\{X=1,Y=0\}}{P\{x=1\}}=\frac{0.030}{0.045},$$

$$P\{Y=1 \mid X=1\}=\frac{P\{X=1,Y=1\}}{P\{X=1\}}=\frac{0.010}{0.045},$$

$$P\{Y=2 \mid X=1\}=\frac{P\{X=1,Y=2\}}{P\{X=1\}}=\frac{0.005}{0.045},$$

写成列表形式为

$Y=k$	0	1	2
$P\{Y=k \mid X=1\}$	$\frac{6}{9}$	$\frac{2}{9}$	$\frac{1}{9}$

同样可得在 $Y=0$ 的条件下 X 的条件分布律为

$X=k$	0	1	2	3
$P\{X=k \mid Y=0\}$	$\frac{84}{90}$	$\frac{3}{90}$	$\frac{2}{90}$	$\frac{1}{90}$

【例 1.25】(射击问题)　一射手进行射击，击中目标的概率为 $p(0<p<1)$，射击直至击中目标两次为止. 设以 X 表示首次击中目标所进行的射击次数，以 Y 表示总共进行的射击次数，试求 X 和 Y 的联合分布律及条件分布律.

解　按题意 $Y=n$ 就表示在第 n 次射击时击中目标，且在第 1 次，第 2 次，……，第 $n-1$ 次射击中恰有一次击中目标. 已知各次射击是相互独立的，于是不管 $m(m<n)$ 是多少，概率 $P\{X=m,Y=n\}$ 都应等于

$$p.\,p.\,\underbrace{q\cdot q\cdot \cdots \cdot q}_{n-2\text{个}}=p^2q^{n-2}\text{（这里 } q=1-p\text{）}.$$

即得 X 和 Y 的联合分布律为

$$P\{X=m,Y=n)\}=p^2q^{n-2},n=2,3,\cdots;m=1,2,\cdots,n-1.$$

又　$$P\{X=m\}=\sum_{n=m+1}^{\infty}p\{X=m,y=n)=\sum_{n=m+1}^{\infty}p^2q^{n-2}$$

$$= p^2 \sum_{n=m+1}^{\infty} q^{n-2} = \frac{p^2 q^{m-1}}{1-q} = pq^{m-1}, m = 1,2,\cdots$$

$$P\{Y = n\} = \sum_{m=1}^{n-1} P\{X = m, Y = n\}$$

$$= \sum_{m=1}^{n-1} p^2 q^{n-2} = (n-1) p^2 q^{n-2}, n = 2,3,\cdots$$

于是条件分布律为

当 $n=2,3,\cdots$时,

$$P\{X=m \mid Y=n\} = \frac{p^2 q^{n-2}}{(n-1) p^2 q^{n-2}} = \frac{1}{n-1}, m=1,2,\cdots,n-1;$$

当 $m=1,2,\cdots$时,

$$P\{Y=n \mid X=m\} = \frac{p^2 q^{n-2}}{pq^{m-1}} = pq^{n-m-1}, n=m+1,m+2,\cdots$$

例如,$P\{X=m \mid Y=3\} = \frac{1}{2}, m=1,2;$

$$P\{Y=n \mid X=3\} = pq^{n-4}, n=4,5,\cdots$$

1.10.3.2 二维连续型随机变量的条件分布

定义 1.32 设二维随机变量(X,Y)的概率密度为 $f(x,y)$,(X,Y)关于 Y 的边缘概率密度为 $f_Y(y)$. 若对于固定的 y, $f_Y(y)>0$,则称$\frac{f(x,y)}{f_Y(y)}$为在 $Y=y$ 的条件下 X 的**条件概率密度**,记为[①]

$$f_{X|Y}(x|y) = \frac{f(x,y)}{f_Y(y)},$$

称 $\int_{\infty}^{\infty} f_{X|Y}(x|y)\mathrm{d}x = \int_{-\infty}^{x} \frac{f(x,y)}{f_Y(y)}\mathrm{d}x$ 为在 $Y=y$ 的条件下 X 的**条件分布函数**,记为 $P\{X \leqslant x | Y=y\}$或 $F_{X|Y}(x|y)$,即

$$F_{X|Y}(x|y) = P\{X \leqslant x | Y = y\} = \int_{-\infty}^{x} \frac{f(x,y)}{f_Y(y)}\mathrm{d}x.$$

类似地,可以定义 $F_{Y|X}(y|x) = \frac{f(x,y)}{f_X(x)}$和 $F_{Y|X}(y|x) = \int_{-\infty}^{x} \frac{f(x,y)}{f_X(x)}\mathrm{d}y$.

【例 1.26】 设 G 是平面上的有界区域,其面积为 A. 若二维随机变量(X,Y)

① 条件概率密度满足条件:$f_{X|Y}(x \mid y) = \frac{f(x,y)}{f_Y(y)} \geqslant 0$;

$$\int_{-\infty}^{\infty} f_{X|Y}(x \mid y)\mathrm{d}x = \int_{-\infty}^{x} \frac{f(x,y)}{f_Y(y)}\mathrm{d}x = \frac{1}{f_Y(y)}\int_{-\infty}^{\infty} f(x,y)\mathrm{d}x = 1.$$

具有概率密度

$$f(x,y)=\begin{cases}\dfrac{1}{A}, & x,y\in G\\ 0, & 其他\end{cases}$$

则称(X,Y)在G上服从**均匀分布**. 现设二维随机变量(X,Y)在圆域$x^2+y^2\leqslant 1$上服从均匀分布,求条件概率分布函数.

解 由假设得随机变量$(X.Y)$具有以下概率密度:

$$f(x,y)=\begin{cases}\dfrac{1}{\pi}, & x^2+y^2\leqslant 1\\ 0, & 其他\end{cases}$$

且有边缘概率密度

$$f_Y(y)=\int_{-\infty}^{\infty}f(x,y)\mathrm{d}x$$

$$=\begin{cases}\dfrac{1}{\pi}\displaystyle\int_{-\sqrt{1-y^2}}^{\sqrt{1-y^2}}\mathrm{d}x=\dfrac{2}{\pi}\sqrt{1-y^2}, & -1\leqslant y\leqslant 1\\ 0, & 其他\end{cases}$$

于是当$-1<y<1$时有

$$F_{X|Y}(x|y)=\begin{cases}\dfrac{\dfrac{1}{\pi}}{\dfrac{2}{\pi}\sqrt{1-y^2}}=\dfrac{1}{2\sqrt{1-y^2}}, & -\sqrt{1-y^2}\leqslant x\leqslant\sqrt{1-y^2}\\ 0, & 其他\end{cases}$$

【例 1.27】 设数X在区间$(0,1)$上随机地取值,当观察到$X=x$ $(0<x<1)$时,数Y在区间$(x,1)$上随机地取值. 求Y的概率密度$f_Y(y)$.

解 按题意得X具有以下概率密度:

$$f_X(x)=\begin{cases}1, & 0<x<1\\ 0, & 其他\end{cases}$$

对于任意给定的值$x(0<x<1)$,在$X=x$的条件下Y的条件概率密度为

$$f_{Y|X}(y|x)=\begin{cases}\dfrac{1}{1-x}, & x<y<1\\ 0, & 其他\end{cases}$$

则X和Y的联合概率密度为

$$f(x,y)=f_{Y|X}(y|x)f_X(x)=\begin{cases}\dfrac{1}{1-x}, & 0<x<y<1\\ 0. & 其他\end{cases}$$

于是关于 Y 的边缘概率密度为

$$f_Y(y)=\int_{-\infty}^{\infty} f(x,y)\mathrm{d}x$$

$$=\begin{cases}\int_0^y \frac{1}{1-x}\mathrm{d}x=-\ln(1-y), & 0<y<1\\ 0. & \text{其他}\end{cases}$$

习　题　1.10

1. 设口袋中有 3 个球，它们上面依次标有数字 1,1,2. 现从口袋中无放回地连续摸出两个球，以 X,Y 分别表示第一次与第二次摸出的球上标有的数字，求 (X,Y) 的分布律.

2. 设盒中装有 8 支圆珠笔芯，其中 3 支是蓝的，3 支是绿的，2 支是红的. 现从中随机抽取 2 支，以 X,Y 分别表示抽取的蓝色与红色笔芯数，试求：

(1) X 和 Y 的联合分布律；

(2) $P\{(X,Y)\in A\}$，其中 $A=\{(x,y)\mid x+y\leqslant 1\}$.

3. 设事件 A,B 满足 $P(A)=\frac{1}{4}$，$P(A\mid B)=\frac{1}{2}$，$P(B\mid A)=\frac{1}{2}$. 记 X,Y 分别为一次试验中 A,B 发生的次数，即 $X=\begin{cases}1, & A\text{ 发生},\\ 0, & A\text{ 不发生},\end{cases}$ $Y=\begin{cases}1, & B\text{ 发生},\\ 0, & B\text{ 不发生}.\end{cases}$ 求二维随机变量 (X,Y) 的分布律.

4. 设二维随机变量 (X,Y) 的概率密度为

$$f(x,y)=\begin{cases}Axy, & 0<x<1,0<y<1\\ 0, & \text{其他}\end{cases}$$

试求：

(1) 常数 A；

(2) $P\{X=Y\}$；

(3) $P\{X<Y\}$；

(4) (X,Y) 的分布函数.

5. 将一枚硬币掷 3 次，以 X 表示前 2 次中出现正面的次数，以 Y 表示 3 次中出现正面的次数. 求 X,Y 的联合分布律及 (X,Y) 的边缘分布律.

6. 设二维随机变量 (X,Y) 的分布律如下：

X \ Y	-1	0
1	1/4	1/4
2	1/6	a

(1)求 a 的值；

(2)求(X,Y)关于 X 和关于 Y 的边缘分布律与边缘分布函数.

7. 设二维随机变量(X,Y)的概率密度为

$$f(x,y)=\begin{cases}e^{-y}, & 0<x<y\\0, & 其他\end{cases}$$

求边缘概率密度 $f_X(x)$，$f_Y(y)$.

8. 设二维随机变量(X,Y)的概率密度为

$$f(x,y)=\begin{cases}1, & 0<x<1,|y|<x\\0, & 其他\end{cases}$$

求条件概率密度 $f_{X|Y}(x|y)$.

1.11 离散型随机变量的数字特征

微课 68

分布函数能完整地描述随机变量的统计规律性，但在许多实际问题中，分布函数很难求，事实上，也并不一定需要全面考察随机变量的变化情况，而只需知道它的某些特征就够了. 如检查一批棉花的质量，并不需要知道每朵棉花的纤维长度，而只要知道纤维的平均长度就能反映出棉花质量的一个方面，若这批棉花的纤维长度都和平均长度相差不大，即其偏离程度较小，而纤维的平均长度又较长，则这批棉花的质量就较好. 设棉花的纤维长度为随机变量 X，则它的平均长度及偏离程度就能描述出 X 在某些方面的重要特征. 不论是平均长度还是偏离程度，都是用数字表示出来的，所以称它们为随机变量的数字特征，本节讨论两种数字特征：一是数学期望，另一个是方差.

1.11.1 离散型随机变量的数学期望

我们已经知道，离散型随机变量的分布律全面地描述了这个随机变量的统计规律，但在许多实际问题中，这样的“全面描述”有时并不使人感到方便. 举例来说，已知在一个同一品种的母鸡群中，一只母鸡的年产蛋量是一个随机变量，如果要比较两个品种母鸡的年产蛋量，通常只要比较这两个品种的母鸡的年产蛋量的平均值就可以了，平均值大就意味着这个品种的母鸡产蛋量高，当然是“较好”的品种，这时如果不去比较它们的平均值，而只看它们的分布律，虽然“全面”，却使人不得要领，既难以掌握，又难以迅速地作出判断. 这样的例子可以举出很多：例如要比较不同班级的学习成绩，通常就是比较考试中的平均成绩；要比较不同地区的粮食收成，一般也只要比较平均亩产量等. 先看一个例子.

引例 1.26(平均发芽天数)　为测定一批种子发芽的平均天数,用 100 粒种子进行发芽试验,按发芽天数列成表 1.5.

表 1.5　发芽天数与发芽种子数

发芽天数	1	2	3	4	5	6	7	总计
发芽种子数	20	34	22	11	9	3	1	100
频　率	$\frac{20}{100}$	$\frac{34}{100}$	$\frac{22}{100}$	$\frac{11}{100}$	$\frac{9}{100}$	$\frac{3}{100}$	$\frac{1}{100}$	1

求这 100 粒种子的平均发芽天数.

解　这 100 粒种子的平均发芽天数为

$$\bar{x}=\frac{1\times 20+2\times 34+3\times 22+4\times 11+5\times 9+6\times 3+7\times 1}{100}$$

$$=1\times\frac{20}{100}+2\times\frac{34}{100}+3\times\frac{22}{100}+4\times\frac{11}{100}+5\times\frac{9}{100}+6\times\frac{3}{100}+7\times\frac{1}{100}$$

$$=2.68(\text{天}).$$

可以看出,我们是把每一种可能发芽的天数,乘以这个天数种子发芽的频率,相加后得到这批种子发芽所需的平均天数.

由关于频率和概率关系的讨论可知,在求平均值时,理论上应该用概率 P_k 去代替上述求和式中的频率 f_k,这时得到的平均值才是理论上的(也是真的)平均值,这个平均值称为数学期望,或简称为期望(或均值). 如果随机变量为 X,那么它的数学期望记作 EX 或 $E(X)$.

定义 1.33　若离散型随机变量 X 可能取值为 $x_k(k=1,2,\cdots)$,其分布律为 $p_k(k=1,2,\cdots)$,则当 $\sum\limits_{k=1}^{\infty}|x_k|p_k<\infty$ 时,称 X **存在数学期望**,并且数学期望 $EX=\sum\limits_{k=1}^{\infty}x_kp_k$;若 $\sum\limits_{k=1}^{\infty}|x_k|p_k\to\infty$,则称 X 的**数学期望不存在**.

案例 1.44(评价车床加工的产品质量)　A,B 两台自动机床生产同一种标准件,生产 1000 只产品所出的次品数各用 X,Y 表示. 经过一段时间的考察,X,Y 的分布律分别如下:

X	0	1	2	3
P	0.7	0.1	0.1	0.1

Y	0	1	2	3
P	0.5	0.3	0.2	0.0

问:哪一台机床加工的产品质量好些?

解 $EX = 0\times0.7+1\times0.1+2\times0.1+3\times0.1=0.6$，

$EY = 0\times0.5+1\times0.3+2\times0.2+3\times0=0.7.$

因为 $EX < EY$，所以自动机床 A 在1000只产品中所出现的次品数可以期望比机床 B 少. 从这个意义上来说，自动机床 A 所加工的产品质量较高.

【例 1.28】 设 X 服从二点分布，求 EX.

解 由于 X 的分布律为

X	1	0
P	p	$1-p$

则 X 的数学期望 $EX = 1\times p+0\times(1-p)=p$.

【例 1.29】 设随机变量 X 服从参数为 λ 的泊松分布，试求 X 的数学期望 EX.

解 因为 $p_k = P(X=k)=\dfrac{\lambda^k}{k!}\mathrm{e}^{-\lambda},\quad k=0,1,2,\cdots$

于是 $EX = \sum\limits_{k=0}^{\infty}k\cdot p_k=\sum\limits_{k=1}^{\infty}k\cdot\dfrac{\lambda^k}{k!}\mathrm{e}^{-\lambda}=\lambda\cdot\mathrm{e}^{-\lambda}\sum\limits_{k=1}^{\infty}\dfrac{\lambda^{k-1}}{(k-1)!}=\lambda.$

由此可知泊松分布的随机变量的数学期望就是这个分布的参数 λ.

1.11.2 连续型随机变量的数学期望

引例 1.27(平均等待时间) 设某个公交车站台每隔10分钟有一辆公交车通过，那么该公交车站台的乘客的平均等待时间是多少？

定义 1.34 设 X 是一个连续型随机变量，密度函数为 $f(x)$，当 $\int_{-\infty}^{+\infty}|x|f(x)\mathrm{d}x<\infty$ 时，称 X 的数学期望存在，且 $EX=\int_{-\infty}^{+\infty}xf(x)\mathrm{d}x$.

在引例1.27中，设随机变量 X 表示乘客的等待时间，$X\sim U[0,10]$，其概率密度如下：

$$f(x)=\begin{cases}\dfrac{1}{10}, & 0\leqslant x\leqslant 10\\ 0, & \text{其他}\end{cases}$$

于是，X 的数学期望为

$$EX=\int_{-\infty}^{+\infty}xf(x)\mathrm{d}x=\int_0^{10}\frac{1}{10}x\mathrm{d}x=5.$$

因此，乘客的平均等待时间为5分钟.

引例推广 设 X 在 $[a,b]$ 上服从均匀分布，即其密度函数为

$$f(x)=\begin{cases}\dfrac{1}{b-a}, & a\leqslant x\leqslant b\\ 0, & \text{其他}\end{cases}$$

故
$$EX=\int_a^b x\cdot\frac{1}{b-a}\mathrm{d}x=\frac{1}{b-a}\cdot\frac{x^2}{2}\Big|_a^b=\frac{a+b}{2}.$$

即随机变量 X 取值的平均值当然应该在 $[a,b]$ 的中间,也就是$\dfrac{a+b}{2}$.

案例 1.45(电子元件的平均寿命) 已知某电子元件的寿命 X 服从参数为 $\lambda=0.001$ 的指数分布(单位:小时),即

$$f(x)=\begin{cases}\lambda\mathrm{e}^{-\lambda x}, & x\geqslant 0\\ 0, & x<0\end{cases}$$

求这类电子元件的平均寿命 EX.

解 $EX=\int_0^{+\infty}x\lambda\mathrm{e}^{-\lambda x}\mathrm{d}x=-\int_0^{+\infty}x\mathrm{d}\mathrm{e}^{-\lambda x}=-\left[x\mathrm{e}^{-\lambda x}+\dfrac{\mathrm{e}^{-\lambda x}}{\lambda}\right]\Big|_0^{+\infty}=\dfrac{1}{\lambda}.$

又因为 $\lambda=0.001$,故 $EX=\dfrac{1}{0.001}=1000$(小时).

指数分布是最有用的“寿命分布”之一,由上述计算可知,一个元器件的寿命分布如果是参数为 λ 的指数分布,则它的平均寿命为$\dfrac{1}{\lambda}$. 如果某种元器件的平均寿命为 $10^k(k=1,2,\cdots)$ 小时,则相应的 $\lambda=10^{-k}$. 在电子工业中人们就称该产品是“k 级”产品. 由此可知,k 越大,则产品的平均寿命越长,使用也就越可靠.

1.11.3 随机变量函数的数学期望

设已知随机变量 X 的分布,我们需要计算的不是 X 的数学期望,而是 X 的某个函数的期望,比如说 $g(X)$ 的数学期望, 那么应该如何计算呢?

一种方法是,因为 $g(X)$ 也是随机变量,故应有概率分布,它的分布可以由已知的 X 的分布求出来, 一旦我们知道了 $g(X)$ 的分布,就可以按照期望的定义把 $E[g(X)]$ 计算出来. 使用这种方法必须先求出随机变量函数 $g(X)$ 的分布,一般情况下是比较复杂的. 那么是否可以不先求 $g(X)$ 的分布而只根据 X 的分布求得 $E[g(X)]$ 呢?

定理 1.7 设随机变量 Y 是随机变量 X 的函数: $Y=g(X)$ (g 是连续函数).

(1) 当 X 为离散型随机变量时,它的分布律为

$$P\{X=x_k\}=p_k,\quad k=1,2,\cdots$$

时,若级数 $\sum\limits_{k=1}^{\infty}g(x_k)p_k$ 绝对收敛,则有

$$EY = E[g(X)] = \sum_{k=1}^{\infty} g(x_k) p_k.$$

(2) 当 X 为连续型随机变量时,其概率密度函数为 $f(x)$,若积分 $\int_{-\infty}^{+\infty} g(x)f(x)\mathrm{d}x$ 绝对收敛,则有

$$EY = E[g(X)] = \int_{-\infty}^{+\infty} g(x)f(x)\mathrm{d}x.$$

【例 1.30】 设随机变量 X 的分布律为

X	-2	0	2
P	0.4	0.3	0.3

且 $Y_1 = X^2, Y_2 = 3X^2 + 5$,求:(1) EX;(2) EY_1;(3) EY_2.

解 (1) $EX = -2\times 0.4 + 0\times 0.3 + 2\times 0.3 = -0.2$;

(2) $EY_1 = E(X^2) = (-2)^2\times 0.4 + 0^2\times 0.3 + 2^2\times 0.3 = 2.8$;

(3) $EY_2 = E(3X^2 + 5)$

$= [3(-2)^2 + 5]\times 0.4 + (3\times 0^2 + 5)\times 0.3 + (3\times 2^2 + 5)\times 0.3$

$= 13.4$.

案例 1.46(正压力的平均值) 设风速 v 在 $(0,a)$ 上服从均匀分布,即具有概率密度

$$f(v) = \begin{cases} \dfrac{1}{a}, & 0 < v < a \\ 0, & \text{其他} \end{cases}$$

又设飞机机翼受到的正压力 W 是 v 的函数:$W = kv^2 (k > 0$,常数),求 W 的数学期望.

解 由上面的公式得

$$EW = \int_{-\infty}^{+\infty} kv^2 f(v)\mathrm{d}v = \int_0^a kv^2 \frac{1}{a}\mathrm{d}v = \frac{1}{3}ka^2.$$

1.11.4 数学期望的性质

下面进一步讨论数学期望的性质:

(1) 若 $a \leqslant X \leqslant b$($a,b$ 为常数),则 EX 存在,且有 $a \leqslant EX \leqslant b$. 特别地,若 c 是一个常数,则 $E(c) = c$.

(2) 若 a 为常数,则 $E(aX) = aEX$.

(3) 可加性:$E(X+Y) = EX + EY$.

此式可推广到有限个随机变量和的情况,即 $E(\sum_{k=1}^{n} X_k) = \sum_{k=1}^{n} EX_k$.

(4) 又若 X,Y 是相互独立的，则 EX,EY 存在，且 $E(XY)=EX\cdot EY$.

【例 1.31】 若随机变量 X 服从二项分布 $B(n,p)$，试求 X 的数学期望.

解 已经知道，X 可以看作是 n 重贝努里试验中事件 A 出现的次数，其中 A 在每次试验中出现的概率为 p，现在令

$$X_i=\begin{cases}1, & \text{在第 } i \text{ 次试验中 } A \text{ 出现}\\ 0, & \text{在第 } i \text{ 次试验中 } A \text{ 不出现}\end{cases}$$

显然 $X_i(1\leqslant i\leqslant n)$ 是服从 0—1 分布的随机变量，所以

$$EX_i=p,\ 1\leqslant i\leqslant n.$$

另一方面，随机变量 X 可以表示为：$X=\sum\limits_{i=1}^{n}X_i$，于是由数学期望的性质(3)即得

$$EX=\sum_{i=1}^{n}EX_i=np.$$

案例 1.47(保险公司收益) 据统计，一位 40 岁的健康(一般体检未发现病症)者，在5年之内活着或自杀死亡的概率为 $p(0<p<1,p$ 为已知)，在5年内非自杀死亡的概率为 $1-p$，保险公司开办 5 年人寿保险，参加者需交保险费 a 元(a 已知)，若5年之内非自杀死亡，公司赔偿 b 元($b>a$). b 应如何定才能使公司可期望获益；若有 m 人参加保险，公司可期望从中收益多少？

解 设 X_i 表示公司从第 i 个参加者身上所得的收益，则 X_i 是一个随机变量，其分布律如下：

X_i	a	$a-b$
P	p	$1-p$

公司期望获益为 $EX_i>0$，而 $EX_i=ap+(a-b)(1-p)=a-b(1-p)$，因此，$a<b<a(1-p)^{-1}$. 对于 m 个人，获益 X 元，$X=\sum\limits_{i=1}^{m}X_i$，则

$$EX=\sum_{i=1}^{m}EX_i=ma-mb(1-p).$$

习　题　1.11

1. 设某射手每次射击命中目标的概率为 0.8，求连续射击 60 次，命中目标次数的数学期望.

2. 随机变量 X 的分布律为

X	-1	1	2
P	0.5	0.25	0.25

求：(1) EX；(2) EX^2；(3) $E(-2X+3)$.

3. 设电流 I 服从区间(0,1)上的均匀分布，电阻 R 的概率密度为

$$f(x)=\begin{cases}2r, & 0<r<1\\ 0, & \text{其他}\end{cases}$$

已知 I 和 R 相互独立，求：

(1) 电流 I 的数学期望；

(2) 电阻 R 的数学期望；

(3) 电阻上电压的数学期望.

4. 设 X 的概率密度为

$$f(x)=\begin{cases}\sin x, & 0\leqslant x\leqslant \dfrac{\pi}{2}\\ 0, & \text{其他}\end{cases}$$

求：(1) EX；(2) $E(3X+2)$.

5. 设分布密度为 $f(x)=Ax^3, 0\leqslant x\leqslant 2$，求：

(1) 常数 A；(2) $F(x)$；(3) $P\left(\frac{1}{2}<X<\frac{3}{2}\right)$；(4) EX.

1.12 离散型随机变量的方差

微课 69

1.12.1 方差的定义

数学期望 EX 反映了随机变量取值的平均状况，是随机变量的一个重要数字特征. 但在实际问题中，仅知道均值还不够，有时候还必须分析随机变量取值的波动程度，即随机变量取值与均值的离散程度.

引例 1.28(手表日走时误差) 有甲、乙两种牌号的手表，它们的日走时误差分别为 X_1 和 X_2，各具有如下的分布律：

X_1	-1	0	1
P	0.1	0.8	0.1

X_2	-2	-1	0	1	2
P	0.1	0.2	0.4	0.2	0.1

容易验证，这时有 $EX_1=EX_2=0$.

从数学期望(即日走时误差的平均值)去看这两种牌号的手表,是分不出它们的优劣的.如果仔细观察一下这两个分布律,就会得出结论:甲牌号的手表要优于乙牌号.何以见得呢?

先讨论牌号甲,已知 $EX_1=0$,从分布律可知,大部分手表(有80%)的日走时误差为0,有少部分手表(占20%)的日走时误差分散在 EX_1 的两侧(±1秒).再看牌号乙,虽然也有 $EX_2=0$,但是只有少部分(40%)的日走时误差为0,却有大部分(占60%)分散在 EX_2 的两侧,而且分散的范围也比甲牌号的来得大(±2秒).由此看来,两种牌号的手表中牌号甲的手表日走时误差比较稳定,所以牌号甲比牌号乙好!

引例1.29(高三学生模拟考成绩) 两个高三学生五次模拟考试的成绩总分分别如表1.6所示.

表1.6 两个学生五次模拟考试的成绩总分

A	567	573	560	555	585
B	595	505	617	572	551

A,B 两人的平均成绩都是568分,但 A 的成绩波动小,比较稳定,基本集中在568分附近,估计他的高考成绩在568分附近的可能性较大;而 B 的成绩波动较大,说明成绩不稳定,他的高考成绩不容易预测.

那么是否可以用一个数字指标来衡量一个随机变量离开它的期望值的偏离程度呢?

为了研究随机变量 X 取值的离散程度,我们自然想到用 $X-EX$ 来加以刻画,由于 $X-EX$ 可能会引起正负偏差相消,若取 $|X-EX|$ 又不便于计算,故对于随机变量 X,我们通常用 $(X-EX)^2$ 的期望来度量 X 的离散程度.

定义1.35 设 X 是一个离散型随机变量,数学期望 EX 存在,若 $E(X-EX)^2$ 存在,则称 $E(X-EX)^2$ 为随机变量 X 的**方差**,并记作 DX 或 $D(X)$.方差的平方根 $\sqrt{DX}$ 又称为**标准差**或**根方差**.

方差刻画了随机变量的取值对于其数学期望的离散程度,若 X 的取值比较集中,则方差 DX 较小;若 X 的取值比较分散,则方差 DX 较大.

1.12.2 方差的计算

对离散型随机变量 X,设分布律为 $P(X=x_k)=p_k(k=1,2,3,\cdots)$,有

$$DX=\sum_{k=1}^{\infty}(x_k-EX)^2p_k;$$

对连续型随机变量 X,设概率密度为 $f(x)$,有

$$DX = \int_{-\infty}^{+\infty} (x - EX)^2 f(x) \mathrm{d}x.$$

由方差的定义和期望的性质可得到下列简化计算公式：

$$\begin{aligned} DX &= E(X - EX)^2 \\ &= E[X^2 - 2X \cdot EX + (EX)^2] \\ &= EX^2 - 2EX \cdot EX + (EX)^2 \\ &= EX^2 - (EX)^2, \end{aligned}$$

即
$$DX = EX^2 - (EX)^2.$$

案例 1.48(评判测量方法)　两种测量方法得到零件长度的分布律如表 1.7，试判断哪一种测量方法较好.

表 1.7　零件长度的分布律

长度	48	49	50	51	52
方法 1 的概率	0.1	0.1	0.6	0.1	0.1
方法 2 的概率	0.2	0.2	0.2	0.2	0.2

解　设用方法 1 与方法 2 所测得的结果分别记作 X,Y，得 $EX = EY = 50$. 由离散型随机变量方差的计算方法可知

$$\begin{aligned} DX = &(48-50)^2 \times 0.1 + (49-50)^2 \times 0.1 + (50-50)^2 \times 0.6 + \\ &(51-50)^2 \times 0.1 + (52-50)^2 \times 0.1 = 1, \end{aligned}$$

$$\begin{aligned} DY = &(48-50)^2 \times 0.2 + (49-50)^2 \times 0.2 + (50-50)^2 \times 0.2 + \\ &(51-50)^2 \times 0.2 + (52-50)^2 \times 0.2 = 2, \end{aligned}$$

即 $DX < DY$. 由于方差表示的是随机变量与其均值的离散程度，方差越小，表明随机变量的取值越集中，故方法 1 优于方法 2.

【例 1.32】　设随机变量 X 的分布律为

X	-1	0	2
P	0.2	0.3	0.5

求 DX.

解　我们用简化的计算公式来求公差：

$$\begin{aligned} EX &= (-1) \times 0.2 + 0 \times 0.3 + 2 \times 0.5 = 0.8, \\ EX^2 &= (-1)^2 \times 0.2 + 0^2 \times 0.3 + 2^2 \times 0.5 = 2.2, \\ DX &= EX^2 - (EX)^2 = 2.2 - 0.8^2 = 1.56. \end{aligned}$$

【例 1.33】 设随机变量 $X \sim (0,1)$，即

X	0	1
P	q	p

其中 $q = 1 - p$. 求 EX、DX.

解 $EX = 0 \times (1-p) + 1 \times p = p$,

$EX^2 = 0^2 \times (1-p) + 1^2 \times p = p$,

$DX = EX^2 - (EX)^2 = p - p^2 = p(1-p) = pq$.

【例 1.34】 若 X 服从参数为 λ 的泊松分布，试求 DX.

解 已知 $EX = \lambda$，而

$$
\begin{aligned}
EX^2 &= \sum_{i=1}^{\infty} i^2 \frac{\lambda^i}{i!} e^{-\lambda} = \lambda e^{-\lambda} \sum_{i=1}^{\infty} i \frac{\lambda^{i-1}}{(i-1)!} \\
&= \lambda e^{-\lambda} \left[\sum_{i=1}^{\infty} (i-1) \frac{\lambda^{i-1}}{(i-1)!} + \sum_{i=1}^{\infty} \frac{\lambda^{i-1}}{(i-1)!} \right] \\
&= \lambda e^{-\lambda} \left[\lambda \sum_{i=2}^{\infty} \frac{\lambda^{i-2}}{(i-2)!} + e^{\lambda} \right] \\
&= \lambda(\lambda + 1) = \lambda^2 + \lambda,
\end{aligned}
$$

由公式即得 $DX = EX^2 - (EX)^2 = \lambda^2 + \lambda - \lambda^2 = \lambda$.

数学期望和方差相同且都等于参数这是服从泊松分布的随机变量的特点. 在实际中，如 X 表示某电话交换台在单位时间内接到的呼唤次数，那么 $EX = DX$，表明当电话交换台接到的平均呼唤次数很多时，其呼唤次数的离散程度也大，反之则离散程度也小.

由此可知泊松分布的随机变量的方差恰为该分布的参数 λ.

【例 1.35】 设 X 在 $[a,b]$ 上服从均匀分布，求 DX.

解 X 的密度函数为 $f(x) = \begin{cases} \dfrac{1}{b-a}, & a \leqslant x \leqslant b \\ 0, & \text{其他} \end{cases}$

$$EX = \frac{1}{2}(a+b).$$

由于 $EX^2 = \int_{-\infty}^{+\infty} x^2 f(x) dx = \int_a^b x^2 \frac{1}{b-a} dx = \frac{1}{3}(b^2 + ab + a^2)$,

于是得 $DX = EX^2 - (EX)^2 = \frac{1}{3}(b^2 + ab + a^2) - \frac{1}{4}(a+b)^2 = \frac{1}{12}(b-a)^2$.

【例 1.36】 设 X 服从参数为 λ 的指数分布，求 DX.

解 X 的密度函数为 $f(x)=\begin{cases}\lambda e^{-\lambda x}, & x\geqslant 0\\ 0, & x<0\end{cases}$，前已得到 $EX=\dfrac{1}{\lambda}$.

由于 $EX^2=\int_{-\infty}^{+\infty}x^2 f(x)\mathrm{d}x=\int_0^{+\infty}x^2\lambda e^{-\lambda x}\mathrm{d}x=\dfrac{2}{\lambda^2}$，

于是 $DX=EX^2-(EX)^2=\dfrac{2}{\lambda^2}-\dfrac{1}{\lambda^2}=\dfrac{1}{\lambda^2}$.

1.12.3 方差的性质

由方差的定义可知方差本身也是一个数学期望，所以由数学期望的性质可以推出方差有下述常用的基本性质：

(1) 若 C 是常数，则 $DC=0$；

(2) 若 C 是常数，则 $D(CX)=C^2\cdot DX$；

(3) 若 X,Y 是两个相互独立的随机变量，且 DX,DY 存在，则 $D(X+Y)=DX+DY$.

推广 对于 n 个相互独立的随机变量 $X_1,X_2,\cdots,X_n$，有

$$D(\sum_{k=1}^{n}X_k)=\sum_{k=1}^{n}D(X_k).$$

【例 1.37】 若 X 服从二项分布 $B(n,p)$，试求 X 的方差 DX.

解 已知 $X=\sum\limits_{i=1}^{n}X_i$，其中 $X_i(1\leqslant i\leqslant n)$ 为 n 个服从相同的 0—1 分布的随机变量，且它们是相互独立的，而 $DX_i=pq$，于是

$$DX=\sum_{i=1}^{n}DX_i=npq.$$

由表 1.8 的结论可简化数学期望和方差的运算.

表 1.8 常见分布的数学期望与方差

分布名称	分布律或概率密度	数学期望	方差
二点分布	$P\{X=1\}=p,P\{X=0\}=1-p=q$, $0<p<1,p+q=1$	p	pq
二项分布 $X\sim B(n,p)$	$P\{X=k\}=C_n^k p^k q^{n-k},k=0,1,2,\cdots,n$, $0<p<1,p+q=1$	np	npq
泊松分布 $X\sim P(\lambda)$	$P\{X=k\}=\dfrac{\lambda^k e^{-\lambda}}{k!},k=0,1,2,\cdots,\lambda>0$	λ	λ
均匀分布 $X\sim U[a,b]$	$f(x)=\begin{cases}\dfrac{1}{b-a},a\leqslant x\leqslant b\\ 0,\text{其他}\end{cases}$	$\dfrac{a+b}{2}$	$\dfrac{(b-a)^2}{12}$

续表

分布名称	分布律或概率密度	数学期望	方差
指数分布	$f(x)=\begin{cases}\lambda e^{-\lambda x}, x>0\\ 0, x\leqslant 0\end{cases}, \lambda>0$	$\frac{1}{\lambda}$	$\frac{1}{\lambda^2}$
正态分布 $X\sim N(\mu,\sigma^2)$	$f(x)=\frac{1}{\sqrt{2\pi}\sigma}e^{-\frac{(x-\mu)^2}{2\sigma^2}}, -\infty<x<\infty, \sigma>0$	μ	σ^2

案例 1.49(次品数的均值和方差)　一大批同种产品,已知次品率为 20%,从中任取 5 件,求取出的次品数 X 的数学期望与方差.

解　由题意可知随机变量服从二项分布,即 $X\sim B(5,0.2)$,故

$$EX=np=5\times 0.2=1,$$

$$DX=npq=5\times 0.2\times 0.8=0.8.$$

【例 1.38】　已知 $X\sim N(2,2)$,$Y\sim P(5)$,且 X,Y 相互独立,试求:

(1) $E(2X-3Y+10)$;

(2) $D(X-2Y-1)$;

(3) EX^2.

解　由表 1.8 可知 $EX=2$,$DX=2$,$EY=5$,$DY=5$,再根据数学期望和方差的性质可知:

(1) $E(2X-3Y+10)=2EX-3EY+10=2\times 2-3\times 5+10=-1$;

(2) $D(X-2Y-1)=DX+4DY=2+4\times 5=22$;

(3) $EX^2=DX+(EX)^2=2+4=6$.

习　题　1.12

1. $EX=-2$,$EX^2=5$,求 $D(1-3X)$.

2. 随机变量 X 的分布律为

X	1	2	3
P	0.3	0.4	0.3

求其方差与标准差.

3. 设 X 的密度函数为

$$f(x)=\begin{cases}2x, & 0\leqslant x\leqslant 1\\ 0, & 其他\end{cases}$$

求 DX,$D(1-4X)$.

4. 已知 $X \sim N(2,1.5^2)$，$Y \sim B(5,0.2)$，且 X,Y 相互独立，求：

(1) $E(2X-Y+1)$；

(2) $D(2X-Y+1)$；

(3) EX^2.

5. 某厂生产一种设备，其平均寿命为 10 年，标准差为 2 年，如该设备的寿命服从正态分布，求整批设备中寿命不低于 9 年的所占比例.

1.13 协方差及相关系数、矩

微课 70

1.13.1 协方差及相关系数的定义

对于二维随机变量(X,Y)，EX 与 EY 只反映了 X 与 Y 各自的均值，而 DX 与 DY 反映的是 X 与 Y 各自偏离平均值的程度，它们都没有反映 X 与 Y 之间的关系. 在实际应用中，二维随机变量(X,Y)中的这对随机变量往往是相互影响、相互联系的，而并不相互独立，例如，一个人的身高和体重，产品的销量与价格等.

引例 1.30(经济增长与用电量) 已知某地区 2015—2019 年 GDP 与用电量数据(表 1-9)，请考察这两个量之间的相关性.

表 1-9 某地区 2015—2019 年 GDP 与用电量

年份	2015	2016	2017	2018	2019
GDP/万元	25002	28657	32815	34668	37146
用电量/度	22570	27168	35055	45327	49847

由方差的性质可知，当随机变量 X 与 Y 之间存在相关关系时，有

$$D(X \pm Y)=DX+DY \pm 2E[(X-EX)(Y-EY)];$$

当 X 与 Y 相互独立时，有

$$D(X \pm Y)=DX+DY.$$

由此可见，$E[(X-EX)(Y-EY)]$在一定程度上反映了 X 与 Y 之间的关系，该表达式即为 X 与 Y 之间的协方差.

定义 1.36 设(X,Y)为二维随机变量，称

$$E[(X-EX)(Y-EY)]$$

为 X 与 Y 的**协方差**，记为 $\mathrm{Cov}(X,Y)$，即

$$\mathrm{Cov}(X,Y)=E[(X-EX)(Y-EY)].$$

关于二维随机变量的协方差，以下几点特别需要注意：

(1) $\mathrm{Cov}(X,X)=DX$；

(2) $D(X\pm Y)=DX+DY\pm 2\mathrm{Cov}(X,Y)$；

(3) $\mathrm{Cov}(X,Y)=E(XY)-EX\cdot EY$.

协方差具有量纲，简而言之，如果把数据都放大一定的倍数，则利用放大后的数据计算的协方差也会被放大，但本质上这两个随机变量之间的关系应该始终没有改变. 因此在考察随机变量的相关性时，一定要消除量纲产生的影响.

定义 1.37 当 $DX>0,DY>0$ 时，称 $\frac{\mathrm{Cov}(X,Y)}{\sqrt{DX}\sqrt{DY}}$ 为 X 与 Y 的**相关系数**，记为 ρ_{XY}，即

$$\rho_{XY}=\frac{\mathrm{Cov}(X,Y)}{\sqrt{DX}\sqrt{DY}}.$$

相关系数 ρ_{XY} 反映了 X 与 Y 之间线性相关的程度. 关于相关系数有下述结论：

(1) $|\rho_{XY}|$ 越接近于 1，X 与 Y 之间越线性相关；

(2) 若 $|\rho_{XY}|=1$，则 X 与 Y 之间以概率 1 线性相关；

(3) 若 $|\rho_{XY}|=0$，则 X 与 Y 之间存在线性相关的概率为 0.

特别地，若 X 与 Y 中任何一个随机变量与其数学期望的差很小，则无论 X 与 Y 有多么密切的关系，$\mathrm{Cov}(X,Y)$ 也可能接近于 0.

关于协方差，也可将其推广到多维情况，有如下结论：

定义 1.38 (1) 若 (X,Y) 为**二维离散型**随机变量且分布律为

$$P\{X=x_i,Y=y_j\}=p_{ij},\quad i,\ j=1,2,\cdots$$

则 $\mathrm{Cov}(X,Y)=\sum_i\sum_j(x_i-EX)(y_j-EY)p_{ij}$.

(2) 若 (X,Y) 为**二维连续型**随机变量且概率密度为 $f(x,y)$，则

$$\mathrm{Cov}(X,Y)=\int_{-\infty}^{+\infty}\int_{-\infty}^{+\infty}(x-EX)(y-EY)f(x,y)\mathrm{d}x\mathrm{d}y.$$

【例 1.39】 二维离散型随机变量 (X,Y) 的分布律如下：

Y \ X	0	1	2
1	0	0.2	0.3
2	0.2	0.1	0.2

试求 $EX,EY,DX,DY,\mathrm{Cov}(X,Y)$ 以及 ρ_{XY}.

解 由 (X,Y) 的联合分布律可知 X 与 Y 的边缘分布律分别为

X	0	1	2
p_k	0.2	0.3	0.5

Y	1	2
p_k	0.5	0.5

则,计算可得

$$EX^2=0^2\times0.2+1^2\times0.3+2^2\times0.5=2.3,$$
$$EY^2=1^2\times0.5+2^2\times0.5=2.5,$$
$$DX=EX^2-(EX)^2=0.61,$$
$$DY=EY^2-(EY)^2=0.25.$$

协方差和相关系数分别为

$$\mathrm{Cov}(X,Y)=E(XY)-EX\cdot EY=1.8-1.3\times1.5=-0.15,$$
$$\rho_{XY}=\frac{\mathrm{Cov}(X,Y)}{\sqrt{DX}\sqrt{DY}}=\frac{-0.15}{\sqrt{0.61}\times\sqrt{0.25}}=-0.372.$$

【例 1.40】 二维连续型随机变量(X,Y)的概率密度如下:

$$f(x,y)=\begin{cases}x+y, & 0<x<1,0<y<1\\ 0, & \text{其他}\end{cases}$$

试求$EX,EY,DX,DY,\mathrm{Cov}(X,Y),\rho_{XY}$.

解 由(X,Y)的联合概率密度可得X与Y的边缘概率密度分别为

当$x\in(0,1)$时,$f_X(x)=\int_{-\infty}^{+\infty}f(x,y)\mathrm{d}y=\int_0^1(x+y)\mathrm{d}y=x+\frac{1}{2}$,

当$y\in(0,1)$时,$f_Y(y)=\int_{-\infty}^{+\infty}f(x,y)\mathrm{d}x=\int_0^1(x+y)\mathrm{d}x=y+\frac{1}{2}$,

$$EX=\int_{-\infty}^{+\infty}xf_X(x)\mathrm{d}x=\int_{-\infty}^{+\infty}x\left(x+\frac{1}{2}\right)\mathrm{d}x=\frac{7}{12},$$
$$EY=\int_{-\infty}^{+\infty}yf_Y(y)\mathrm{d}y=\int_{-\infty}^{+\infty}y\left(y+\frac{1}{2}\right)\mathrm{d}y=\frac{7}{12},$$
$$E(XY)=\int_{-\infty}^{+\infty}\int_{-\infty}^{+\infty}xyf(x,y)\mathrm{d}x\mathrm{d}y=\int_0^1\int_0^1xy(x+y)\mathrm{d}x\mathrm{d}y=\frac{1}{3},$$
$$EX^2=\int_{-\infty}^{+\infty}x^2f_X(x)\mathrm{d}x=\int_{-\infty}^{+\infty}x^2\left(x+\frac{1}{2}\right)\mathrm{d}x=\frac{5}{12},$$
$$EY^2=\int_{-\infty}^{+\infty}y^2f_Y(y)\mathrm{d}y=\int_{-\infty}^{+\infty}y^2\left(y+\frac{1}{2}\right)\mathrm{d}y=\frac{5}{12},$$
$$DX=EX^2-(EX)^2=\frac{11}{144},$$

$$DY = EY^2 - (EY)^2 = \frac{11}{144},$$

$$\mathrm{Cov}(X,Y) = E(XY) - EX \cdot EY = \frac{1}{3} - \frac{7}{12} \times \frac{7}{12} = -\frac{1}{144},$$

$$\rho_{XY} = \frac{\mathrm{Cov}(X,Y)}{\sqrt{DX}\ \sqrt{DY}} = \frac{-\frac{1}{144}}{\sqrt{\frac{11}{144}} \times \sqrt{\frac{11}{144}}} = -\frac{1}{11}.$$

1.13.2 协方差的性质

根据协方差的定义,可得协方差有如下性质:

(1)若 X 与 Y 是相互独立的随机变量,则 $\mathrm{Cov}(X,Y)=0$;

(2)$\mathrm{Cov}(X,Y)=\mathrm{Cov}(Y,X)$;

(3)对任意常数 a,b,有 $\mathrm{Cov}(aX,bY)=ab\mathrm{Cov}(X,Y)$;

(4)$\mathrm{Cov}(X+Y,Z)=\mathrm{Cov}(X,Z)+\mathrm{Cov}(Y,Z)$.

证 (1)由于 $\mathrm{Cov}(X,Y)=E(XY)-EX \cdot EY$. 又因为 X 与 Y 是相互独立的,故

$$E(XY)=EX \cdot EY,$$

即

$$\mathrm{Cov}(X,Y)=0.$$

(2)$\mathrm{Cov}(X,Y)=E(XY)-EX \cdot EY=E(YX)-EY \cdot EX=\mathrm{Cov}(Y,X)$.

(3)$\mathrm{Cov}(aX,bY)=E(aXbY)-E(aX)E(bY)=ab[E(XY)-EX \cdot EY]=ab\mathrm{Cov}(X,Y)$.

(4)$\mathrm{Cov}(X+Y,Z)=E[(X+Y)Z]-E(X+Y) \cdot EZ=E(XZ)+E(YZ)-(EX+EY) \cdot EZ=[E(XZ)-EX \cdot EZ]+[E(YZ)-EY \cdot EZ]=\mathrm{Cov}(X,Z)+\mathrm{Cov}(Y,Z)$.

随机变量之间的关系可用相关系数描述,相关系数的大小反映了随即变量之间相关性的强弱. 关于相关系数这一统计量,有如下定理:

定理 1.8 设 $DX>0,DY>0,\rho_{XY}$ 为 X 与 Y 的相关系数,则

(1)$|\rho_{XY}|\leqslant 1$;

(2)$|\rho_{XY}|=1$ 的充要条件是存在常数 a,b,使得 $P\{Y=aX+b\}=1$;

(3)若 X 与 Y 是相互独立的随机变量,则 $\rho_{XY}=0$.

注:1° 当 X 与 Y 的相关系数 $\rho_{XY}=0$ 时,称 X 与 Y 不相关;

2° 若 X 与 Y 相互独立,则 X 与 Y 不相关,但 X 与 Y 不相关时,X 与 Y 不一定相互独立.

1.13.3　矩的定义

定义 1.39　设 X,Y 为随机变量，则

(1)若 $EX^k,k=1,2,\cdots$ 存在，则称其为 X 的 **k 阶原点矩**，简称 **k 阶矩**；

(2)若 $E[(X-EX)^k],k=1,2,\cdots$ 存在，则称其为 X 的 **k 阶中心矩**；

(3)若 $E(X^kY^l),k,l=1,2,\cdots$ 存在，则称其为 X 和 Y 的 **$k+l$ 阶混合原点矩**；

(4)若 $E[(X-EX)^k(Y-EY)^l],k,l=1,2,\cdots$ 存在，则称其为 X 和 Y 的的 **$k+l$ 阶混合中心矩**.

注：1°　EX 是 X 的一阶原点矩；

2°　DX 是 X 的二阶中心矩；

3°　$\mathrm{Cov}(X,Y)$是 X 与 Y 的 $1+1$ 阶混合中心矩.

【例 1.41】　连续型随机变量 X 的概率密度如下：

$$f(x)=\begin{cases}2x, & 0<x<1\\0, & \text{其他}\end{cases}$$

试求 X 的四阶原点矩.

解　根据原点矩的定义，计算如下：

$$EX^4=\int_{-\infty}^{+\infty}x^4f(x)\mathrm{d}x=\int_0^1x^4(2x)\mathrm{d}x=\frac{1}{3}.$$

习　题　1.13

1. 设随机变量 X 和 Y 的联合概率分布如下所示，试求 X 与 Y 的相关系数 ρ_{XY}.

X \ Y	-1	0	1
0	0.07	0.18	0.15
1	0.08	0.32	0.20

2. 设(X,Y)的概率密度为

$$f(x,y)=\begin{cases}\dfrac{1}{2}\sin(x+y), & 0\leqslant x\leqslant\dfrac{\pi}{2},0\leqslant y\leqslant\dfrac{\pi}{2}\\0, & \text{其他}\end{cases}$$

求协方差 $\mathrm{Cov}(X,Y)$和相关系数 ρ_{XY}.

1.14 MATLAB 软件在概率论中的应用

在 MATLAB 中有专门的工具箱来处理概率和统计问题. 本节我们将介绍如何利用统计工具箱中的命令函数来进行概率统计问题的计算.

1.14.1 常见分布的概率密度函数计算

MATLAB 中主要的命令为 pdf,其调用格式为:

Y=pdf(name,X,A)

Y=pdf(name,X,A,B)

其中参数 name 为常见分布,A,B 为分布的参数,返回值 Y 为该分布在 X 处的密度函数值. 对于离散型随机变量,则返回随机变量取值 X 时对应的概率.

参数 name 的取值依分布类型不同而不同,如表 1.10 所示.

表 1.10 参数 name 的取值

分布	name 函数	分布	name 函数
二项分布	bino	均匀分布	unif
泊松分布	poiss	指数分布	exp
超几何分布	hyge	正态分布	norm

【例 1.42】 计算正态分布 $N(0,1)$下在点 0.5 的值.

可在命令窗口运行如下命令:

```
>> pdf('norm',0.5,0,1)
ans =
      0.3521
```

正态分布的概率密度计算还可以用专用函数 normpdf 来进行.

Y = normpdf(X,MU,SIGMA)

调用格式中参数 MU 为正态分布均值, SIGMA 为标准差.

```
>> normpdf(0.5,0,1)
ans =
      0.3521
```

各种分布的概率密度计算专用函数如表 1.11 所示.

表 1.11 概率密度计算专用函数表

分布	专用函数	分布	专用函数
二项分布	binopdf(X,N,P)	均匀分布	unifpdf(X,N)
泊松分布	poisspdf(X,LAMBDA)	指数分布	exppdf(X,MU)
超几何分布	hygepdf(X,M,K,N)	正态分布	normpdf(X,MU,SIGMA)

1.14.2 常见分布的概率值计算

常用分布的概率值计算可以用如下通用函数来计算，调用格式如下：

Y=cdf(name,X,A)

Y=cdf(name,X,A,B)

其中参数 name 为常见分布，A,B 为分布的参数，返回值 Y 为该分布在 X 处的分布函数值. 参数 name 的取值可参见表 1.10 所示.

概率值的计算也可以通过专用函数的方法进行. 专用函数见表1.12 所示.

表 1.12 专用函数表

分布	专用函数	分布	专用函数
二项分布	binocdf(X,N,P)	均匀分布	unifcdf(X,N)
泊松分布	poisscdf(X,LAMBDA)	指数分布	expcdf(X,mu)
超几何分布	hygecdf(X,M,K,N)	正态分布	normcdf(X,MU,SIGMA)

【例 6.43】 抛硬币 100 次，每次正面向上的概率均为 0.5，求在 100 次抛硬币中正面向上的次数不超过 45 的概率.

解 正面向上的次数服从参数为 100,0.5 的泊松分布，

```
>> p1=cdf('bino',45,100,0.5)
p1 =
    0.1841
```

也可以用如下命令求解：

```
>> p1=binocdf(45,100,0.5)
p1 =
    0.1841
```

1.14.3 随机变量的数字特征的计算

计算随机变量的期望和方差的 MATLAB 语句为

mean(X)　　参数 X 为一个向量，该语句用来计算这组数的均值.

var(X)　　参数 X 为一个向量,该语句用来计算这组数的方差.

std(X)　　参数 X 为一个向量,该语句用来计算这组数的标准差.

【例 6.44】 计算向量 $\boldsymbol{X}$=[70,53,48,67,90,59]的均值与方差.

解　直接在 MATLAB 命令窗口输入如下命令可得计算结果:

```
>> X=[70,53,48,67,90,59];
>> mean(X)
ans =
      64.5000
>> var(X)
ans =
      224.3000
```

【例 6.45】 某离散型随机变量 X 的分布律为

X	−2	0	2
P	0.4	0.3	0.3

解　直接在 MATLAB 命令窗口输入如下命令可得计算结果:

```
>> X = [-2,0,2];          % 输入随机变量的取值
>> P = [0.4,0.3,0.3];     % 输入对应于随机变量的每个取值的概率
>> sum(X. * P)   % 用求和命令求解期望, X. * P 表示把两个向量的对应分量相乘
ans =
      -0.2000
```

第2章 数理统计

微课 71

2.1 总体、样本、统计量

前面我们学习了概率论的一些基本概念和方法.我们知道,随机现象的统计规律性可以用随机变量及其概率分布来全面描述,要研究一个随机现象,首先就应该知道它的概率分布.然而,在实际情况中,一个随机现象服从什么样的分布往往并不能完全知道,或者虽然知道它属于什么概型,但不知道分布函数中所包含的参数.例如,一段时间内某一公路上汽车的行驶速度、某种品牌的微波炉的使用寿命等,它们服从什么样的分布是不知道的.又如一个士兵对某一目标连续射击 n 次,我们知道他每一次射击要么击中、要么击不中,因此,一次射击是击中还是击不中是服从 0—1 分布的,但是分布中的参数——命中率 p,却是不知道的.如果我们要对这些问题或与之相关的一些问题进行研究,就必须知道它们的分布和分布中的参数.那么,怎样才能知道一个随机现象的分布或其参数呢?这就是数理统计中所要解决的一个基本问题.

2.1.1 数理统计的研究方法

数理统计是从局部观测资料的统计特性来推断随机现象整体统计特性的一门学科.要了解整体的情况,最可靠的是采用普查的方法,但实际上,这往往是不必要、不可能或者不允许的.比如我们要推断一批电视机显像管的使用寿命,如果将每一个显像管都拿来做寿命试验,当然可以准确地得出这批显像管使用寿命的概率分布情况,但是寿命试验是破坏性的,所有显像管的寿命都测量出来了,所有的显像管也就无法使用了.这种方法显然是不现实的.那么,怎样做才合理呢?实际上,我们只要从中随机地抽取一部分进行试验,根据试验的结果对整批产品的使用寿命作出合理的推断就可以了.数理统计的方法是:从所要研究的全体对象中,抽取一小部分来进行试验,然后进行分析和研究,根据这一小部分所显示的统计特性,来推断整体的统计特性.

当然,由于研究的对象是随机现象,依据部分的观测或试验对整体所作出的推论不可能绝对准确,多少总含有一定程度的不确定性,而不确定性利用概率的大小来表示是再恰当不过的了，概率大，推断就比较可靠，概率小，推断就比较不可靠，这种伴随有一定概率的推断称为统计推断. 数理统计的任务就是研究有效地收集、整理、分析所获得的有限的资料，对所研究的问题尽可能地作出精确而可靠的结论.

2.1.2 总体和样本

定义 2.1 通常将研究对象的全体称为**总体**，组成总体的每个基本单元称为**个体**.

比如：某企业在稳定生产条件下生产的一批国产轿车，可以作为一个总体；而其中的每辆轿车，就是一个个体.

总体还可分成**有限总体**和**无限总体**两种. 如上例中某企业在稳定生产条件下生产的一批国产轿车，我们就认为是有限总体，而某企业在稳定生产条件下生产的所有国产轿车就可认为是无限总体了.

在实际中，我们往往关心的是总体中的个体的某项指标，比如，对于某企业在稳定生产条件下生产的一批同型号的国产轿车，我们关心的是它的耗油量. 当我们只考察同型号国产轿车的耗油量这项指标时，一批同型号轿车中的每辆车子都有一个确定的值. 因此，应该把这些耗油量值的全体当作总体. 这时，每辆轿车的耗油量就是个体.

实际上，即便是同一企业在稳定生产条件下生产出的一批同型号的轿车，由于偶然因素的影响，其耗油量也不完全相同，但有确定的概率分布. 这表明同型号国产轿车的耗油量 X 是一个随机变量. 实际上总体就是某个随机变量 X 取值的全体. 故由于每个个体的出现是随机的，所以相应的数量指标的出现也带有随机性，从而可以把这种数量指标看作一个随机变量 X，因此随机变量 X 的分布就是该数量指标在总体中的分布.

总体分布一般是未知，或只知道是包含未知参数的分布，为推断总体分布及各种特征，按一定规则从总体中抽取若干个体进行观察试验，以获得有关总体的信息，这一抽取过程称为**抽样**.

定义 2.2 在一个总体 X 中，抽取 n 个个体 $X_1,X_2,\cdots,X_n$，这 n 个个体称为总体 X 的一个**样本**，样本所含个体数目称为**样本容量**. 由于 $X_1,X_2,\cdots,X_n$ 是从总体 X 中随机抽取出来的可能结果，可以看成是 n 个随机变量，但是，在一次抽取之后，它们都是具体的数值，记作 $x_1,x_2,\cdots,x_n$，称为**样本的观测值**，简称**样本值**.

从同型号的一批国产轿车中抽 5 辆进行耗油量试验，这 5 辆轿车就是一个样本，样本容量为 5，进行耗油量试验能得到这 5 辆汽车的耗油量值，这就是样本值. 抽哪 5 辆汽车是随机的，不能挑挑拣拣，要排除人为的偏差.

从总体中抽取样本时，必须满足如下三个条件：

(1) 随机性　为了使样本具有充分的代表性,抽样必须是随机的,即应使总体中的每个个体都有同等的机会被抽到.

(2) 独立性　各次抽样必须是相互独立的,即每次抽样的结果既不影响其他各次抽样的结果,也不受其他各次抽样结果的影响.

(3) 代表性　即 $X_1, X_2, \cdots, X_n$ 中的每一个都与总体 X 有相同的概率分布.

这种随机的、独立的、具有代表性的抽样方法称作**简单随机抽样**,由简单随机抽样得到的样本,称为**简单随机样本**.

有放回地随机抽取,得到的是简单随机样本.在实际工作中,如果样本容量相对于总体容量来说很小,即使是无放回地抽取,也可以近似地认为得到的是一个简单随机样本.

2.1.3　样本的数字特征

当抽取一个样本后,首先面临的问题是如何对这些数据进行归纳、整理、分析,以推断总体的性质?计算样本数据的数字特征,以估计总体的数字特征是其中的一类方法.

常用的样本的数字特征有两类:一类是表示数据总体水平的指标,如均值、加权平均数等;另一类是表示数据离散程度的指标,包括方差、标准差等.此处介绍常用的几种数字特征,先看简单的引例.

引例 2.1(距离观测)　对一段距离进行 5 次观测,其观测结果如表 2.1 所示.

表 2.1　距离观测结果

次序	1	2	3	4	5
观测值 l(m)	123.457	123.450	123.453	123.449	123.451

求该组距离观测值的平均值和方差.

解　平均值的求法非常简单,中学时就已经会求,即

$$\bar{l} = \frac{l_1 + l_2 + \cdots + l_5}{5} = 123.452\text{m},$$

故该组距离观测值的平均值为 123.452m.

但方差的计算公式与中学时学的有些区别,此处我们定义后再求.

定义 2.3　设 $X_1, X_2, \cdots, X_n$ 是总体 X 的容量为 n 的样本,我们称

$$\overline{X} = \frac{1}{n}\sum_{i=1}^{n} X_i$$

为**样本均值**;

$$S^2 = \frac{1}{n-1}\sum_{i=1}^{n}(X_i - \overline{X})^2$$

为**样本方差**,简称方差. 称 S^2 的算术平方根 S 为**样本标准差**.

样本均值反映出数据的集中位置,样本方差反映了数据的离散程度,样本方差越大,数据越分散,样本方差越小,数据越集中. 当我们泛指任一次抽样时,样本 $X_1, X_2, \cdots, X_n$ 为 n 个随机变量,所以样本均值与样本方差都是随机变量,当特指某一次具体的抽样时,样本 $X_1, X_2, \cdots, X_n$ 的具体取值已经确定了,我们用 $x_1, x_2, \cdots, x_n$ 表示,从而样本均值与样本方差的观测值也是具体的数,分别为

$$\overline{x} = \frac{1}{n}\sum_{i=1}^{n}x_i, \qquad s^2 = \frac{1}{n-1}\sum_{i=1}^{n}(x_i - \overline{x})^2,$$

以后我们不加区别,也可用 $\overline{x}, s^2$ 表示样本均值与样本方差.

故引例 2.1 中该组距离观测值的样本方差为

$$\begin{aligned} s^2 &= \frac{1}{5-1}\sum_{i=1}^{5}(l_i - \overline{l})^2 = \frac{1}{4}[(123.457 - 123.452)^2 + \\ &\quad (123.450 - 123.452)^2 + (123.453 - 123.452)^2 + \\ &\quad (123.449 - 123.452)^2 + (123.451 - 123.452)^2] \\ &= 0.0001. \end{aligned}$$

但在实际的数据统计中,我们往往并不把每个样本值罗列出来,而是将这些数据进行整理,得分组数据,但计算方法还是一样,沿用上面的公式. 请看下例:

案例 2.1(冰箱的日销售量) 某商店 100 天电冰箱的日销售情况如表 2.2 所示.

表 2.2　某商店 100 天电冰箱的销售情况

日销售台数 x_i	2	3	4	5	6	合计
天数 t_i	20	30	10	25	15	100

求商店电冰箱的日平均销售量 $\overline{x}$ 和样本方差 s^2.

解　由题意得

$$\overline{x} = \frac{1}{100}(2\times 20 + 3\times 30 + 4\times 10 + 5\times 25 + 6\times 15) = 3.85(\text{台}),$$

$$\begin{aligned} s^2 &= \frac{1}{100-1}\sum_{i=1}^{5}[t_i(x_i - \overline{x})^2] \\ &= \frac{1}{100-1}[20\times(2-3.85)^2 + 30\times(3-3.85)^2 + 10\times(4-3.85)^2 + \end{aligned}$$

$$25\times(5-3.85)^2+15\times(6-3.85)^2]=1.9470.$$

即商店电冰箱的日平均销售量为 3.85 台，样本方差为 1.9470.

2.1.4 统计量及其分布

微课 72

样本均值 $\overline{X}=\frac{1}{n}\sum_{i=1}^{n}X_i$ 与样本方差 $S^2=\frac{1}{n-1}\sum_{i=1}^{n}(X_i-\overline{X})^2$ 的共同点是它们都是只与样本 $X_1,X_2,\cdots,X_n$ 有关的函数，不含任何未知的参数.

定义 2.4 设 $(X_1,X_2,\cdots,X_n)$ 为总体 X 的一个容量为 n 的样本，$T(X_1,X_2,\cdots,X_n)$ 是样本的一实值函数，它不包含总体 X 的任何未知参数，则称样本 $(X_1,X_2,\cdots,X_n)$ 的函数 $T(X_1,X_2,\cdots,X_n)$ 为一个**统计量**.

样本均值与样本方差即为统计量. 显然，统计量也是随机变量. 如果 $x_1,x_2,\cdots,x_n$ 是一组观察值，则 $T(x_1,x_2,\cdots,x_n)$ 是统计量 $T(X_1,X_2,\cdots,X_n)$ 的一组观察值.

【例 2.1】 设 (X_1,X_2) 是从总体 $N(\mu,\sigma^2)$ 中抽取的一个二维样本，其中 σ 为未知参数，则 $X_1+\mu X_2$，$X_1^2+X_2^2-3$ 都是统计量，而 $\frac{X_2}{\sigma}$，$X_1+\mu X_2-\sigma$ 就不是统计量.

现将正态总体下，几个常用的统计量及其分布介绍如下：

2.1.4.1 U 统计量及其分布

设 $X_1,X_2,\cdots,X_n$ 是来自正态总体 $X\sim N(\mu,\sigma^2)$ 的一个样本，由于总体服从正态分布，所以样本均值也服从正态分布，又知

$$E\overline{X}=E\left(\frac{1}{n}\sum_{i=1}^{n}X_i\right)=\frac{1}{n}\left(\sum_{i=1}^{n}EX_i\right)=\mu,$$

$$D\overline{X}=D\left(\frac{1}{n}\sum_{i=1}^{n}X_i\right)=\frac{1}{n^2}\left(\sum_{i=1}^{n}DX_i\right)=\frac{\sigma^2}{n},$$

则 $\overline{X}\sim N\left(\mu,\frac{\sigma^2}{n}\right)$.

若将 $\overline{X}$ 标准化并记作 U，则

$$U=\frac{\overline{X}-\mu}{\frac{\sigma}{\sqrt{n}}}\sim N(0,1),$$

称作 ***U* 统计量**，记作 $U\sim N(0,1)$.

U 统计量服从标准正态分布 $N(0,1)$，标准正态分布的概率密度如图 2.1 所示.

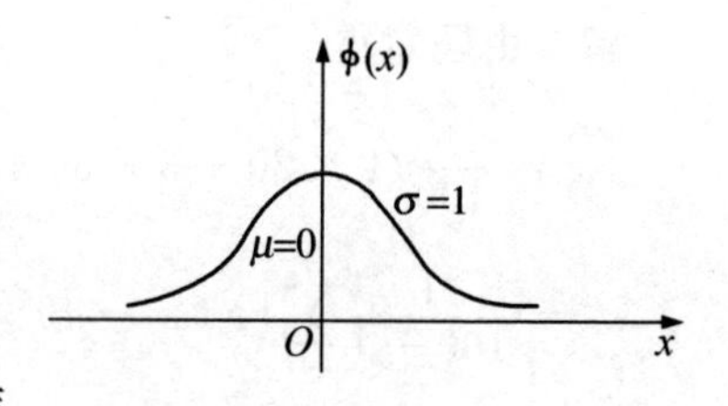

图 2.1

设 $U \sim N(0,1)$，对给定的 $\alpha(0<\alpha<1)$，满足条件

$$P\{U>U_{\alpha}\}=\int_{U_{\alpha}}^{+\infty}\frac{1}{\sqrt{2\pi}}\mathrm{e}^{-\frac{t^2}{2}}\mathrm{d}t=\alpha,$$

或

$$P(U \leqslant U_{\alpha})=1-\alpha$$

的点 U_{α}，称为标准正态分布的**上 α 分位点**或**上侧临界点**，如图 2.2 所示.

例如 $\alpha=0.01$，而 $P\{U>2.326\}=0.01$，则 $U_{\alpha}=2.326$.

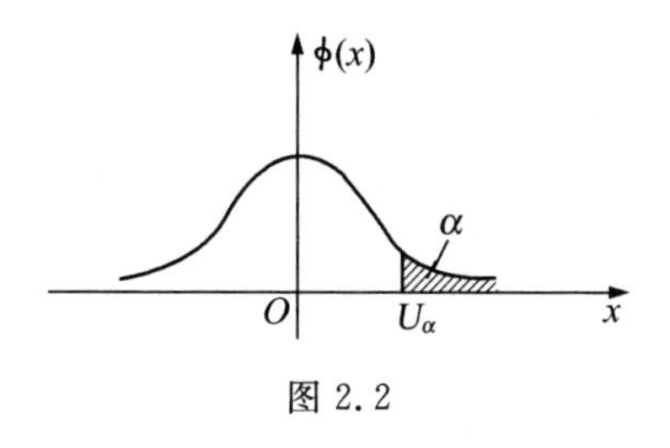

图 2.2

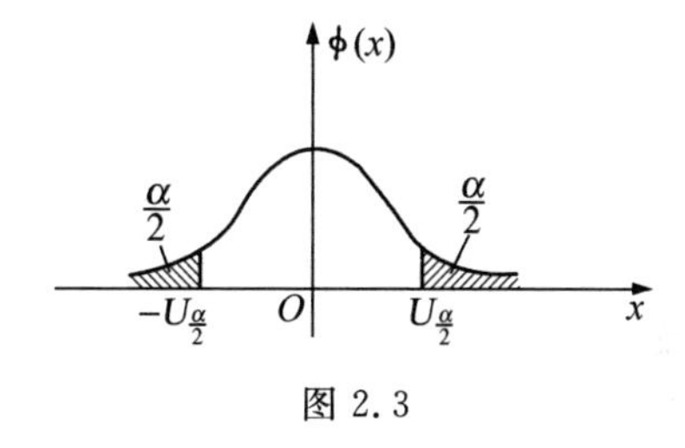

图 2.3

称满足条件

$$P\{|U|>U_{\frac{\alpha}{2}}\}=\alpha$$

的点 $U_{\frac{\alpha}{2}}$ 为标准正态分布的**双侧 α 分位点**或**双侧临界点**，如图 2.3 所示.

$U_{\frac{\alpha}{2}}$ 可由 $P\{U>U_{\frac{\alpha}{2}}\}=\frac{\alpha}{2}$ 查标准正态分布表得到. 如求 $U_{\frac{0.01}{2}}$，由 $P\{U>2.575\}=\frac{0.01}{2}=0.005$，则 $U_{\frac{0.01}{2}}=2.575$.

【例 2.2】 在总体 $N(80,20^2)$ 中随机抽取一容量为 100 的样本，求样本均值与总体均值的差的绝对值大于 3 的概率.

解 由题意即要求 $P\{|\overline{X}-\mu|>3\}$.

已知 $X \sim N(80,20^2)$，故 $\overline{X} \sim N(80,\frac{20^2}{100})$，将 $\overline{X}$ 标准化，得

$$\frac{\overline{X}-80}{\frac{20}{10}} \sim N(0,1),$$

$$P\{|\overline{X}-\mu|>3\}=P\{|\overline{X}-80|>3\}=P\left\{\left|\frac{\overline{X}-80}{2}\right|>\frac{3}{2}\right\}$$

$$=1-P\left\{\left|\frac{\overline{X}-80}{2}\right|\leqslant\frac{3}{2}\right\}=1-[2\Phi(1.5)-1]$$

$$=2-2\Phi(1.5)=0.1336.$$

故样本均值与总体均值的差的绝对值大于 3 的概率为 0.1336.

2.1.4.2　χ^2 统计量及其分布

定义 2.5　设$(X_1,X_2,\cdots,X_n)$是来自标准正态总体 $X\sim N(0,1)$ 的一个样本,则称

$$\chi^2 = X_1^2 + X_2^2 + \cdots + X_n^2$$

服从自由度为 n 的 **χ^2 分布**,记作:

$$\chi^2 \sim \chi^2(n).$$

所谓自由度是指统计量中独立变量的个数.

其图形如图 2.4 所示.当 $n\to\infty$ 时,χ^2 分布趋于正态分布.

χ^2 分布的概率密度表达式较繁,为了计算方便,提供了不同自由度 n 及不同的 $\alpha(0<\alpha<1)$ 按 $P\{\chi^2(n)>\chi_\alpha^2(n)\}=\alpha$ 编制了 χ^2 分布表(见附录三).

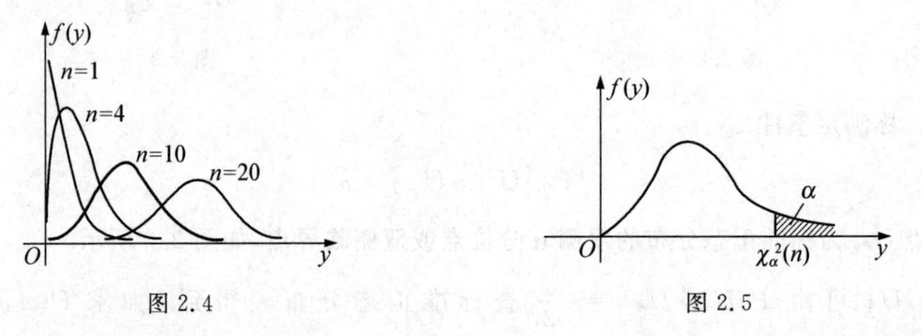

图 2.4　　　　图 2.5

我们称满足下式

$$P\{\chi^2(n)>\chi_\alpha^2(n)\}=\int_{\chi_\alpha^2(n)}^{+\infty} f(y)\mathrm{d}y=\alpha$$

的点 $\chi_\alpha^2(n)$ 为 χ^2 分布的**上 α 分位点或上侧临界点**,其几何意义如图 2.5 所示.这里 $f(y)$ 是 χ^2 分布的概率密度.

例如,当 $n=21,\alpha=0.05$ 时,由附录表查得 $\chi_{0.05}^2(21)=32.671$,即 $P\{\chi^2(21)>32.671\}=0.05$.

定理 2.1　如果$(X_1,X_2,\cdots,X_n)$是来自正态总体 $X\sim N(\mu,\sigma^2)$ 的一个样本,则

(1) 样本均值 $\overline{X}$ 与样本方差 S^2 相互独立;

(2) $\chi^2=\dfrac{(n-1)S^2}{\sigma^2}=\dfrac{\sum\limits_{i=1}^{n}(X_i-\overline{X})^2}{\sigma^2}\sim\chi^2(n-1)$.

【例 2.3】　设$(x_1,x_2,\cdots,x_{10})$是来自总体 $X\sim N(0,1)$ 的一个样本,求 $P\left(\sum\limits_{i=1}^{10}x_i^2>12.549\right)$.

解　因$(x_1,x_2,\cdots,x_{10})$是来自总体 $X\sim N(0,1)$ 的一个样本,由定义 2.4 可知

$$\sum_{i=1}^{10} x_i^2 \sim \chi^2(10),$$

即求 $P(\chi^2(10) > 12.549)$，查 χ^2 分布表可知，$n = 10$，$\chi_\alpha^2(10) = 12.549$，$\alpha = 0.25$，故 $P\left(\sum_{i=1}^{10} x_i^2 > 12.549\right) = 0.25$.

2.1.4.3　t 统计量及其分布

定义 2.6　设 X 与 Y 是两个相互独立的随机变量，且 $X \sim N(0,1)$，$Y \sim \chi^2(n)$，则统计量

$$t = \frac{X}{\sqrt{\frac{Y}{n}}}$$

服从自由度为 n 的 ***t* 分布**，记作 $t \sim t(n)$.

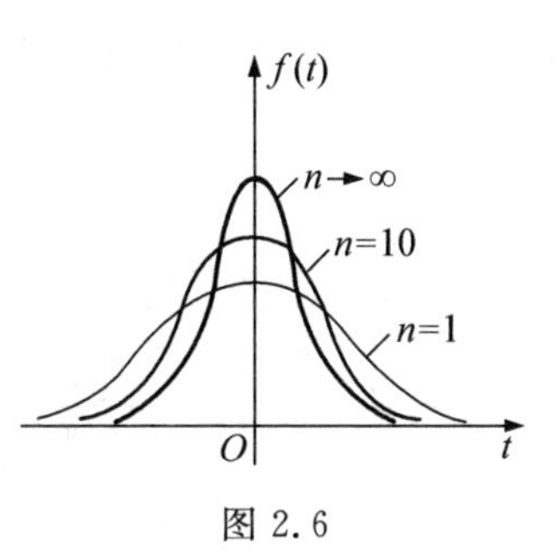

图 2.6

其概率密度函数图形如图 2.6 所示，其形状类似标准正态分布的概率密度图形，只是峰比标准正态分布低一些，尾部的概率比标准正态分布大一些．当 n 较大时，t 分布近似于标准正态分布.

t 分布是统计学中的一类重要分布，它与标准正态分布的微小差别是由英国统计学家哥塞特(Gosser) 发现的. 哥塞特年轻时在牛津大学学习数学和化学，1899 年开始在一家酿酒厂担任化学技师，从事试验和数据分析工作，由于哥塞特接触的样本容量都较小，只有四五个，通过大量试验数据的积累，哥塞特发现 $t = \sqrt{n-1}(\bar{x}-\mu)/s$ 的分布与传统认为的 $N(0,1)$ 分布不同，特别是尾部概率相差较大，表 2.3 列出了 $N(0,1)$ 与自由度为 4 的 t 分布的一些尾部概率.

表 2.3　$N(0,1)$ 与 $t(4)$ 的尾部概率 $P\{|x| \geqslant C\}$

	$C = 2$	$C = 2.5$	$C = 3$	$C = 3.5$
$x \sim N(0,1)$	0.0455	0.0124	0.0027	0.000465
$x \sim t(4)$	0.1161	0.0668	0.0399	0.0249

由此哥塞特怀疑是否有另一个分布族存在，通过深入研究，哥塞特于 1908 年以“Student”的笔名发表了此项研究结果，故后人也称 t 分布为学生氏分布. t 分布的发现在统计学史上具有划时代的意义，它打破了正态分布一统天下的局面，开创了小样本统计推断的新纪元.

可以证明：如果$(X_1, X_2, \cdots, X_n)$是来自正态总体 $X \sim N(\mu, \sigma^2)$ 的一个样本，则在统计量 $U = \dfrac{\overline{X}-\mu}{\sigma/\sqrt{n}}$ 中，若用样本标准差 S 代替总体标准差 σ，得到的统计量

$$t=\frac{\overline{X}-\mu}{S/\sqrt{n}}\sim t(n-1).$$

对于给定的 $\alpha(0<\alpha<1)$,称满足条件

$$P\{t(n)>t_\alpha(n)\}=\int_{t_\alpha(n)}^{+\infty}f(t)\,\mathrm{d}t=\alpha$$

的点 $t_\alpha(n)$ 为 t 分布的**上 α 分位点或上侧临界点**,如图 2.7 所示.

由 t 分布的对称性,也称满足条件

$$P\{|t(n)|>t_{\frac{\alpha}{2}}(n)\}=\alpha$$

的点 $t_{\frac{\alpha}{2}}(n)$ 为 t 分布的**双侧 α 分位点或双侧临界点**,如图 2.8 所示.

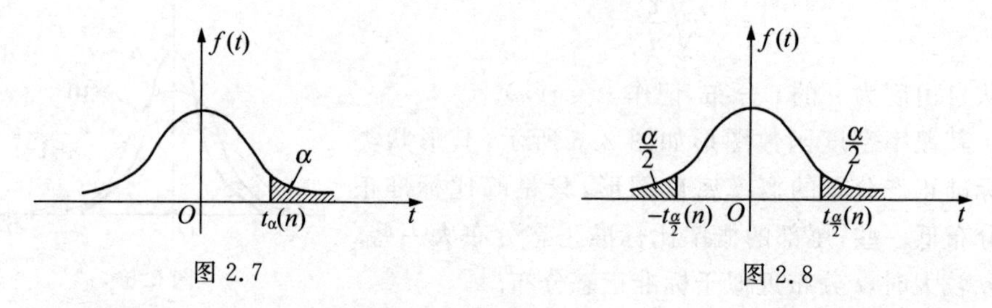

图 2.7　　图 2.8

在附录中给出了 t 分布临界值表.例如当 $n=15,\alpha=0.05$ 时,查 t 分布表得:

$$t_{0.05}(15)=1.7531,\qquad t_{\frac{0.05}{2}}(15)=2.1315,$$

其中 $t_{\frac{0.05}{2}}(15)$ 由 $P\{t(15)>t_{0.025}(15)\}=0.025$ 查得.

【例 2.4】 求下列各值中的 λ:

(1) $P(0<\chi^2(4)<\lambda)=0.05$;

(2) $P(|t(10)|<\lambda)=0.9$.

解 (1) 即求 $P(\chi^2(4)\geqslant\lambda)=0.95$,查表得 $\lambda=0.711$;

(2) 即求 $P(t(10)\geqslant\lambda)=0.05$,查表得 $\lambda=1.8125$.

习　题　2.1

1. 若总体 X 的分布为 $N(\mu,\sigma^2)$,其中 μ 未知,σ^2 已知,设 X_1,X_2,X_3 为取自总体的样本,指出下列各式中哪些是统计量,哪些不是统计量.

(1) $\frac{1}{3}(X_1+X_2+2X_3)$;　　(2) $\sum_{i=1}^{3}(X_i-\sigma)^2$;

(3) $\frac{1}{3}\sum_{i=1}^{3}(X_i-\mu)^2$;　　(4) $\frac{1}{\sigma}(X_i-\mu)$.

2. 对以下两组样本值,计算样本均值和样本方差:

(1) 54,67,68,78,70,66,67,70,65,69;

(2) 112.0,113.4,111.2,112.0,114.5,112.9,113.6.

3. 设 $U \sim N(0,1)$,已知 $P(|U| < \lambda) = 1 - \alpha$,求满足条件的 $\lambda = u_{\frac{\alpha}{2}}$.

(1) $\alpha = 0.05$;　(2) $\alpha = 0.01$;　(3) $\alpha = 0.1$.

4. 查表计算下列各值:

(1) $\chi^2_{0.01}(10)$,$\chi^2_{0.975}(33)$;　(2) $t_{0.01}(10)$,$t_{0.05}(7)$.

5. 在总体 $N(52,6.3^2)$ 中,随机抽取一个容量为36的样本,求样本均值落在50.8到53.8之间的概率.

6. 已知 X_1,X_2,X_3,X_4 相互独立,且都服从正态分布 $N(1,4)$,$\overline{X}$,S^2 表示样本均值与样本方差,试求:

(1) 统计量 $\frac{1}{4}\sum_{i=1}^{4} X_i - 1$ 的分布;　(2) 统计量 $\frac{\sum_{i=1}^{4}(X_i - \overline{X})^2}{4}$ 的分布;

(3) 统计量 $\frac{\sum_{i=1}^{4}(X_i - 1)^2}{4}$ 的分布;　(4) 统计量 $\frac{2(\overline{X} - 1)}{S}$ 的分布.

2.2　参数估计

在实际情况中,常遇到这样的情况:已知某随机变量的分布类型及形式,但由于其中某一个或几个参数未知,因此无法确定分布的确切形式.为了确定分布中的未知参数,需要对随机变量进行试验,先获取一个样本数据,然后对未知参数作出符合要求的估计,这类问题称作**参数估计**.

比如,二项分布中的 n、p,正态分布中的 μ、σ 都是分布的参数.如果这些参数是未知的,一般都是先抽取一个样本,然后构造适当的样本函数,利用样本函数的样本值去估计这些参数的数值.由于样本是随机的,所以样本函数对应的样本值也是随机的,因此估计出来的参数数值不是很精确,只是一个估计值.

参数估计主要包括两种方法:① 点估计:构造适当的样本函数,利用样本函数的数值作为未知参数的估计值;② 区间估计:将未知参数的数值估计在某个区间范围内.

2.2.1　点估计

微课73

引例2.2(零件长度测试)　某冰箱厂对为其提供零件的某加工厂的产品进行抽检,检验的主要指标为零件的长度.设长度总体 $X \sim N(\mu,\sigma^2)$,其中 μ,σ^2 均未知.随机抽取8个零件进行测试,结果分别为(单位:mm):

25.3，25.7，25.4，25.25，25.35，25.5，25.6，25.1

试求抽检零件长度的平均值 $\overline{x}$ 和样本方差 s^2.

解 $\overline{x}=\frac{1}{8}(25.3+25.7+25.4+25.25+25.35+25.5+25.6+25.1)=25.4$，

$$s^2=\frac{1}{8-1}[(25.3-25.4)^2+(25.7-25.4)^2+(25.4-25.4)^2+(25.25-25.4)^2+(25.35-25.4)^2+(25.5-25.4)^2+(25.6-25.4)^2+(25.1-25.4)^2]\approx 0.038.$$

由于样本来自总体，因此样本均值和样本方差必然在一定程度上反映总体均值和总体方差的特性. 故当总体均值和方差未知时，我们用样本均值的观测值 $\overline{x}$ 作总体均值 μ 的估计值，用样本方差的观测值 s^2 作总体方差 σ^2 的估计值. 这就是对总体均值和方差的点估计. 也就是以 $\hat{\mu}=\overline{x}=\frac{1}{n}\sum_{i=1}^{n}x_i$ 作为 μ 的点估计值；以 $\hat{\sigma}^2=s^2=\frac{1}{n-1}\sum_{i=1}^{n}(x_i-\overline{x})^2$ 作为 σ^2 的点估计值.

故引例 2.2 中总体均值 μ 的点估计值为 $\hat{\mu}=\overline{x}=25.4$，总体方差 σ^2 的点估计值为 $\hat{\sigma}^2=s^2\approx 0.038$.

下面给出点估计的定义：

定义 2.7 在总体 X 中取容量为 n 的样本 $X_1,X_2,\cdots,X_n$，构造出一个合适的统计量 $\hat{\theta}=\hat{\theta}(X_1,X_2,\cdots,X_n)$ 来作为未知参数 θ 的估计. 称统计量 $\hat{\theta}=\hat{\theta}(X_1,X_2,\cdots,X_n)$ 为未知参数 θ 的**点估计量**. 根据样本值 $(x_1,x_2,\cdots,x_n)$ 计算出估计量的值 $\hat{\theta}=\hat{\theta}(x_1,x_2,\cdots,x_n)$ 称为参数 θ 的一个**点估计值**（仍用 $\hat{\theta}$ 表示，今后不强调估计量与估计值的区别）.

案例 2.2(灯泡寿命检验) 灯泡厂从某天生产的一批 25 瓦灯泡中抽取 10 只进行寿命试验，得到数据(单位：小时）如下：

1050	1100	1080	1120	1200
1250	1040	1130	1300	1200

试估计这批灯泡寿命的数学期望、方差和标准差.

解 $\hat{\mu}=\overline{x}=\frac{1}{10}(1050+1100+\cdots+1200)=1147$，

$$\hat{\sigma}^2=s^2=\frac{1}{10-1}\sum_{i=1}^{10}(x_i-\overline{x})^2$$

$$= \frac{1}{9}[(1050-1147)^2+(1100-1147)^2+\cdots+(1200-1147)^2] = 7578.9,$$

$$\hat{\sigma} = s = \sqrt{s^2} = \sqrt{7578.9} = 87.1,$$

即这批灯泡寿命的期望估计值$\hat{\mu}$为 1147 小时，方差的估计值$\hat{\sigma}^2$为 7578.9 小时，标准差的估计值$\hat{\sigma}$为 87.1 小时.

【例 2.5】 设总体 X 服从$[0,\theta]$的均匀分布，其密度函数为

$$f(x,\theta) = \begin{cases} \frac{1}{\theta}, & 0 \leqslant x \leqslant \theta \\ 0, & \text{其他} \end{cases}$$

现已知该总体的一个样本 0.11,0.24,0.09,0.43,0.07,0.38，试求 θ 的点估计量以及相应的点估计值.

解 设样本均值为$\overline{X}$，样本均值的观测值为 $\overline{x}$，总体均值为

$$\mu = EX = \int_0^\theta x f(x,\theta)\mathrm{d}x = \int_0^\theta \frac{x}{\theta}\mathrm{d}x = \frac{\theta}{2}.$$

在点估计法中，用样本均值估计总体均值，于是$\overline{X} = \mu = \frac{\theta}{2}$.

因此参数 θ 的点估计量为$\hat{\theta} = 2\overline{X}$.

代入已知的样本，得

$$\overline{x} = \frac{1}{6}(0.11+0.24+0.09+0.43+0.07+0.38) = 0.22,$$

于是，θ 的点估计值为$\hat{\theta} = 2\overline{x} = 0.44$.

2.2.2 估计量的评价标准

2.2.2.1 无偏性

在对参数进行点估计时，估计量 $\hat{\theta}=\hat{\theta}(x_1,x_2,\cdots,x_n)$是一个随机变量，所以样本值不同，估计量的取值也不同，因此，衡量一个估计的好坏当然不能仅仅根据一次观测的结果作出定论，而必须从全局上，从多次观测结果得到的估计值与被估计参数的偏差大小来确定. 一般地，如果估计量的均值等于被估计量，这就是估计量的无偏性.

定义 2.8 设$\hat{\theta}$是未知参数θ的一个估计量，若 $E\hat{\theta} = \theta$，则称$\hat{\theta}$是θ的**无偏估计量**.

可以证明：样本均值$\overline{X}$是总体均值μ的无偏估计量，样本方差 S^2 是总体方差 σ^2 的无偏估计量，即

$$E\overline{X} = \mu, ES^2 = \sigma^2.$$

在例 2.5 中，$\hat{\theta} = 2\overline{X}$ 是参数 θ 的一个无偏估计量，因为 $E\hat{\theta} = E(2\overline{X}) = 2E\overline{X} = 2 \times \frac{\theta}{2} = \theta$.

案例 2.3(产品的耐磨性)　为观察一种橡胶制品的耐磨性，从这种产品中各随意抽取了 5 件，测得如下数据：185.82，175.10，217.30，213.86，198.40. 假设产品的耐磨性 $X \sim N(\mu, \sigma^2)$，求 μ 和 σ^2 的无偏估计值.

解　样本容量 $n = 5$. 经计算得，抽检产品的耐磨性数据均值 $\overline{x} = 198.10$，方差 $s^2 = 18.0063^2 \approx 324.23$，于是 μ 的无偏估计值 $\hat{\mu} = \overline{x} = 198.10$，$\sigma^2$ 的无偏估计值 $\hat{\sigma}^2 = s^2 \approx 324.23$.

2.2.2.2　有效性

若估计量 $\hat{\theta}_1, \hat{\theta}_2$ 都是总体参数 θ 的无偏估计量，那么，如何进一步比较估计量 $\hat{\theta}_1, \hat{\theta}_2$ 的优劣呢？下面引入估计量的有效性.

定义 2.9　设 $\hat{\theta}_1, \hat{\theta}_2$ 都是总体参数 θ 的无偏估计量，如果 $D\hat{\theta}_1 < D\hat{\theta}_2$，则称 $\hat{\theta}_1$ 比 $\hat{\theta}_2$ 更有效.

在 θ 的所有无偏估计量中，称方差最小的估计量为 θ 的**有效估计量**.

其意义为：虽然估计量 $\hat{\theta}_1$ 和 $\hat{\theta}_2$ 的多次估计值都在 θ 的附近摆动，由于 $D\hat{\theta}_1 < D\hat{\theta}_2$，所以 $\hat{\theta}_1$ 的估计值摆动幅度较 $\hat{\theta}_2$ 更小些，即更有效.

可以证明：样本均值 $\overline{X}$ 和样本方差 S^2 分别是总体均值 μ 和总体方差 σ^2 的有效估计量.

【例 2.6】　在总体 X 中取容量 $n = 3$ 的样本 X_1, X_2, X_3，证明均值 μ 的两个无偏估计量 $\hat{\mu}_1 = \overline{X} = \frac{1}{3}\sum_{i=1}^{3} X_i$ 和 $\hat{\mu}_2 = X_1$ 中，$\hat{\mu}_1$ 较 $\hat{\mu}_2$ 有效.

证　显然 $E\overline{X} = EX_1 = \mu$，

但由于 $D\hat{\mu}_1 = D\overline{X} = D\left(\frac{1}{3}\sum_{i=1}^{3} X_i\right) = \frac{3}{9}\sigma^2 = \frac{1}{3}\sigma^2$，$D\hat{\mu}_2 = DX_1 = \sigma^2$，得到 $D\hat{\mu}_1 < D\hat{\mu}_2$，故 $\hat{\mu}_1$ 较 $\hat{\mu}_2$ 有效.

2.2.3　区间估计

微课 74

参数 θ 的估计量 $\hat{\theta} = \hat{\theta}(x_1, x_2, \cdots, x_n)$ 是一个随机变量，$\hat{\theta}$ 与样本 $(x_1, x_2, \cdots, x_n)$ 有关，它是真值 θ 的近似值，那么 $\hat{\theta}$ 与真值 θ 到底相差多少呢？这一点在点估计中没有考虑，但是在实际问题中，我们希望在一定的可靠度(概率)下，根据样本观测值能定出包含总体参数 θ 的一个范围，这个范围通常用区间形式给出，这就是参数的区间估计.

引例 2.3(铁水含碳量)　已知某炼铁厂的铁水含碳量在正常生产情况下服

从正态分布，方差 $\sigma^2 = 0.108^2$. 现已测定 9 炉铁水，平均含碳量为 4.484. 试计算该厂铁水平均含碳量的区间估计值，要求可靠性为 95%.

如何确定总体中未知参数 θ 的区间估计值 $[\theta_1, \theta_2]$? 首先介绍几个基本概念.

下面引入置信区间的定义：

定义 2.10　设 θ 是总体分布中的一个未知参数，若由样本 $X_1, X_2, \cdots, X_n$ 所确定的两个统计量 $\hat{\theta}_1, \hat{\theta}_2$，对于给定的 $\alpha(0 < \alpha < 1)$，满足 $P(\hat{\theta}_1 < \theta < \hat{\theta}_2) = 1 - \alpha$，则区间 $(\hat{\theta}_1, \hat{\theta}_2)$ 称为参数 θ 的 $1-\alpha$ 的**置信区间**，$1-\alpha$ 称为**置信水平**或**置信度**，α 称为**显著性水平**.

α 是一个预先给定的小正数，是估计不准确的概率，一般取 $\alpha = 0.05$ 或 $\alpha = 0.01$.

置信区间的意义是： 若反复抽样多次，每个样本观察值所确定的区间 $(\hat{\theta}_1, \hat{\theta}_2)$ 要么包含 θ 的真值，要么不包含 θ 的真值. 在所有得到的众多置信区间 $(\hat{\theta}_1, \hat{\theta}_2)$ 中，包含 θ 真值的约占 $100(1-\alpha)\%$，不包含 θ 的真值的约占 $100\alpha\%$，由此可见，置信区间 $(\hat{\theta}_1, \hat{\theta}_2)$ 以 $1-\alpha$ 的概率包含未知参数 θ.

例如：取 $\alpha = 0.01$，反复抽样 1000 次，每次都抽取 100 个样本，于是得到 1000 个区间，在所有的 1000 个区间中包含 θ 真值的约占 $1000 \times (1 - 0.01) = 990$，仅 10 个左右的区间不包含 θ 的真值.

2.2.3.1　正态总体均值 μ 的区间估计

设总体 $X \sim N(\mu, \sigma^2)$，而 $(x_1, x_2, \cdots, x_n)$ 是总体中抽取的容量为 n 的样本，求总体均值 μ 的区间估计.

1. 求总体方差 σ^2 已知时 μ 的置信区间

构造 U 统计量如下：$U = \dfrac{\overline{X} - \mu}{\dfrac{\sigma}{\sqrt{n}}} \sim N(0,1)$.

取置信度为 $1-\alpha$，根据 U 统计量的双侧分位点 $U_{\frac{\alpha}{2}}$ 的定义，得 $P\{|U| < U_{\frac{\alpha}{2}}\} = 1 - \alpha$，即

$$P\left\{-U_{\frac{\alpha}{2}} < \frac{\overline{X} - \mu}{\frac{\sigma}{\sqrt{n}}} < U_{\frac{\alpha}{2}}\right\} = 1 - \alpha \text{（图 2.9）},$$

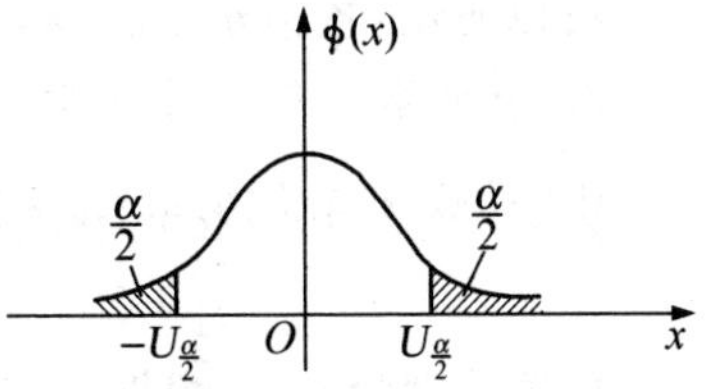

图 2.9

于是

$$P\left\{\overline{X} - U_{\frac{\alpha}{2}} \frac{\sigma}{\sqrt{n}} < \mu < \overline{X} + U_{\frac{\alpha}{2}} \frac{\sigma}{\sqrt{n}}\right\} = 1 - \alpha,$$

则置信区间为 $\left(\overline{X} - U_{\frac{\alpha}{2}} \dfrac{\sigma}{\sqrt{n}}, \overline{X} + U_{\frac{\alpha}{2}} \dfrac{\sigma}{\sqrt{n}}\right)$.

对于给定的置信水平 α，可以查附录表得到 $U_{\frac{\alpha}{2}}$，由样本观测值可以计算出样

本均值$\overline{x}$及样本容量,方差σ^2是已知的,从而确定置信区间.

案例 2.4(螺杆直径)　某厂生产的螺杆直径$X \sim N(\mu,\sigma^2)$,从当日的产品中随机抽出5支,测得直径(mm)为21.4,22.0,22.3,21.5,21.8.假定已知$\sigma=0.2$,试求直径期望的置信水平为0.95的置信区间.

解　由题意得$\sigma=0.2, n=5, 1-\alpha=0.95, 1-\frac{\alpha}{2}=0.975$.

计算样本平均值:

$$\overline{x}=\frac{1}{5}(21.4+22.0+22.3+21.5+21.8)=21.8.$$

由$P\{U<U_{\frac{\alpha}{2}}\}=1-\frac{\alpha}{2}=0.975$,查表得$U_{\frac{\alpha}{2}}$,代入置信区间得

$$\left(\overline{X}-\frac{\sigma}{\sqrt{n}}U_{\frac{\alpha}{2}},\ \overline{X}+\frac{\sigma}{\sqrt{n}}U_{\frac{\alpha}{2}}\right)=\left(21.8-\frac{0.2}{\sqrt{5}}\times 1.96,\ 21.8+\frac{0.2}{\sqrt{5}}\times 1.96\right)$$
$$=(21.63,21.98).$$

即μ的置信水平为0.95的置信区间为(21.63, 21.98).

以上解题步骤可归纳为

(1) 计算样本平均值,选取统计量$U=\frac{\overline{X}-\mu}{\sigma}\sqrt{n}$;

(2) 由给定的置信度$1-\alpha$,查标准正态分布表,得到双侧临界值$U_{\frac{\alpha}{2}}$;

(3) 计算$\frac{\sigma}{\sqrt{n}}U_{\frac{\alpha}{2}}$的值,写出置信度为$1-\alpha$的置信区间.

上例中,当置信度为0.99时,根据$P(U<U_{\frac{\alpha}{2}})=1-\frac{\alpha}{2}=0.995$,查得双侧临界值为$U_{\frac{\alpha}{2}}=2.58$,均值$\mu$的置信区间为

$$(21.8-2.58\times\frac{0.2}{\sqrt{5}},21.8+2.58\times\frac{0.2}{\sqrt{5}})=(21.57,22.03).$$

可以看出,置信水平越高,则置信区间越大,估计的精确度越差.

2. 当总体方差σ^2未知时μ的置信区间

由于σ未知,我们用样本标准差S代替它,构造t统计量如下:$t=\frac{\overline{X}-\mu}{\frac{S}{\sqrt{n}}}\sim t(n-1)$.

取置信度为$1-\alpha$,根据t统计量的双侧分位点$t_{\frac{\alpha}{2}}(n-1)$,得$P\{|t|<t_{\frac{\alpha}{2}}(n-1)\}=1-\alpha$,即

$$P\left\{-t_{\frac{\alpha}{2}}(n-1)<\frac{\overline{X}-\mu}{\frac{S}{\sqrt{n}}}<t_{\frac{\alpha}{2}}(n-1)\right\}=1-\alpha(\text{图 }2.10).$$

于是

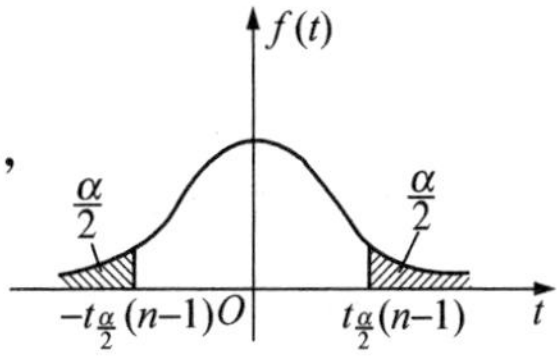

$$P\left\{\overline{X}-t_{\frac{\alpha}{2}}(n-1)\frac{S}{\sqrt{n}}<\mu<\overline{X}+t_{\frac{\alpha}{2}}(n-1)\frac{S}{\sqrt{n}}\right\}=1-\alpha,$$

则置信区间为

$$\left(\overline{X}-t_{\frac{\alpha}{2}}(n-1)\frac{S}{\sqrt{n}},\overline{X}+t_{\frac{\alpha}{2}}(n-1)\frac{S}{\sqrt{n}}\right).$$

图 2.10

对于给定的置信水平 α，可以查附录表得到 $t_{\frac{\alpha}{2}}(n-1)$，由样本观测值可以计算出样本均值 $\overline{x}$、样本方差及样本容量，从而确定置信区间.

【例 2.7】 在案例 2.4 中，如果 σ^2 未知，试求螺杆直径期望 μ 的置信水平为 0.99 的置信区间.

解 由题意知 $n=5,\overline{x}=21.8$，

$$s^2=\frac{1}{5-1}[(21.4-21.8)^2+(22.0-21.8)^2+\cdots+(21.8-21.8)^2]=0.135.$$

由 $\alpha=0.01$，自由度 $n-1=4$，查 t 分布临界值表得 $t_{\frac{\alpha}{2}}(n-1)=t_{0.005}(4)=4.604$，代入置信区间得

$$\left(\overline{X}-\frac{S}{\sqrt{n}}t_{\frac{\alpha}{2}}(n-1),\ \overline{X}+\frac{S}{\sqrt{n}}t_{\frac{\alpha}{2}}(n-1)\right)$$

$$=\left(21.8-\sqrt{\frac{0.135}{5}}\times 4.604,21.8+\sqrt{\frac{0.135}{5}}\times 4.604\right)$$

$$=(21.04,22.56),$$

即 μ 的置信水平为 0.99 的置信区间为(21.04,22.56).

2.2.3.2 正态总体方差 σ^2 的区间估计(均值未知)

均值未知，选取统计量为 $\chi^2=\frac{(n-1)S^2}{\sigma^2}\sim\chi^2(n-1)$，置信水平为 $1-\alpha$，由 χ^2 分布有

$$P\left\{\chi^2_{1-\frac{\alpha}{2}}(n-1)<\frac{(n-1)S^2}{\sigma^2}<\chi^2_{\frac{\alpha}{2}}(n-1)\right\}=1-\alpha(\text{图 } 2.11),$$

即有

$$P\left\{\frac{(n-1)S^2}{\chi^2_{\frac{\alpha}{2}}(n-1)}<\sigma^2<\frac{(n-1)S^2}{\chi^2_{1-\frac{\alpha}{2}}(n-1)}\right\}=1-\alpha,$$

故方差 σ^2 的 $1-\alpha$ 的置信区间为

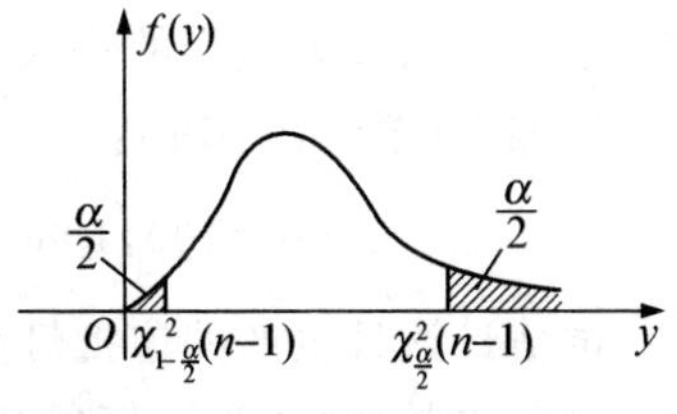

图 2.11

$$\left(\frac{(n-1)S^2}{\chi^2_{\frac{\alpha}{2}}(n-1)},\frac{(n-1)S^2}{\chi^2_{1-\frac{\alpha}{2}}(n-1)}\right).$$

案例 2.5(男生体重)　设某一年龄男生体重 X 服从正态分布,现随机抽取男生 10 人,测得体重(单位:kg) 为 29.8,27.5,28.7,29.0,29.3,30.2,32.6,27.6,24.9,28.3,试求这一年龄的男生体重方差的置信区间(置信水平为 0.95).

解　由题意得 $n=10, 1-\alpha=0.95, 1-\frac{\alpha}{2}=0.975$.

计算样本均值和样本方差

$$\bar{x}=\frac{1}{10}(29.8+27.5+\cdots+28.3)=28.79,$$

$$s^2=\frac{1}{10-1}[(29.8-28.79)^2+(27.5-28.79)^2+$$

$$\cdots+(28.3-28.79)^2]=4.03211.$$

由 $P\{\chi^2>\chi^2_{1-\frac{\alpha}{2}}(9)\}=1-\frac{\alpha}{2}=0.975, P\{\chi^2>\chi^2_{\frac{\alpha}{2}}(9)\}=\frac{\alpha}{2}=0.025$,查表得 $\chi^2_{0.975}(9)=2.70, \chi^2_{0.025}(9)=19.023$.

这一年龄的男生体重方差的置信区间为

$$\left(\frac{(n-1)S^2}{\chi^2_{\frac{\alpha}{2}}(n-1)},\frac{(n-1)S^2}{\chi^2_{1-\frac{\alpha}{2}}(n-1)}\right)=\left(\frac{(10-1)\times 4.03}{19.02},\frac{(10-1)\times 4.03}{2.70}\right)$$
$$=(1.91,13.44).$$

由上可知,求 σ^2 的置信区间的步骤如下:

(1) 计算样本的平均值和方差;

(2) 选取统计量 $\chi^2=\frac{(n-1)S^2}{\sigma^2}$,由给定的置信度 $1-\alpha$,查 χ^2 分布表,得到双侧临界值 $\chi^2_{1-\frac{\alpha}{2}}(n-1), \chi^2_{\frac{\alpha}{2}}(n-1)$;

(3) 计算方差 σ^2 的置信度为 $1-\alpha$ 的置信区间.

习　题　2.2

1. 灯泡厂从某天生产的一大批 15 瓦的灯泡中抽取 10 个进行寿命试验,得到数据如下(单位:小时):

1050,1100,1080,1120,1200,1250,1040,1130,1300,1200

试估计该日生产的这批灯泡的平均寿命及标准差.

2. 机器包装食盐,假设每袋盐的净重服从正态分布,规定每袋标准重量为 500 克,某天开工后,从装好的食盐中随机抽取 9 袋,测得净重(单位:克)为

$$497,507,510,475,484,488,524,491,515$$

试求这些食盐的净重与标准重量的偏差的数学期望及方差的点估计.

3. 设总体服从二项分布 $B(10,p)$，随机地测试5次，样本数据分别为4,4,5,3,3，试求 p 的点估计值.

4. 从长期生产实践知道，某厂生产的灯泡的使用寿命 $X \sim N(\mu,100^2)$，现从该厂生产的一批灯泡中随机抽取5只，测得使用寿命如下：

$$1455,1502,1370,1610,1430$$

试对这批灯泡的平均使用寿命作出区间估计.

5. 用一种新工艺试制某种塑料制品，将制品的硬度看成服从 $N(\mu,\sigma^2)$ 的总体，现从试制品中抽取容量为20的样本，测得硬度的样本方差 $S^2 = 1.5$，试以95%的把握给出用新工艺生产的制品硬度方差的区间估计.

6. 某手表厂生产的手表的走时误差(单位:秒/日)服从正态分布，从产品生产线上随机抽取9只产品进行检测，具体结果如下：

$$-4.0,\ 3.1,\ 2.5,\ -2.9,\ 0.9,\ 1.1,\ 2.0,\ -3.0,\ 2.8$$

试求 μ 在显著性水平 $\alpha = 0.05$ 下的置信区间.

2.3　假设检验

微课75

在实际问题中，有一类重要问题就是参数的假设检验，参数的假设检验是对总体中的未知参数作出某种假设，再根据样本数据提供的信息，对这个假设作出正确性判断.

2.3.1　假设检验的基本思想

假设检验的一个理论依据是**小概率原理**，即“小概率事件在一次试验中几乎不可能发生”，如果小概率事件在一次试验中发生了，就认为是不合理的现象，这是人们在实践中公认的原则. 密码箱的广泛使用，就是应用小概率原理的结果，因为在不知道密码的情况下，要一次打开密码箱几乎是不可能的.

参数的假设检验的基本思想，是用置信区间的方法进行检验：首先设想 H_0 是真的成立；然后考虑在 H_0 成立的条件下，已经观测到的样本信息的出现概率. 如果这个概率很小，就表明一个概率很小的事件在一次试验中发生了. 而小概率原理认为，概率很小的事件在一次试验中是几乎不可能发生的，也就是说，导出了一个违背小概率原理的不合理现象，这表明事先的设想 H_0 是不正确的，因此拒绝原假设 H_0，否则不能拒绝 H_0.

什么是“概率很小”，在检验之前都事先指定，比如概率为5%、1%等. 其概率

值一般记作 α,α 是一个事先指定的数值较小的正数,称为**显著性水平或检验水平**.

引例 2.4(取球) 某人拿着装有 1000 个球的袋子,并说"袋中装有 999 个白球和一个黑球". 如果从袋中任取一球,发现是黑球,我们会认为此人的说法不可信.

思考过程如下:如果这 1000 个球中确实仅有一个黑球,那么从中取出一球恰是黑球的可能性很小,概率仅 1/1000,因此,假设此人的说法正确,从袋中取出一球恰是黑球几乎是不可能的,然而此事竟然发生了,由此不得不怀疑此人的说法.

事实上,引例 2.4 就是一个简单的假设检验问题,需要检验的原假设是"1000 个球中只有一个黑球",即从袋中任取一球恰为黑球的概率为 1/1000.

引例 2.5(奶粉包装) 某工厂获得包装一批奶粉的业务,要求额定标准为每袋净重 454 克. 根据经验,每袋奶粉的净重服从正态分布,标准差为 12 克. 某日开工后,对某台包装机抽样检查 9 袋奶粉,重量分别如下(单位:克):452,459,470,475,443,464,463,467,465. 试问:该包装机的工作是否正常?

解 由题意知,检查包装机的工作是否正常,即判断总体均值 $\mu = 454$ 是否成立.

建立原假设 $H_0:\mu = 454$.

根据题意,总体 X 服从正态分布 $N(454,12^2)$,从中抽取容量为 9 的样本 x_1,x_2,…,x_9,则

$$U = \frac{\overline{x} - 454}{12/\sqrt{9}} \sim N(0,1).$$

设给定的显著性水平为 $\alpha = 0.05$,根据双侧 α 分位点 $U_{\frac{\alpha}{2}}$,于是 $P(|U| \geqslant U_{\frac{\alpha}{2}}) = \alpha$,查表得,$U_{\frac{\alpha}{2}} = U_{0.025} = 1.96$.

又因为

$$\overline{x} = \frac{452 + 459 + 470 + 475 + 443 + 464 + 463 + 467 + 465}{9} = 462,$$

所以 $U = \dfrac{462 - 454}{12/\sqrt{9}} = 2$,于是 $|U| = 2 \geqslant 1.96$. 因此,在抽样检查 9 袋奶粉的试验中,小概率事件发生了. 根据小概率事件原理,拒绝原假设 H_0,从而判断该包装机工作不正常.

在给定显著性水平 α 下,通常将 $(-\infty, -U_{\frac{\alpha}{2}}) \cup (U_{\frac{\alpha}{2}}, +\infty)$ 称作**拒绝域**,将 $(-U_{\frac{\alpha}{2}}, U_{\frac{\alpha}{2}})$ 称作**接受域**.

2.3.2 假设检验的一般步骤

由上面的例子总结出假设检验的步骤如下:

(1) 根据问题提出原假设 H_0；

(2) 寻找检验 H_0 的合适统计量，并给出在 H_0 成立时的分布；

(3) 由给定的显著性水平 α，根据统计量的分布，查表定出相应的分位数的值，即临界值(确定拒绝域)；

(4) 根据实测的样本值，具体计算出统计量的值；

(5) 给出结论：若落在拒绝域内，则拒绝原假设 H_0；否则，接受原假设 H_0.

2.3.3 正态总体的均值检验

一般地，总假设样本总体服从正态分布 $N(\mu,\sigma^2)$. 对总体均值进行假设检验时，总体方差可能出现已知或未知两种情形，本节对这两种情形分别进行讨论.

2.3.3.1 方差 σ^2 已知的均值检验(U 检验法)

设正态总体 $X\sim N(\mu,\sigma^2)$，其中 $\sigma^2=\sigma_0^2$ 为已知常数，$(x_1,x_2,\cdots,x_n)$ 是来自总体的一个样本，对正态总体的均值 μ 的假设检验，用 U 检验法，具体步骤如下：

(1) 提出原假设 $H_0:\mu=\mu_0$；

(2) 当 H_0 成立时，选取 U 统计量 $\mu=\dfrac{\overline{X}-\mu_0}{\sigma/\sqrt{n}}\sim N(0,1)$；

(3) 给定显著性水平 α，查标准正态分布表得临界值 $U_{\frac{\alpha}{2}}$，使 $P\{|U|\geqslant U_{\frac{\alpha}{2}}\}=\alpha$，于是拒绝域为 $|U|\geqslant U_{\frac{\alpha}{2}}$；

(4) 根据样本值计算统计量 U 的值；

(5) 给出结论：如果 $|U|\geqslant U_{\frac{\alpha}{2}}$，那么拒绝 H_0，否则接受 H_0.

案例 2.6(弹壳直径) 某种弹壳直径 X 的标准为 $\mu_0=8\text{mm}$，$\sigma=0.09\text{mm}$. 今从一批弹壳中任取 9 枚，测得直径(mm)：

7.92，7.94，7.90，7.93，7.92，7.92，7.93，7.91，7.94

根据历史资料认为弹壳直径 X 服从正态分布，其标准差也符合标准，试问这批弹壳直径是否符合标准?($\alpha=0.05$)

解 (1) 提出原假设 $H_0:\mu=8$，由于标准差没有变化，故 $\sigma=0.09$；

(2) 当 H_0 成立时，选取统计量

$$\mu=\frac{\overline{X}-\mu_0}{\sigma/\sqrt{n}}=\frac{\overline{X}-8}{0.09}\sqrt{9}\sim N(0,1);$$

(3) 在显著性水平 $\alpha=0.05$，$P(|U|>U_{\frac{\alpha}{2}})=0.05$，由标准正态分布表得双侧临界值 $U_{\frac{\alpha}{2}}=1.96$；

(4) 计算统计量 U 的值 $\overline{x}=\dfrac{1}{9}(7.92+7.94+\cdots+7.94)=7.923$，

$$U=\frac{7.923-8}{0.09}\sqrt{9}=-2.57;$$

(5) $|U|=\left|\frac{7.92-8}{0.09/\sqrt{9}}\right|=2.57>1.96$，故拒绝原假设 H_0，即认为这批弹壳的直径不符合标准.

2.3.3.2　方差 σ^2 未知的均值检验(t 检验法)

设正态总体 $X\sim N(\mu,\sigma^2)$，且 σ^2 未知，$(x_1,x_2,\cdots,x_n)$ 是来自总体的一个样本，对于正态总体均值 μ 的假设，用 t 检验法，具体步骤如下：

(1) 提出待检假设 $H_0:\mu=\mu_0$；

(2) 在 H_0 成立时，选取统计量

$$t=\frac{\overline{X}-\mu_0}{S/\sqrt{n}}\sim t(n-1);$$

(3) 根据给定的显著性水平 α，查 t 分布表得双侧临界值 $t_{\frac{\alpha}{2}}(n-1)$，拒绝域为 $|t|\geqslant t_{\frac{\alpha}{2}}(n-1)$；

(4) 根据样本值计算出统计量 t 的值；

(5) 作出判断：当 $|t|\geqslant t_{\frac{\alpha}{2}}(n-1)$ 时拒绝 H_0，否则接受 H_0.

案例 2.7(打包机工作)　化肥厂用自动打包机打包，每包标准重量为 100 千克. 每天开工后需要检验打包机工作是否正常，即检查打包机是否有系统偏差. 某日开工后，测得 9 包化肥质量(单位：千克) 如下：99.5，98.7，100.6，101.1，98.5，99.6，99.7，102.1，100.6.

问该日打包机工作是否正常?设显著性水平 $\alpha=0.05$，每包化肥的质量服从正态分布.

解　(1) 提出原假设 $H_0:\mu=100$；方差 σ^2 未知，总体服从正态分布；

(2) 选取统计量 $t=\dfrac{\overline{X}-\mu_0}{S/\sqrt{n}}=\dfrac{\overline{X}-100}{S}\sqrt{9}\sim t(8)$；

(3) 在显著性水平 $\alpha=0.05$ 时，查 t 分布表得双侧临界值 $t_{\frac{\alpha}{2}}(8)=2.306$，则拒绝域为 $|t|\geqslant 2.306$；

(4) 计算统计量 T 的值：

$$\overline{x}=\frac{1}{9}(99.5+98.7+\cdots+100.6)=100.2,$$

$$s^2=\frac{1}{8}[(99.5-100.2)^2+(98.7-100.2)^2+\cdots+(100.6-100.2)^2]=1.37,$$

$$s=\sqrt{s^2}=\sqrt{1.37}=1.17,$$

$$t=\frac{100.2-100}{1.17}\sqrt{9}=0.51;$$

(5) 因为 $|t| = 0.51 < 2.306$，则接受原假设 H_0，即在显著性水平 $\alpha = 0.05$ 下，打包机工作正常.

2.3.4　正态总体的方差检验

前面利用 U 检验法和 t 检验法对正态总体的数学期望作假设检验.下面介绍数学期望 μ 未知时，关于方差 σ^2 假设检验的方法——χ^2 检验法.

设正态总体 $X \sim N(\mu, \sigma^2)$，其中数学期望 μ 未知，$(x_1, x_2, \cdots, x_n)$ 是来自总体的一个样本，检验原假设 $H_0: \sigma^2 = \sigma_0^2$，检验步骤如下：

(1) 提出待检假设 $H_0: \sigma^2 = \sigma_0^2$；

(2) 在 H_0 成立时，选取统计量 $\chi^2 = \dfrac{(n-1)S^2}{\sigma_0^2} \sim \chi^2(n-1)$；

(3) 根据给定的显著性水平 α，查表确定临界值 $\chi^2_{\frac{\alpha}{2}}(n-1)$，$\chi^2_{1-\frac{\alpha}{2}}(n-1)$；

(4) 根据样本值计算统计量 $\chi^2 = \dfrac{(n-1)S^2}{\sigma_0^2}$ 的值；

(5) 作比较下结论，如果 $\chi^2 \geqslant \chi^2_{\frac{\alpha}{2}}(n-1)$ 或 $\chi^2 \leqslant \chi^2_{1-\frac{\alpha}{2}}(n-1)$，那么拒绝 H_0；否则接受 H_0.

案例 2.8(导线电阻检验)　设某种导线的电阻 $X \sim N(\mu, \sigma^2)$，要求电阻的方差 $\sigma^2 = 0.005$，从一批导线中随机抽取 9 根样品，经测试发现该样品的样本标准差 $S = 0.07$. 试问：在显著性水平 $\alpha = 0.10$ 下，能否认为该批导线的电阻的方差符合要求？

解　(1) 原假设 $H_0: \sigma^2 = 0.005$；

(2) 在原假设 $\sigma^2 = 0.005$ 的条件下，选取统计量 $\chi^2 = \dfrac{(n-1)S^2}{\sigma^2} \sim \chi^2(n-1)$；

(3) 显著性水平 $\alpha = 0.10$，查表得

$$\chi^2_{\frac{\alpha}{2}}(n-1) = \chi^2_{0.05}(8) = 21.995, \chi^2_{1-\frac{\alpha}{2}}(n-1) = \chi^2_{0.95}(8) = 2.733,$$

于是，接受域为 $(2.733, 21.995)$，拒绝域为 $(0, 2.733) \cup (21.995, +\infty)$；

(4) 根据样本标准差 $S = 0.07$，于是 $\chi^2 = \dfrac{(n-1)S^2}{0.005} = \dfrac{8 \times 0.07^2}{0.005} = 7.84$；

(5) 因为 $\chi^2 = 7.84$ 落在接受域 $(2.733, 21.995)$ 内，所以接受原假设 H_0，即认为该批导线的电阻的方差符号要求.

案例 2.9(电池使用寿命)　某型号电池的使用寿命 X 服从正态分布 $N(\mu, \sigma^2)$，随机选取 6 个该型号的电池进行测试，在相同条件下它们的使用寿命分别为 19,18,22,20,16,25. 在显著性水平的条件下，能否判断该型号电池使用寿命的标准差 $\sigma = 2$？

解　(1) 原假设 $H_0: \sigma = 2$；

(2) 在原假设 $\sigma = 2$ 的条件下,选取统计量 $\chi^2 = \dfrac{(n-1)S^2}{\sigma^2} \sim \chi^2(n-1)$;

(3) 显著性水平 $\alpha = 0.05$,查表得

$\chi^2_{\frac{\alpha}{2}}(n-1) = \chi^2_{0.025}(5) = 12.833, \chi^2_{1-\frac{\alpha}{2}}(n-1) = \chi^2_{0.975}(5) = 0.831$;

于是,接受域为(0.831,12.833),拒绝域为 $(0,0.831) \cup (12.833,+\infty)$;

(4) 根据样本值,计算得 $S^2 = 10$,于是 $\chi^2 = \dfrac{(n-1)S^2}{\sigma^2} = \dfrac{5\times 10}{2^2} = 12.5$;

(5) 因为 $\chi^2 = 12.5$ 落在接受域(0.831,12.833)内,所以接受原假设 H_0,即认为此种型号电池使用寿命的标准差 $\sigma = 2$.

习 题 2.3

1. 由经验知某零件质量 $X \sim N(\mu,\sigma^2)$,$\mu = 15$,$\sigma = 0.05$,技术革新后,抽出 6 个零件,测得质量(克)为 14.7,15.1,14.8,15.0,15.2,14.6. 已知方差不变,问平均质量是否仍为 15 克?($\alpha = 0.05$)

2. 根据长期经验和资料分析,某砖厂生产的砖的抗断强度 X 服从正态分布,方差 $\sigma^2 = 1.21$. 今从该厂所产的一批砖中,随机抽取 6 块,测得抗断强度(单位:MPa)为 3.256,2.966,3.164,3.000,3.187,3.103. 问这批砖的平均抗断强度是否为 3.250?($\alpha = 0.05$)

3. 正常人的脉搏平均为72 次/分,某医生测得 10 位慢性四乙基铅中毒患者的脉搏(次/分)为 54,67,68,78,70,66,67,70,65,69. 已知慢性四乙基铅中毒患者的脉搏服从正态分布,试问:在显著性水平 $\alpha = 0.05$ 下,慢性四乙基铅中毒患者和正常人的脉搏有无明显差异?

4. 某纺织厂生产的维尼纶纤度 $X \sim N(\mu, 0.048^2)$,抽取样本容量为5的样本,其纤度为 1.44,1.40,1.55,1.32,1.36. 问在显著性水平 $\alpha = 0.1$ 下,总体方差有无显著变化?

5. 来自正态总体 $X \sim N(\mu,\sigma^2)$ 的一个样本容量为 36 的样本,测得 $\bar{x} = 2.7$,$\sum_{i=1}^{n}(x_i - \bar{x})^2 = 140$,在 $\alpha = 0.05$ 下检验下列假设:(1) $H_0:\mu = 3$;(2) $H_0:\sigma^2 = 2.5$.

6. 已知某厂生产的铜丝的折断力服从正态分布,生产一直稳定. 现从产品中随机抽取 9 根检查折断力,具体数据(单位:千克)为 289,268,285,284,286,285,286,298,292. 试问:是否可以认为该厂生产的铜丝折断力的方差为 20?

2.4 统计直方图

在实际统计工作中,首先接触的是一系列的数据. 数据的变异性,系统地表现

为数据的分布.分布的具体表现形式即为表和图.统计表有简单表、分组表(含频数、频率分布表)之分.统计图有频数直方图、频率直方图和累积频率分布图等.

2.4.1 直方图

直方图(histogram)用于表达连续性资料的频数分布.以不同直方形面积代表数量,各直方形面积与各组的数量成正比关系(如图 2.12 所示).

制作直方图要求如下:

(1) 一般纵轴表示被观察现象的频数(或频率),横轴表示连续变量,以各矩形(宽为组距)的面积表示各组段频数.

(2) 直方图的各直条间不留空隙;各直条间可用直线分隔,但也可不用直线分隔.

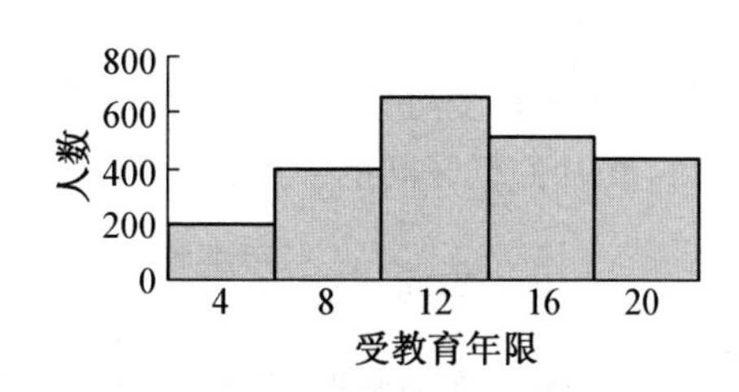

图 2.12 2008 年某地区居民受教育年限分布

(3) 组距不等时,横轴仍表示连续变量,但纵轴是每个横轴单位的频数.

2.4.2 分组数据的统计表和频数、频率直方图

引例 2.6(男生体重) 为了了解某地区高三学生的身体发育情况,抽查了地区内 100 名年龄为 17.5 ~ 18 岁的男生的体重情况,结果见表 2.4(单位:千克).

表 2.4 男生体重简单统计表

56.5	69.5	65	61.5	64.5	66.5	64	64.5	76	58.5
72	73.5	56	67	70	57.5	65.5	68	71	75
62	68.5	62.5	66	59.5	63.5	64.5	67.5	73	68
55	72	66.5	74	63	60	55.5	70	64.5	58
64	70.5	57	62.5	65	69	71.5	73	62	58
76	71	66	63.5	56	59.5	63.5	65	70	74.5
68.5	64	55.5	72.5	66.5	68	76	57.5	60	71.5
57	69.5	74	64.5	59	61.5	67	68	63.5	58
59	65.5	62.5	69.5	72	64.5	75.5	68.5	64	62
65.5	58.5	67.5	70.5	65	66	66.5	70	63	59.5

试根据上述数据画出样本的频率分布直方图,并对相应的总体分布作出估计.

解 按照下列步骤获得样本的频率分布:

(1) 求最大值与最小值的差. 在上述数据中, 最大值是 76, 最小值是 55, 它们的差(又称为极差) 是 $76-55=21$, 所得的差告诉我们, 这组数据的变动范围有多大.

(2) 确定组距与组数. 对样本进行分组, 首先确定组数 k, 作为一般性的原则, 组数通常取 $5\leqslant k\leqslant 20$, 对容量较小的样本, 通常将其分为 5 组或 6 组; 容量为 100 左右的样本可分为 7 到 10 组; 容量为 200 左右的样本可分为 9 到 13 组; 容量为 300 以上的样本可分为 12 到 20 组. 这样做的目的是使用足够的组来表示数据的变异.

每组区间长度可以相同也可以不同, 实践中常选用长度相同的区间以便于进行比较, 此时各组区间的长度称为组距, 其近似公式为

$$\text{组距}\ d=\frac{\text{样本最大观测值}-\text{样本最小观测值}}{\text{组数}}.$$

为了方便计算和画图, 将组距定为 2, 那么由 $21\div 2=10.5$ 确定组数为 11, 这个组数是适合的.

(3) 决定分点. 根据本例中数据的特点, 第 1 小组的起点可取为 54.5, 第 1 小组的终点可取为 56.5. 为了避免一个数据既是起点, 又是终点, 造成重复计算, 我们规定分组的区间是"左闭右开"的, 这样, 所得到的分组是 $[54.5,56.5)$, $[56.5,58.5)$, $\cdots$, $[74.5,76.5)$.

通常可用每组的组中值来代表该组的变量取值, 即

$$\text{组中值}=\frac{\text{组上限}+\text{组下限}}{2}.$$

(4) 统计样本数据落入每个区间的个数称为频数, 并列出其频数频率分布表(表 2.5).

表 2.5　频数频率分布表

组序	分组	组中值	频数	频率
1	[54.5,56.5)	55.5	2	0.02
2	[56.5,58.5)	57.5	6	0.06
3	[58.5,60.5)	59.5	10	0.10
4	[60.5,62.5)	61.5	10	0.10
5	[62.5,64.5)	63.5	14	0.14
6	[64.5,66.5)	65.5	16	0.16
7	[66.5,68.5)	67.5	13	0.13

续表

组序	分组	组中值	频数	频率
8	[68.5,70.5)	69.5	11	0.11
9	[70.5,72.5)	71.5	8	0.08
10	[72.5,74.5)	73.5	7	0.07
11	[74.5,76.5)	75.5	3	0.03
合计			100	1.00

(5) 样本数据的频数频率分布除了用上述表格形式进行整理之外,也可以用图形表示. 制作频数分布直方图的步骤如下:在组距相等场合常用宽度相等的矩形表示,矩形的高低表示频数的大小. 在图中,横坐标表示所关心变量的取值区间,纵坐标表示频数,这样就得到频数分布直方图,如图 2.13 所示. 若把纵轴改成频率就得到频率分布直方图.

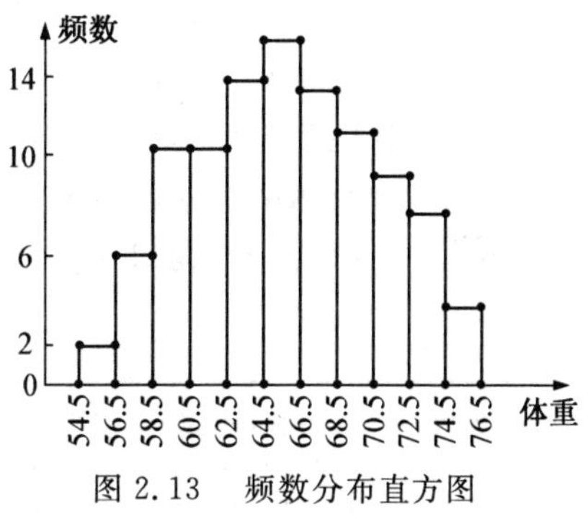

图 2.13　频数分布直方图

为使诸矩形面积之和为 1,可将纵轴取为频率/组距,如此得到的直方图称为单位频率分布直方图,如图 2.14 所示. 此两种直方图的差别仅在于纵轴刻度的选择,直方图本身并无变化.

由于图 2.14 中各矩形的面积等于相应各组的频率,这个矩形的高低反映了数据落在各个小组的频率的大小.

在反映样本的频率分布方面,频率分布表比较确切,频率分布直方图比较直观,它们起着相互补充的作用.

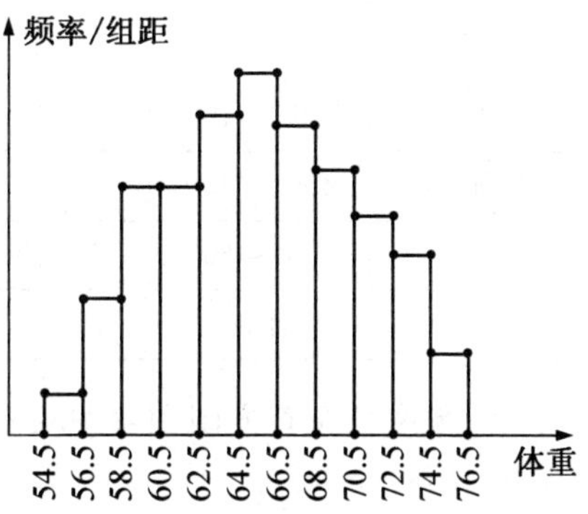

图 2.14　单位频率分布直方图

(6) 总体分布:即总体取值的概率分布规律. 在实践中,往往是从总体中抽取一个样本,用样本的频率分布去估计总体分布,一般地,样本容量越大,这种估计就越精确.

在得到了样本的频率后,就可以对相应的总体情况作出估计. 例如可以估计,体重在(64.5,66.5) 千克之间的学生最多,约占学生总数的 16%;体重小于 58.5 千克的学生较少,约占 8%;等等.

2.4.3 累积频率分布图

引例 2.7(电子元件寿命) 对某电子元件进行寿命追踪调查,情况如表 2.6 所示.

表 2.6 电子元件寿命分组表

寿命(小时)	100 ～ 200	200 ～ 300	300 ～ 400	400 ～ 500	500 ～ 600
个数	20	30	80	40	30

(1) 列出频率分布表;

(2) 画出频率分布直方图和累积频率分布图;

(3) 估计电子元件寿命在 100 ～ 400 小时以内的概率;

(4) 估计电子元件寿命在 400 小时以上的概率;

(5) 估计总体的数学期望值.

解 (1) 包含频率和累积频率的分布表如表 7.7 所示.

表 2.7 频率分布表

组序	寿命(小时)	组中值(小时)	频数	频率	累积频率
1	100 ～ 200	150	20	0.1	0.10
2	200 ～ 300	250	30	0.15	0.25
3	300 ～ 400	350	80	0.40	0.65
4	400 ～ 500	450	40	0.20	0.85
5	500 ～ 600	550	30	0.15	1
合计			200	1	

(2) 频率分布直方图和累积频率分布图如图 2.15、图 2.16 所示.

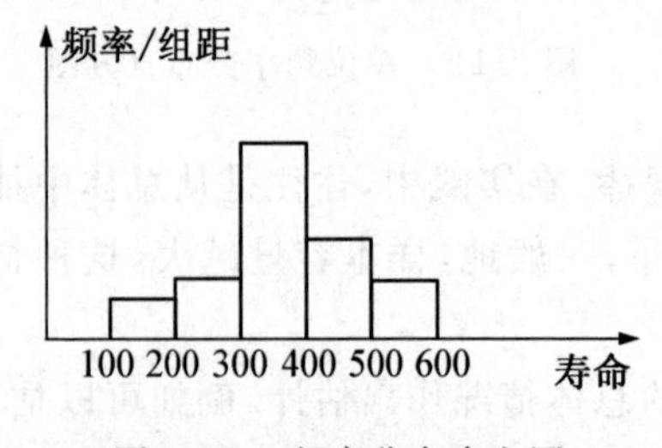

图 2.15 频率分布直方图

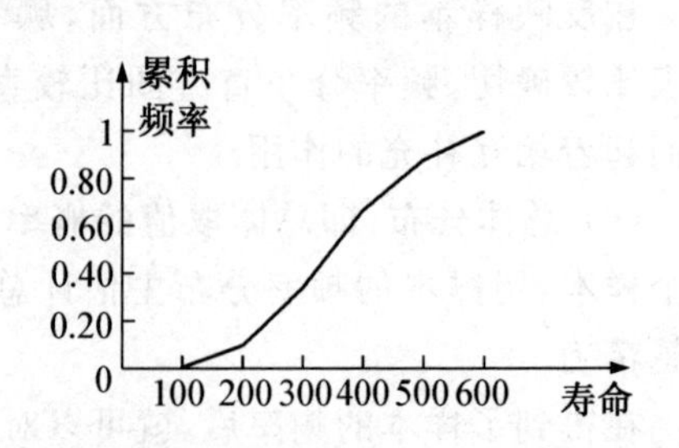

图 2.16 累积频率分布图

(3) 由频率分布直方图可以看出,寿命在 100 ～ 400 小时的电子元件出现的频率为 0.65,所以我们估计电子元件寿命在 100 ～ 400 小时的概率为 0.65.

(4) 由频率分布表可知，寿命在400小时以上的电子元件出现的频率为 $0.20+0.15=0.35$，故我们估计电子元件寿命在400小时以上的概率为0.35.

(5) 样本的期望值为

$$\bar{x}\approx\frac{100+200}{2}\times0.10+\frac{200+300}{2}\times0.15+\frac{300+400}{2}\times0.40+\frac{400+500}{2}\times0.20+\frac{500+600}{2}\times0.15$$

$$=15+37.5+140+90+82.5=365(\text{小时}).$$

所以，我们估计生产的电子元件寿命的期望值(总体均值)为365小时.

2.4.4 总体密度曲线

在实践中，往往是从总体中抽取一个样本，用样本的频率分布去估计总体分布.一般地，样本容量越大，所分组数越多，各组的频率就越接近于总体在相应各组取值的概率.设想样本容量无限增大，分组的组距无限缩小，那么频率分布直方图就会无限接近于一条光滑曲线，这条曲线叫作**总体密度曲线**(图2.17).

总体密度曲线反映了总体在各个范围内取值的概率.根据这条曲线，可求出总体在区间 (a,b) 内取值的概率等于总体密度曲线、直线 $x=a$、$x=b$ 及 x 轴所围图形的面积.

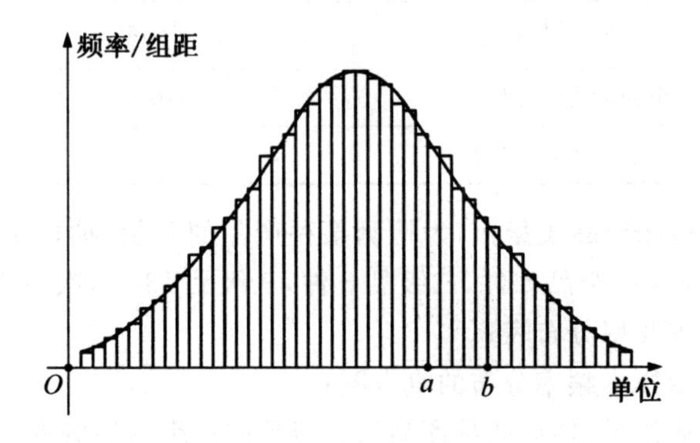

图2.17 总体密度曲线

2.4.5 频率分布直方图

引例2.8(抛掷硬币试验) 历史上有人通过做抛掷硬币的大量重复试验，得到了如表2.8所示的试验结果.

表 2.8 频率分布表

试验结果	频数	频率
正面向上(0)	36124	0.5011
反面向上(1)	35964	0.4989

抛掷硬币试验的结果的全体构成一个总体，则表 2.8 就是从总体中抽取容量为 72088 的相当大样本的频率分布表. 尽管这里的样本容量很大，但由于不同取值仅有 2 个(用 0 和 1 表示)，所以其频率分布可以用表2.8 和直方图(图 2.18)表示(其中直方图是用高来表示取各值的频率).

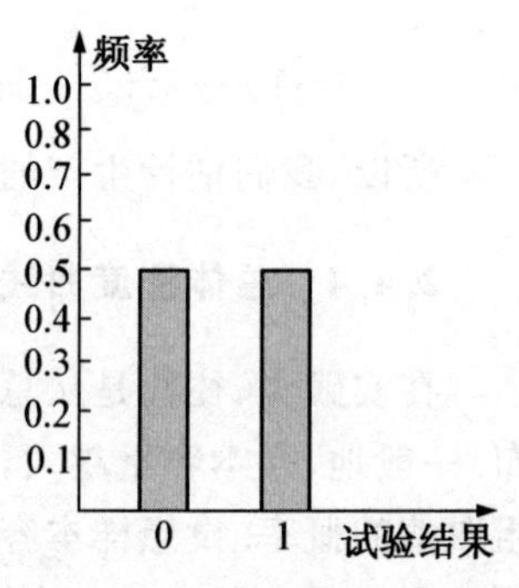

图 2.18 频率分布直方图

频率分布表在数量表示上比较确切，而频率分布直方图比较直观，两者相互补充，使我们对数据的频率分布情况了解得更加清楚.

频率分布直方图各长条的宽度要相同；相邻长条之间的间隔要适当.

当试验次数无限增大时，两种试验结果的频率值就成为相应的概率，得到表 2.9，除了抽样造成的误差，精确地反映了总体取值的概率分布规律.

表 2.9 总体概率分布表

试验结果	概率
正面向上(记为 0)	0.5
反面向上(记为 1)	0.5

案例 2.10(检测产品质量) 为检测某种产品的质量，抽取了一个容量为 30 的样本，检测结果为一级品 5 件，二级品 8 件，三级品 13 件，次品 4 件.

(1) 列出样本频率分布表；

(2) 画出表示样本频率分布的直方图；

(3) 根据上述结果，估计此种商品为二级品或三级品的概率.

解 (1) 根据题意列出表 2.10.

表 2.10 样本的频率分布表

产品	频数	频率
一级品	5	0.17
二级品	8	0.27

续表

产品	频数	频率
三级品	13	0.43
次品	4	0.13

(2) 由样本频率分布表可画出直方图 2.19.

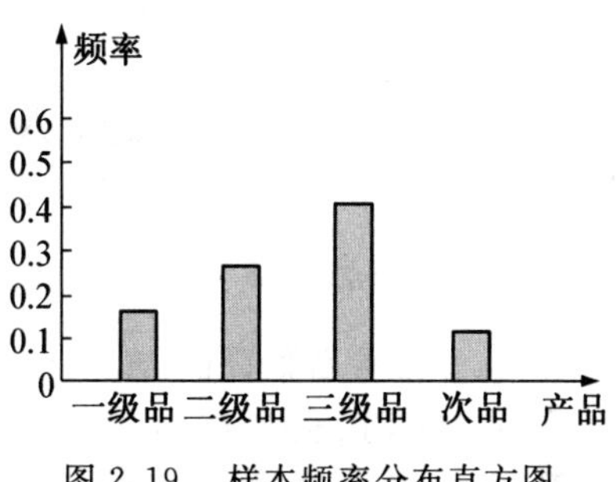

图 2.19　样本频率分布直方图

(3) 样本的频率分布情况较准确地反映了总体取值的概率分布规律.

设 A_i 表示"此种产品为 i 级品"($i=1,2,3$),则此种商品为二级品或三级品的概率为 $P(A_2\cup A_3)=P(A_2)+P(A_3)\approx 0.27+0.43=0.7$.

习　题　2.4

1. 某百货公司连续 50 天的商品销售额如下(单位：万元)

30　42　40　48　43　44　33　44　38　36
42　36　37　45　37　49　39　42　32　38
26　44　37　43　30　34　46　32　28　35
42　46　36　45　37　37　36　45　46　43
41　40　25　29　35　47　38　34　43　35

根据上面的数据整理成组距为 5 的频数、频率分布表.

2. 为研究某厂工人生产某种产品的能力,随机调查了 20 位工人某天生产该种产品的数量,数据如下：

160　196　164　148　170
175　178　166　181　162
161　168　166　162　172
156　170　157　162　154

对这 20 个数据进行整理,分 5 组,确定合适的组距,列表写出频数、频率分布表,画出频率分布直方图和累积频率分布图.

3. 测得 20 个毛坯的质量(单位:克),如表 2.11 所示.

表 2.11　毛坯质量与频数

毛坯的质量	185	187	192	195	200	202	205	206
频数	1	1	1	1	1	2	1	1

续表

毛坯的质量	207	208	210	214	215	216	218	227
频数	2	1	1	1	2	1	2	1

将其按区间[183.5,192.5),…,[219.5,228.5)分为5组,列出分组频率统计表,并画出频率分布直方图.

2.5 MATLAB软件在统计中的应用

2.5.1 正态分布的参数估计

正态分布参数估计的MATLAB命令如下:

[MUHAT,SIGMAHAT,MUCI,SIGMACI] = normfit(X,ALPHA)

其中,主函数为normfit;输入参数X表示样本向量;输入参数ALPHA表示显著性水平.输出参数MUHAT为X的平均值,是对正态总体均值的估计;输出参数SIGMAHAT为X的方差,是对正态总体方差的点估计;输出参数MUCI为对正态总体均值的区间估计的上下限;输出参数SIGMACI为对正态总体方差的区间估计的上下限.

【例2.8】 假设某种易挥发物质的8个样品,其挥发时间(小时)分别为5.7,5.8,6.5,7.0,6.3,5.6,6.1,5.0.设挥发时间总体服从正态分布$N(\mu,\sigma^2)$.求μ,σ^2的置信度为0.95的置信区间.

解 直接在MATLAB命令窗口输入如下命令可得计算结果:

```
>> X=[5.7,5.8,6.5,7.0,6.3,5.6,6.1,5.0];
>> [MUHAT,SIGMAHAT,MUCI,SIGMACI] = normfit(X,0.05)
MUHAT =
    6
SIGMAHAT =
    0.6141
MUCI =
    5.4866
    6.5134
SIGMACI =
    0.4060
    1.2499
```

所以μ,σ^2的置信度为0.95的置信区间分别是[5.4866, 6.5134]和[0.4060, 1.2499].

2.5.2　单个总体 $N(\mu,\sigma^2)$ 均值的假设检验

1. *在方差已知的情况下*，MATLAB *语句为*

[H,P,CI] = ztest(X,M,SIGMA,ALPHA,0)

其中，X 为样本向量，M 为假设值，SIGMA 为总体的标准差，ALPHA 为显著性水平，默认为 0.05. H=0 表示在显著性水平 ALPHA 下可以接受假设，H=1 表示在显著性水平 ALPHA 下拒绝假设. P 为观察值的概率，当其值非常小时对假设质疑. CI 给出均值的置信区间.

【例 2.9】 假设某台包装机包装货物每袋重量是一个随机变量，服从正态分布 $N(\mu,\sigma^2)$，机器正常时均值为 6.3 千克，标准差为 0.15. 某日抽检 8 袋净重如下：

5.7，5.8，6.5，7.0，6.3，5.6，6.1，5.0

问机器是否正常？

解　总体均值为 6.3，标准差为 0.15，所以总体的均值与方差已知.

直接在 MATLAB 命令窗口输入如下命令可得计算结果：

```
>> X=[5.7, 5.8, 6.5, 7.0, 6.3, 5.6, 6.1, 5.0];
>> [H,P] = ztest(X,6.3,0.15,0.05,0)
H =
    1
P =
    1.5417e-008
```

结果为拒绝原假设，认为包装机工作不正常.

2. *在方差未知的情况下*，MATLAB *语句为*

[H,P,CI] = ttest(X,M,ALPHA,0)

其中，X 为样本向量，M 为假设值，ALPHA 为显著性水平，默认为 0.05. H=0 表示在显著性水平 ALPHA 下可以接受假设，H=1 表示在显著性水平 ALPHA 下拒绝假设. P 为观察值的概率，当其值非常小时对假设质疑. CI 给出均值的置信区间.

【例 2.10】 假设某台包装机包装货物每袋重量是一个随机变量，服从正态分布 $N(\mu,\sigma^2)$，机器正常时均值为 6.3 千克. 某日抽检 8 袋净重如下：

5.7，5.8，6.5，7.0，6.3，5.6，6.1，5.0

问机器是否正常？

解　总体均值为 6.3，所以总体的均值已知而方差未知.

直接在 MATLAB 命令窗口输入如下命令可得计算结果：

```
>> X=[5.7, 5.8, 6.5, 7.0, 6.3, 5.6, 6.1, 5.0];
>> [H,P] = ttest(X,6.3,0.05,0)
```

```
H =
    0
P =
    0.2096
```

结果为接受原假设,认为包装机工作正常.

2.5.3　线性回归分析

在 MATLAB 中,统计回归问题主要由函数 polyfit 实现:

a=polyfit(X,Y,1)

其中,输入参数 X,Y 存储的是节点处的数据,后面的参数 1 表示用线性关系去拟合这组数据. 返回值 a 是线性关系方程的系数.

【例 2.11】 热敏电阻数据的实测值如表 2.12 所示.

表 2.12　热敏电阻数据的实测值

温度 t	20.5	32.7	51.0	73.0	95.7
电阻 R	765	826	873	942	1032

试用线性回归方法找出电阻和温度之间的线性关系.

解　在 MATLAB 命令窗口中输入如下命令:

```
>> t=[20.5  32.7  51.0  73.0  95.7];
>> r=[765  826  873  942  1032];
>> a=polyfit(t,r,1)
a =
    3.3987  702.0968
```

得回归直线方程 $y=3.3987x+702.0968$,输出图形如图 2.20 所示.

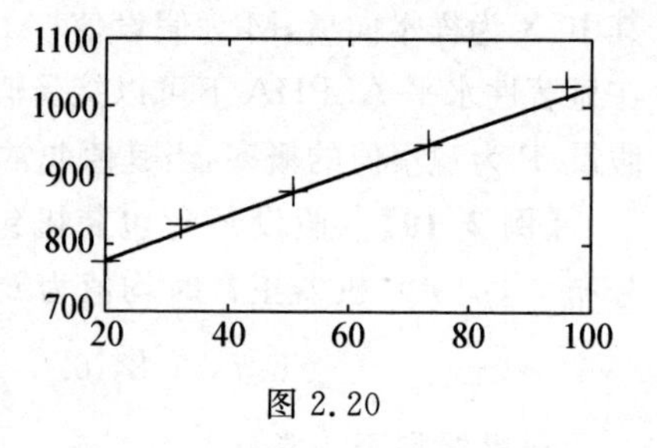

图 2.20

线性回归还可用如下语句实现:

b=regress(y,x)

[b,bint]=regress(y,x,alpha)

其中,x,y 是拟合数据,b 为回归系数估计值,alpha 为指定的显著性水平,bint 为回归系数的估计值的置信区间.

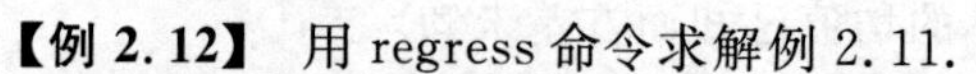

【例 2.12】 用 regress 命令求解例 2.11.

解　在 MATLAB 命令窗口中输入如下命令:

```
>> t=[20.5  32.7  51.0  73.0  95.7];
```

```
>> r=[765  826  873  942  1032];
>> t1=[ones(5,1),t];
>> [b,bint]=regress(r,t1)
b =
   702.0968
     3.3987
bint =
     669.9424  734.2512
       2.8712    3.9262
```

得回归直线方程 $y=3.3987x+702.0968$.

2.5.4 统计直方图

1. 给出数组 data 的频数表的命令为

[N,X]=hist(data,k)

此命令将区间[min(data),max(data)]分为 k 个小区间(缺省值为10),返回数组 data 落在每一个小区间的频数 N 和每一个小区间的中点 X.

2. 描绘数组 data 的频数直方图的命令为

hist(data,k)

【例 2.13】 从一批滚珠中抽检 9 个测量其直径,数据如下:

14.6　14.7　15.1　14.9　14.8　15.0　15.1　15.2　14.8

试画出滚珠直径分布的直方图.

解 在 MATLAB 命令窗口中输入如下命令:

```
%  输入数据
x=[14.6  14.7  15.1  14.9  14.8  15.0  15.1  15.2  14.8];
mname=char('滚珠直径');
mcolor=char('red');
mnum=9;
munit=char('mm');
%  计算画图
[N1,K] = hist(x,mnum)
hist(x, mnum);
h1=findobj(gca,'type','patch');
set(h1,'facecolor',mcolor);
xlabel(munit);
ylabel('center');
```

title(['The Histogram of ',mname]);

运行结果：

频数分布表数据：

N1 =

1 1 2 0 1 1 0 2 1

K =

14.6333 14.7000 14.7667 14.8333 14.9000 14.9667 15.0333 15.1000 15.1667

频数分布直方图如图 2.21 所示.

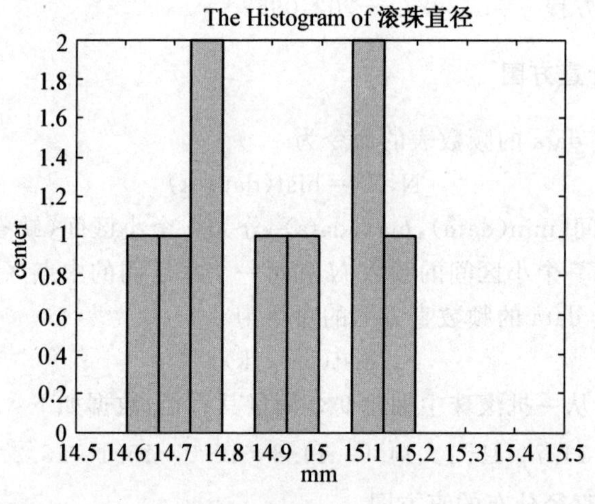

图 2.21

附　录

一、泊松分布数值表

$$P\{x=k\}=\frac{\lambda^k}{k!}e^{-\lambda}$$

k \ λ	0.1	0.2	0.3	0.4	0.5	0.6	0.7	0.8	0.9	1.0	1.5	2.0	2.5	3.0
0	0.9048	0.8187	0.7408	0.6703	0.6065	0.5488	0.4966	0.4493	0.4066	0.3679	0.2231	0.1353	0.0821	0.0498
1	0.0905	0.1637	0.2223	0.2681	0.3033	0.3293	0.3476	0.3595	0.3659	0.3679	0.3347	0.2707	0.2052	0.1494
2	0.0045	0.0164	0.0333	0.0536	0.0758	0.0988	0.1216	0.1438	0.1647	0.1839	0.2510	0.2707	0.2565	0.2240
3	0.0002	0.0011	0.0033	0.0072	0.0126	0.0198	0.0284	0.0383	0.0494	0.0613	0.1255	0.1805	0.2138	0.2240
4		0.0001	0.0003	0.0007	0.0016	0.0030	0.0050	0.0077	0.0111	0.0153	0.0471	0.0902	0.1336	0.1681
5				0.0001	0.0002	0.0003	0.0007	0.0012	0.0020	0.0031	0.0141	0.0361	0.0668	0.1008
6							0.0001	0.0002	0.0003	0.0005	0.0035	0.0120	0.0278	0.0504
7										0.0001	0.0008	0.0034	0.0099	0.0216
8											0.0002	0.0009	0.0031	0.0081
9												0.0002	0.0009	0.0027
10													0.0002	0.0008
11													0.0001	0.0002
12														0.0001

续表

k \ λ	3.5	4.0	4.5	5	6	7	8	9	10	11	12	13	14	15
0	0.0302	0.0183	0.0111	0.0067	0.0025	0.0009	0.0003	0.0001						
1	0.1057	0.0733	0.0500	0.0337	0.0149	0.0064	0.0027	0.0011	0.0004	0.0002	0.0001			
2	0.1850	0.1465	0.1125	0.0842	0.0446	0.0223	0.0107	0.0050	0.0023	0.0010	0.0004	0.0002	0.0001	
3	0.2158	0.1954	0.1687	0.1404	0.0892	0.0521	0.0286	0.0150	0.0076	0.0037	0.0018	0.0008	0.0004	0.0002
4	0.1888	0.1954	0.1898	0.1755	0.1339	0.0912	0.0573	0.0337	0.0189	0.0102	0.0053	0.0027	0.0013	0.0006
5	0.1322	0.1563	0.1708	0.1755	0.1606	0.1277	0.0916	0.0607	0.0378	0.0224	0.0127	0.0071	0.0037	0.0019
6	0.0771	0.1042	0.1281	0.1462	0.1606	0.1490	0.1221	0.0911	0.0631	0.0411	0.0255	0.0151	0.0087	0.0048
7	0.0385	0.0595	0.0824	0.1044	0.1377	0.1490	0.1396	0.1171	0.0901	0.0646	0.0437	0.0281	0.0174	0.0104
8	0.0169	0.0298	0.0463	0.0653	0.1033	0.1304	0.1396	0.1318	0.1126	0.0888	0.0655	0.0457	0.0304	0.0195
9	0.0065	0.0132	0.0232	0.0363	0.0688	0.1014	0.1241	0.1318	0.1251	0.1085	0.0874	0.0660	0.0473	0.0324
10	0.0023	0.0053	0.0104	0.0181	0.0413	0.0710	0.0993	0.1186	0.1251	0.1194	0.1048	0.0859	0.0663	0.0486
11	0.0007	0.0019	0.0043	0.0082	0.0225	0.0452	0.0722	0.0970	0.1137	0.1194	0.1144	0.1015	0.0843	0.0663
12	0.0002	0.0006	0.0015	0.0034	0.0113	0.0264	0.0481	0.0728	0.0948	0.1094	0.1144	0.1099	0.0984	0.0828
13	0.0001	0.0002	0.0006	0.0013	0.0052	0.0142	0.0296	0.0504	0.0729	0.0926	0.1056	0.1099	0.1061	0.0956
14		0.0001	0.0002	0.0005	0.0023	0.0071	0.0169	0.0324	0.0521	0.0728	0.0905	0.1021	0.1061	0.1025
15			0.0001	0.0002	0.0009	0.0033	0.0090	0.0194	0.0347	0.0533	0.0724	0.0885	0.0989	0.1025
16				0.0001	0.0003	0.0015	0.0045	0.0109	0.0217	0.0367	0.0543	0.0719	0.0865	0.0960

续表

k \ λ	3.5	4.0	4.5	5	6	7	8	9	10	11	12	13	14	15
17					0.0001	0.0006	0.0021	0.0058	0.0128	0.0237	0.0383	0.0551	0.0713	0.0847
18						0.0002	0.0010	0.0029	0.0071	0.0145	0.0255	0.0397	0.0554	0.0706
19						0.0001	0.0004	0.0014	0.0037	0.0084	0.0161	0.0272	0.0408	0.0557
20							0.0002	0.0006	0.0019	0.0046	0.0097	0.0177	0.0286	0.0418
21							0.0001	0.0003	0.0009	0.0024	0.0055	0.0109	0.0191	0.0299
22								0.0001	0.0004	0.0013	0.0030	0.0065	0.0122	0.0204
23									0.0002	0.0006	0.0016	0.0036	0.0074	0.0133
24									0.0001	0.0003	0.0008	0.0020	0.0043	0.0083
25										0.0001	0.0004	0.0011	0.0024	0.0050
26											0.0002	0.0005	0.0013	0.0029
27											0.0001	0.0002	0.0007	0.0017
28												0.0001	0.0003	0.0009
29													0.0002	0.0004
30													0.0001	0.0002
31														0.0001

λ=20						λ=30					
k	p	k	p	k	p	k	p	k	p	k	p
5	0.0001	20	0.0889	35	0.0007	10		25	0.0511	40	0.0139
6	0.0002	21	0.0846	36	0.0004	11		26	0.0590	41	0.0102
7	0.0006	22	0.0769	37	0.0002	12	0.0001	27	0.0655	42	0.0073
8	0.0013	23	0.0669	38	0.0001	13	0.0002	28	0.0702	43	0.0051
9	0.0029	24	0.0557	39	0.0001	14	0.0005	29	0.0727	44	0.0035
10	0.0058	25	0.0446			15	0.0010	30	0.0727	45	0.0023
11	0.0106	26	0.0343			16	0.0019	31	0.0703	46	0.0015
12	0.0176	27	0.0254			17	0.0034	32	0.0659	47	0.0010
13	0.0271	28	0.0183			18	0.0057	33	0.0599	48	0.0006
14	0.0382	29	0.0125			19	0.0089	34	0.0529	49	0.0004
15	0.0517	30	0.0083			20	0.0134	35	0.0453	50	0.0002
16	0.0646	31	0.0054			21	0.0192	36	0.0378	51	0.0001
17	0.0760	32	0.0034			22	0.0261	37	0.0306	52	0.0001
18	0.0844	33	0.0021			23	0.0341	38	0.0242		
19	0.0889	34	0.0012			24	0.0426	39	0.0186		

λ=40						λ=50					
k	p	k	p	k	p	k	p	k	p	k	p
15		35	0.0485	55	0.0043	25		45	0.0458	65	0.0063
16		36	0.0539	56	0.0031	26	0.0001	46	0.0498	66	0.0048
17		37	0.0583	57	0.0022	27	0.0001	47	0.0530	67	0.0036
18	0.0001	38	0.0614	58	0.0015	28	0.0002	48	0.0552	68	0.0026
19	0.0001	39	0.0629	59	0.0010	29	0.0004	49	0.0564	69	0.0019
20	0.0002	40	0.0629	60	0.0007	30	0.0007	50	0.0564	70	0.0014
21	0.0004	41	0.0614	61	0.0005	31	0.0011	51	0.0552	71	0.0010
22	0.0007	42	0.0585	62	0.0003	32	0.0017	52	0.0531	72	0.0007
23	0.0012	43	0.0544	63	0.0002	33	0.0026	53	0.0501	73	0.0005
24	0.0019	44	0.0495	64	0.0001	34	0.0038	54	0.0646	74	0.0003
25	0.0031	45	0.0440	65	0.0001	35	0.0054	55	0.0422	75	0.0002
26	0.0047	46	0.0382			36	0.0075	56	0.0377	76	0.0001
27	0.0070	47	0.0325			37	0.0102	57	0.0330	77	0.0001
28	0.0100	48	0.0271			38	0.0134	58	0.0285	78	0.0001
29	0.0139	49	0.0221			39	0.0172	59	0.0241		
30	0.0185	50	0.0177			40	0.0215	60	0.0201		
31	0.0238	51	0.0139			41	0.0262	61	0.0165		
32	0.0298	52	0.0107			42	0.0312	62	0.0133		
33	0.0361	53	0.0081			43	0.0363	63	0.0106		
34	0.0425	54	0.0060			44	0.0412	64	0.0082		

二、标准正态分布函数数值表

$$\Phi(x)=\frac{1}{\sqrt{2\pi}}\int_{-\infty}^{x}\mathrm{e}^{-\frac{u^2}{2}}\mathrm{d}u\,(x\geqslant 0)$$

x	0.00	0.01	0.02	0.03	0.04	0.05	0.06	0.07	0.08	0.09
0.0	0.5000	0.5040	0.5080	0.5120	0.5160	0.5199	0.5239	0.5279	0.5379	0.5359
0.1	0.5398	0.5438	0.5478	0.5517	0.5557	0.5596	0.5636	0.5675	0.5714	0.5753
0.2	0.5793	0.5832	0.5871	0.5910	0.5948	0.5987	0.6026	0.6064	0.6103	0.6141
0.3	0.6179	0.6217	0.6255	0.6293	0.6331	0.6368	0.6406	0.6443	0.6480	0.6517
0.4	0.6554	0.6591	0.6628	0.6664	0.6700	0.6736	0.6772	0.6808	0.6844	0.6879
0.5	0.6915	0.6950	0.6985	0.7019	0.7054	0.7088	0.7123	0.7157	0.7190	0.7224
0.6	0.7257	0.7291	0.7324	0.7357	0.7389	0.7422	0.7454	0.7486	0.7517	0.7549
0.7	0.7580	0.7611	0.7642	0.7673	0.7703	0.7734	0.7764	0.7794	0.7823	0.7852
0.8	0.7881	0.7910	0.7939	0.7967	0.7995	0.8023	0.8051	0.8078	0.8106	0.8133
0.9	0.8159	0.8186	0.8212	0.8238	0.8264	0.8289	0.8315	0.8340	0.8365	0.8389
1.0	0.8413	0.8438	0.8461	0.8485	0.8508	0.8531	0.8554	0.8577	0.8599	0.8621
1.1	0.8643	0.8665	0.8686	0.8708	0.8729	0.8749	0.8770	0.8790	0.8810	0.8830
1.2	0.8849	0.8869	0.8888	0.8907	0.8925	0.8944	0.8962	0.8980	0.8997	0.9015
1.3	0.9032	0.9049	0.9066	0.9082	0.9099	0.9115	0.9131	0.9147	0.9162	0.9177
1.4	0.9192	0.9207	0.9222	0.9236	0.9251	0.9265	0.9278	0.9292	0.9306	0.9319

续表

x	0.00	0.01	0.02	0.03	0.04	0.05	0.06	0.07	0.08	0.09
1.5	0.9332	0.9345	0.9357	0.9370	0.9382	0.9394	0.9406	0.9418	0.9430	0.9441
1.6	0.9452	0.9463	0.9474	0.9484	0.9495	0.9505	0.9515	0.9525	0.9535	0.9545
1.7	0.9554	0.9564	0.9573	0.9582	0.9591	0.9599	0.9608	0.9616	0.9625	0.9633
1.8	0.9641	0.9648	0.9656	0.9664	0.9671	0.9678	0.9686	0.9693	0.9700	0.9706
1.9	0.9713	0.9719	0.9726	0.9732	0.9738	0.9744	0.9750	0.9756	0.9762	0.9767
2.0	0.9772	0.9778	0.9783	0.9788	0.9793	0.9798	0.9803	0.9808	0.9812	0.9817
2.1	0.9821	0.9826	0.9830	0.9834	0.9838	0.9842	0.9846	0.9850	0.9854	0.9857
2.2	0.9861	0.9864	0.9868	0.9871	0.9874	0.9878	0.9881	0.9884	0.9887	0.9890
2.3	0.9893	0.9896	0.9898	0.9901	0.9904	0.9906	0.9909	0.9911	0.9913	0.9916
2.4	0.9918	0.9920	0.9922	0.9925	0.9927	0.9929	0.9931	0.9932	0.9934	0.9936
2.5	0.9938	0.9940	0.9941	0.9943	0.9945	0.9946	0.9948	0.9949	0.9951	0.9952
2.6	0.9953	0.9955	0.9956	0.9957	0.9959	0.9960	0.9961	0.9962	0.9963	0.9964
2.7	0.9965	0.9966	0.9967	0.9968	0.9969	0.9970	0.9971	0.9972	0.9973	0.9974
2.8	0.9974	0.9975	0.9976	0.9977	0.9977	0.9978	0.9979	0.9979	0.9980	0.9981
2.9	0.9981	0.9982	0.9982	0.9983	0.9984	0.9984	0.9985	0.9985	0.9986	0.9986
	0.9987	0.9990	0.9993	0.9995	0.9997	0.9998	0.9998	0.9999	0.9999	1.0000

注：本表最后一行自左至右依次是 $\Phi(3.0)$、…、$\Phi(3.9)$ 的值

三、χ^2分布临界值表

$$P\{\chi^2(n) > \chi^2_\alpha(n)\} = \alpha$$

n \ α	0.995	0.99	0.975	0.95	0.90	0.75	0.25	0.10	0.05	0.025	0.01	0.005
1	—	—	0.001	0.004	0.016	0.102	1.323	2.706	3.841	5.024	6.635	7.879
2	0.010	0.020	0.051	0.103	0.211	0.575	2.773	4.605	5.991	7.378	9.210	10.597
3	0.072	0.115	0.216	0.352	0.584	1.213	4.108	6.251	7.815	9.348	11.345	12.838
4	0.207	0.297	0.484	0.711	1.064	1.923	5.385	7.779	9.488	11.143	13.277	14.860
5	0.412	0.554	0.831	1.145	1.610	2.675	6.626	9.236	11.071	12.833	15.086	16.750
6	0.676	0.872	1.237	1.635	2.204	3.455	7.841	10.645	12.592	14.449	16.812	18.548
7	0.989	1.239	1.690	2.167	2.833	4.255	9.037	12.017	14.067	16.013	18.475	20.278
8	1.344	1.646	2.180	2.733	3.490	5.071	10.219	13.362	15.507	17.535	20.090	21.955
9	1.735	2.088	2.700	3.325	4.168	5.899	11.389	14.684	16.919	19.023	21.666	23.589
10	2.156	2.558	3.247	3.940	4.865	6.737	12.549	15.987	18.307	20.483	23.209	25.188
11	2.603	3.053	3.816	4.575	5.578	7.584	13.701	17275	19.675	21.920	24.725	26.757
12	3.074	3.571	4.404	5.226	6.304	8.438	14.845	18.549	21.026	23.337	26.217	28.299
13	3.565	4.107	5.009	5.892	7.042	9.299	15.984	19.812	22.362	24.736	27.688	29.819
14	4.075	4.660	5.629	6.571	7.790	10.165	17.117	21.064	23.685	16.119	29.141	31.319
15	4.601	5.229	6.262	7.261	8.547	11.037	18.245	22.307	24.966	27.488	30.578	32.801
16	5.142	5.812	6.908	7.962	9.312	11.912	19.369	23.542	26.296	28.845	32.000	34.267
17	5.697	6.408	7.564	8.672	10.085	12.792	20.489	24.769	27.587	30.191	33.409	35.718
18	6.265	7.015	8.231	9.390	10.865	13.675	21.605	25.989	28.869	31.526	34.805	37.156
19	6.844	7.633	8.907	10.117	11.651	14.562	22.718	27.204	30.144	32.852	36.191	38.582
20	7.434	8.260	9.591	10.851	12.443	15.452	23.828	28.412	31.410	34.170	37.566	39.997

续表

α / n	0.995	0.99	0.975	0.95	0.90	0.75	0.25	0.10	0.05	0.025	0.01	0.005
21	8.034	8.897	10.283	11.591	13.240	16.344	24.935	29.615	32.671	35.479	38.932	41.401
22	8.643	9.542	10.982	12.338	14.042	17.240	26.039	30.813	33.924	36.781	40.289	42.796
23	9.260	10.196	11.689	13.091	14.848	18.137	27.141	32.007	35.172	38.076	41.638	44.181
24	9.886	10.856	12.401	13.848	15.659	19.037	28.241	33.196	36.415	39.364	42.980	45.559
25	10.520	11.524	13.120	14.611	16.473	19.939	29.339	34.382	37.652	40.646	44.314	46.928
26	11.160	12.198	13.844	15.379	17.292	20.843	30.435	35.563	38.885	41.923	45.642	48.290
27	11.808	12.879	14.573	16.151	18.114	21.749	31.528	36.741	40.113	43.194	46.963	49.645
28	12.461	13.565	15.308	16.928	18.939	22.657	32.620	37.916	41.337	44.461	48.278	50.993
29	13.121	14.257	16.047	17.708	19.768	23.567	33.711	39.087	42.557	45.722	49.588	52.336
30	13.787	14.954	16.791	18.493	20.599	24.478	34.800	40.256	43.773	46.979	50.892	53.672
31	14.458	15.655	17.539	19.281	21.434	25.390	35.887	41.422	44.985	48.232	52.191	55.003
32	15.134	16.362	18.291	20.072	22.271	26.304	36.973	42.585	46.194	49.480	53.486	56.328
33	15.815	17.074	19.047	20.867	23.100	27.219	38.058	43.745	47.400	50.725	54.776	57.648
34	16.501	17.789	19.806	21.664	23.952	28.136	39.141	44.903	48.602	51.966	56.061	58.964
35	17.192	18.509	20.569	22.465	24.797	29.054	40.223	46.059	49.802	53.203	57.342	60.275
36	17.887	19.233	21.336	23.269	25.643	29.973	41.304	47.212	50.998	54.437	58.619	61.581
37	18.586	19.960	22.106	24.075	26.492	30.893	42.383	48.363	52.192	55.668	59.892	62.883
38	19.289	20.691	22.878	24.884	27.343	31.815	43.462	49.513	53.384	56.896	61.162	64.181
38	19.996	21.426	23.654	25.695	28.196	32.737	44.539	50.660	54.572	58.120	62.428	65.476
40	20.707	22.164	24.433	26.509	29.051	33.660	45.616	51.805	55.758	59.342	63.691	66.766
41	21.421	22.906	25.215	27.326	29.907	34.585	46.692	52.949	56.942	60.561	64.950	68.053
42	22.138	23.650	25.999	28.144	30.765	35.510	47.766	54.090	58.124	61.777	66.206	69.336
43	22.859	24.398	26.785	28.965	31.625	36.436	48.840	55.230	59.304	62.990	67.459	70.616
44	23.584	25.148	27.575	29.987	32.487	37.363	49.913	56.369	60.481	64.201	68.710	71.893
45	24.311	25.901	28.366	30.612	33.350	38.291	50.985	57.505	61.656	65.410	69.957	73.166

四、t-分布临界值表

$$P\{t(n) > t_\alpha(n)\} = \alpha$$

n \ α	0.25	0.10	0.05	0.025	0.01	0.005
1	1.0000	3.0777	6.3138	12.7062	31.8207	63.6574
2	0.8165	1.8856	2.9200	4.3207	6.9646	9.9248
3	0.7649	1.6377	2.3534	3.1824	4.5407	5.8409
4	0.7407	1.5332	2.1318	2.7764	3.7469	4.6041
5	0.7267	1.4759	2.0150	2.5706	3.3649	4.0322
6	0.7176	1.4398	1.9432	2.4469	3.1427	3.7074
7	0.7111	1.4149	1.8946	2.3646	2.9980	3.4995
8	0.7064	1.3968	1.8595	2.3060	2.8965	3.3554
9	0.7027	1.3830	1.8331	2.2622	2.8214	3.2498
10	0.6998	1.3722	1.8125	2.2281	2.7638	3.1693
11	0.6974	1.3634	1.7959	2.2010	2.7181	3.1058
12	0.6955	1.3562	1.7823	2.1788	2.6810	3.0545
13	0.6938	1.3502	1.7709	2.1604	2.6503	3.0123
14	0.6924	1.3450	1.7613	2.1448	2.6245	2.9768
15	0.6912	1.3406	1.7531	2.1315	2.6025	2.9467
16	0.6901	1.3368	1.7459	2.1199	2.5835	2.9028
17	0.6892	1.3334	1.7396	2.1098	2.5669	2.8982
18	0.6884	1.3304	1.7341	2.1009	2.5524	2.8784
19	0.6876	1.3277	1.7291	2.0930	2.5395	2.8609
20	0.6870	1.3253	1.7247	2.0860	2.5280	2.8453

续表

α / n	0.25	0.10	0.05	0.025	0.01	0.005
21	0.6864	1.3232	1.7207	2.0796	2.5177	2.8314
22	0.6858	1.3212	1.7171	2.0739	2.5083	2.8188
23	0.6853	1.3195	1.7139	2.0687	2.4999	2.8073
24	0.6848	1.3178	1.7109	2.0639	2.4922	2.7969
25	0.6844	1.3163	1.7081	2.0595	2.4851	2.7874
26	0.6840	1.3150	1.7056	2.0555	2.4786	2.7787
27	0.6837	1.3137	1.7033	2.0518	2.4727	2.7707
28	0.6834	1.3125	1.7011	2.0484	2.4671	2.7633
29	0.6830	1.3114	1.6991	2.0452	2.4620	2.7564
30	0.6828	1.3104	1.6973	2.0423	2.4573	2.7500

习题参考答案

第一部分　线性代数

第1章　行列式

习题 1.1

1. (1) 0;(2) 1;(3) -1;(4) 28;(5) 0;(6) 2

习题 1.2

1. (1) -3;(2) 0;(3) -102;(4) 0

2. (1) 提示：第 1 列减去第 3 列，第 2 列减去第 3 列

(2) 提示：第 1 列减去第 2 列，再减去第 3 列乘以 2，最后减去第 4 列

(3) 提示：根据行列式的性质 1.5

习题 1.3

1. (1) $x_1 = 3, x_2 = 1, x_3 = 1$;(2) $x_1 = 1, x_2 = 2, x_3 = 3$

2. $\lambda = 2$ 或 5 或 8

3. (1) $k = 4$ 或 -1;(2) $k = 1$

第2章　矩　　阵

习题 2.1

1. $\begin{pmatrix} 8 & 7 & 3 \\ -7 & 8 & 8 \end{pmatrix}$

2. $\boldsymbol{X} = \begin{pmatrix} -1 & -\frac{4}{3} & \frac{8}{3} \\ 1 & \frac{4}{3} & -1 \end{pmatrix}$

3. $\boldsymbol{X} = \begin{pmatrix} 2 & 2 & 2 \\ -1 & -1 & -2 \end{pmatrix}$

4. (1) $\begin{pmatrix} -2 & 4 \\ 1 & -2 \\ -3 & 6 \end{pmatrix}$;(2) $(-12 \quad -14 \quad 0)$;(3) $\begin{pmatrix} 35 \\ 6 \\ 49 \end{pmatrix}$;

(4) $a_{11}x_1^2 + a_{22}x_2^2 + a_{33}x_3^2 + a_{12}x_1x_2 + a_{13}x_1x_3 + a_{21}x_2x_1 + a_{23}x_2x_3 + a_{31}x_3x_1 + a_{32}x_3x_2$

5. (1) $\begin{pmatrix} 1 & 0 & -1 \\ -1 & -7 & 3 \\ -4 & -3 & -2 \end{pmatrix}$;(2) $\begin{pmatrix} 4 & 4 & -2 \\ 5 & -3 & -3 \\ -1 & -1 & -1 \end{pmatrix}$;

(3) $\begin{pmatrix} 0 & -4 & 0 \\ 2 & -14 & 2 \\ -5 & -11 & -5 \end{pmatrix}$；(4) $\begin{pmatrix} -4 & -8 & 2 \\ -3 & -11 & 5 \\ -4 & -10 & -4 \end{pmatrix}$

6. $f(\boldsymbol{A}) = \begin{pmatrix} 3 & -2 & 2 \\ -1 & 3 & -3 \\ -3 & 4 & -2 \end{pmatrix}$

7. $\boldsymbol{AB} - \boldsymbol{BA} = \begin{pmatrix} 0 & -2 & -2 \\ 2 & 0 & 4 \\ 4 & -4 & 0 \end{pmatrix}$； $\boldsymbol{B}^{\mathrm{T}}\boldsymbol{A} = \begin{pmatrix} 8 & 5 & 8 \\ 1 & 0 & -1 \\ 4 & 3 & 4 \end{pmatrix}$

8. (1) 不相等；(2) 不相等；(3) 不相等；(4) 矩阵的乘法不满足交换律

9. 略

10. $\boldsymbol{A}^k = \begin{pmatrix} 1 & 0 \\ k\lambda & 1 \end{pmatrix}$，证明略

习题 2.2

1. (1) $\frac{1}{5}\begin{pmatrix} 3 & 1 \\ -2 & 1 \end{pmatrix}$；(2) $\begin{pmatrix} \cos\theta & -\sin\theta \\ \sin\theta & \cos\theta \end{pmatrix}$；(3) $\begin{pmatrix} 1 & -2 & 7 \\ 0 & 1 & -2 \\ 0 & 0 & 1 \end{pmatrix}$；

(4) $\begin{pmatrix} -2 & 1 & 0 \\ -\frac{13}{2} & 3 & -\frac{1}{2} \\ -16 & 7 & -1 \end{pmatrix}$；(5) $\begin{pmatrix} 1 & -2 & 0 & 0 \\ -2 & 5 & 0 & 0 \\ 0 & 0 & 2 & -3 \\ 0 & 0 & -5 & 8 \end{pmatrix}$

2. (1) $\boldsymbol{X} = \begin{pmatrix} 2 & -23 \\ 0 & 8 \end{pmatrix}$；(2) $\boldsymbol{X} = \begin{pmatrix} -2 & 2 & 1 \\ -\frac{8}{3} & 5 & -\frac{2}{3} \end{pmatrix}$

习题 2.3

1. (1) $\begin{pmatrix} 1 & 0 & 0 \\ 0 & 1 & 0 \\ 0 & 0 & 0 \end{pmatrix}$；(2) $\begin{pmatrix} 1 & 0 & 0 & 0 & 0 \\ 0 & 1 & 0 & 0 & 0 \\ 0 & 0 & 1 & 0 & 0 \\ 0 & 0 & 0 & 0 & 0 \end{pmatrix}$

2. (1) $\begin{pmatrix} 1 & 0 & 2 \\ 2 & -1 & 3 \\ 4 & 1 & 8 \end{pmatrix}$；(2) $\begin{pmatrix} 0 & 0 & 0 & 1 \\ 0 & 0 & 1 & -1 \\ 0 & 1 & -1 & 0 \\ 1 & -1 & 0 & 0 \end{pmatrix}$

习题 2.4

1. (1)3；(2)2；(3)2；(4)3

第3章 n维向量

习题3.1

1. (3,8,7)

2. (19,1,0,10,11)

习题3.2

1. (1) $\boldsymbol{\beta}=2\boldsymbol{\alpha}_1-\boldsymbol{\alpha}_2+\boldsymbol{\alpha}_3$;(2) $\boldsymbol{\beta}=\frac{1}{4}(5\boldsymbol{\alpha}_1+\boldsymbol{\alpha}_2-\boldsymbol{\alpha}_3-\boldsymbol{\alpha}_4)$

2. (1) 线性相关;(2) 线性无关;(3) 线性相关

3. 证略

习题3.3

1. (1) 秩为3,其中 $\boldsymbol{\alpha}_1,\boldsymbol{\alpha}_2,\boldsymbol{\alpha}_3$ 是一个极大线性无关组;

   (2) 秩为2,其中 $\boldsymbol{\alpha}_1,\boldsymbol{\alpha}_2$(或 $\boldsymbol{\alpha}_1,\boldsymbol{\alpha}_3$,或 $\boldsymbol{\alpha}_1,\boldsymbol{\alpha}_4$)是一个极大线性无关组

2. (1) 秩为3,其中 $\boldsymbol{\alpha}_1,\boldsymbol{\alpha}_2,\boldsymbol{\alpha}_4$ 是一个极大线性无关组,$\boldsymbol{\alpha}_3=3\boldsymbol{\alpha}_1+\boldsymbol{\alpha}_2$;

   (2) 秩为3,其中 $\boldsymbol{\alpha}_1,\boldsymbol{\alpha}_2,\boldsymbol{\alpha}_3$ 是一个极大线性无关组,$\boldsymbol{\alpha}_4=-3\boldsymbol{\alpha}_1+7\boldsymbol{\alpha}_2-3\boldsymbol{\alpha}_3$

习题3.4

1. 是

2. $\boldsymbol{\gamma}=(-k,-3k,-2k)$

第4章 线性方程组

习题4.1

1. (1)$(x_1,x_2,x_3)^{\mathrm{T}}=(-10,4,2)^{\mathrm{T}}$

习题4.2

1. (1)$\begin{cases}x_1=-2k-1,\\x_2=k+2,\\x_3=k,\end{cases}$ k 为任意常数;

   (2)唯一解 $x_1=9,x_2=6,x_3=-2$;

   (3)唯一解 $x_1=\frac{10}{9},x_2=\frac{5}{9},x_3=\frac{16}{9}$

2. (1)$\begin{cases}x_1=\frac{4}{3}k,\\x_2=-3k,\\x_3=\frac{4}{3}k,\\x_4=k,\end{cases}$ k 为任意常数; (2)$\begin{cases}x_1=-2k_1+k_2,\\x_2=k_1,\\x_3=0,\\x_4=k_2,\end{cases}$ k_1,k_2 为任意常数.

习题4.3

1. (1)$\left(-\frac{7}{2},\frac{1}{2},1\right)^{\mathrm{T}}$;(2)$(-2,0,1,0,0)^{\mathrm{T}},(-1,-1,0,1,0)^{\mathrm{T}}$

2. (1)$x=\begin{pmatrix}0\\1\\0\\0\end{pmatrix}+k_1\begin{pmatrix}-\frac{1}{2}\\1\\0\\0\end{pmatrix}+k_2\begin{pmatrix}\frac{1}{2}\\0\\1\\0\end{pmatrix}$,$k_1,k_2\in\mathbf{R}$;(2)方程组无解

第二部分　多元微积分

第1章　向量代数与空间解析几何

习题 1.1

1. (1)向量;(2)数量;(3)数量;(4)向量;(5)数量;(6)数量

2. $6\boldsymbol{a}+5\boldsymbol{b}$

3. $-\frac{3}{5}\boldsymbol{a}-\frac{24}{5}\boldsymbol{b}$

4. $(1,-2,-2)$;$(-2,4,4)$

5. 略

6. $\left(-\frac{4}{\sqrt{53}},\frac{1}{\sqrt{53}},-\frac{6}{\sqrt{53}}\right)$

7. $d_x=5$;$d_y=\sqrt{13}$;$d_z=\sqrt{20}$

8. $2\sqrt{34}$;$2\sqrt{34}$

9. 线性无关

10. $(-8,-3,16)$

11. $|\overrightarrow{M_1M_2}|=2$;$\cos\alpha=-\frac{1}{2}$,$\cos\beta=-\frac{\sqrt{2}}{2}$,$\cos\gamma=\frac{1}{2}$;$\alpha=\frac{2}{3}\pi$,$\beta=\frac{3}{4}\pi$,$\gamma=\frac{\pi}{3}$

12. $(-2,3,0)$

习题 1.2

1. $-\frac{2}{3}$,-12

2. $-\frac{3}{2}$

3. (1)3,(5,1,7);(2)-18,(10,2,14);(3)$\frac{3}{2\sqrt{21}}$

4. $\left(\frac{3}{\sqrt{17}},-\frac{2}{\sqrt{17}},-\frac{2}{\sqrt{17}}\right)$和$\left(-\frac{3}{\sqrt{17}},\frac{2}{\sqrt{17}},\frac{2}{\sqrt{17}}\right)$

5. 2

6. $\frac{\sqrt{19}}{2}$

7. (1)$2\sqrt{5}$;(2)$\frac{\pi}{2}$

习题 1.3

1. $x+3y+5z+4=0$
2. $9x-z-2=0$
3. $2x+4y-z-21=0$
4. $3x-2y-z-2=0$
5. $6x+2y+9z-6=0$
6. $x+y=0$
7. 2
8. $\frac{\pi}{4}$;$\arccos\frac{3}{5\sqrt{7}}$
9. 2

习题 1.4

1. (1)$\frac{x-1}{3}=\frac{y}{-4}=\frac{z+3}{1}$;(2)$\frac{x-1}{1}=\frac{y}{4}=\frac{x+2}{1}$
2. $\frac{x-0}{-2}=\frac{y-2}{3}=\frac{z-4}{1}$
3. (1)直线与平面平行;(2)直线与平面垂直
4. $\frac{\sqrt{14}}{2}$
5. $\frac{x-2}{1}=\frac{y-2}{0}=\frac{z-2}{2}$
6. (1)$D_1=D_2=0$;(2)$A_1=A_2=D_1=D_2=0$;(3)$\frac{B_1}{B_2}=\frac{D_1}{D_2}$;(4)$C_1=C_2=0$

习题 1.5

1. 是;不是;不是
2. $(x-1)^2+(y-2)^2+(z+3)^2=14$
3. 以$(1,-2,-1)$为球心,以$\sqrt{6}$为半径的球面
4. $x^2+y^2+z^2=4$
5. (1)$y=1$在平面解析几何中表示平行于x轴的一条直线,在空间解析几何中表示平行于xOz平面的平面;(2)$y=2x+2$在平面解析几何中表示斜率为2,y轴截距为2的一条直线,在空间解析几何中表示平行于z轴的平面;(3)$x^2-y^2=1$在平面解析几何中表示x轴为实轴,y轴为虚轴的双曲线,在空间解析几何中表示母线平行于z轴,准线为$\begin{cases}x^2-y^2=1\\z=0\end{cases}$的双曲柱面;(4)$x^2+y^2=1$在平面解析几何中表示圆心在原点,半径为1的圆,在空间解析几何中表示母线平行于z轴,准线为$\begin{cases}x^2+y^2=1\\z=0\end{cases}$的圆柱面.
6. (1)$x^2+2y^2+z^2=4$;(2)$x^2+2x+y^2=2$

习题 1.6

1. 略

2. (1)在平面解析几何中表示两直线的交点,在空间解析几何中表示两平面的交线;(2)在平面解析几何中表示椭圆$\frac{x^2}{4}+\frac{y^2}{9}=1$与切线 $y=3$ 的切点,在空间解析几何中表示椭圆柱面$\frac{x^2}{4}+\frac{y^2}{9}=1$与切平面 $y=3$ 的交线

3. $\begin{cases}2x^2-4x+y^2=12\\ z=0\end{cases}$

4. $x^2-24x+20y^2-116=0$;$\begin{cases}x^2-24x+20y^2-116=0,\\ z=0\end{cases}$

第 2 章　多元函数微分学

习题 2.1

1. $t^2 f(x,y)$

2. (1)$\{(x,y)\mid y^2-2x+1>0\}$;(2)$\{(x,y)\mid x+y>0,x-y>0\}$;
(3)$\{(x,y)\mid x\geqslant 0,y\geqslant 0,x^2\geqslant y\}$;(4)$\{(x,y)\mid 4x-y^2\geqslant 0,0\leqslant x^2+y^2<1\}$

3. (1)1;(2)2;(3)-2;(4)2

4. $f(x+y,x-y,xy)=(x+y)^{xy}+(xy)^{2x}$

5. 间断线 $x^2+y^2=1$ 和间断点(0,0)

习题 2.2

1. (1)$\frac{\partial z}{\partial x}=3x^2y-y^3,\frac{\partial z}{\partial y}=x^3-3y^2x$;

(2)$\frac{\partial z}{\partial x}=y[\cos(xy)-\sin(2xy)],\frac{\partial z}{\partial y}=x[\cos(xy)-\sin(2xy)]$;

(3)$\frac{\partial u}{\partial x}=\frac{y}{z}x^{\frac{y}{z}-1},\frac{\partial u}{\partial y}=\frac{1}{z}x^{\frac{y}{z}}\ln x,\frac{\partial u}{\partial z}=-\frac{y}{z^2}x^{\frac{y}{z}}\ln x$;

(4)$\frac{\partial z}{\partial x}=\frac{1}{2x\sqrt{\ln(xy)}},\frac{\partial z}{\partial y}=\frac{1}{2y\sqrt{\ln(xy)}}$;

(5)$\frac{\partial z}{\partial x}=\frac{e^y}{y^2},\frac{\partial z}{\partial y}=\frac{x(y-2)e^y}{y^3}$;

(6)$\frac{\partial z}{\partial x}=\frac{y}{x^2}\left(\frac{1}{2}\right)^{\frac{y}{x}}\ln 2,\frac{\partial z}{\partial x}=-\frac{1}{x}\left(\frac{1}{2}\right)^{\frac{y}{x}}\ln 2$

2. 略

3. (1)$\frac{\partial^2 z}{\partial x^2}=12x^2-8y^2,\frac{\partial^2 z}{\partial y^2}=12y^2-8x^2,\frac{\partial^2 z}{\partial x\partial y}=-16xy$;

(2)$\frac{\partial^2 z}{\partial x^2}=-\frac{2xy}{(x^2+y^2)^2},\frac{\partial^2 z}{\partial y^2}=\frac{2xy}{(x^2+y^2)^2},\frac{\partial^2 z}{\partial x\partial y}=\frac{x^2-y^2}{(x^2+y^2)^2}$;

(3)$\frac{\partial^2 z}{\partial x^2}=y^x\ln^2 y,\frac{\partial^2 z}{\partial y^2}=x(x-1)y^{x-2},\frac{\partial^2 z}{\partial x\partial y}=y^{x-1}(1+x\ln y)$

4. $\dfrac{\partial^3 z}{\partial x^2 \partial y}=0,\dfrac{\partial^3 z}{\partial x \partial y^2}=-\dfrac{1}{y^2}$

5. $\dfrac{20}{3},\dfrac{2}{7},\dfrac{1}{4}$

6. $1,-1$

7. $2f_x(a,b)$

8. 略

习题 2.3

1. (1)$\mathrm{d}z=\left(y+\dfrac{1}{y}\right)\mathrm{d}x+\left(x-\dfrac{x}{y^2}\right)\mathrm{d}y$;(2)$\mathrm{d}z=-\dfrac{x}{(x^2+y^2)^{\frac{3}{2}}}(y\mathrm{d}x-x\mathrm{d}y)$;

(3)$\mathrm{d}u=\dfrac{-2t}{(s-t)^2}\mathrm{d}s+\dfrac{2s}{(s-t)^2}\mathrm{d}t$;(4)$\mathrm{d}z=\mathrm{e}^{x-2y}(\mathrm{d}x-2\mathrm{d}y)$

2. $\mathrm{d}z=\dfrac{1}{3}\mathrm{d}x+\dfrac{2}{3}\mathrm{d}y$

3. $\mathrm{d}z=-\mathrm{d}x+\mathrm{d}y$

习题 2.4

1. $\dfrac{\partial z}{\partial x}=4x-2y;\dfrac{\partial z}{\partial y}=-2x+10y$

2. $\dfrac{\partial z}{\partial x}=3x^2\sin y\cos y(\cos y-\sin y)$;

$\dfrac{\partial z}{\partial y}=-2x^3\sin y\cos(2y)(\cos y+\sin y)+x^3(\cos^3 y+\sin^3 y)$

3. $\dfrac{\partial z}{\partial x}=\dfrac{2x}{y^2}\ln(3x-2y)+\dfrac{3x^2}{(3x-2y)y^2},\dfrac{\partial z}{\partial y}=-\dfrac{2x^2}{y^3}\ln(3x-2y)-\dfrac{2x^2}{(3x-2y)y^2}$

4. $\dfrac{\mathrm{d}z}{\mathrm{d}t}=\dfrac{3(1-4t^2)}{1+(3t-4t^3)^2}$

5. (1)$\dfrac{\partial u}{\partial x}=2xf'_1+y\mathrm{e}^{xy}f'_2,\dfrac{\partial u}{\partial y}=-2yf'_1+x\mathrm{e}^{xy}f'_2$;

(2)$\dfrac{\partial u}{\partial x}=f'_1+yf'_2+yzf'_3,\dfrac{\partial u}{\partial y}=xf'_2+xzf'_3,\dfrac{\partial u}{\partial z}=yxf'_3$;

(3)$\dfrac{\partial u}{\partial x}=\dfrac{1}{2}\sqrt{\dfrac{y}{x}}f'_1+\dfrac{1}{y}f'_2,\dfrac{\partial u}{\partial y}=\dfrac{1}{2}\sqrt{\dfrac{x}{y}}f'_1-\dfrac{x}{y^2}f'_2$

6. $\dfrac{\partial^2 z}{\partial x^2}=2f'+4x^2f'',\dfrac{\partial^2 z}{\partial x\partial y}=4xyf'',\dfrac{\partial^2 z}{\partial y^2}=2f'+4y^2f''$

7. (1)$\dfrac{\partial^2 z}{\partial x\partial y}=-\dfrac{x}{y^2}f_{uv}-\dfrac{1}{y^2}f_v-\dfrac{x}{y^3}f_{vv}$;

(2)$\dfrac{\partial^2 z}{\partial x^2}=-y^2f_u\sin xy+y^2f_{uu}\cos^2 xy$

8. 略

习题 2.5

1. 当 $F_y\neq 0$ 时,$\dfrac{\mathrm{d}y}{\mathrm{d}x}=-\dfrac{\mathrm{e}^x-y}{\cos y-x}$

2. 当 $F_z \neq 0$ 时，$\frac{\partial z}{\partial x}=\frac{yz-\sqrt{xyz}}{\sqrt{xyz}-xy}$，$\frac{\partial z}{\partial y}=\frac{xz-2\sqrt{xyz}}{\sqrt{xyz}-xy}$

3. $\frac{\partial^2 z}{\partial x \partial y}=\frac{z(z^4-2xyz^2-x^2y^2)}{(z^2-xy)^3}$

4. $\frac{\partial^2 z}{\partial x^2}=\frac{-16xz}{(3z^2-2x)^3}$

5. (1)$\frac{yx^{y-1}}{1-x^y\ln x}$；(2)$\frac{x+y}{x-y}$

6. $\frac{\mathrm{d}y}{\mathrm{d}x}=\frac{-x(6z+1)}{2y(3z+1)}$；$\frac{\mathrm{d}z}{\mathrm{d}x}=\frac{x}{3z+1}$

7. $\mathrm{d}z=\frac{zF'_1}{xF'_1+yF'_2}\mathrm{d}x+\frac{zF'_2}{xF'_1+yF'_2}\mathrm{d}y$

8. 略

习题 2.6

1. (1)$\boldsymbol{v}_0=\boldsymbol{i}+2\boldsymbol{j}+2\boldsymbol{k}$，$\boldsymbol{a}_0=2\boldsymbol{j}$，$|\boldsymbol{v}(t)|=\sqrt{5+4t^2}$；

(2)$\boldsymbol{v}_0=-2\boldsymbol{i}+4\boldsymbol{k}$，$\boldsymbol{a}_0=-3\boldsymbol{j}$，$|\boldsymbol{v}(t)|=\sqrt{20+5\cos^2 t}$

2. $\frac{x-\frac{1}{4}}{1}=\frac{y-\frac{1}{3}}{1}=\frac{z-\frac{1}{2}}{1}$；$\left(x-\frac{1}{4}\right)+\left(y-\frac{1}{3}\right)+\left(z-\frac{1}{2}\right)=0$

3. $\frac{x-1}{16}=\frac{y-1}{9}=\frac{z-1}{-1}$；$(x-1)+\frac{9}{16}(y-1)-\frac{1}{16}(z-1)=0$

第3章　重积分

习题 3.1

1. (1)$\iint\limits_D (x+y)^2\mathrm{d}\sigma \geqslant \iint\limits_D (x+y)^3\mathrm{d}\sigma$；

(2)$\iint\limits_D (x+y)^2\mathrm{d}\sigma < \iint\limits_D (x+y)^3\mathrm{d}\sigma$

2. (1)$0\leqslant I\leqslant 2$；(2)$36\pi\leqslant I\leqslant 100\pi$；(3)$0\leqslant I\leqslant 2\pi^2$

3. (1) $V=\iint\limits_D x^2y\mathrm{d}\sigma$；(2) $V=\iint\limits_D \sin xy\mathrm{d}\sigma$

4. $Q=\iint\limits_D \rho(x,y)\mathrm{d}\sigma$

习题 3.2

1. (1)$\frac{8}{3}$；(2)$\frac{20}{3}$

2. (1) $\int_0^1\mathrm{d}x\int_x^1 f(x,y)\mathrm{d}y$；(2)$\int_0^1\mathrm{d}y\int_{2-y}^{1+\sqrt{1-y^2}} f(x,y)\mathrm{d}x$；

(3)$\int_0^1\mathrm{d}y\int_{e^y}^{e} f(x,y)\mathrm{d}x$；(4)$\int_{-1}^0\mathrm{d}x\int_{-\sqrt{1-x^2}}^{\sqrt{1-x^2}} f(x,y)\mathrm{d}y+\int_0^1\mathrm{d}x\int_{-\sqrt{1-x}}^{\sqrt{1-x}} f(x,y)\mathrm{d}y$

3. (1)$\frac{7}{3}$；(2)$\frac{9}{4}$；(3)$\pi^2-\frac{40}{9}$

4. (1)4;(2)$\frac{1}{6}\sqrt{2}-1$;(3)$\frac{1}{2}(1-e^{-4})$;(4)$\sqrt{2}-1$

5. 略　**6.** $\frac{4}{3}$　**7.** 6π　*__8.__ (1)$\pi(e^4-1)$;(2)$\frac{\pi}{4}(2\ln 2-1)$　*__9.__ $\frac{8}{15}$

习题 3.3

1. $2a^2(\pi-2)$　**2.** $\sqrt{2}\pi$　**3.** (1)$\frac{8}{3}a^4$;(2)$\left(0,0,\frac{7}{15}a^2\right)$;(3)$\frac{112}{45}a^6\rho$　**4.** 4033

第三部分　概率论与数理统计

第1章　概　　率

习题 1.1

1. $B-A=\{(1,1),(2,2),(3,3),(4,4),(5,5),(6,6)\}$,

$BC=\{(1,1),(2,2),(3,3),(4,4)\}$,

$B\cup\overline{C}=\{(1,1),(2,2),(3,3),(4,4),(5,5),(6,6),(4,6),(6,4),(5,6),(6,5)\}$

2. (1) 必然事件;(2) 不可能事件;(3) 取到号码为“2”或“4”; (4) 取到号码为“5”或“7”或“9”; (5) 取到号码为“6”或“8”或“10”

3. (1) A_1A_2;(2) $\overline{A}_1\overline{A}_2$;(3) $\overline{A}_1A_2\cup A_1\overline{A}_2$;(4) $A_1\cup A_2$

4. (1) ABC;(2) $\overline{A}\,\overline{B}\,\overline{C}$;(3) $A\overline{B}\overline{C}$;(4) $A\cup B\cup C$;(5) $A\overline{B}\overline{C}\cup\overline{A}B\overline{C}\cup\overline{A}\,\overline{B}C$;

(6) $AB\overline{C}\cup\overline{A}BC\cup A\overline{B}C$

5. C、E 为互斥事件,C、D 为对立事件

6. (1) $A_1A_2A_3$;(2) $\overline{A}_1\overline{A}_2\overline{A}_3$;(3) $A_1A_2\overline{A}_3$;(4) $\overline{A}_1A_2A_3\cup A_1\overline{A}_2A_3\cup A_1A_2\overline{A}_3$

习题 1.2

1. $\frac{1}{4}$　**2.** 0.32　**3.** $\frac{1}{15}$　**4.** 0.25,0.375　**5.** (1) $\frac{1}{17}$;(2) $\frac{13}{102}$　**6.** (1) $\frac{2}{3}$;(2) $\frac{2}{3}$;(3) $\frac{4}{9}$

习题 1.3

1. (1) 0.48;(2) 0.69　**2.** $P(\overline{B})=0.8$　**3.** 0.97　**4.** 2/3　**5.** (1) $\frac{1}{9}$;(2) $\frac{4}{9}$;(3) $\frac{8}{9}$

6. 0.276　**7.** 0.75,0.25

习题 1.4

1. (1) 0.05,0.30,0.50;(2) 0.50,0.95,0.85;(3) $\frac{1}{3},\frac{3}{4},\frac{1}{11}$

2. $\frac{77}{240}$　**3.** (1) 0.988;(2) 0.829　**4.** (1) 0.4044;(2) 0.1846　**5.** (1) $\frac{7}{120}$;(2) $\frac{119}{120}$

6. (1) r^3;(2) $3r-3r^2+r^3$

习题 1.5

1. 0.902　**2.** (1) 0.38;(2) 0.3947　**3.** 0.4870　**4.** 0.9　**5.** 0.3302

6. (1) 0.3456;(2) 0.3370

习题 1.6

1. (1) 离散；(2) 连续；(3) 连续；(4) 离散；(5) 连续；(6) 离散

2. (1) $\frac{1}{6}$；(2) $\frac{1}{2}$；(3) 1；(4) $\frac{5}{6}$

3. (1) $A=\frac{60}{77}$；

(2)

X	0	1	2	3
P	$\frac{30}{77}$	$\frac{20}{77}$	$\frac{15}{77}$	$\frac{12}{77}$

4. (1) $P(X=k)=\frac{C_2^k C_8^{3-k}}{C_{10}^3}, k=0,1,2$

(2) $P(Y=k)=C_3^k\left(\frac{1}{5}\right)^k\left(\frac{4}{5}\right)^{3-k}, k=0,1,2,3$

5. 设随机变量 X 表示设备工作情况，“$X=1$”表示工作正常，“$X=0$”表示工作异常，分布律如下：

X	1	0
P	0.81	0.19

6. (1) 0.224；(2) 0.95　**7.** (1) 0.029771；(2) 0.00284

8.

X	0	1	2	3
P	$\frac{3}{4}$	$\frac{9}{44}$	$\frac{9}{220}$	$\frac{1}{220}$

习题 1.7

1. (1) $\frac{1}{\pi}$；(2) $\frac{1}{\pi}$；(3) $\frac{1}{2}$；(4) $\frac{6}{29}$　**2.** $\frac{\sqrt{2}}{4},\frac{\sqrt{2}+\sqrt{3}}{4},\frac{2+\sqrt{2}}{4}$　**3.** (1) 0.3064；(2) 0.3679

4. 3

5. (1) $f(x)=\begin{cases}100, & |x|\leqslant 0.005\\ 0, & |x|>0.005\end{cases}$；(2) 0.4

习题 1.8

1. $F(x)=\begin{cases}0, & -\infty<x<-1\\ \frac{1}{6}, & -1\leqslant x<0\\ \frac{2}{3}, & 0\leqslant x<1\\ 1, & 1\leqslant x<+\infty\end{cases}$，$\frac{5}{6}$

2.

X	0	1	2
P	0.3	0.4	0.3

3. (1) $F(x)=\begin{cases}0, & x<-1\\ \frac{1}{2}+\frac{1}{\pi}\arcsin x, & -1\leqslant x<1\\ 1, & 1\leqslant x\end{cases}$;(2) $\frac{1}{3}$

4. (1) 1, −1;(2) $f(x)=\begin{cases}xe^{-\frac{x^2}{2}}, & x>0\\ 0, & x\leqslant 0\end{cases}$

5. (1) $\lambda=1$; (2) $F(x)=\begin{cases}1-e^{-x}, & x>0\\ 0, & x\leqslant 0\end{cases}$

6. (1)$Y=X^2$ 分布律为

$Y=X^2$	0	1	4	9
P	$\frac{1}{5}$	$\frac{7}{30}$	$\frac{1}{5}$	$\frac{11}{30}$

(2)$Z=\vert X\vert$分布律为

$Z=\vert X\vert$	0	1	2	3
P	$\frac{1}{5}$	$\frac{7}{30}$	$\frac{1}{5}$	$\frac{11}{30}$

7. $f(y)=\begin{cases}1, & 0\leqslant x\leqslant 1\\ 0, & \text{其他}\end{cases}$

8. $G(y)=F\left(\frac{y-1}{3}\right)$

9. $f_Y(y)=\begin{cases}\frac{2}{\pi}\cdot\frac{1}{\sqrt{1-y^2}}, & 0<y<1\\ 0, & \text{其他}\end{cases}$

习题 1.9

1. (1) 0.7734;(2) 0.2266;(3) 0.0668;(4) 0.5125;(5) 0.5878

2. (1) 0.9505;(2) 0.7422;(3) 0.4931;(4) 0.2734;(5) 0.8502

3. 0.0013 **4.** 0.9544

习题 1.10

1.

Y \ X	1	2
1	$\frac{1}{3}$	$\frac{1}{3}$
2	$\frac{1}{3}$	0

2. (1)

$X \backslash Y$	0	1	2
0	$\frac{3}{28}$	$\frac{3}{7}$	$\frac{1}{28}$
1	$\frac{3}{7}$	$\frac{5}{28}$	0
2	$\frac{3}{28}$	0	0

(2) $\frac{27}{28}$

3.

$Y \backslash X$	0	1
0	$\frac{5}{8}$	$\frac{1}{8}$
1	$\frac{1}{8}$	$\frac{1}{8}$

4. (1) $A=1$; (2) $P\{X=Y\}=0$; (3) $P\{X<Y\}=\frac{1}{2}$; (4) $F(x,y)=\begin{cases} x^2y^2, & 0\leqslant x\leqslant 1, 0\leqslant y\leqslant 1 \\ 0, & \text{其他} \end{cases}$

5.

$Y \backslash X$	0	1	2
0	$\frac{1}{6}$	$\frac{1}{6}$	$\frac{1}{6}$
1	$\frac{1}{6}$	$\frac{1}{6}$	$\frac{1}{6}$

X	0	1	2
	$\frac{1}{3}$	$\frac{1}{3}$	$\frac{1}{3}$

Y	0	1
	$\frac{1}{2}$	$\frac{1}{2}$

6. (1) $a=\frac{1}{3}$

(2)

X	1	2
	$\frac{1}{2}$	$\frac{1}{2}$

Y	-1	2
	$\frac{5}{12}$	$\frac{7}{12}$

$$F_X(x)=\begin{cases} 0, & x<1 \\ \frac{1}{2}, & 1\leqslant x<2 \\ 1, & x\geqslant 2 \end{cases} \qquad F_Y(y)=\begin{cases} 0, & y<-1 \\ \frac{5}{12}, & -1\leqslant y<0 \\ 1, & y\geqslant 0 \end{cases}$$

7. $f_X(x)=\begin{cases} e^{-x}, & x>0 \\ 0, & \text{其他} \end{cases}$ $\quad f_Y(y)=\begin{cases} ye^{-y}, & y>0 \\ 0, & \text{其他} \end{cases}$

8. $f_{X|Y}(x|y)=\begin{cases} \dfrac{1}{1-y}, & y<x<1 \\ \dfrac{1}{1+y}, & -y<x<1 \\ 0, & \text{其他} \end{cases}$

习题 1.11

1. 48 **2.** (1) 0.25;(2) 1.75;(3) 2.5 **3.** (1) 0.5;(2) $\frac{2}{3}$;(3) $\frac{1}{3}$ **4.** (1) 1; (2) 5

5. (1) $\frac{1}{4}$;(2) $F(x)=\begin{cases} 0, & x<0 \\ \frac{1}{16}x^4, & 0\leqslant x<2 \\ 1, & x\geqslant 2 \end{cases}$;(3) 0.3125;(4) 1.6

习题 1.12

1. 9 **2.** 0.6,0.7746 **3.** $\frac{1}{18}$,$\frac{8}{9}$ **4.** (1) 4;(2) 9.8;(3) 6.25 **5.** 69.15%

习题 1.13

1. 0

2. $-\left(\frac{\pi-4}{4}\right)^2$,$-\frac{\pi^2-8\pi+16}{\pi^2+8\pi-32}$

第 2 章 数理统计

习题 2.1

1. (1)(2)是,(3)(4)不是

2. (1) 67.4,35.2;(2) 112.8,1.29

3. (1) 1.96;(2) 2.57;(3) 1.64

4. (1) 23.209,19.047;(2) 2.7638,1.8946

5. 0.8293

6. (1) $N(0,1)$;(2) $\chi^2(3)$;(3) $\chi^2(4)$;(4) $t(3)$

习题 2.2

1. 1147,87.06 **2.** −1,257 **3.** $\hat{p}=\frac{\overline{X}}{10}=0.38$ **4.** (1385.7,1561.1) **5.** (0.87,3.20)

6. (−1.55,2.10)

习题 2.3

1. 否 **2.** 是 **3.** 有显著性差异 **4.** 有显著性变化 **5.** (1) 接受;(2) 拒绝 **6.** 否

习题 2.4

1. 略 **2.** 略 **3.** 略

参 考 文 献

[1] 常柏林,李效羽,卢静芳. 概率论与数理统计[M]. 2 版. 北京:高等教育出版社,2017.

[2] 戴斌祥. 线性代数[M]. 北京:北京邮电大学出版社,2018.

[3] 何蕴理,贺亚平,陈中和,等. 经济数学基础:概率论与数理统计[M]. 2 版. 北京:高等教育出版社,2003.

[4] 柳金甫,王义东. 概率论与数理统计[M]. 武汉:武汉大学出版社,2006.

[5] 同济大学数学系. 高等数学:下册[M]. 北京:高等教育出版社,2014.

[6] 张涛,齐永奇,李恒灿. MATLAB 基础与应用教程[M]. 北京:机械工业出版社, 2017.